AF802204

Nasser Kanani

—

Omar Khayyam

Nasser Kanani

Omar Khayyam

Mathematiker, Astronom und Dichter
(Persien im 11. Jahrhundert)

Königshausen & Neumann

Umschlagabbildungshinweis:

Das Grabmal Omar Khayyams in Nischabur (Iran) wurde 1963 von dem iranischen Architekten Prof. Houshang Seyhoun (1920-2014) entworfen und erbaut.
Die komplexe äußere Gestalt des Bauwerks soll an die komplexen geometrisch Kurven erinnern, die mithilfe kubischer Gleichungen dargestellt werden, deren Entdecker Khayyam war (*Khayyam als Mathematiker*). Die Gestalt des Bauwerks selbst soll die Bauweise einer Sternwarte im damaligen Iran suggerieren, weshalb das Dach sternförmig konstruiert wurde (*Khayyam als Astronom*). Auf der Außenfläche des Bauwerks sind einige Vierzeiler Khayyams kaligraphisch wiedergegeben, die ihn zu einem der beliebstesten Poeten im persischen Sprachraum machten (*Khayyam als Dichter*).
Die Rosen symbolisieren die Prophezeiung Khayyams zu Lebzeiten, wonach seine Grabstätte stets von Rosen überwuchert sein würde! 1893 wurde der Sämling der „Omar Khayyam Rose" von Nischabur nach England gebracht und auf dem Grab von Edward FitzGerald in Suffolk gepflanzt, dessen englische Übersetzung der Vierzeiler in 1859 Khayyam Weltruhm einbrachte. Aus dem Ableger entstand ein prächtiger Rosenstock!

Bibliografische Information der Deutschen Nationalbibliothek

Die Deutsche Nationalbibliothek verzeichnet diese Publikation in der Deutschen Nationalbibliografie; detaillierte bibliografische Daten sind im Internet über http://dnb.d-nb.de abrufbar.

Gedruckt auf säurefreiem, alterungsbeständigem Papier

Umschlag: R. Darvishpour, S. Abbasi

Printed in Germany

ISBN 978-3-8260-9025-7
eISBN 978-3-8260-9026-4

www.koenigshausen-neumann.de
www.ebook.de
www.buchhandel.de
www.buchkatalog.de

»... In einer Zeit, wo so vieles aus dem Orient unserer Sprache treulich angeeignet wird, mag es verdienstlich erscheinen, wenn auch wir von unserer Seite die Aufmerksamkeit dorthin zu lenken suchen, woher so manches Grosse, Schöne und Gute seit Jahrtausenden zu uns gelangte, woher täglich mehr zu hoffen ist.«

Johann Wolfgang von Goethe
„*West-östlicher Divan*“[1]

---

1 „*West-oestlicher Divan, von Goethe*“, Stuttgard (sic), in der Cottaischen Buchhandlung 1819. S. 247.

Inhaltsverzeichnis

Kapitel 2: Der Mathematiker

Vorwort

Wer sich anschickt, die Biographie eines Mannes wie Omar Khayyam[2] zu schreiben und obendrein seine wissenschaftlichen und literarischen Leistungen in gebührender Weise zu würdigen, der wird bald zur Kenntnis nehmen müssen, dass er sich eine äußerst schwierige Aufgabe vorgenommen hat. Nicht nur, weil die historische Tiefe und die geistige Höhe dieses löblichen Unterfangens an sich immens sind, sondern weil auch Khayyam zu den außergewöhnlichsten und rätselhaftesten Persönlichkeiten gehört, die die persische Kultur je hervorgebracht hat.[3] Die Aufgabe erschwert sich zudem noch dadurch, dass die Epoche, in der er gelebt und gewirkt hat, von tiefgreifenden religiösen und politischen Konflikten geprägt war, die nicht nur das Leben und Wirken dieses Heroen des Denkens, sondern auch das Schicksal seines Heimatlandes entscheidend und nachhaltig beeinflussten.

Es war auch die Zeit der Kreuzzüge! Das christliche Abendland bedrohte das muslimische Morgenland, was einerseits den Kampfeswillen der eifrigen Muslime gegen die ‚Ungläubigen' bestärkte, und andererseits dazu führte, dass die Dogmen des orthodoxen Islam und die Lehren des Korans mehr denn je das gesellschaftliche Leben der Menschen bestimmten. Die Konsequenz war, dass der religiöse Fundamentalismus zur alleinigen Richtschnur der privaten und öffentlichen Moral wurde. Eine weitere schicksalhafte Folge dieser heiklen Entwicklung war die unerbittliche und radikale Feindschaft unter den

---

2 Sowohl der Vorname *Omar* als auch der Nachname *Khayyam* sind im Laufe der Zeit in der westlichen Literatur sehr unterschiedlich transkribiert worden. So existieren neben der im vorliegenden Buch verwendeten Schreibweise *Omar Khayyam* viele weitere Schreibvarianten in lateinischer Umschrift. Dies ist darauf zurückzuführen, dass sich weltweit zahlreiche Historiker und Forscher mit ihm beschäftigt haben und jeder von ihnen seinen Namen nach eigenem Sprachgefühl wiedergegeben hat. Die gängigsten lateinischen Transkriptionen sind im Anhang 1 in alphabetischer Reihenfolge aufgelistet. Dort findet sich auch die Wiedergabe des vollständigen Namens und Beinamens von Omar Khayyam in lateinischer Umschrift.

3 »Es gibt keine Figur in der Geschichte der persischen Literatur und in der Tat des Persischen und des islamischen Denkens im Allgemeinen, die im Westen so berühmt ist und dennoch bleibt, soweit es die Gesamtheit seines Denkens betrifft, so unbekannt wie 'Umar Khāyyam.« Siehe: Seyyed Hossein Nasr: „*'Umar Khayyām: Philosopher-Poet-Scientist*", in „*The Islamic Intellectual Tradition in Persia*", edited by M. Amin Razavi, Routledge, New York, USA. 2013, p. 175.

Muslimen selbst, insbesondere unter den damals schon in Persien[4] agierenden sunnitischen und schiitischen Glaubensgemeinschaften, die sich bis heute nach wie vor unversöhnlich gegenüberstehen.

So betrachtet war Khayyams Heimatland zu jenen Zeiten ein Babel religiöser und politischer Wirren, und jedwede Freigeisterei war infolge des religiösen Fanatismus und politischen Dogmatismus schier undenkbar. Kein Wunder also, dass Khayyam als gefeierter Mathematiker und Astronom beinahe ungestört seinen wissenschaftlichen Neigungen nachgehen konnte, als Dichter jedoch gezwungen war, seine geistreichen und rebellischen Grübeleien, die er als Vierzeiler[5] mit philosophischem Hintergrund zu formulieren pflegte, bis ans Ende seines Lebens zu verheimlichen. Seine intellektuellen Fähigkeiten als Mathematiker, Astronom und Dichter-Philosoph haben die Zeit überdauert und faszinieren Menschen über Kulturen und Generationen hinweg.

N. Kanani
Berlin, Juni 2024

---

[4] Jahrhundertelang war in der westlichen Welt der Name Persien die gebräuchliche Bezeichnung für jenes Land im Osten, das sich selbst stets Iran (*Land der Arier*) genannt hat. 1935 bat der damalige Schah des Iran, Reza Pahlavi (von 1925 bis 1941), die diplomatischen Vertretungen des Auslands, nur die Bezeichnung Iran in ihren formellen Korrespondenzen zu verwenden. 1959 kündigte die Regierung seines Sohnes, Mohammad Reza Pahlavi (von 1941 bis 1979), an, dass fortan sowohl Persien als auch Iran im diplomatischen Schriftwechsel austauschbar verwendet werden können.

[5] Vierzeiler: Eine gereimte Strophe, die aus vier Verszeilen besteht.

Danksagung

Der Autor möchte an dieser Stelle Herrn Raha Darvishpour und Frau Rozhina Darvishpour (geb. Abbasi) von der Dr. Rosefid Akademie in der Schweiz für die Anfertigung der Graphiken und die Aufarbeitung der Bilder sowie die künstlerische Gestaltung des Bucheinbandes seinen aufrichtigen Dank aussprechen.

Frau Angelika Arnold gilt der besondere Dank des Autors für ihre wertvollen Hinweise und die sorgfältige Fertigstellung des Drucksatzes.

Der Autor möchte sich ebenso beim Verlagshaus Königshausen & Neumann, namentlich bei Herrn Dr. Thomas Neumann, für das Interesse an der Herausgabe des vorliegenden Buches herzlich bedanken.

Herrn Professor Dr. med. Ali-Reza Ranjbar, dem Präsidenten der Akademie Iranischer Ärzte und Zahnärzte in der Bundesrepublik Deutschland (AIA) e.V., dessen großzügige finanzielle Unterstützung im Namen der Akademie die Herausgabe des dieses Buches erst ermöglicht hat, ist der Autor zum aufrichtigen Dank verpflichtet.

Anmerkungen

Die Wiedergabe der persischen Eigen- und Ortsnamen in lateinischer Schrift erfolgt im vorliegenden Buch phonetisch, das heißt entsprechend ihrer gegenwärtigen landesüblichen Aussprache, es sei denn eine andere Schreibweise hat in der deutschen Literatur durchgesetzt.

Die deutschen Übersetzungen der persischen Gedichte und ältere Quellentexte werden unter Beibehaltung ihrer Originalschreibwiese zitiert. Unberücksichtigt bleiben dabei jedoch Ligaturen und langes S.

Alle Hinweise und Erläuterungen in eckigen Klammern [...] stammen vom Verfasser dieses Buches.

Die Richtungspfeile [↓] und [↑] neben Personennamen oder Sachgebieten weisen darauf hin, dass später [↓] auf sie eigegangen wird bzw. dass sie bereits [↑] erwähnt worden sind.

Kapitel 1

Biographisches

Die politischen Ereignisse in Persien des 11. Jahrhunderts, zu deren wichtigsten die Gründung des Seldschukenreichs gehörte, und die religiösen Konflikte zwischen den rivalisierenden muslimischen Glaubensgemeinschaften spielten eine große Rolle im Leben Omar Khayyams. Eine kurze Erörterung der gesellschaftlichen Verhältnisse von damals scheint daher angezeigt zu sein. Die Biografie dieses Mannes wäre unvollständig, würde man die sein Leben und Wirken begleitenden Umstände nicht in Betracht ziehen; er war ein Produkt seines Zeitalters, das durch das Klima des Konflikts zwischen religiösen und politischen Überzeugungen sowie kriegerischen Auseinandersetzungen stark geprägt war. Dies gilt ebenso für die anderen Hauptakteure seiner Zeit, mit denen er eng verbunden war.

Die Entstehung des Seldschukenreichs

Die Entstehung des türkischstämmigen Seldschukenreichs mit Persien als Kernland ereignete sich zu Beginn des 11. Jahrhunderts. Die Seldschuken, benannt nach ihrem *heros eponymos* Seldschuk, waren ein Zweig des im 8. Jahrhundert in Transoxanien (Region im westlichen Zentralasien) eingewanderten türkischen Stammesverbands.

1037/38 gründeten zwei Brüder aus dem Seldschukenstamm namens Chaghri Beg[6] (989–1060) und Toghrol Beg[7] (990–1063) die Herrschaft der Seldschukendynastie in Persien und erweiterten ihren Machtbereich in den nächsten zwei Jahren über das Kernland Persien hinaus auf die Nachbargebiete. So etablierten sie das Großreich der Seldschuken, das von 1040 bis 1194 fortdauerte. 1040 machten sie die altpersische Stadt Nischabur (auch Nischapur bzw. Nishapur) im Gebiet des damaligen Groß-Khorasan[8] zu ihrer Hauptstadt. Auf der

---

6 چغری بیگ

7 طغرل بیگ

Anmerkung: Beg oder Beyg ist ein türkischer Herrschertitel und gleichbedeutend mit dem arabischen Titel amīr/Emir (Fürst oder Prinz).

8 Über die historische Rolle und Bedeutung der Region Khorasans, siehe: Deborah G. Tor: „*The importance* of *Khurasan* and *Transoxiana in the Per-*

Landkarte in Abb. 1 ist die Lage von Nischabur zu sehen, auch die Grenzen des heutigen Irans sind darauf zu erkennen.

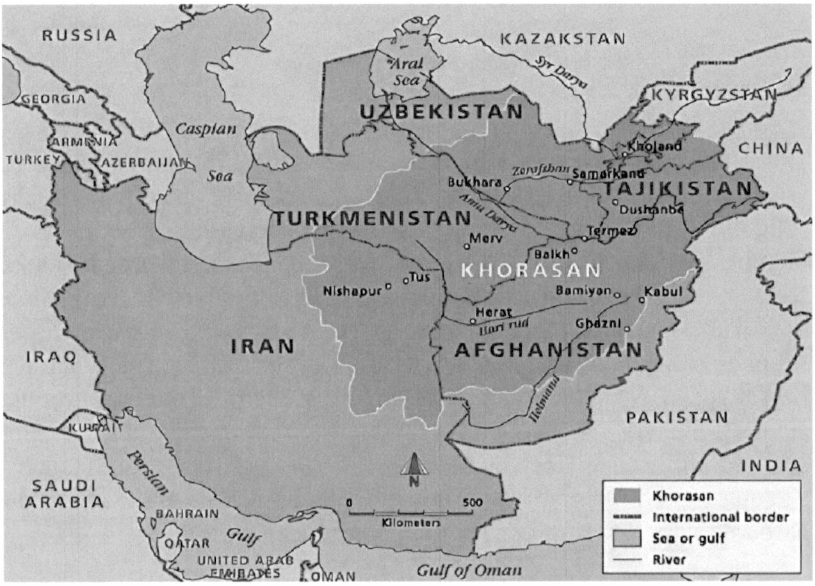

Abb. 1: Die geographische Ausdehnung des damaligen Groß-Khorasan[9]

Nischabur fungierte bis 1043 als das Machtzentrum der beiden Brüder Chaghri und Toghrol. Danach und später unter ihren Nachfahren, die sich fortan Sultane nannten, dienten abwechselnd die altpersischen Städte Ray (bis 1051), Isfahan (bis 1118), Hamadan (bis 1194) und Merw (bis 1153) als Reichshauptstadt (Abb. 1).

Alp Arslan

1063 nahm Alp Arslan (Alp der Löwe), Sohn des Chaghri Beg, die Geschicke des Seldschukenreichs in die Hand und herrschte – stets siegreich – bis zu seinem frühen Tod im Jahre 1072. Er war nur 42 Jahre alt als er seinen schweren Verletzungen, die er sich bei einem Zweikampf zugezogen hatte, erlag. Ein Jahr davor (1071) hatte er in der Schlacht bei Malazgirt[10] oder Manzikert (eine Stadt in der heutigen

sianate dynastic period (850–1220)", I.B. Tauris & PIBS Persian Studies Series 7, London 215, pp. 1–12.

9 https://en.wikishia.net/view/Greater_Khorasan.

10 ملازگرد

ostanatolischen Provinz) den byzantinischen Kaiser Romanos IV besiegt und ihn gefangen genommen.[11] Mit diesem Sieg leiteten die Seldschuken die Landnahme in Anatolien ein, und dies löste die massive Wanderung türkischer Völker in jene Region.[12] Die Schlacht bei Malazgirt veränderte zwar kaum das Kräfteverhältnis zwischen dem Byzantinischen und dem Seldschukenreich, beeinflusste aber den darauffolgenden Byzantinischen Bürgerkrieg zum Vorteil der Seldschuken.

Malik Schah

Alp Arslans Nachfolger war sein Sohn, der als Malik Schah[13] (* 1055) den Thron bestieg und Isfahan zu seiner Hauptstadt machte.[14] Die Miniaturdarstellung in Abb. 2 lässt die Herrlichkeit seiner Machtentfaltung erahnen.

Abb. 2: Malik Schah auf seinem Thron umgeben von seinen Höflingen[15]

[11] Ein längeres Gedicht, das 1837 von dem deutschen Orientalisten und Dichter Friedrich Rückert (1788–1866) niedergeschrieben wurde, erzählt dieses historisch bedeutende Ereignis. Das Gedeicht ist im Anhang 2 nachzulesen.

[12] Die nomadischen Oghuz-Türken, die im 11. Jahrhundert nach Anatolien auswanderten, gründeten dort das Sultanat der Rum-Seldschuken, das bis 1307 Bestand hatte.

[13] Der Name Malik Schah ist ein Kompositum aus dem arabischen Wort *Malik* und dem persischen Titel *Schah*; beide Ausdrücke bedeuten König.

[14] Die Geschichte der Thronbesteigung Malik Schahs wurde ebenfalls von Friedrich Rückert in einem Gedicht erzählt, das im Anhang 3 wiedergegeben ist.

[15] Quelle: Wikipedia. Die freie Enzyklopädie.

Malik Schahs Herrschaft, die nur zwanzig Jahre dauern sollte, stellte in jeder Hinsicht den Höhepunkt der Herrschaftszeit der Seldschukendynastie dar. Unter ihm, der 1092 vermutlich von einer seiner Ehefrauen aus Gründen der Rivalität um seine Nachfolgerschaft vergiftet wurde, erlangte das Seldschukenreich seine größte Ausdehnung (Abb. 3).

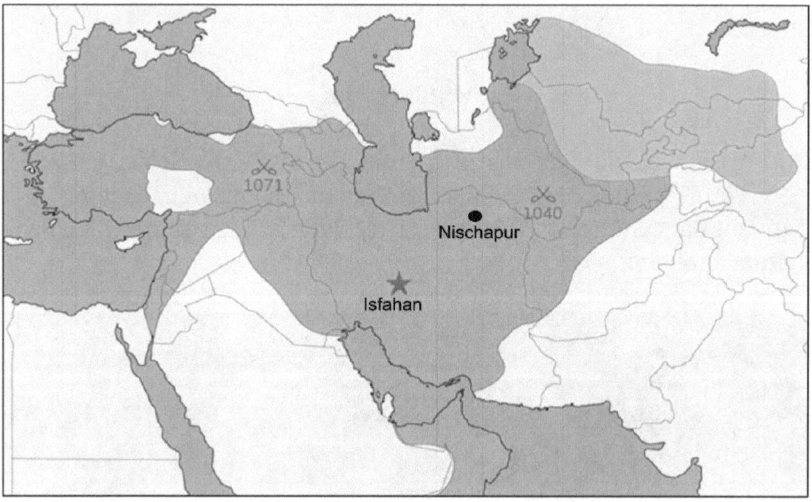

Abb. 3: Das Herrschaftsgebiet der Seldschuken um 1092[16]

Nizām al-Mulk

Während der Regentschaft Malik Schahs bekleidete ein äußerst kluger und fähiger Perser namens Abū Ἀlī Hassan den Posten des Großwesirs.

Abū Ἀlī Hassen, der um 1018 in Tus (Stadt im Nordosten Khorasans) geboren worden war, stammte aus dem Landadel und war bereits im Jahre 1043 in den Dienst des Chaghri Beg getreten. Danach hatte er als Wesir unter dem mächtigen Sultan Alp Arslan gedient, der ihm 1063 zur Würdigung seiner außerordentlichen Verdienste bei der Verwaltung des Reiches den Ehrentitel *Nizām al-Mulk*[17] (Ordnung des Reiches) verlieh. Nach dem Tode Alp Arslans etablierte sich Abū Ἀlī Hassen als Großwesir von Malik Schah zum eigentlichen Regenten des Seldschukenreichs, indem er von der Hauptstadt Isfahan aus alle

16 Wikipedia. Die freie Enzyklopädie.

17 نظام الملک

Fäden in der Hand hielt und die Geschicke des Vielvölkerstaates erfolgreich bestimmte. Er war nur nach außen hin *der zweite Mann im Staate*, faktisch fungierte er dank seiner außerordentlichen Fähigkeiten als der eigentliche Herrscher des Riesenreichs mit uneingeschränkten Machtbefugnissen. Durch seine Tatkraft und politische Weitsicht erreichte das Herrschaftsgebiet Malik Schahs seine größte Machtentfaltung und erlebte eine Hochphase der militärischen und wirtschaftlichen Entwicklung. Mehr noch, das Reich durfte sich auch einer bemerkenswerten kulturellen Blütezeit und der Wiederbelebung der Wissenschaften erfreuen, die der brillante Großwesir Nizām al-Mulk tatkräftig und großzügig förderte.

Amīr Muʿezzī[18] (1048–1125), der Laureatendichter am Hofe Malik Schah, schrieb den folgenden Vers zur Lobpreisung des Großwesirs:

»Du bist der begnadete Wesir und dank deiner Fähigkeiten ist die Herrschaft der Seldschuken bis zum Siebten Himmel gestiegen.«[19]

1092 fiel Nizām al-Mulk auf dem Wege von Isfahan nach Bagdad in der Nähe der Kleinstadt Kangāwar (im Nordwesten des heutigen Irans) einem Meuchelmord zum Opfer.[20] Sein Mörder war ein Mitglied der Glaubensgemeinschaft der *Assassinen* und handelte im Auftrag seines religiösen Führers Hassan Sabbāh [↓]. Die Miniaturdarstellung eines unbekannten Künstlers in Abb. 4 zeigt wie der Attentäter (links in weißem Turban) den alten Nizām al-Mulk auf der Tragbahre mit einem Degen tödlich verletzte. Der Begleittext in der Darstellung beschreibt die Einzelheiten und das Datum des Ereignisses.

Der Tod des Großwesirs erschütterte das Reich wie kein anderes Ereignis jenes Jahrhunderts und markierte den Beginn des schleichenden Zerfalls der Seldschukenreichs.

Als bedeutender Historiker und hervorragender Schriftsteller hatte Nizām al-Mulk bereits zu Lebzeiten ein wichtiges Werk unter dem Titel „*Siasat Nameh*“ (Siyāsatnāma: Buch der Staatskunst) verfasst, in dem er seine Ansichten darüber dargelegt hatte, wie ein Reich regiert und verwaltet werden sollte.[21] Angeblich soll er auch ein Testament, bekannt als „*waṣāyā*“[22], hinterlassen haben.

---

18 امیر مُعزّی (ابوعبدالله عبدالملک مُعِزّی نیشابوری)

19 «تو آن خجسته وزیری که از کفایت توکشید دولت سلجوق سر به علّیّن [برترین جایگاه در بهشت]»

20 Friedrich Rückert verfasste 1837 zwei längere Gedichte, in denen er den Aufstieg und den Fall Nizām al-Mulk schilderte (s. Anhang 4).

21 Es wird vermutet, dass „*Il Principe*“ (Der Fürst) des italienischen Gelehrten Niccolò Machiavelli (1469–1527) aus dem Jahre 1513 unter dem Einfluss dieses Werkes entstanden sei. Eine neuere deutsche Übersetzung dieses Wer-

Abb. 4: Die Ermordung von Nizām al-Mulk im Jahre 1092
(Topkapi MS H 1653)

Einen Monat nach der Beerdigung des Großwesirs in Isfahan ereignete sich der bereits erwähnte mysteriöse Tod Malik Schahs. Der Tod der beiden großen Staatsmänner inspirierte den Laureatendichter Amīr Muʿezzī zum folgenden Gedicht:

رفت در یک مه به فردوس برین دستور پیر
شاه بُرنا از پی او رفت در ماهی دگر
شد جهان پرشور و شر از رفتن دستور و شاه
کس نداند تا کجا خواهد رسید این شور و شر

In einem Monat ging der betagte Großwesir ins Paradies,
Im darauffolgenden Monat folgte ihm er junge Schah.
Nach ihrem Tode ist die Welt voll von Verwirrungen und Überstürzungen
Und niemand weiß, wann dieses Durcheinander zu Ende geht.

---

kes, das ursprünglich aus 50 Kapiteln zu Religion, Politik und anderen Themen bestand, ist die folgende:
„*Abū-Ālī al-Ḥasan Ibn-Ālī Niẓām-al-Mulk, Das Buch der Staatskunst, Gedanken und Geschichten*“, herausgegeben von Karl Emil Schabinger Freiherr von Schowingen. Manesse Verlag, Zürich 1987.

22 “وصایا” خواجه نظام المک

Hassan Sabbāh

Auch die Geburtsstunde der schiitisch orientierten Glaubensgemeinschaft der Ismailiten[23], die unter der Führung des charismatischen Persers Hassan Sabbāh[24] (1034–1124) den Meuchelmord als wirksames Mittel zur Bekämpfung politischer Gegner einsetzte und deshalb als die *Assassinen* in die Geschichte eingegangen ist, fiel in jene Epoche. Diese politisch und religiös radikal agierende Sekte spielte mit ihrer betonnt antiarabischen Haltung eine herausragende Rolle im gesellschaftlichen Leben der Menschen jener Zeit. Es wird vermutet, dass die Bezeichnung *Assassinen* eine Korruption des arabischen Worts *al-Ḥaššāšīn*[25] mit der Bedeutung *Haschischraucher* sei. Als Begründung wird angeführt, dass Hassan Sabbāh seine militanten Anhänger durch Haschischsucht untertänig und gefügig machte. Er soll sie, so heißt es, vor jedem Attentatsversuch durch den Genuss dieser Droge in mystischen Rauschzustand versetzt haben. Einige Etymologen hingegen neigen dazu, diese Bezeichnung von dem Namen *Hassan* abzuleiten.

Joseph von Hammer (1774–1856), der österreichische Philologe und Orientalist schilderte die blinde Gehorsamkeit der Anhänger Hassan Sabbāhs wie folgt in seinem Buch „*Die Geschichte der Assassinen*“:

»Dass Nichts wahr und Alles erlaubt sey, blieb zwar der Grund der geheimen Lehre, die aber nur sehr wenigen mitgetheilt und unter dem Schleier der strengsten Religiosität und Frömmigkeit versteckt, die Gemüther mit dem schon eingelegten Zügel der positiven Gebote des Islams und so straffer unter dem Joche des blinden Gehorsams zusammenhielt, je mehr zeitliche Unterwerfung und Aufopferung durch ewige Belohnung und Verherrlichung sanktioniert ward.«[26]

---

23 Nach dem Tode Imam Dschafar as-Sādiqs, des 6. Imams der Schiiten im Jahre 732, musste entschieden werden, wer künftig die Gläubigen führen sollte. Diejenigen Schiiten, die damals der Überzeugung waren, dass dies die Aufgabe seines Sohnes Ismāʿīl (vor 809 entrückt) sei, wurden als Ismailiten (persisch: اسماعيليان) bezeichnet. Noch heute bilden sie eine Religionsgemeinschaft von etwa 20 Millionen Menschen innerhalb des schiitischen Islams, deren religiöser Führer und 49. Imam Karim Aga Khan IV (* 1936) ist.

24 حسن صباح

25 الحشاشين

26 Joseph von Hammer: „*Die Geschichte der Assassinen aus morgenländischen Quellen*“, Stuttgart & Tübingen, in der J.G. Cotta’schen Buchhandlung, 1818, S. 57.

Hassan Sabbāh wurde in Qom (Ort nördlich der heutigen Hauptstadt Teheran) oder in der antiken Stadt Rey geboren und beschäftigte sich bereits in seiner Jugend intensiv mit religiösen Studien. Später verbrachte er einige Jahre in Ägypten und unternahm von dort aus weitere Reisen. Nach seiner Rückkehr in seine Heimat Persien setzte er sich an die Spitze der schiitisch-orientierten Sekte der Ismailiten und suchte nach einer Basis, um von dort aus seine Mission als religiöser Führer auszuführen. 1088 fand er die Burg *Alamut*[27] in einer schwer zugänglichen Bergregion (etwa 100 km nordwestlich von Teheran). Dort führte er ein streng asketisches Leben und verlangte es auch von seinen Mitstreitern, die ihm bedingungslos ergeben waren. Von der Festung Alamut aus, die er bis zu seinem Tod kein einziges Mal verließ, führte er seinen erbarmungslosen Kampf gegen seine sunnitischen Widersacher. Der prominenteste unter ihnen war der Großwesir Nizām al-Mulk, der schließlich auf seinen Befehl ermordet wurde.

Die Festung Alamut wurde mehrfach, jedoch erfolglos von den Regierungssoldaten belagert, bis sie endlich im Jahre 1256 (130 Jahre nach Hassan Sabbāhs Tod) durch einen Enkel Dschingis Khans namens Hülegü (1217–1265) erobert und zerstört wurde.

Berichten zufolge soll Hassan Sabbāh eine Autobiographie verfasst haben, in der er seine heilige Mission dargelegt hätte. Diese Schrift ist jedoch bis auf ein Fragment mit dem Titel „*Die Geschichte unseres Gebieters*“[28] verschollen.

---

[27] Der Legende nach soll Hassan den Besitzer der Burg *Alamut* gebeten haben, ihm ein Stück Erde von der Größe einer Kuhhaut zu verkaufen, damit er darauf seine Gebete verrichten konnte. Nachdem dieser auf den Handel eingegangen war, schnitt Hassen die Kuhhaut in hauchdünne Streifen, legte sie aneinander und konnte so die gesamte Burg markieren und in Besitz nehmen. Das Interessante an dieser Geschichte ist, dass sie erstmalig über die phönizische Prinzessin Dido, die Begründerin von Karthago erzählt wurde. Wegen der Verfolgung durch ihren Bruder Pygmalion, so die Legende, floh Dido über Zypern an den Golf von Tunis. Dort wurde ihr ein Stück Land von der Größe einer Kuhhaut versprochen. Daraufhin schnitt sie die Kuhhaut in dünne Streifen, legte diese aneinander und markierte damit ein Territorium, worauf Karthago gegründet wurde. Wie diese Geschichte mit Hassan Sabbāh in Verbindung gebracht wurde, ist nicht überliefert.

[28] “سرگذشت سیدنا”

Anmerkung: Bei der Schrift „*Die Geschichte unseres Gebieters*“ handelte es sich um die Autobiographie Sabbāhs, die verlorengegangen ist. Es existieren aber zwei Rezensionen darüber.

Der Untergang des Seldschukenreichs

Der fast gleichzeitige Todesfall der beiden mächtigen Staatsmänner, Nizām al-Mulk und Malik Schah, markierte den Anfang vom Ende des Seldschukenreiches. Nach dem Ableben Malik Schahs stritten sich sein Bruder und seine vier Söhne, die von verschiedenen Müttern abstammten, über die Aufteilung seines Herrschaftsgebiets. Ihr Kampf um den Thron führte schließlich zu dem völligen Untergang der Dynastie. Die folgende Tabelle enthält die Namen aller Seldschukenherrscher, ihre Verwandtschaftsverhältnisse und die Dauer ihrer Regentschaft:

Chaghri Beg	Enkel des Seldschuk	989–1060
Toghrol Beg	Enkel des Seldschuk	1038–1063
Alp Arslan	Sohn des Chaghri Beg	1063–1072
Malik Schah I.	Sohn des Alp Arslan	1072–1092
Mahmud	Sohn des Malik Schah I.	1092–1094
Barkiyaruq	Bruder des Malik Schah I.	1094–1104
Malik Schah II.	Sohn des Malik Schah I.	1104–1105
Muhammad I.	Sohn des Malik Schah I.	1105–1118
Sandschar (Sanjar)	Jüngster Sohn des Malik Schah I.	1118–1157

1194 wurde Toghrol III., der letzte seldschukische Herrscher Persiens, in einer Schlacht getötet, und das Seldschukenreich brach danach gänzlich zusammen.

Das geistige Klima im Seldschukenreich

Die Etablierung der Seldschukenherrschaft, die die spätere geschichtliche Entwicklung Persiens entscheidend beeinflusste, war kulturhistorisch von großer Bedeutung für das Land und seine Bevölkerung. Sie leitete die Entthronung der arabischen Sprache im persischen Sprachraum ein, und die Folge dieses historisch bedeutenden Prozesses war, dass die persische Schriftsprache immer mehr anstelle des Arabischen zur Verwaltungssprache des Reiches wurde.[29]

[29] Als die Seldschuken im Jahr 1000 n.Chr. in Persien ankamen, etablierten sie die in Groß-Khorasan gesprochene Version des Parsig, bekannt als Parsi (heute Farsi), als die offizielle Sprache Persiens und ihrer Dynastie.

Es war insbesondere während der Regentschaft Malik Schahs, dass dank der großzügigen Förderung seines Großwesirs Nizām al-Mulk zu einer bemerkenswerten Blütezeit der Astronomie und Mathematik sowie der Künste kam. Es war jedoch die Religion, die das geistige Klima Seldschukenreich am nachhaltigsten beeinflusste und alle Aspekte des privaten und gesellschaftlichen Lebens beherrschte.

Das religiöse Klima

Die religiösen Auseinandersetzungen zwischen den rivalisierenden islamischen Sekten, besonders unter den Sunniten und den Schiiten, die selten ohne Blutvergießen verliefen, sorgten für anhaltende Unruhen im täglichen Leben der Menschen. Die Sunniten betrachteten sich als die einzigen Muslime, die der Sunna des Propheten Mohammed strikt folgten und die Gesamtheit seiner überlieferten Aussprüche und Handlungen als Richtschnur frommer Lebensweise erachteten. Sie bekämpften daher erbarmungslos die Anhänger der Schia, die Schiiten, die sie als Abtrünnige und Ungläubige betrachteten. Diese wiederum hielten die Sunniten für ihre Erzfeinde und verfolgten das Ziel, den Schiitentum (Schiismus) anstelle des Sunnitentums (Sunnismus) als die einzig legitime Staatsreligion zu etablieren. Die Wurzeln der Feindschaft zwischen den beiden Glaubensrichtungen lassen sich bis auf die Zeit des Propheten zurückverfolgen.

Die Sunniten betrachteten die ersten drei Kalifen Abū Bakr (von 632 bis 634), ʿOmar (von 634 bis 644) und ʿUthman (von 644 bis 656), die von der Mehrheit der Mitstreiter des Propheten nach seinem Tode gewählt worden waren, als seine rechtmäßigen Nachfolger. Die Schiiten hingegen hielten sie für Usurpatoren des Kalifats und akzeptierten nur ʿAli, den Vetter und Schwiegersohn des Propheten, der als vierter Kalif das Kalifat übernahm (von 656 bis 661), als den einzig legitimen Nachfolger des Gesandten Allahs. Ihre Überzeugung begründeten sie damit, dass er von dem Propheten selbst als Nachfolger auserkoren worden war.

Im Laufe der Zeit entstanden innerhalb der sunnitischen Abzweigung des Islams neben vielen kleineren und größeren Denkrichtungen vier wichtige traditionelle Rechtsschulen, die nach ihren Gründern oder Großlehrern Schāfiʿiten, Hanafiten, Mālikiten, und Hanbaliten benannt wurden.[30] Auch die Schiiten unterteilten sich im Laufe der Jahrhunderte in zahlreiche verschiedene Sekten, deren wichtigste die

---

30 شافعی، حَنَفی، حَنبَلی، مالکی

bereits genannten Ismailiten waren. Als glühende Patrioten schürten sie das nationalistisch gefärbte Ressentiment der Iraner gegen die Araber und ihre Handlanger wo sie und so gut sie konnten. Besonders erfolgreich hierbei war die geheimnisvolle Brüderschaft der Assassinen, die ihre Anhänger als Attentäter ausbildete und als Meuchelmörder über das gesamte Morgenland aussandte. Ihr Ziel dabei war es, durch die physische Vernichtung ihrer Feinde die arabische Einflussnahme in Persien soweit wie möglich zu unterbinden. Die Brüderschaft versuchte zielbewusst und unbeirrt, ihre Netze in der ganzen islamischen Welt auszuwerfen.

Das Gros der Bevölkerung des damaligen Persiens war sunnitisch orientiert. Auch der übermächtige Großwesir Nizām al-Mulk, der nicht nur ein strenggläubiger Sunnit war, sondern auch ein dogmatischer Anhänger der Rechtsschule der Schāfiʿiten. Seine fanatische Unduldsamkeit gegenüber den Gefährten anderer Glaubensrichtungen, insbesondere den schiitischen Sekten kannte keine Gnade. Er bekämpfte sie überall und mit aller Macht und fiel schließlich selbst ihrem Hass zum Opfer.

Bleibt noch zu erwähnen, dass inmitten der religiösen Unruhen im Seldschukenreich die christlichen Kreuzritter sich auf den Weg nach Osten machten, um angeblich die heilige Stadt Jerusalem aus den Fängen der Muslime zu befreien. So begannen die sieben ‚heiligen' Kreuzzüge, die von 1095 bis 1291 andauerten und bis heute zu den blutigsten religiösen Feldzügen zählen, die die Menschheit je erlebt hat.[31]

Bildungseinrichtungen

Nizām al-Mulk, selbst ein Mann von hoher Bildung und großem Sachverstand, gründete mit großem Eifer mehrere Hochschulen und Akademien (Madrasas) in verschiedenen Regionen des Herrschaftsgebiets der Seldschuken, die alle seinen Namen trugen und als *Nizāmīya* bezeichnet wurden. In religiöser Hinsicht waren diese Bildungseinrichtungen jedoch primär den Angehörigen des sunnitischen Islams, namentlich den Schāfiʿiten vorbehalten.

Der Großwesir sorgte dafür, dass die von ihm ins Leben gerufenen Lehrstätten mit großen Bibliotheken ausgestattet waren, und ver-

---

[31] Es waren insgesamt 8 Kreuzzüge, die zwischen 1095 und 1270 ausgetragen wurden: 1095–1099, 1144–1155, 1187–1192, 1202–1204, (1212 Kinderkreuzzug), 1217–1221, 1228–1229, 1248–1254 und 1270.

pflichtete die berühmtesten Gelehrten der Zeit als Lehrer und Ausbilder. Der Lehrplan an diesen Bildungsinstitutionen umfasste neben der Koranexegese und dem islamischen Recht noch Philosophie, Geographie, Geschichte, Medizin, Chemie, Physik, Astronomie, Mathematik sowie Musik und Literaturwissenschaften. Die Vermittlung des umfangreichen Lehrstoffs oblag ausgewiesenen Lehr- und Fachkräften. So gelang es Nizām al-Mulk, eine enorme Entfaltung der allgemeinen Bildung, der Wissenschaften und der Kultur im gesamten Reich zu bewirken.

Die erste und bedeutendste Bildungseinrichtung dieser Art wurde zwischen 1065 und 1067 in Bagdad errichtet, aus der zahlreiche berühmte Persönlichkeiten hervorgingen.[32] Zu den bekanntesten Lehrmeistern an der dortigen *Nizāmīya* gehörte Abū Hāmid Muhammad Ghazālī[33] (1056–1111), der 1091 von Nizām al-Mulk persönlich berufen wurde. Ghazālī, schon zu Lebzeiten einer der bekanntesten und bedeutendsten Denker und Rechtslehrer des Islams, trug einerseits wesentlich zur Wiederbelebung der Theologie der sunnitischen Orthodoxie bei, andererseits aber zum Untergang der Philosophie in der islamischen Welt (ausgenommen Spanien, das damals ebenfalls unter der Herrschaft der Muslime war).

Weitere Gründungen von *Nizāmīyas* folgten in Nischabur, Amol (im Norden Irans), Balkh (oder Balch im Norden des heutigen Afghanistans), Herat (im Westen des heutigen Afghanistans), Merw (im Südosten des heutigen Turkmenistans), Mossul (im Norden des heutigen Iraks) und in Samarkand (heute in Usbekistan).

Omar Khayyam zählte zu den prominentesten Persönlichkeiten und Gelehrten, die an der *Nizāmīya* von Nischabur ausgebildet wurden.

---

[32] Einer der bekanntesten unter ihnen war der herausragende persische Dichter Saadi (1210–1292), der sich schon als junger Mann nach Baghdad begab und an der dortigen Nizāmīya studierte.

[33] ابو حامد محمد غزالی

Kunst und Kultur

Auch Kunst und Kultur erlebten eine bemerkenswerte Blütezeit in dieser Epoche. Da die Seldschuken selbst kein eigenes Kulturerbe mitgebracht hatten, übernahmen sie das hochentwickelte und reichhaltige Kulturerbe der Perser und förderten großzügig dessen weitere Entfaltung. Es war während ihrer Herrschaftszeit in Persien, dass iranische Kunst- und Kulturschaffende sich immer mehr der einstigen kulturellen Größe ihrer Vorfahren in der vorislamischen Ära besannen und zahlreiche Kunstwerke in Anlehnung an die altiranische Mythologie und Geschichte schufen.[34]

Die meisten Themen, die die Künstler dieser Zeit zum Gegenstand ihrer Kunst machten und als Entwürfe für Meisterwerke verwendeten, stammten aus dem iranischen Nationalepos „*Shah Nameh*“[35] oder dem berühmten Buch „*Khamseh*“[36]. Beispielsweise wurden aus der erstgenannten Quelle die Legende des Drachenkönigs Zahhak[37] und die Liebesgeschichte von *Bijan und Manijeh* der altiranischen Sagenwelt ausgesucht; aus der zweitgenannten die Abenteuer des sassanidischen Großkönigs Bahrām Gūr (von 420 bis 438) mit seiner römischen Harfenistin Āzādeh.

Abb. 5 zeigt eine Schale aus *Minai*-Keramik[38]. Es handelt sich dabei um ein Kunstwerk aus dem 11./12. Jahrhundert, auf dem der arabischstämmige Drachenkönig Zahhak dargestellt ist.

---

[34] Die erste große Ausstellung, die sich speziell und in englischer Sprache mit dem Seldschukenreich befasste, fand vom 27. April bis 24. Juli 2016 unter dem Titel *Court and Cosmos. The Great Age of the Seljuqs* im Metropolitan Museum of Art in New York statt. Dabei wurde eine große Zahl von Kunstobjekten verschiedenster Art aus der Epoche gezeigt.

[35] Das „*Shah Nameh*“ des persischen Historikers und Dichters Ferdowsi (940–1020) mit einem Umfang von nahezu 60.000 Versen ist das berühmteste epische Werk der gesamten persischen Lieteratur. Darin werden neben vielen Überlieferungen aus der altiranischen Sagenwelt auch historische Ereignisse im vorislamischen Persien geschildert.

[36] Die „*Khamsa*“ oder „*Panj Ganj*“ (Fünf Schätze) ist das wichtigste und bekannteste Werk des eminenten persischen Dichters Nizāmī Ganjavī (1141–1209).

[37] ضحاک ماردوش

[38] Bei der Minai-Technik (minai: persisches Wort für Email bzw. Schmelzfarbe), bekannt auch als *Haft Rang* (sieben Farben), wird zunächst die Farbe auf den Ton aufgebracht, anschließend alkalisch glasiert und fixiert. Danach wird das Kunstobjekt bei Temperaturen über 1000 °C mehrfach gebrannt.

Abb. 5: Der Drachenkönig Zahhak aus der altiranischen Sagenwelt

Zahhak galt und gilt noch heute als die Verkörperung der Tyrannei und Fremdherrschaft. Nach einem schändlichen Pakt mit dem Teufel, aufgrund dessen er seinen eigenen Vater tötete, wuchsen ihm zwei Schlangen aus den Schultern, die täglich mit den Gehirnen zweier iranischer Jünglinge gefüttert werden mussten, damit er selbst weiter am Leben bleibt.

In Abb. 6 ist ein Becherglas aus dem 13. Jahrhundert zu sehen, worauf eine Szene aus der Liebesgeschichte *Bijan und Manijeh* dargestellt ist. Bijan, ein junger iranischer Held verliebte sich in Manijeh, Tochter Afrāsyāb des größten und gefährlichsten Feinds der Iraner. Kurz darauf wurde er von den Schergen Afrāsyābs trickreich gefangengenommen. Das Kunstwerk erzählt die glorreiche Rettungsaktion des iranischen Helden aus der feindlichen Gefangenschaft.

Das dritte Beispiel (Abb. 7) zeigt zwei Kunstobjekte aus dem 5. bzw. 12. Jahrhundert. Es handelt sich dabei um Jagdszenen aus der Herrschaftszeit des berühmten persischen Großkönigs Bahrām Gūr aus dem Sassanidengeschlecht, dessen facetten- und abenteuerreiches Leben und seine besondere Vorliebe für Jagd einen wirkungsmächtigen Nachhall in der persischen Literatur und Kunst gefunden haben.

Abb. 6: Die Befreiung Bijans der fremden Gefangenschaft

Abb. 7: Bahrām und Āzādeh bei der Jagd (links 5: Jahrhundert[39], rechts 12. Jahrhundert[40])

39 Quelle: Wikipedia, the free encyclopedia.

40 The Metropolitan Museum of Art (https://www.wikiwand.com/en/Mina%27i_ware).

Bahrām wurde bei der Jagd stets von seiner Gefährten Āzādeh, einer römischen Harfenistin begleitet. Die Jagdszene, die häufig auf Kunstwerken und Miniaturen dargestellt wurde, zeigt den Augenblick, in dem Āzādeh Bahrām auffordert, mit einem einzigen Pfeil den Fuß einer Gazelle an ihrer Schulter festzunageln, sobald sie ihn anhebt, um sich zu kratzen, und Bahrām erfüllt diesen Wunsch jedes Mal!

Interessant sind auch zahlreiche Minai-Keramiken aus dieser Zeit mit Frauenfiguren, von denen eine in Abb. 8 zu sehen ist.

Abb. 8: Minai-Keramik mit Frauenfiguren (12. Jahrhundert)[41]

Architektur

Auch die Architektur erlebte eine Blütezeit während der Herrschaft der Seldschuken. Von den zahlreichen Monumentalbauten und Moscheen, die damals errichtet wurden, sollen hier lediglich eine Gipsplatte mit thronendem Gründer der Seldschukendynastie Toghrol Beg (Abb. 9) und dessen Mausoleum, bekannt als Toghrol-Turm (Abb. 10) erwähnt werden, dessen Bau interessante architektonische Besonderheiten aufweist.

---

[41] Sharjah Museum of Islamic Civilization (https://www.pinterest.com/pin/871868809084107212/).

Abb. 9: Gipsplatte mit thronendem Toghrol-Beg und Höflingen[42]

Abb. 10: Toghrol-Turm in Rey/Iran, 12. Jahrhundert[43] (links)
und heute (rechts)

---

[42] Rey/Iran, 2. Hälfte des 12. Jahrhunderts, Philadelphia Museum (https://www.rugrabbit.com/content/seljuqs-met).

[43] Dieses Foto wurde in den 1869er Jahren vom dem italienischen Oberst und Fotografen Luigi Pesce (1818–1891) gemacht, der 1848 in den Iran gereist war, um iranische Infanterieeinheiten auszubilden. Er starb in Teheran und wurde neben seiner Frau auf dem Doulab-Friedhof, einem historischen Ort in den östlichen Vororten von Teheran beigesetzt.

Der 20 Meter hohe Backsteinturm wurde 1063 als Grabmal des Seldschukenherrschers Toghrol Beg in der Stadt Rey errichtet, wo er verstorben war. Die Dicke der Mauern variiert zwischen 1,75 und 2,75 Metern; der Außendurchmesser beträgt 16 Meter. Die äußere polygonale Form des Bauwerks mit ihren 24 Winkeln diente zur Stabilität der Struktur gegen etwaige Erschütterungen. Nach Ansicht einiger Experten fungierte die oberste Begrenzung des Turms wie ein Uhrzeiger, und die Zeit konnte an den Zinnen abgelesen werden.

Es wird berichtet, dass eine der Verwendungen dieses Turmes darin bestand, in nebligen Nächten auf dessen Dach ein Feuer zu entzünden und so die Reisenden, die von Khorasan nach Rey kamen, zu führen. Ergänzend sei noch erwähnt, dass die Turmspitze ursprünglich mit kufischen Inschriften[44] verziert war. Abb. 10, rechts zeigt den heutigen Zustand des Toghrol-Turms nach mehrjähriger Restaurierung.

Geburt eines Sterns

Als Omar Khayyam in Nischabur zur Welt kam, hatten die Seldschuken bereits den Gipfel ihrer Machtentfaltung erreicht, und die drei Männer, Malik Schah, Nizām al-Mulk und Hassan Sabbāh, waren die Hauptakteure in der politischen und religiösen Arena des Riesenreiches.

Der Geburtsort

Omar Khayyam erblickte das Licht der Welt in der Ortschaft Shādyākh[45] im Westen der Stadt Nischabur. Historischen Quellen zur Folge wurde dieses Stadtviertel von Ȧbdallāh bin Tāhir, dem ersten iranischen Statthalter von Khorasan erbaut, der von 825 bis zu seinem Tode im Jahre 844 im Namen des Kalifen al-Ma'mūn in Persien herrschte und Nischabur als Regierungssitz bestimmte. Die Anwesenheit seiner Soldaten in der Stadt veranlasste die Einwohner von Nischabur dazu, ihn zu bitten, seine Waffenträger aus der Stadt abzuziehen, um mögliche Unruhen und Zusammenstöße zu verhindern. Tāhir reagierte wohlwollend auf die Forderung und stationierte seine Armee im Westen der Stadt. Fortan entwickelte sich Shādyākh zum

---

[44] Die kufische Schrift ist eine der ältesten kalligraphischen Formen der arabischen Schrift. Sie wurde nach der Stadt Kufa (im heutigen Irak) benannt.

[45] شادیاخ (شادی کاخ، کاخ شادی)

Wohnort der Reichen und Adligen, und das Herrschaftsschloss von Shādyākh diente als Aufenthaltsort der Mächtigen, die sich besuchsweise und vorübergehend in Nischabur aufhielten.[46]

Die Stadt Nischabur, die sich gegenwärtig im Nordosten Irans befindet, lag damals, wie in Abb. 3 ersichtlich, im Herzen des Großreichs der Seldschuken und zählte zu den wichtigsten Kulturzentren der damaligen islamischen Welt. Während des so genannten islamischen Goldenen Zeitalters, insbesondere aber im 9. und 10. Jahrhundert, war Nischabur eines der größten Zentren der Töpferei und verwandter Künste. Zwei Kunstwerke dieser Art sind in Abb. 11 zu sehen. Die in reproduzierte Fotografie (Abb. 11, links) einer Keramikschüssel mit gerundetem Korpus (Durchmesser: 22 cm) zeigt eine von Pfauen flankierte Frau. Das Cavetto[47] umfasst zwei Bänder, die mit Pseudokalligraphien verziert sind. Die Außenseite des Cavettos ist durchsetzt mit stilisierten geometrischen Mustern.

Abb. 11: Keramikschalen aus Nischabur des 10. Jahrhunderts[48]

[46] Minoru Inaba: „*Sedentary Rulers on the Move: The Travels of the Early Ghaznavid Sultans Turko-Mongol Rulers*“ in: „*Cities and City Life*“, edited by David Durand-Guédy, Brill Leiden Boston, 2013, p. 88.

[47] Ein Cavetto ist ein konkaves Formteil mit einem regelmäßig gekrümmten Profil, das Teil eines Kreises ist und in der Architektur sowie bei Möbeln, Bilderrahmen, Metallarbeiten und anderen dekorativen Künsten weit verbreitet ist. (Wikipedia. The Free Encyclopedia)

[48] The Metropolitan Museum of Art (https://www.pinterest.com/pin/424816177360769704/).

Die Fotografie in Abb. 11 (rechts) zeigt ebenfalls eine Keramikschale (Durchmesser: 22,5 cm) mit menschlichen und tierischen Motiven in einer unverwechselbaren Farbpalette aus Gelb, Grün, Rot und Schwarz. Dieses Kunstwerk ist insofern besonders bemerkenswert, als es eine Figur (Mann oder Frau?) mit sichelförmigen Hörnern anstelle eines Kopfes darstellt.

Über die Entstehungsgeschichte der Stadt Nischabur erfährt man viel Wissenswertes u.a. in dem Reisebuch des amerikanischen Iranisten Abraham Valentine Williams Jackson (1862–1937), der im Mai 1907 Nischabur aufsuchte. Dort heißt es im Kapitel *Historische Skizze von Nischapur*:

»Im Orient verdankt die Stadt Nischapur ihren Ruf in keiner Weise Omar Khayyam, sondern der Tatsache, dass sie eine der ältesten und berühmtesten Städte Irans ist. Der erste sassanidische König, Ardaschir Babagan (von 224 bis 241), gründete eine Stadt, die er *Nih* nannte. Sein Sohn Schapur I (von 241 bis 292) errichtete auf den Überresten von Nih eine neue Stadt, der er den Namen Nih-Schapur gab.«[49]

Nachdem die muslimischen Araber um 642 bereits weite Gebiete des Sassanidenreiches[50] erobert hatten, verlor Nischabur viel von ihrer einstigen Größe und Bedeutung, entwickelte sich jedoch im Mittelalter zu einer der führenden Metropolen in der Region Khorasan. Sie spielte nicht nur beim Warenhandel, sondern auch beim Wissensaustausch zwischen Orient und Okzident eine wichtige Rolle, da die berühmte Seidenstraße[51] mit ihren zahlreichen Poststationen durch sie führte (Abb. 12).

Die Seidenstraße, die bereits seit 115 v.Chr. existierte, war nicht nur ein Verbindungsweg zwischen Ost und West, sondern ein ganzes Netzwerk von Handelsrouten, das China über 1.500 Jahre lang mit anderen Regionen der damaligen Welt verband. Sie führte von Chang'an (heute Xi'an) nach Konstantinopel (heute Istanbul) und weiter nach Italien. Über sie wurden alle Arten von Gütern wie Seide, Gold, Gewürze und Parfüme, aber auch Ideen wie Religion und Kultur transportiert.[52]

---

[49] A.V. Williams Jackson: „*From Constantinople to the Home of Omar Khayyam: Travels in Transcaucasia and Northern Persia for Historic and Literary Research*", The Macmillan Company, New York, 1911, S. 246–250.

[50] Das Großreich der Sassaniden existierte über vier Jahrhunderte, von 224 bis 651 n.Chr.

[51] Die Bezeichnung *Seidenstraße* wurde 1877 von dem deutschen Geografen Ferdinand von Richthofen (1833–1905) geprägt.

[52] Luce Boulnois: „*La Route de la Soie*", Éditions Arthaud, Paris, 1963.

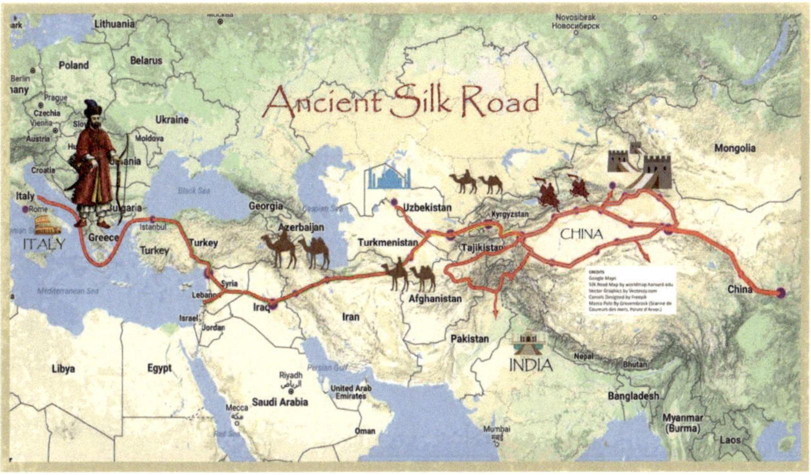

Abb. 12: Die alte Seidenstraße (Quelle: Silk Road Festival)

Ihre Blütezeit erlebte die Seidenstraße im 1. Jahrhundert (Han-Reich), im 8. Jahrhundert (Tang-Reich) und vor allem im 14. Jahrhundert (Mongolenreich), verlor aber ihre Bedeutung mit der Eroberung Konstantinopels durch die Türken im Jahr 1453.

Das ausgedehnte Netzwerk der Handelsrouten der Seidenstraße war Zeuge eines harten Wettbewerbs zwischen Kaufleuten, die um den Transport begehrter Waren wie Seide, Gewürze und Edelmetalle wetteiferten. Es war jedoch auch ein Zeichen der bemerkenswerten Zusammenarbeit, da verschiedene Kulturen und Zivilisationen harmonisch Wissen, Ideen und Waren austauschten.

Die nördliche Steppenroute der Seidenstraße wurde fortwährend ausgebaut und mit Stationen versehen. Die Verkehrssprache auf diesem Teil der Seidenstraße war mehrheitlich das Persische.[53] So erreichte Nischabur im 11. Jahrhundert und unter den Seldschuken ihren kulturellen und materiellen Höhepunkt. Der persische Dichter Marwzī[54] (1117–1157), ein Zeitgenosse des letzten Seldschukenherrschers Sultan Sandschar, bejubelte in einem seiner Verse die Stadt Nischabur wie folgt:

53 „*China und Europa – die geschichtliche Entwicklung im Vergleich*", Teil 2: „*Von der Song-Dynastie zur Ming-Dynastie*" (https://globale-allmende.de/gesellschaft/ressourcen-der-macht/china/geschichte2#main); siehe auch: Batin Durmaz: „*Socio-economic and Political History of the Silk Road in the 6th Century AD*", Dissertation, Yeditepe University, May 2022.

54 اثیرالدین فتوحی مروزی ملقب به شرف الحکماء

»Wie herrlich bist du Nischabur; wenn es im Reich Gottes ein Paradies gibt, dann bist es eben du und sonst nichts.«[55]

Das Geburtsdatum

Über das Geburtsdatum Khayyams wurden in der Vergangenheit in den historischen Quellen unterschiedliche und zum Teil widersprüchliche Angaben gemacht. Als frühestes Geburtsjahr wurde in einigen dieser Quellen nach islamischer Zeitrechnung das Jahr 412 A.H. angegeben, welches dem Jahr 1021/22 n.Chr. entspricht. Zur Erläuterung der Jahresangabe A.H. sei Folgendes angemerkt:

Der Beginn der islamischen Zeitrechnung war jenes schicksalhafte Jahr, in dem der Prophet Mohammed heimlich aus Mekka nach Medina auswanderte, um seinen Widersachern, die nach seinem Leben trachteten, zu entkommen. Das Jahr der Auswanderung, *Anno Hegirae* (A.H.), war 622 n.Chr. Aus diesem Grund werden Jahresangaben in der islamischen Welt mit dem Kürzel A.H. versehen. Der islamischen Zeitrechnung liegt bekanntlich das so genannte Mondjahr zugrunde, dessen Durchschnittslänge 354 Tage beträgt und somit 11 Tage kürzer als die Durchschnittslänge eines Sonnenjahres ist. Dadurch ergeben sich im Laufe der Jahre zeitliche Unterschiede zwischen dem islamischen und dem christlichen Kalender. Um eine Jahresangabe nach islamischer Zeitrechnung (A.H.) in die christliche Zeitrechnung (Chr.) umzurechnen, kann die folgende einfache Gleichung herangezogen werden:

$$\text{Chr.} = (32/33) \times \text{A.H.} + 622$$

Der Faktor 32/33 beruht darauf, dass 33 Mondjahre genau 32 Sonnenjahren entsprechen.[56]

---

55 حبّذا شهر نشابور که در ملک خدای   گر بهشت است همین است وگرنه خود نیست

56 Der deutsche Gelehrte Heinrich Brugsch (1827–1894) schlug 1862 folgendes Verfahren zur Umrechnung islamischer Jahresangaben in christliche:
»Die Reduction eines Jahres-Datums mohamedanischer Aera in das entsprechende Jahr der christlichen Aera geschieht annährend richtig dadurch, daß man von jedem Jahrhundert 3 Jahre (jedes angefangene Drittel des Jahrhunderts außerdem als voll gezählt) abzieht und zu dem Rest die Zahl 622 hinzulegt. Nehmen wir das mohamedanisch Jahr 1277 als Beispiel, so müssen hiervon 12,77×3=38,31 d.h. 39 volle Jahre subtrahirt [sic] werden, bleibt Rest 1238, und dazu 622 Jahre addirt [sic] werden. Die Summe 1860 entpricht somit dem betreffenden Jahre der christlichen Aera.« Siehe:

Khayyams Horoskop

Der eminente persische Astronom und Historiker Abul Hassan Bayhaqī[57] (1097–1169), der ebenfalls aus Nischabur stammte und als Heranwachsende im Jahre 1114 in Begleitung seines Vaters Khayyam besuchte, hatte den Zeitpunkt der Geburt des großen Gelehrten in seinem berühmten Geschichtsbuch „*Die Lebensgeschichten der Gelehrten des Islams*“[58] aus dem Jahre 1167 in Form eines Horoskops beschrieben. Der in Arabisch verfasste Text lautete:

«طالعه الجوزا و الشمس و عطارد على درجة الطالع □
من الجوزا و عطارد صميمى و المشترى من تثليث ناظر اليها»[59]

»Sein [Khayyams] Aszendent [Aufgangsgestirn] waren die Zwillinge. Die Sonne und der Merkur waren oberhalb des Aszendenten im □ der Zwillinge. Der Merkur war „Ṣamīmī“, und der Jupiter aspektierte [blickte auf] beide durch ein Trigon [Drittgestirn].«[60]

Zum besseren Verständnis dieses Textes sei angemerkt, dass die damaligen Astronomen, zu denen Bayhaqī selbst zählte, einen Planeten als *Ṣamīm* bezeichneten, wenn der Unterschied in seinem Längengrad von dem der Sonne weniger als 16 Minuten betrug. Von *aspektieren* sprachen sie, wenn zwei Planeten so in ihren Zeichen standen, dass sie sich sozusagen gegenseitig anschauten. Unter *Trigon* verstanden sie die Konstellation, bei der zwei Himmelskörper einen Winkel von 120 Grad am Himmel zueinander einnahmen.

Dieser durchaus wichtige und genaue Hinweis Bayhaqīs bezüglich des Geburtsdatums Khayyams blieb jedoch überraschenderweise lange Zeit unbeachtet, und kein persischer Sternenkundler unternahm den Versuch, aus diesem Horoskop das Geburtsdatum Khayyams zu berechnen.

Es ist also nicht verwunderlich, dass im Laufe des 20. und 21. Jahrhunderts verschiedene Autoren unterschiedliche Angaben bezüglich

---

„*Reise der königlich preußischen Gesandtschaft nach Persien 1860 und 1861 geschildert von Dr. Heinrich Brugsch*“, Leipzig, J.C. Heinrichs’sche Buchhabdlung, 1862 (Anhang).

57 ظهيرالدين ابوالحسن بيهقى

58 “تاريخ حكماء الإسلام” يا “تَتِمَة صُوان الحكمة”

59 «طالعش جوزا بود و آفتاب و عطارد بر درجهٔ طالع □ جوزا و عطارد صميمى و مشترى از تثليث ناظر بر آن دو»

60 „*The Earliest Account of ‘Umar Khayyam*“, Bulletin of the School of Oriental Studies, University of London, 5(3), S. 467–473.

des Geburtsdatums Khayyams gemacht haben. Im Folgenden werden diese Angaben chronologisch kurz besprochen.

25. Juli 1050

1933 illustrierte der britische Buchillustrator Edmund Joseph Sullivan (1869–1933) eine Ausgabe von Khayyams Vierzeilern, die bereits 1859 vom englischen Autor Edward FitzGerald (1809–1883) frei ins Englische übersetzt worden waren. Unter den Abbildungen befand sich auch eine Darstellung des Horoskops von Omar Khayyam (Abb. 13).

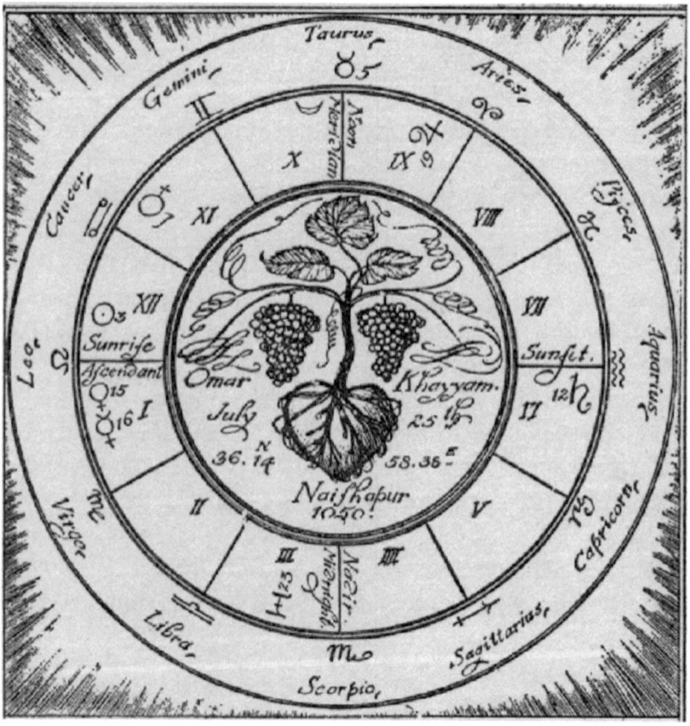

Abb. 13: Khayyams Horoskop in einer Illustration von Edmund J. Sullivan, 1933[61]

Darin hatte der Künstler das Geburtsdatum Khayyam als 25. Juli 1050 angegeben. Wie er zu dieser 'Entdeckung' gelangt war, ist nicht überliefert.

[61] https://www.pinterest.com/pin/207869339034127525/

19. Dezember 1025

1934 gab der damals in Los Angeles lebende Religionsstifter Otoman Zar Adusht Hanish[62] (1856–1936) in seinem Buch „*Omar Khaiyam in seinen Rubaiyat*“[63] den 19. Dezember 1025 als das Geburtsdatum Khayyams an, ohne irgendwelche Belege für seine Behauptung vorzulegen.

18. May 1048

1941 teilte der indische Gelehrte Swāmī Govinda Tīrtha (* 1941) in seinem umfangreichen Buch über Khayyams Leben und Wirken, das unter dem Titel „*Der Nektar der Anmut*“[64] in Indien erschien, mit, dass es ihm und indischen Astronomen gelungen sei, das Geburtsdatum Khayyams aufgrund des von Bayhaqī beschriebenen Horoskops (Abb. 14) als 18. May 1048 bestimmen zu können.

Er stellte auch die umfangreichen Berechnungen und Tabellenwerke in seinem Buch vor. Diese beruhten auf der Annahme, dass der Merkur zum Zeitpunkt der Geburt Khayyams der Sonne näher als 16 Minuten stand.

Das von Swāmī Tīrtha bestimmte Geburtsjahr 1048 entspricht dem islamischen Mondjahr 439 A.H., vorausgesetzt die fehlende Angabe □ in der Horoskopsbeschreibung Bayhaqīs durch den arabischen Buchstaben (ج) d.h. die Zahl 3 ersetzt wird.[65]

---

62 Otoman Zar Adusht Hanish, der mit bürgerlichem Namen Erich Otto Haenisch hieß, wurde nach eigenen Angaben am 19. Dezember 1844 in Teheran geboren. Er stiftete eine neue Religion mit Namen *Mazdaznan* (persisch: مزدازنان), eine Mischung aus zoroastrischen, christlichen und hinduistischen Elementen.

63 „*Omar Khaiyam in seinen Rubaiyat. Mit einem Abriß der Geschichte und Lebensbeschreibung des persischen Dichters, Astronomen und Staatsmannes*“ von O.Z. A. Hanish. Ins Deutsche übertragen und herausgegeben von Otto Rauth. Mazdaznan Verlag und Versandhaus GmbH, Leipzig, 1934.

64 Swāmī Govinda Tīrtha: „*The Nectar of Grace. ʻOmar Khayyām's Life and Works*“, Kitabistan, Allahabad, 1941.

65 Vor der Übernahme der indischen Zahlenzeichen 1, 2, 3, ... bildeten in der islamischen Welt die arabischen Buchstaben zugleich das arabische Zahlensystem. Die 28 Buchstaben wurden in drei Neunergruppen geteilt: Die erste Gruppe gab die Einerzahlen von 1 bis 9 wieder, die zweite die Zehnerzahlen von 10 bis 90 und die dritte die Zahlen von 100 bis 900. Der letzte Buchstabe wurde gleich 1000 gesetzt.

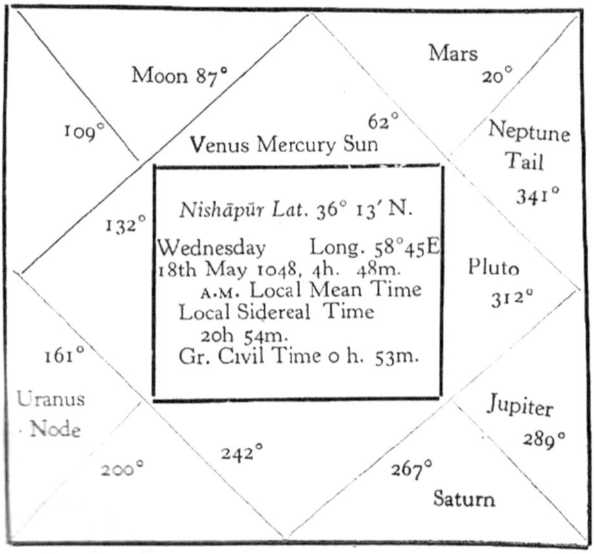

Abb. 14: Khayyams Horoskop[66]

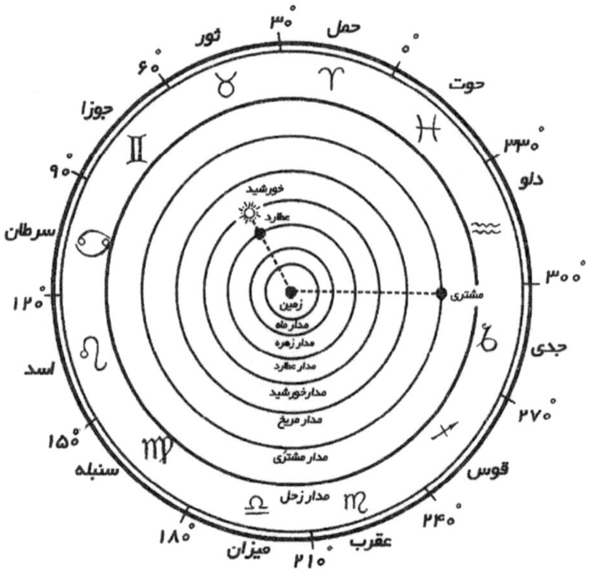

Abb. 15: Khayyams Horoskop[67]

---

66 Ebenda, S. XXXVII.

67 „*Omar Khayyams Leben und Wirken*" von B.A. Rosenfeld und A.P. Juschkewitsch, ins Persische übertragen von Baqer Mozaffarzadeh, Teheran, 2004, S. 13.

In ihrer Schrift „*Omar Khayyams Leben und Wirken*“ aus dem Jahre 1960 bestätigten die beiden russischen Gelehrten Boris A. Rosenfeld (1917–2008) und Adolf P. Juschkewitsch (1906–1993) aufgrund der Berechnungen ihrer Mitarbeiter den 18. Mai 1048 als Khayyams Geburtsdatum und stellten ihrerseits eine einfachere Version seines Horoskops (Abb. 15) vor.

1038

1950 nannte der US-amerikanische Philosoph und Historiker Will (William James) Durant (1885–1981) – ohne nähere Angaben – das Jahr 1038 als Geburtsjahr Khayyams und schrieb lapidar:

»Abu'l-Fath Umar Khayyami ibn Ibrahim wurde 1038 in Nischapur geboren.«[68]

23. Mai 1041

2000 berechnete der iranische Kalenderfachmann Iraj Malekpour (* 1940), der viele Jahre als staatlich anerkannte Herausgeber des offiziellen iranischen Kalenders tätig war (bis 2002), erneut das Geburtsdatum Khayyams auf der Grundlange des von Bayhaqī beschriebenen Horoskops. Er kam jedoch zu dem Ergebnis, dass Khayyam nicht am 18. Mai 1048, sondern am 23. Mai 1041, also sieben Jahre früher geboren sein muss.[69] Diese Diskrepanz mag daher rühren, dass er für die fehlende Stelle in der Horoskopsbeschreibung Bayhaqīs andere Werte als die Zahl 3 angenommen hatte.

20. Mai 1025

2012, im Erscheinungsjahr der ersten Auflage seines Buches „*Die Algebra des Omar Chayyam*“[70], teilte Sebastian Linden mit, mithilfe eines Computerprogramms die Position der Sonne am Himmel sowie

---

[68] Will Durant: „*The Story of Civilization IV. The Age of Faith*“, Simon and Schuster, New York, 1950, p. 321.

[69] Nashr-e Danesh, No. 97, 1379, 25–27.

[70] Sebastian Linden: „*Die Algebra des Omar Chayyam*“, 1. Auflage, Edition Avicenna, München, 2012, S. 68, insbesondere aber 2. Auflage, Springer Spektrum, 2017, S. 283–289.

die des Merkurs und des Jupiters bezüglich der Sonne – wie sie von Nischabur aus zum Zeitpunkt der Geburt Khayyams zu beobachten waren – gemäß den astronomischen Angaben Bayhaqīs bestimmt und herausgefunden zu haben, dass auch der 20. Mai 1025 als Geburtsdatum Khayyams infrage kommen kann. In der zweiten Auflage seines Buches erschienen in 2017 erläuterte und begründete er ausführlich seine Berechnungen.

10. Juni 1021

2021 kam der iranische Soziologe Mohammad H. Tamdgidi, der sich mit der Problematik des Geburtstages Khayyams auseinandergesetzt hat, zu dem Ergebnis, dass Khayyam am 10. Juni 1021 frühmorgens in Nischabur geboren wurde[71], also 27 Jahre früher als von Tīrtha bestimmtem Geburtsjahr.

Anmerkung: Angesichts des allgemeinen Konsenses über das von Swāmī Tīrtha berechnete Geburtsdatum wird auch in dem vorliegenden Buch der 18. Mai 1048 als Geburtsdatum Khayyams zugrunde gelegt. Der 18. Mai wird im Iran als Nationaler Khayyam-Tag begangen.

Google Doodles

Google Doodles sind besondere, vorübergehende Änderungen des Logos des US-amerikanischen Unternehmens Google anlässlich des Gedenkens bestimmter Ereignisse oder bemerkenswerter Persönlichkeiten.

Am 18. Mai 2012 stellte die Internet-Suchmaschine Google erstmalig anlässlich des 964. Geburtstags Khayyams das Doodle vor, das in Abb. 16 zu sehen ist.

Dieses Doodle versinnbildlicht das von Khayyam angewandte Verfahren zur Lösung algebraischer Gleichungen 3. Grades mittels Kegelschnitte (Kreis, Ellipse, Parabel und Hyperbel).

---

71 Mohammad H. Tamdgidi: „*Omar Khayyam's Secret: Hermeneutics of the Robaiyat in Quantum Sociological Imagination. Book 2: Khayyami Millenium*“, Okcir Press, Belmont, MA (USA), 2021, S. 11–18.

Am 18. Mai 2019 stellte Google anlässlich des 971. Geburtstags Khayyams ein weiteres Logo ins Netz, das in Abb. 17 wiedergegeben ist.

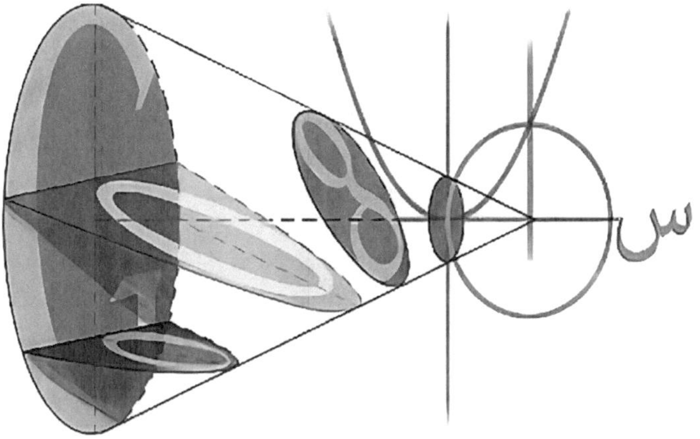

Abb. 16: Google Doodle am 18. Mai 2012 anlässlich des 964. Geburtstags Khayyams

Abb. 17: Google Doodle am 18. Mai 2019 anlässlich des 971. Geburtstags Khayyams

Die in diesem Google Doodle eingezeichneten vier Quadranten eines Kreises sind eine Anspielung auf ein geometrisches Problem, mit dem sich Khayyam in seiner Algebra beschäftigt hatte.

Der Name

Der Vorname *Omar* – nach dem zweiten Kalifen ʿOmar (von 634 bis 644) – lässt die Schlussfolgerung zu, dass Khayyams Eltern, wie die meisten Menschen im damaligen Persien, Sunniten waren und ihren Sohn nach sunnitischer Tradition erzogen. Vieles spricht auch dafür, dass sie Anhänger der islamischen Rechtschule der Schāfiʿiten waren, da ihr Sohn dank seiner Zugehörigkeit zu dieser Glaubensrichtung später von mächtigen Mäzenen wie Abū Tāher[72] (1039–1091), dem Obersten Richter von Samarkand, und Nizām al-Mulk, dem Großwesir Malik Schahs, in jeder Hinsicht und großzügig unterstützt wurde.

Die Frage nach der Herkunft des Nachnamen *Khayyam* mit der wörtlichen Bedeutung *Zeltmacher* lässt sich allerdings nicht eindeutig beantworten. Die Annahme, dass Omars Vater Zeltmacher war und dass auch er diesen Beruf ausübte und später diese Berufsbezeichnung als Pseudonym wählte, trifft nicht zu. Seine Eltern waren wohlhabend genug, um ihm eine exzellente Ausbildung zu ermöglichen. Der 1933 in Libanon geborene amerikanische theoretische Chemiker und Friedensnobelpreisträger (1995) John Scales Avery behauptete sogar in seinem 2021 erschienen Buch „*Lives in Mathematic*“:

»Sein [Khayyams] Vater war ein wohlhabender Arzt, der einen Tutor bezahlte, um seinem Sohn Omar eine hervorragende Ausbildung zu ermöglichen. So erhielt Omar Khayyam eine ungewöhnlich gute Ausbildung in Naturwissenschaften, Philosophie und Mathematik.«[73]

Auch als Erwachsene dürfte Khayyam zeitlebens ein in materieller Hinsicht sorgloses Dasein genießen und sich getrost gänzlich seinen wissenschaftlichen und literarischen Vorlieben widmen können, ohne jemals einen handwerklichen Beruf ergreifen zu müssen. Diesen Umstand verdankte er der großzügigen finanziellen Unterstützung des Großwesirs Nizām al-Mulk. Eingedenk der tiefen Verehrung seiner Gelehrsamkeit bot ihm Nizām al-Mulk sogar eine Stelle am königlichen Hof, die Khayyam jedoch mit der Begründung ausschlug, er wolle Muße zum wissenschaftlichen Schaffen haben. Sinngemäß soll er sich seinem Gönner gegenüber wie folgt geäußert haben:

»Der größte Segen, den du mir spenden könntest, wäre, mich in einer Ecke im Schatten deiner Güte leben zu lassen, damit ich meine Vorliebe für Wissenschaften weiter pflegen und für dein langes Leben beten kann.«

---

72 ابوطاهر عبدالرّحمن بن احمد بن عَلَک

73 „*Lives in Mathematic by John Scales Avery*“, 2021, p. 55. (https://eacpe.org/app/wp-content/uploads/2021/02/Lives-in-Mathematics-John-Scales-Avery.pdf).

Es ist allerdings nicht auszuschließen, dass einer oder mehrere Vorfahren Khayyams vom Beruf Zeltmacher waren, und er diese Berufsbezeichnung als seinen Nachnamen und *nom de plume* wählte.

Der Name Khayyam in Europa

Die Frage, wann und wo zum ersten Mal der Name *Khayyam* in Europa auftauchte, lässt sich nicht eindeutig beantworten. Der tschechische Orientalist und Iranist Jan Rypka (1886–1968) erwähnte *en passant* in seiner Schrift „*Wege zu Omar Chajjâm*“[74] einen Italiener namens Skaliger als derjenige, der den Namen Khayyam beiläufig und erstmalig genannt hätte. Er machte jedoch keine näheren Angaben, um seine Anmerkung zu untermauern. Gemeint hatte er natürlich den italienischen Humanisten, Dichter und Naturforscher Giulio Cesare Scaligero (1484–1558).[75]

Fest steht jedoch, dass der erste Europäer, der auf Omar Khayyam aufmerksam wurde, der englische Orientalist und Sprachwissenschaftler Thomas Hyde (1636–1703) war. In seinem Opus Magnum „*Historia religionis veterum Persarum*“ (Die Religionsgeschichte der alten Perser), das 1700 in Oxford erschien, erwähnte er den großen Gelehrten aus Persien namentlich und bezeichnete ihn als *König der Weisen* und *Wunder seines Zeitalters*.[76]

Der Nachname Khayyam hat im Westen zu der irrigen Annahme geführt, dass Omar Khayyam vom Beruf Zeltmacher war. Edward FitzGerald, der, wie bereits erwähnt, 1859 die Gedichte Khayyams ins Englische übersetzte und damit ihn und sich selbst weltberühmt machte, war es, der von *Omar the Tentmaker*[77] (Omar der Zeltmacher) sprach. Seitdem hat sich die Berufsbezeichnung *Zeltmacher* für Khayyam in englischer Literatur eingebürgert und wird bis heute unbeirrt in der englischen Kunst- und Literaturszene weiterverwendet. Hierzu drei Beispiele:

---

[74] Jan Rypka: „*Wege zu Omar Chajjâm*“, in: „*Durchblättert in des Lebens Buch. Vierzeiler von Omar Chajjâm*“. Nachdichtung von Martin Remané. Rütten & Loening, Berlin, 1962, S. 140.

[75] Alle Bemühungen des Verfassers des vorliegenden Buches, die Stelle ausfindig zu machen, an der Scaligero Khayyam namentlich genannt hatte, blieben erfolglos.

[76] Thomas Hyde: „*Historia religionis veterum Persarum* eorum que magorum“, Oxford, 1700, S. 498.

[77] Edward FitzGerald: „*Rubáiyát of Omar Khayyám. The astronomer-poet of Persia. Translated into English Verse*“, London, 1959, S. xiii.

1898 veröffentlichte der amerikanische Autor und Übersetzer Nathan Haskell Dole (1852–1935) einen historischen Roman unter dem Titel „*Omar der Zeltmacher: Eine Romanze aus dem alten Persien*“[78], der mehrere Auflagen erlebte. Abb. 18 gibt eine Illustration aus diesem Roman wieder, die Omar mit seiner Geliebten zeigt.

Abb. 18: Omar der Zeltmacher und seine Geliebte[79]

[78] Nathan Haskell Dole: „*Omar, the Tentmaker. A Romance of Old Persia*“, (Illustration by Frank T. Merrill), L.C. Page and Company, Boston, 1899.

[79] Ebenda, S. 169.

1910 veröffentlichte der britische Politiker und Schriftsteller John Smith Clarke (1885–1959) eine historische Novelle unter dem Titel „*Omar der Zeltmacher von Nischabur*“[80].

1914 verfasste der amerikanische Dramatiker Richard Walton Tully (1877–1945) ein orientalisches Stück unter dem Titel „*Omar the Tentmaker*“, das im gleichen Jahr in Broadway aufgeführt wurde. Auf der Bühne spielte der amerikanische Charakterdarsteller Guy Bates Post (1875–1968) Omar Khayyam.

1950 brach der bereits genannte US-amerikanische Historiker Will Durant mit dieser Tradition und bemerkte:

»Sein [Khayyams] Bei- oder Nachnahme bedeutet Zeltmacher, beweist aber nichts über sein Handwerk oder das seines Vaters Abraham; Berufsbezeichnungen hatten zu Omars Zeiten ihre wörtliche Bedeutung verloren, wie bei den Schmieden, Schneidern, Bäckern und Trägern unserer Zeit.«[81]

Auch in Deutschland folgte man der englischen Tradition und übersetzte den Namen Khayyam als *Omar der Zeltmacher*. Beispielsweise verkündete 1854 der österreichische Orientalist Aloys Sprenger (1813–1893) in seinem Monumentalwerk „*A catalogue of the Arabic, Persian and Hindustany manuscripts*“:

»Er [Khayyam] war ursprünglich ein Zeltmacher und daher sein Takhallus [Dichtername].«[82]

Auch der Schriftsteller und Dichter Friedrich Bodenstedt (1819–1892), der im Jahre 1881 die Vierzeiler Khayyams ins Deutsche übertrug, schrieb:

»Es wird berichtet, daß er (Khayyam) eine Zeitlang selbst das Gewerbe seines Vaters getrieben habe, aber nicht berufsmäßig, sondern als Mittel, um unabhängig seinen Studien leben zu können, die ihn schon früh auf die Hochschule (Medresseh) nach Nischapur führten, welche zu jener Zeit in hoher Blüthe stand.«[83]

Zwei weitere prominente deutsche Literaten, die ebenfalls von *Omar dem Zeltmacher* sprachen, waren Friedrich Rosen (1856–1935), der

---

80 John Smith Clarke: „*Omar the Tentmaker of Naishapur*“, Reform Press, London, 1910.

81 „*The Story of Civilization IV. The Age of Faith*“, op. cit., p. 321.

82 „*A catalogue of the Arabic, Persian and Hindustany manuscripts, of the libraries of the King of Oudh, compiled under the orders of the government of India by A. Sprengler*“, Calcutta, 1854, Vol. I, S. 464.

83 „*Die Lieder und Sprüche des Omar Chajjâm*“, verdeutscht durch Friedrich Bodenstedt. Schletter'sche Buchhandlung, Breslau, 1881, S. XVIII.

1909 die Vierzeiler von Khayyam ins Deutsche übersetzte[84], und Alfred Henschke (1890–1928) bekannt als *Klabund*, der 1917 Khayyams Vierzeiler nachgedichtete.[85]

Eine Ausnahme machte der deutsche Dichter und Kunsthistoriker Adolf Friedrich Graf von Schack (1815–1894), der 1878 zu Recht bemerkte:

»Sein Familienname Chaijam bedeutet „Zeltmacher", aber, obgleich er selbst in seinen Gedichten mit dieser Bedeutung spielt, darf man nicht annehmen, er habe sich, etwa in seiner Jugend, mit der Fabrication von Zelten beschäftigt; wie bei unseren Schmid und Müller und den persischen Assar (Weinkelterer), Attar (Wohlgeruchhändler), hatte das Handwerk eines oder mehrerer Vorfahren den Nachkommen ihren Geschlechtsnamen gegeben.«[86]

Auch im 20 Jahrhundert setzte man die alte Tradition im deutschen Sprachraum fort und sprach von Khayyam als Zeltmacher.

1930 veröffentlichte der deutsche Orientalist und Diplomat Wilhelm Litten (1880–1932) ein Büchlein von 25 Seiten unter dem Titel „*Was bedeutet Chäjjam?*".[87] Darin versuchte er zu erklären, warum sich Omar ausgerechnet den Nachnamen Zeltmacher ausgesucht hatte.

Ein weiteres Beispiel ist der phantasievolle Buchtitel „*Omar der Zeltmacher – Das abenteuerliche Leben des persischen Dichters und Astronomen Omar Chajjam*". Es handelt sich dabei um die deutsche Fassung des historischen Fantasieromans „*Omar Khayyam: A Life*" (Abb. 19) des amerikanischen Historikers, Schriftstellers und Drehbuchautors Harold Lamb (1892–1962) aus dem Jahre 1934, die 1953 in Leipzig veröffentlicht wurde.[88]

---

[84] „*Die Sinnsprüche Omars des Zeltmachers. Rubaijat-i-Omar-i-Khajjam*", aus dem Persischen übertragen von Friedrich Rosen, Deutsche Verlags-Anstalt, Stuttgart und Leipzig, 1909.

[85] „*Das Sinngedicht des persischen Zeltmachers*" nachgedichtet von Klabund mit Buchschmuck von Willy Orth; Roland-Verlag Dr. Albert Mundt, München, 1917.

[86] „*Strophen des Omar Chijam*", Deutsch von Adolf Friedrich Grafen v. Schack. Verlag der J.G. Cotta'schen Buchhandlung, Stuttgart, 1878, S. 114.

[87] Wilhelm Litten: „*Was bedeutet Chäjjam? Warum hat Omar Chäjjam, der Verfasser der berühmten persischen Vierzeiler, gerade diesen Dichternamen gewählt? Versuch einer Erklärung.*" De Gruyter, Berlin & Leipzig 1930.

[88] „*Omar der Zeltmacher – Das abenteuerliche Leben des persischen Dichters und Astronomen Omar Chajjam*" von Harold Lamb, übersetzt von Dagobert v. Mikusch, Deutsche Buch-Gemeinschaft, Berlin, 1953.

Abb. 19: Amerikanischer Fantasieroman aus dem Jahre 1934

Erziehung und Ausbildung

Omar wurde zunächst von seinen Eltern unterrichtet. Dabei zeigte er eine ungewöhnliche Begabung, insbesondere bei der Lösung arithmetischer und mathematischer Aufgaben. Da die Eltern sich bald überfordert fühlten, sorgten sie dafür, dass er von den besten Lehrern der Zeit unterreichtet wurde. Aber auch diese verblüffte der kleine und begabte Junge immer wieder mit seinen gescheiten und kniffligen mathematischen Fragen, so dass sie sich bald nicht mehr imstande sahen, ihn weiter zu unterrichten.

Khayyams außergewöhnliche Gaben und Talente wurden bald von den großen Lehrmeistern und Mentoren von Nischabur erkannt und gefördert. Zu ihnen gehörte u.a. Imām[89] Mowaffaq Nischaburi,

---

[89] Der Ausdruck *Imām*, der heute *Vorbeter in der Moschee* bedeutet, war damals ein Ehrentitel, der ausschließlich herausragenden muslimischen Gelehrten und Persönlichkeiten vorbehalten war. Dieser Ehrentitel wurde auch Omar Khayyam zuteil. Zur Ausbildung eines Imāms gehörten u.a.: Formenlehre (Bildung der Wortformen bei Deklination, Konjugation und Komparation), Syntax, Rhetorik, Logik, Algebra, Arithmetik, Terminologie, Dogmatik und Jurisprudenz.

der zu den besten Lehrern von Khorasan zählte und nur die begabten Kinder des Hochadels unterrichtete. So wurde Omar zunächst in den Fächern Persisch und Arabisch[90] sowie Koranexegese und islamisches Recht, später in Mathematik und Geometrie unterwiesen. Auch mit den Unterrichtsfächern Physik, Wetterkunde und Musik[91] sowie Philosophie und Logik musste er sich auseinandersetzen. Das hohe kulturelle Milieu von Nischabur, eines der größten Zentren der Kultur und Wissenschaft im damaligen Persien, erlaubte solch anspruchsvolle Studien.

Besonders zu erwähnen sei ein Lehrmeister Omars namens Abol-Hassan Anbāri, der ihm die Grundlagen der Astronomie aus dem „*Almagest*" beibrachte, dem Hauptwerk des griechischen Universalgelehrten und Astronomen Ptolemäus (100–170 n.Chr.), der in der damaligen islamischen Welt hochangesehen war.[92] Es war zu dieser Zeit, dass Omar begann, auch die Werke der griechischen Mathematiker Euklid und Apollonios mit großem Interesse zu studieren.

Einer der Tutoren Khayyams, der den größten Einfluss auf sein Geistesleben ausübte, war der persische Gelehrte und Philosoph Abol-Hassan Marzbān (gestorben in 1066), bekannt als Bahmanyār. Er war ein Zoroastrier (Anhänger des altiranischen Propheten Zarathustra) und der prominenteste Schüler des Universalgelehrten Avicenna[93] (980–1037). Von dem, was Khayyam von diesem Lehrer über Avicenna erfuhr, war er so nachhaltig und tief beeindruckt, dass er bis ans Ende seines Lebens nicht aufhörte, Avicenna als seinen spirituellen Meister und Lehrer zu bezeichnen und seine Werke mit Hingabe immer wieder zu studieren.

---

[90] Khayyam beherrschte das Arabische so sehr, dass er nicht nur seine wissenschaftlichen und philosophischen Schriften in Arabisch verfasste, sondern auch arabische Gedichte niederschrieb u.a. 19 Vierzeilern.

[91] Eine Abhandlung Khayyams befasste sich mit der Musiktheorie. Darin erörterte er die Verbindung zwischen Musik und Arithmetik und versuchte, eine systematische Klassifizierung der musikalischen Skalen vorzunehmen und die mathematische Beziehung zwischen den tonalen Abständen zwischen Tönen und Tetrachorden zu erörtern.

[92] Ptolemäus' Monumentalwerk „*Mathematike Syntaxis*" (Mathematische Zusammenstellung) bzw. „*Megiste Syntaxis*" (Größte Zusammenstellung) wurde als „*al-mağisṭī*" (المجسطی) ins Arabische übersetzt. Die im Westen weitverbreitete Bezeichnung *Almagest* geht auf dieses arabische Wort zurück.

[93] ابن سینا

Die Sage der drei Schulkameraden

Der Legende nach sollen Hassan Sabbāh, das Oberhaupt der Sekte der Assassinen, und Abū Àli, der spätere Großwesir Nizām al-Mulk, Schulkameraden von Omar Khayyam gewesen sein. Es war kein Geringeres als Raschīd al-Dīn Hamadānī[94] (1247–1318), der eminente persische Staatsmann, Geschichtsschreiber und Verfasser des 1310/11 fertiggestellten „*Kompendiums der Chroniken*“[95], der die Geschichte von den drei Schulkameraden in die Welt setzte.[96] So reizvoll und unterhaltsam auch diese Geschichte klingen mag, entbehrt sie jedoch jeder Grundlage, und zwar ausfolgendem Grund:

Der Geburtstag Hassan Sabbāhs wird mit 1034 bzw. 1050, und der von Nizām al-Mulk einstimmig mit 1018 angegeben. Gleichgültig welches Jahr man auch als Geburtsjahr Khayyams zugrunde legt, 1021 oder 1048, er kann niemals mit den beiden anderen zur gleichen Zeit ein und dieselbe Schule besucht haben.

In der Enzyklopädie „*Eine Geschichte der muslimischen Philosophie*“ ist Folgendes über diese Legende zu lesen:

»In der berühmten „Geschichte der drei Schulkameraden“ wird von Umar Khayyam, dem großen Dichter und Astronomen erzählt, dass er während seiner Schulzeit in Nishapur, wohin er geschickt wurde, um den Vorlesungen von Imam Muwaffaq beizuwohnen, Freundschaft mit zwei Jungen schloss, die später bedeutende Persönlichkeiten wurden. Der eine von ihnen war Nizam al-Mulk, der andere Hassan b. Sabbab, der Gründer der Batiniyyah[97]-Sekte der Assassinen. Nachforschungen haben bewiesen, dass diese Geschichte eine Erfindung ist.«[98]

Nichtsdestoweniger hat die Legende der drei Schulkameraden die Phantasie der Menschen in Ost und West so beflügelt und inspiriert, dass viele noch heute gerne daran glauben wollen, wie die folgenden Ausführungen belegen.

---

94 رشیدالدین فضل الله همدانی

95 "جامع التواریخ"

96 „*Yet more Light on 'Umar-i-Khayyam*“, by S.G. Browne, Extract from the Journal of the Royal Asiatic Society, 1899, pp. 408–409.

97 Mit *Bātinīya* (arabisch: باطنية) wurden diejenigen religiösen Gruppierungen innerhalb des Islam bezeichnet, die der Überzeugung waren, dass sie eine innere Bedeutungsebene im Wortlaut des Koran erkennen. Die bekannteste von ihnen waren die Ismāilīten.

98 „*A History of Muslim Philosophy. A Compendium of articles on the History of Muslim Philosophy*“, in: „*Pre-Islamic Philosophical Thought*“, Volume 1, published by Pakistan Philosophical Congress, p. 766.

Joseph von Hammer

Joseph von Hammer, der bereits genannte österreichische Diplomat und Orientalist, der 1818 als erster 25 Vierzeiler Khayyams ins Deutsche übertrug, schrieb in der Vorrede zur seiner Übersetzung:

»In seiner Jugend war er [Khayyam] Schulgefährte mit Nisamol-Mulk, dem nachmahligen großen Großwesire Melekschah's, und mit Hassan Sabbah, dem Stifter des Meuchlerordens der Assassinen.«[99]

Edward FitzGerald

Der Engländer Edward FitzGerald griff ebenfalls diese Legende auf und bemerkte im Vorwort zu seiner englischen Übersetzung der Vierzeiler Khayyams:

»Die schlanke Lebensgeschichte von ihm [Khayyam] ist seltsamerweise eng verbunden mit dem Leben zwei anderer, bemerkenswerter Männer seiner Zeit: Einer von ihnen war Hasan al Sabbáh, dessen Name uns als ein schreckliches Synonym für Mord erreicht hat, und der andere war Nizam al-Mulk, der Wesir von Alp dem Löwe und Malik Schah.«[100]

Williams Jackson

Auch der bereits zitierte amerikanische Persienreisende Williams Jackson erwähnte diese Geschichte in seinem Reisebericht:

»Unter dem Sohn von Alp Arslan, dem berühmten Malik Schah leisteten die drei gefeierten Schulkameraden von Nischapur, der Dichter Omar Khayyam, der Staatsmann Nizam al-Mulk und der Gründer der Assassinenbande Hasan-i Sabbah, einen Blutschwur, dass derjenige von ihnen, der zuerst Erfolg in der Welt haben sollte, den anderen beiden helfen würde, eine höhere Präferenz zu erlangen; eine Verpflichtung, die pflichtbewusst erfüllt worden sein soll.«[101]

---

99 Joseph von Hammer: „*Geschichte der schönen Redekünste Persiens mit einer Bluethenlese aus zweyhundert persischen Dichtern*“, Heubner und Volke, Wien, 1818, S. 80.

100 „*Rubáiyát of Omar Khayyám, ...*“, op. cit., S. IV.

101 „*From Constantinople to the Home of Omar Khayyam*“, op. cit., S. 254.

Haldane Macfall

1926 veröffentlichte der britische Historiker und Novellist Haldane Macfall (1860–1928) einen fantasievollen Roman unter dem Titel „*Die drei Studenten*"[102] (Abb. 20).

Abb. 20: Die Legende der drei Schulkameraden

Darin erzählte er über den Blutpakt, den die drei Schulkameraden (Omar, Hassan und Abū Ali) zur gegenseitigen Unterstützung geschworen hatten.

[102] Haldane Macfall: „*The Three Students*", Alfred A Knopf, London, 1926.

Harold Bowen

Der Engländer Harold Bowen publizierte 1931 eine weitere Version dieser Legende unter dem Titel „*Die Geschichte der drei Schulkameraden*“[103]. Als Vorlage dienten ihm – nach eigenem Bekunden – zwei arabische Quellen: das bereits genannte Fragment „*Die Geschichte unseres Gebieters*“ aus dem angeblichen Testament von Hassan Sabbāh und das als „*weṣāyā*“ bekannte Testament von Nizām al-Mulk.

Julian Coolidge

In seinem 1949 erschienen Buch „*Die Mathematik der großen Amateure*“ erzählte der amerikanische Mathematiker Julian Lowell Coolidge (1873–1954) die Geschichte der drei Schulkameraden noch ausführlicher als bisher:

»Die bedeutendste Episode in seinen [Khayyams] frühen Jahren war seine Freundschaft mit zwei ungewöhnlichen jungen Männern, Nizam al Mulk und Hassan ibn Subbuh. Der Legende nach waren sich diese Jungen darüber einig, dass einer von ihnen berühmt wird. Er müsste dann den beiden anderen seine Freundlichkeit zeigen. Der Glückliche war Nizam und er verpflichtete sich, das Versprechen zu erfüllen. Er machte Hassan zum Kammerdiener des Gerichts. Dies war jedoch ein schlechter Schachzug. Hassan erwies sich als störender Höfling und wurde aus dem Gericht verbannt. Er wurde der Kopf einer überaus blutrünstigen und lästigen Gruppe von Fanatikern namens Ismailiten, die sich auf das Attentat spezialisierten. Einige Etymologen neigen dazu, dieses Wort von Hassan abzuleiten, andere verbinden es mit Haschisch. Omar verlangte nichts so Spektakuläres; er wollte nur so weit unterstützt werden, dass er sein Leben seinen Lieblingsstudien, Mathematik und Astronomie widmen konnte. Dieser bescheidenen Bitte wurde stattgegeben; er kehrte erst bei der Reform des Kalenders [in die Hauptstadt Isfahan] zurück.«[104]

---

[103] Harold Bowen: „*Tale of the Three Schoolfellows*“, in: The Journal of the Royal Asiatic Society of Great Britain and Ireland No. 4 (Oct. 1931), pp. 771–782, Cambridge University Press.

[104] Julian Lowell Coolidge: „*The Mathematics of Great Amateurs*“, Dower Publications Inc., New York, 1949, p. 19.

Jorge Borges

Auch der berühmte argentinische Schriftsteller Jorge Luis Borges (1899–1986) erwähnte dieselbe Legende in einem dreiseitigen Essay, das er 1951 unter dem Titel *Das Geheimnis von Edward FitzGerald* veröffentlichte:

»Ein Mann, Omar ben Ibrāhīm [Khayyam], wird im elften Jahrhundert der christlichen Ära in Persien geboren. Er studiert den Koran und seine Traditionen zusammen mit Hassan ben Sabbah, dem zukünftigen Gründer der Sekte der Haschischin oder Assassinen, und Nizam al-Mulk, der später Wesir von Alp Arslan, dem Eroberer des Kaukasus werden wird. Die drei Freunde, halb im Scherz, schwören, dass, wenn eines Tages das Glück einen von ihnen begünstigt, der Glückliche die anderen nicht vergessen darf. Nach einigen Jahren erreicht Nizam die Position eines Wesirs; Omar bittet nur um eine Ecke im Schatten seines Glücks, wo er für den Wohlstand seines Freundes beten und über Mathematik nachdenken kann. (Hassan beantragt und erhält einen hohen Posten und lässt am Ende den Wesir erstechen.)«[105]

Wilhelm Dieterle

Der deutsche Schauspieler und Filmregisseur, Wilhelm (William) Dieterle (1893–1972), der 1937 US-amerikanischer Staatsbürger wurde, drehte 1957 einen Abenteuerfilm mit großer Starbesetzung, der angebliche Episoden aus dem Leben Khayyams zum Inhalt hatte. Der Film wurde am 23. August desselben Jahres unter dem Namen *The Life, Loves and Adventures of Omar Khayyam* in New York uraufgeführt und lief ab 6. September unter dem Titel *Sturm über Persien* auch in den deutschen Kinos (Abb. 21).

Auch in diesem Streifen stand die Geschichte der drei Schulkameraden im Mittelpunkt des ganzen Geschehens. Darin spielte der US-amerikanische Schauspieler ungarischer Herkunft Cornel Wilde (1912–1989) als Omar Khayyam und die US-amerikanische Schauspielerin Debra Paget (1933–) seine Geliebte Sharain (?). In den weiteren Hauptrollen agierten der kanadisch-amerikanische Schauspieler Raymond Hart Massey (1896–1983) und der britische Schauspieler Thomas Cabot (1918–1977) als Schah bzw. sein Wesir Nazim (?). Abb. 22 zeigt zwei Szenen aus diesem Streifen.

---

[105] Jorge Luis Borges: „*El enigma de Edward FitzGerald*“, in „*Otras Inquisiciones* (Andere Inquisitionen), 1952.

Abb. 21: US-amerikanischer Film aus dem Jahre 1957

Abb. 22: Omar und Sharain (links); Omar und Nazim (rechts)

Der Film begann mit folgendem Vorwort, das von einem Sprecher verkündet wurde:

»Vor tausend Jahren erstreckte sich das Perserreich vom Mittelmeer über Indien bis nach Ägypten. Dieses große Reich wurde von einem kriegerischen Schah regiert. Er hatte die absolute Macht über Leben und Tod. Selbst der Erhabenste beugte sich zu seinen Füßen. Doch dieser mächtige Herrscher wäre jetzt in Vergessenheit geraten, wäre nicht die Arbeit eines Mannes gewesen, der zu den bescheidensten seiner Untertanen gehörte: Omar Khayyam. Er war ein glücklicher Mann mit Freunden sowohl unter den Niedrigen als auch unter den Großen in der antiken Stadt Nischapur. Das Motto jener gefährlichen und aufregenden Tage war „Denke, wie dein Meister denkt“. Aber Omar Khayyam dachte für sich. Er war ein Liebhaber des Lebens und der Weisheit, ein Dichter, wenn er in Stimmung war, und ein Mathematiker, wenn es nicht so war. Er war ein Student der Sterne und jener Dinge, die in den Sternen geschrieben stehen. Omar Khayyam hatte ein Verständnis der menschlichen Natur und eine Philosophie, die die Herzen von Männern und Frauen erobert hatte.«

Die phantasievolle Handlung des Films, die jeder Grundlage entbehrt, ließe sich wie folgt zusammenfassen:

»In der Stadt Nischabur lebt der Dichter und Wissenschaftler Omar Khayyam. Er verliebt sich in Sharain [Schirin], die Tochter seines früheren Lehrers Imam Mowaffaq. Eines Tages begegnet er seinem Freund Hasani Sabah, dem Gouverneur der Provinz Gilan, der auf der Suche nach einem geeigneten Mann für ein Amt am Königshof ist. Hasani erinnert ihn an den Kindheitsschwur, den sie beide gegenüber ihrem Freund Nizam geleistet hatten, der nun als hoher Beamter vertrauenswürdige Leute für den Hof braucht. Omar rezitiert vor dem Schah, dem persischen König, ein Gedicht, das viele Anwesende schockiert, den Herrscher jedoch sehr beeindruckt. Daraufhin ernennt ihn der Schah zu seinem Ratgeber. Hasani schenkt dem Schah zwei besonders hübsche Sklavinnen und überbringt ihm noch die Köpfe zweier Feinde. Dafür wird er zum Bewahrer des königlichen Siegels ernannt, eine Position, die vorher der Königsbruder Tutusch[106] innehatte. Um seine Verbundenheit mit dem Volk von Nischabur zu zeigen, nimmt der Schah Sharain zu seiner vierten Frau. Omar verfällt darüber in tiefe Depressionen. Hasani kauft ihm zur Aufmunterung die Sklavin Yaffa, die er aber als Geliebte ablehnt. Eines Nachts wird Tutusch von Mitgliedern der Sekte Assassinen ermordet, denen der Schah Tribut zahlen musste. Einige Zeit später wird bekannt, dass die Byzantiner eine Invasion Persiens am Kaspischen Meer begonnen haben. Entgegen Omars Einwänden beschließt der Schah, Schiffe zum Transport seiner Truppen zu benutzen. Zwischen seinen Söhnen Ahmud (?) und Malik kommt es zu einem Wettkampf, wer den Vater in den Feldzug begleiten darf. Malik gewinnt und wird zum Thronerben bestimmt. Ahmuds Mutter, Königin Zarada (?), beschließt daraufhin, ihren Ehemann mit Hilfe von Hasani zu stürzen. Die Abwesenheit des Schahs nutzen die Assassinen zu weiteren Anschlägen. Yaffa, die Omar dankbar ist, dass er sie nicht an Hasani zurückverkauft hat, erzählt ihm von dem früheren Assassinen Yusuf, der jetzt in einer Höhle außerhalb der Stadt lebt. Yusuf informiert Omar über das geheime Versteck der Assassinen, eine Festung in den Bergen von Alamut. Unter dem Vorwand an einem neuen Kalender zu arbeiten, geht Omar nach Alamut, wo er freundschaftlich aufgenommen wird. Während er seinen Kalender vollendet, erfährt er, dass Hasani das Oberhaupt der Assassinen ist. Hasani teilt seinen Anhängern mit, dass der Schah die Byzantiner zurückgeschlagen hat, aber dabei wie sein Sohn Malik verwundet

---

[106] Abu Said Tutusch (persisch: تتش), Bruder Malik Schahs und der spätere Sultan von Damaskus von 1079 bis 1095.

worden ist. Und dass die Hälfte seiner Armee bei den Kämpfen gefallen ist. Er will Omar als Ratgeber gewinnen und, obwohl ihn Omar als Verräter angeprangert hat, lässt er ihn Alamut verlassen. Omar sucht den tödlich verwundeten Schah auf, dem man mitgeteilt hat, dass Ahmud eine Rebellenarmee aufgestellt hat, um ihn zu stürzen. Mit Hilfe von byzantinischen Gefangenen werden Tunnel gegraben, die unter die Festung von Alamut führen. Dort entzündet Omar Safranöl, das die Festung in Brand setzt. Malik, der zum neuen Schah ernannt wird, als sein Vater stirbt, greift zur gleichen Zeit die Truppen seines Bruders an. Die Festung der Assassinen wird zerstört, Ahmud fällt im Kampf. Malik entlässt Sharain vom Hof in die Arme Omars.«

Kayvan Mashayekh

Der im Iran geborene und in Houston lebende Filmemachers Kayvan Mashayekh drehte 2005 den Spielfilm *The Keeper*. Der Film beginnt wie eine historische Dokumentation, indem er auf eine sandige Karte des Nahen Ostens zoomt, während didaktische Bildunterschriften Allgemeines über den Iran und seine Nachbarländer vermitteln.

Kamran, ein kleiner Junge, möchte die Geschichte von Omar Khayyam erfahren. Sein älterer Bruder, der an Leukämie erkrankt ist und sterbend im Krankenhausbett liegt, kommt seinem Wunsch nach und erzählt ihm die Lebensgeschichte des bahnbrechenden Mathematikers, Astronomen und Dichters des 11. Jahrhunderts. Die Geschichte ist in einer Weise strukturiert, die in der persischen Literatur weit verbreitet ist: Eine abgelegene Erzählung rahmt andere Handlungsstränge ein, die nicht weniger bedeutsam sind. So wird versucht, die großen Errungenschaften des persischen Universalgelehrten in Wissenschaft und Kunst einem breiteren Publikum nahe zu bringen; ein edles Unterfangen. Die Handlung betont ein romantisches Dreieck, das von Omar Khayyam, seinen Kindheitsfreund Hassan Sabbāh und Daryā gebildet wird. Daryā ist eine schöne Sklavin und die einzige wahre Liebe Khayyams (Abb. 23).

Es wird weitererzählt, wie Omar und Hassan beide von dem weisen Lehrmeister Imām Mowaffaq unterrichtet wurden. Hassan stand jedoch ein ganz anderes Schicksal bevor. Nach einigen jugendlichen Wanderungen wurde er schließlich Anführer der schiitischen Sekte der Ismailiten, einer fanatischen Glaubensgemeinschaft mit dem Hauptsitz in der Bergburg von Alamut, die zu Terroranschlägen neigte. So richtete Hassan im Namen Gottes Chaos und Unheil in der islamischen Welt an und erlangte die Berühmtheit eines Schreckgespensts.

Abb. 23. Omar Khayyam und Daryā

Der Film betont die brüderlichen Bindungen Khayyams zu Malik Schah und Hassan und hebt sie auf die Ebene des Mythos. In den Hauptrollen spielen: Bruno Lastra (Omar Khayyam), Christopher Simpson (Hassan Sabbāh), Marie Espinosa (Daryā), Moritz Bleibtreu (Malik Schah), Rade Serbedzija (Imām Mowaffaq) und Adam Echahly (Kamran).

Leben und Lebenswerk

Es ist fast ein Jahrtausend seit dem Tode Omar Khayyams vergangen, und seine Gestalt ist nach wie vor voller Geheimnisse und Mysterien. Große Rätsel um ihn gibt es im Überfluss, und die umfangreichen Studien, die in den letzten zwei Jahrhunderten im Iran und im Ausland durchgeführt wurden, haben nicht nur wenig über sein Leben und Wirken enthüllen können, sondern immer wieder bestätigt, dass seine Person noch immer umwoben ist von einer Aura des Geheimnisvollen und des Rätselhaften.

Khayyam lebte in einer Zeit, in der der religiöse Fanatismus und die blutigen Auseinandersetzungen zwischen den rivalisierenden Glaubensrichtungen eine schicksalhafte Rolle im Leben der Menschen spielten. Das herrschende religiöse, kulturelle und politische Gewirr prägte natürlich auch seine Lebensinhalte entscheidend und nachhaltig.

Fest steht, dass er zeitlebens als Mathematiker und Astronom berühmt und unter seinen Landsleuten hochangesehen war. Seine umfassende Bildung in Rhetorik, Philosophie, Logik, Physik, Metrik und

Musik, aber auch in der Heil- und Wetterkunde brachte ihm schon in seinen jungen Jahren großen Respekt ein und den Ruhm als Universalgelehrter, der ihn zeit seines Lebens begleitete. Dies geht u.a. aus einem Schreiben[107] in arabischer Sprache aus Jahre 473 A.H. (1080/81 n.Chr.) hervor, dass Abū Nasr Nassawi[108], der Oberste Richter der Provinz Fars in Südpersien, an ihn richtete und ihn um Klärung bestimmter philosophischer Fragen bat. Er titulierte den jungen Khayyam (er war zu dieser Zeit 32 Jahre alt) mit Ehrentiteln wie Großer Meister[109], Beweis der Wahrheit[110], Weltphilosoph[111], Beschützer des Glaubens[112], Meister der Philosophen des Ostens und des Westens[113]. Seine Bittschrift beendete der Oberste Richter mit einem Lobgedicht, das er in tiefster Verehrung zum Preise Khayyams niedergeschrieben hatte:

O du Ostwind, der du wehst sei mir gnädig
Und überreiche dem großen Gelehrten meinen Gruß.
Küsse hingebungsvoll die Erde vor seiner Haustür,
Mit jener Demut, die eines solchen Weisen würdig ist.
Er ist doch jener Weise,
Der mit dem Lebenswasser seiner Weisheit
Selbst verfaulte Knochen zum Leben erweckt.
Frage ihn nach dem Rätsel des Lebens,
Bringe mir seine Antworten und trage sie mir vor.

Ungeachtet aller Ehrerbietungen und Verehrungen, die ihm selbst die Geistesgrößen der Zeit bezeigten, blieb Khayyam seinen Tugenden, von denen die Bescheidenheit die herausragendste war, treu und beklagte sich sogar über seine eigene *Unwissenheit*. Hochbetagt brachte er in einem Vierzeiler dieses Gefühl der Unzufriedenheit wie folgt zum Ausdruck:

هرگز دل من ز علم محروم نشد
کم ماند ز اسرار که معلوم نشد
هفتاد و دو سال فکر کردم شب و روز
معلومم شد که هیچ معلوم نشد

---

107 "دانشنامه خیامی" به اهتمام رحیم رضازاده ملک، تهران، ۱۳۷۷، صفحه ۳۲۲.

108 امام ابو نصر محمد بن عبدالرحیم نسوی

109 السید الاجل

110 حُجة الحق

111 فیلسوف العالَم

112 نُصرة الدین

113 سید الحُکماء المشرق و المغرب

Nie musste mein Herz Wissenswertes vermissen,
Kaum gab's Verborgenes, das ich nicht tat wissen,
Zweiundsiebzig Jahre grübelte ich Tag und Nacht,
Dann wurde mir klar, dass nichts ist bewiesen.[114]

Khayyams ungeheure Gelehrsamkeit und seine sprichwörtliche Rechtschaffenheit waren die Ursache dafür, dass er auch nach seinem Tod mit großem Respekt behandelt wurde. Welch hohes Ansehen er unter seinesgleichen genoss, manifestieren zwei Zitate von Khāqānī (1122–1190), einem der herausragendsten persischen Gelehrten und Dichter. In einem Brief an seinen Mäzen Scherwān Schah, den Herrscher von Schirwān[115], schrieb er:

»Der Himmel und die Sterne müssen sich noch ein weiteres Jahrtausend in ihren Umlaufbahnen herauf und herunter drehen, bis aus der himmlischen Mühle ein Samen wie Omar Khayyam herausfällt.«[116]

Khāqānī, der in jungen Jahren seinen Vater verloren hatte und von seinem Onkel, dem Hofarzt und Hofastronomen Kāfi al-Dīn ʿOmar großgezogen worden war, himmelte seinen Erzieher wegen seiner außergewöhnlichen geistigen Fähigkeiten an. In einem längeren Gedicht drückte er seine unermessliche Bewunderung für ihn so aus:

»Du vereinst in dir Omar Khayyam und ʿOmar Khattāb [gemeint ist der zweite Khalif], denn du bist so weise und klug wie Omar Khayyam und so unparteiisch und gerecht wie ʿOmar Khattāb.«[117]

Allein die Tatsache, dass Khāqānī Omar Khayyam dem zweiten Kalifen gleichstellte, ist mehr als bemerkenswert.

Vieles davon, was sich Khayyam als unermessliches Wissen angeeignet hatte, verdankte er seinem phänomenalen Gedächtnis. Dem bereits zitierten Historiker Bayhaqī zufolge

»las er in Isfahan ein Buch sieben Mal und lernte es auswendig. Als er nach Nischabur zurückkehrte, schrieb er es aus der Erinnerung auf, und der anschließende Vergleich mit dem Original ergab nur sehr wenige Unstimmigkeiten.«[118]

---

114 *„Hakim Omar Khayyam Robaïyat (Vierzeiler)"*, übertragen aus dem Persischen von Purandocht Pirayech, Yassavoli Publications, Teheran, 1997, Nr. VIII.

115 Schīrwān (eigentlich Scharwān) war der Name einer historischen Region, die sich zwischen dem Kaspischen Meer und dem größten Fluss Kura im Kaukasus erstreckte.

116 “منشات خاقانی”، محمد روشن، ۱۳۶۲ صفحه ۳۳۳

117 زآن عقل بدو گفته که ای عُمّر عثمان   هم عُمَّر خیامی و هم عُمَّر خَطّاب

118 Folgende Fantasieromane beschäftigen sich mit der Lebensgeschichte Omar Khayyams:

Neider und Gegner

Die außerordentliche Gelehrsamkeit sowie Ehrenhaftigkeit und Aufrichtigkeit Khayyams brachten ihm nicht nur Respekt und Bewunderung ein, sondern auch Neid, Ablehnung und Gegnerschaft. Die Gründe dafür waren vielfältig, sie lassen sich aber im Wesentlichen auf die folgenden drei Problemkreise zurückführen:

Erstens: Die uralte und unerbitterte Feindschaft zwischen den Schiiten und Sunniten trug durchaus dazu bei, dass Omar Khayyam wegen seiner Zugehörigkeit zum sunnitischen Islam von den Schiiten gnadenlos verunglimpft und abgelehnt wurde. Dass er auch noch ein Namensvetter des nach ihrer Ansicht illegitimen zweiten Kalifen ʿOmar war, tat sein Übriges. Die Eroberung des glanzvollen Sassanidenreichs (224–651 n.Chr.) und die darauffolgende Versklavung des iranischen Volkes geschah unter diesem Kalifen, weshalb er bei den meisten Iranerinnen und Iranern zu den meistgehassten arabischen Herrschern gehörte und noch immer gehört.

Zweitens: Khayyam hatte gemeinsam mit anderen Astronomenkollegen auf Wunsch des Großwesirs Nizām al-Mulk eine Kalenderreform durchgeführt und die auf dem Mondjahr basierende islamische Zeitrechnung durch das altpersische Sonnenjahr ersetzt. Dies hatte natürlich die vehemente Ablehnung sowohl seitens der Sunniten als auch der Schiiten zur Folge, da sie die Einführung des neuen Kalenders als Sieg der Wissenschaft über den Glauben erachteten. Aus diesem Grund sorgten die Glaubenseiferer auch dafür, dass der neue Kalender kurz nach der Ermordung von Nizām al-Mulk und dem unerwarteten Tod Malik Schahs abgeschafft wurde.

Drittens: Die Tatsache, dass Khayyam als junger Mann zum Schülerkreis des bekannten Gelehrten Bahmanyār gehörte, und dieser tatsächlich oder angeblich der Lehre Zarathustras anhing, war ein weiterer und entscheidender Grund für Khayyams Widersacher, ihm der Häresie zu bezichtigen. Es wurde ihm auch nachgesagt, dass er

---

Harold Lamb: „*Omar Cajjam. Das abenteuerliche Leben des persischen Dichters und Astronomen*“. Aus dem Englischen von Dagobert v. Mikusch, Paul List Verlag, Leipzig, 1939.
Alexander Giese: „*Wie Schnee in der Wüste. Ein Omar Khajjam Roman*“, Paul Zsolnay Verlag, Wien Hamburg, 1076.
Amin Maalouf: „*Samarkand*“. Deutsch von Widulind Clerc-Erle, Droemersche Verlagsanstalt, München, 1990.
Dzevad Karahasan: „*Der Trost des Nachthimmels. Roman in drei Teilen*“. Aus dem Bosnischen von Katharina Wolf-Grießhaber, Suhrkamp Verlag, Berlin, 2016.

wie die Anhänger Zarathustras dem Weingenuss zugetan sei. Auch Weibergeschichten, völlig aus der Luft gegriffen, wurden dem großen Gelehrten unterstellt. Kein Wunder also, dass ein unbekannter Reimschmied den folgenden Vierzeiler unter den gemeinen und entfesselten Pöbel brachte:

ای آنکه گزیده تو دین زرتشت
اسلام فکنده ای تمام از پس و پشت
تا کی نوشی باده و بینی رخ خوب
جایی بنشین عمر خواهندت کشت

O du, der du gewählt hast den Glauben Zarathustras,
Und dem Islam gekehrt hast den Rücken,
Wie lange willst du noch Wein trinken und die Schöngesichter betrachten?
O Omar, lass dich nieder in eine Ecke, denn sie trachten nach deinem Leben.

Was Khayyam über seine Widersacher dachte, die so übel mit ihm ins Gericht gingen und sogar die Absicht hegten, ihn aus der Welt schaffen, brachte er insgeheim in einigen Vierzeilern zum Ausdruck, die er, wie seine anderen Verse, nur wenigen engen Freunden anvertraute. Zwei dieser Vierzeiler werden im Folgenden zitiert. Vorab aber eine Anmerkung zu besserem Verständnis des ersten Vierzeilers:

Abb. 24: Kosmische Lage der Erde in der altiranischen Sagenwelt[119]

[119] https://www.pinterest.com/pin/194991858836591219/?utm_

In der altiranischen Sagenwelt spielen zwei gewaltige Stiere eine besondere Rolle: Der eine Stier, Parwin genannt, befindet sich im Himmel (Sternbild Stier) und wird von der Sonne im Laufe des Jahres durchwandert. Der andere Stier, der nach altiranischer Mythologie von einem im großen Weltmeer schwimmenden Riesenfisch getragen wird, hält die Erde auf seinen Hörnern. Diese wirft er von Zeit zu Zeit von einem Horn auf das andere, was Erdbeben und Überschwemmungen zur Folge hat. Eine fantasievolle Darstellung dieser kosmischen Anordnung (Abb. 24) findet sich in dem in arabischer und persischer Sprache verfassten und reichlich bebilderten Monumentalwerk „*Wunder der Geschöpfe und Seltsamkeiten der existierenden Dinge*“[120] des berühmten persischen Richters und Geschichtsschreibers Muhammad al-Qazwīnī[121] (1203–1283).

Als profunder Kenner der altiranischen Sagenwelt und versierter Sternenkundler machte Khayyam aus diesem Aberglauben einen beißenden Spott über seine Widersacher und schrieb den folgenden Vierzeiler, den er natürlich aus nachvollziehbaren Gründen nicht der Allgemeinheit preisgab:

گاویست در آسمان و نامش پروین
یک گاو دگر نهفته در زیر زمین
چشم خِردَت باز کن از روی یقین
زیر و زبر دو گاو مشتی خر بین

Parwin, der Stier, geht droben seine Schritte;
Vom andern, drunten, weiß der Glaubens Sitte. –
Durch Kluger Brille schau die Handvoll Esel,
So schön gesetzt in zweier Ochsen Mitte![122]

Der zweite Vierzeiler war ein Ausdruck der beklagenswerten Lage jener Menschen seiner Zeit, deren einzige Sünde darin bestand, auf der Suche nach Wahrheit sich mit Philosophie und Wissenschaften zu beschäftigten:

گر کار فلک به عدل سنجیده بُدی
احوال فلک جمله پسندیده بُدی
ور عدل بُدی به کارها در گردون
کی خاطر اهل فضل رنجیده بُدی

Wenn Gerechtigkeit wäre das Maß der Welt,
Wäre es mit dieser weit besser bestellt.

---

120 “عجائب المخلوقات وغرائب الموجودات”

121 ابو يحيى زكرياء بن محمد القزوينى

122 „*Sprüche des Omar Chajjam. Aus dem Persischen übertragen von Maximilian Rudolph Schenck. Mit einer Vorbemerkung des Übersetzers*“, Verlag von Otto Hendel, Halle a.d.S., 1897, Nr. 338.

Würden Weise je zu leiden haben,
Wenn alles gerecht zuginge in der Welt?[123]

Khayyams Klage über die Dummheit der breiten ungebildeten Masse und die prekäre Situation der wahrhaftigen Gelehrten war in Wirklichkeit eine Verdammung der religiösen Atmosphäre jener Epoche, die von einem fundamentalistischen und intoleranten Geist erfüllt war. Die fanatischen Auseinandersetzungen zwischen den verschiedenen Glaubensrichtungen, aber auch die sonstigen gesellschaftlichen Konflikte, wurden oft von der Gesetzlosigkeit des entfesselten Pöbels beherrscht.

Familiengründung?

Darüber, ob Khayyam verheiratet war und Kinder hatte, gibt es keine eindeutigen Hinweise seitens der Geschichtsschreibung. Mancherorts wird sogar durch die Blumen zu verstehen gegeben, dass er bis ans Ende seines Lebens ein eingefleischter Junggeselle blieb. Mit dieser Schilderung fanden sich viele seiner Landsleute ab. Der folgende, von dem persischen Philosophen und Islamwissenschaftler Seyyed Hossein Nasr (* 1933) zitierte Hinweis gibt aber Anlass zu der Vermutung, dass er vielleicht doch verheiratet war:

»Sein Schwiegersohn, Imām Muhammad Baghdādī, erklärte, dass Khayyam damit beschäftigt war, die Metaphysik (ilāhiyyāt) von Ibn Sīnās [Avicenna] zu studieren, als er starb.«[124]

Khayyam der Frauenheld

Im Westen jedoch wollten Omars Anhänger und Bewunderer von Anfang an in ihm einen Lebemann und Frauenheld sehen und taten auch alles, um ihn nach ihrem eigenen Geschmack zu präsentieren. So wurde der Gelehrte häufig mit einer Schale Wein in der Hand und einem reizvollen Weibsbild zur Seite in geschmacklosen ‚Miniaturen' dargestellt. Die in Abb. 25 reproduzierte kolorierte Zeichnung, die einer Ausgabe der Übersetzung Edward FitzGeralds beigegeben war, lässt beispielsweise erahnen, welche Vorstellung die englischen *Omarianer* von ihrem Lieblingsdichter hatten.

---

123 „*Hakim Omar Khayyam Robaïyat (Vierzeiler)*", op. cit., Nr. L.

124 Seyyed Hossein Nasr: „*Islamic Philosophy from its Origin to the Present. Philosophy in the Land of Prophecy*", published by State University of New York Press, 2006, p. 165.

Abb. 25: Omar und seine Geliebte (Buchillustration)[125]

Diejenigen europäischen Anhänger Khayyams, die in ihm lieber einen ‚Casanova' sehen wollten als einen ernstzunehmenden Denker, beriefen sich auf Verse, in denen er angeblich den Wein und das Weib verherrlicht hätte, wie in dem folgenden Vierzeiler:

گر دست دهد ز مغز گندم نانی
وز مِی کدویی ز گوسفندی رانی
با لاله رخی و گوشه بستانی
عیشی بود آن نه حدّ هر سلطانی

Bei einer Lammkeule, Brot und Wein,
Mit einer tulpenfarbigen Schönen allein
In Einsamkeit den Tag zu verleben,
Ist ein Glück, das nicht jedem König gegeben.[126]

[125] „*Rubáiyát of Omar Khayyám*". Renderend into English by Edward FitzGerald, Collins Glascow and London, 1947, S. 121. Illustrator: Robert Stewart Sherriffs (1906–1960).

[126] „*Die Lieder und Sprüche des Omar Chajjâm*", op. cit., Zehntes Buch Nr. 23.

Abb. 26: Omar und seine Geliebte; Miniatur von Edmund Dulac

Abb. 27: Khayyam und seine Geliebte in einer englischen Karikatur

Dank der meisterhaften englischen Undichtung durch FitzGerald wurde ausgerechnet dieser Vierzeiler, dessen Authentizität höchst zweifelhaft ist, bald zu einem der berühmtesten Versen Khayyams und diente vielen europäischen Zeichnern und Karikaturisten als Inspirationsquelle. Beispielsweise ließ sich der 1905 nach England übersiedelte französische Grafiker und Buchillustrator Edmund Dulac (1882–1953) davon inspirieren und fertigte 1909 eine Miniatur, die in Abb. 26 zu sehen ist.

Ein anderes Beispiel ist eine Zeichnung des bekannten englischen Karikaturisten George Butterworth (1905–1988), die 1940 in der englischsprachigen Zeitung *Daily Dispatch* erschien (Abb. 27).

Khayyam der brave Ehemann

Irgendwann muss Khayyam als Lebemann und Frauenheld nicht mehr den allgemeinen Moralvorstellungen des Westens entsprochen haben, denn nach einiger Zeit ging man dazu über, aus ihm einen zärtlichen und liebenden Ehemann zu machen. So diente das bereits 1914 von Richard W. Tully geschriebene Broadway-Stück als Vorlage für einen amerikanischen Stummfilm gleichen Titels (1922) unter der Regie von James Young (1872–1948). Abb. 28 zeigt die Plakatwerbung für diesen Streifen.

Abb. 28: *Omar der Zeltmacher*, Stummfilm 1922

Darin war Omar der Zeltmacher (gespielt von Guy Bates Post) ein verheirateter Mann, dessen Frau *Schirin* (die Süße) hieß, gespielt von der Stummfilmschauspielerin Virginia Brown Faire. Die fantasievolle Story des Spielfilms lautete wie folgt:

Omar wurde wegen seiner radikalen Schriften und seiner Kalenderreform zum Ausgestoßenen verdammt, und seine Frau Schirin wurde auf Geheiß des Schahs (gespielt von Noah Lindsey Beery) in den königlichen Harem gebracht. Sie verweigerte sich aber dem Schah und wurde deshalb ins Gefängnis geworfen, wo sie ihre Tochter zur Welt brachte. Die Tochter, genannt *die kleine Schirin*, wurde herausgeschmuggelt und Omar übergeben. Dieser wurde aber verhaftet, weil er einen christlichen Kreuzritter (gespielt von dem Maurice Bennett Flynn) beherbergt hatte. Als der Folterknecht (gespielt von dem Walter Huntley Long) dabei war ihn zu foltern, wurde er von Schirin erkannt, die daraufhin durch einen Boten den Großwesir (gespielt von dem englischen Schauspieler Nigel De Brulier) wissen ließ, was geschehen war. Daraufhin wurden die beiden befreit und dürften fortan glücklich weiterleben.

Möglicherweise ließ sich der bereits zitierte Otoman Zar Adusht Hanish durch diesen Film zu seinem Buch „*Omar Khaiyam in seinen Rubaiyat*“ aus dem Jahre 1925 inspirieren, worin er mit einer gehörigen Portion Fantasievorstellung schrieb:

»[Dank vieler Glücksumstände] erhielt Omar Zutritt zu den Privatgemächern jenes Lehrmeisters [Imām Mowaffaq] und damit auch zum Familienkreise, der in sich barg die wunderschönste Tulpenblüte Irans mit Namen Scharin [?!], die lebensvoll, fein gebildet, vornehm und ausgestattet mit einer bezaubernden Anziehungskraft, ihrem Vater, dem untadelhaften Imam, allen Anlaß gab, sie mit Falkenaugen zu behüten und mit Adleraugen zu bewachen.«[127]

Nach seitenlangem Fantasieren über die abenteuerliche Romanze zwischen Omar, der Tulpenblüte Irans und dem Schah beendete schließlich Hanish seine Liebesgeschichte mit dem Hinweis:

»Jeder Vers, den er [Khayyam] schrieb, verriet in unmißverstehbarer Sprache die Qual seines Herzens, die sich nicht mildern ließ durch den täuschenden Flitterglanz dieser Welt.«[128]

Die letzten Lebensjahre

Khayyams wissenschaftliches Aufblühen als Mathematiker, Astronom und Naturwissenschaftler geschah während der Regierungszeit Malik Schahs und mit tatkräftiger Unterstützung des mächtigen Großwesirs

---

[127] „*Omar Khaiyam in seinen Rubaiyat*“, op. cit., S. 20.
[128] Ebenda, S. 30.

Nizām al-Mulk. Dem Tod dieser beiden Mäzene im Jahre 1092 folgte eine Ära der inneren Wirrnisse im Seldschukenreich. Erst übernahm Malik Schahs zweite Frau die Regierungsgeschäfte, und damit fand Khayyams friedvolle Existenz ein jähes Ende. Die materielle Unterstützung für den Weiterbetrieb des Observatoriums, das er voller Elan zusammen mit seinen Fachkollegen in Isfahan errichtet hatte, wurde eingestellt. Die Höflinge, die nun die Witwe Malik Schahs umgaben, erklärten kurzerhand den von Khayyam und seinen Astronomenkollegen reformierten Sonnenkalender für ungültig und ersetzten ihn wieder durch den islamischen Mondkalender.

Infolge heimtückischer Intrigen am Hofe durch seine Neider und Erzfeinde fiel Khayyam bald in Ungnade und wurde zudem wegen seiner Weltauffassung, die nicht immer mit dem muslimischen Glauben im Einklang war, seitens der orthodoxen Muslime und religiöser Eiferer schamlos diffamiert.

Der Vorwurf der Anhängerschaft der – von den orthodoxen Muslimen verpönten – Lehre Zarathustras wurde erneut von Khayyams Widersachern aufgegriffen. Die Beschuldigungen waren so schwerwiegend, dass er sich – so die Überlieferung – *nolens volens* auf den Weg nach Mekka, der heiligsten Stätte der islamischen Welt, machte, um mit dieser Pilgerreise sein festes Bekenntnis zum Islam zu demonstrieren und jeden Verdacht gegen seine Gläubigkeit zu aus der Welt zu schaffen. Allerdings existieren keinerlei handfesten Belege dafür, dass diese Wallfahrt tatsächlich stattgefunden hat, während seine Reisen nach Ray, Herat, Balkh, Bukhara und Samarkand gut dokumentiert sind. Es ist daher anzunehmen, dass die Geschichte der Pilgerfahrt nach Mekka eher ein Gebilde der Fantasie seiner Widersacher gewesen ist.

Nichtsdestotrotz wurde die angebliche Pilgerfahrt Khayyams nach Mekka auch im Westen weitererzählt, und daraus wurden falsche Schlüsse gezogen. Beispielsweise verkündete der Schweizer Journalist Walther Weibel (1882–1972), der 1911 unter dem Pseudonym Hector G. Preconi die Vierzeiler Khayyams ins Deutsche übertragen hatte, in der Zeitschrift *Wissen und Leben*:

> »Es ist wahrscheinlich, dass er [Khayyam] in den ersten Jahren des zwölften Jahrhunderts unserer Zeitrechnung nach Mekka wallfahrtete, sei es, um den Ruf seines rechten Glaubens zu festigen oder um sich den Verfolgungen in Nischapur zu entziehen.«[129]

---

[129] Preconi, Hector G.: „*Die Sprüche der Weisheit von Omar Khayyam*“, Zeitschrift Wissen und Leben, Band 7 (1910–1911), S. 259.

Wie dem auch sei, Khayyam sah sich gezwungen Isfahan zu verlassen und in seine Geburtsstadt Nischapur Zuflucht zu finden. Denn Hofintrigen, Schmarotzertum und Lobhudelei bestimmten nun die politische und gesellschaftliche Atmosphäre in der Hauptstadt. Der uneingeschränkte religiöse Dogmatismus führte auch dazu, dass jedwede wissenschaftliche Tätigkeit unter die Botmäßigkeit der Geistlichkeit geriet, die Lehr- und Lernprogramme streng nach sunnitischen Wertvorstellungen gestaltete.

Zurück in Nischabur lebte Khayyam viele Jahre zurückgezogen und widmete sich in völliger Abgeschiedenheit seinen wissenschaftlichen und literarischen Arbeiten. Es ist anzunehmen, dass er in dieser Situation den folgenden Vierzeiler verfasste:

Die Erhabenen, gewiss, die habe ich lange geliebt,
Mein Ansehen hat sich in Menschenaugen getrübt.
Meine Ehre habe ich in einer flachen Tasse ertränkt,
Meinen Ruf habe ich für einen Gesang verdrängt.[130]

Am Hofe von Sultan Sandschar

Nach dem Tode von Nizām al-Mulk und Malik Schah im Jahre 1092 fand Khayyam, wie bereits erwähnt, keine Förderer mehr, die bereit gewesen wären, den Unterhalt des Observatoriums von Isfahan zu übernehmen und seine astronomischen Arbeiten zu unterstützen. Erst im Jahre 1118 als Ahmad, der jüngste Sohn Malik Schahs und bis dahin Gouverneur von Khorasan, unter dem Namen Sultan Sandschar den Thron bestieg (Abb. 29), änderte sich die Situation.

Sandschar, der bis 1157 als letzter Sultan der Seldschuken über das ausgedehnte persische Reich herrschte, war während seiner langen Regierungszeit recht erfolgreich. Es gelang ihm, nicht nur das Herrschaftsgebiet zu vereinen und die bisherigen Vasallen unter seiner Oberherrschaft zu halten, sondern auch Samarkand im Jahre 1130

---

[130] Die englische Übersetzung dieses angeblich von Khayyam verfassten Vierzeilers erschien erstmalig in der 1. Auflage von „*Rubáiyát of Omar Khayyám*“ (1859) als Vierzeiler Nr. 69:

Indeed, the Idols I have loved so long
Have done my Credit in Men's Eye much wrong:
Have drown'd my Honour in a shallow Cup,
And sold my Reputation for a Song.

Der britische Komponist Sir Granville R. Bantock (1868–1946) vertonte diesen Vierzeiler für Chor und Orchester und publizierte das Werk in 1909.

wiederzubesetzen. Er machte die Stadt Merw zu seiner Hauptstadt und schmückte sie mit den berühmtesten Geistesgrößen der Zeit. Auch Khayyam lud er an seinen Hof als Berater und Hofastrologe ein. Dieser übte aber die ihm übertragenen Aufgaben nicht gerade euphorisch aus, denn abgesehen davon, dass er die Astrologie ablehnte, empfand er auch keine allzu große Sympathie für den Herrscher. So zog er sich einige Jahre später wegen nachlassender Gesundheit wieder nach Nischapur zurück.

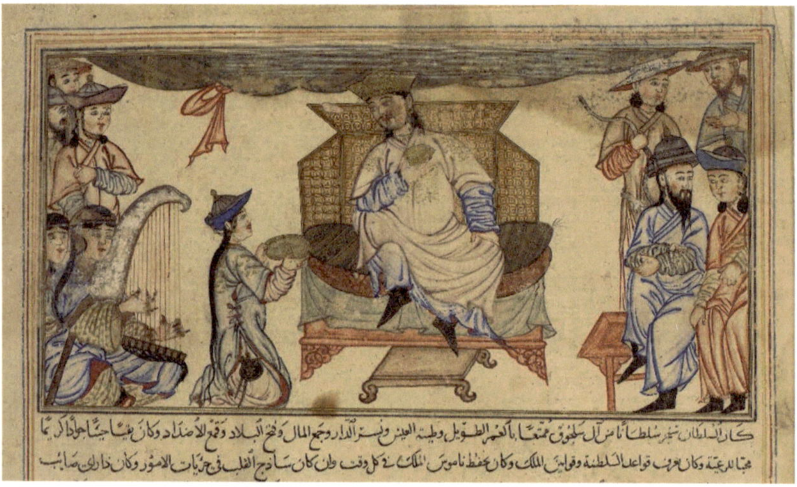

Abb. 29: Sultan Sandschars Thronbesteigung im Jahre 1118

Der Untergang des Sterns

Nach seiner Wiederkehr in seine Geburtstadt Nischabur führte Khayyam das Leben eines Einsiedlers. Er verfasste wissenschaftliche Abhandlungen und begann, die philosophischen Werke seines spirituellen Lehrmeisters Avicenna, den er über alle Maßen verehrte, zum wiederholten Male zu studieren und zu kommentieren. Vermutlich verfasste er auch während dieser Zeit manche seiner Vierzeiler, darunter die folgenden, um die selbst gewählten Isolation erträglicher zu machen:

افسوس که نامهٔ جوانی طی شد
و آن تازه بهار زندگانی دی شد
آن مرغ طرب که نام او بود شباب
افسوس ندانم که کی آمد کی شد

Der Jugend Buch ist aus – und war doch kaum begonnen!
Kaum hat der Lenz geblüht, ist er auch schon verronnen!

Ich merkt' nicht, wie sie kam, noch wie sie flog davon,
Die holde Nachtigall, die Zeit der Jugendwonnen.[131]

افسوس که سرمایه ز کف بیرون شد
وز دست اجل بسی جگرها خون شد
کس نامد از آن جهان که پرسم از وی
کاحوال مسافران دنیا چون شد

O Jammer! täglich schwindet unser Leben!
Wie vieler Herzen brach schon das Geschick,
Und keiner kam von drüben je zurück,
Von den Geschied'nen Nachricht uns zu geben![132]

از جرم گل سیاه تا اوج زحل
کردم همه مشکلات کلی را حل
بگشادم بندهای مشکل به حیل
هر بند گشاده شد به جز بند اجل

Zwischen Erd und Stern im Geistesflug,
Enträtselt' ich Probleme, weise und klug!
Für jede Türe fand ich einen Schlüssel,
Bis ich nach Tod und Schicksal frug![133]

Es wird berichtet, dass er die letzten Stunden seines Lebens mit der Lektüre „*Buch der Heilung*“[134] Avicennas verbrachte. Nachdem er darin den Abschnitt *Einheit und Vielfalt* zu Ende gelesen hatte, soll er, so die Überlieferung, leise vor sich hingemurmelt haben:

»Oh Herr, ich habe dich entsprechend meinen Fähigkeiten gekannt. Verzeih mir, denn wahrlich, mein Wissen ist meine Empfehlung an dich.«

Danach entschlief er sanft und friedlich.

Über diese Begebenheit berichtete erstmalig der bedeutende Historiker und Gelehrte des späten 13. Jahrhundert Shams al-Dīn Muhammad Shahrazurī[135] (1181–1288), der von der Herkunft Kurde und vom Beruf Arzt war. In seinem Buch „*Ausflug der Seelen*“[136], geschrieben im Jahre 1207, schilderte er die letzten Stunden Omar Khayyams wie folgt:

---

[131] „*Die Sinnsprüche Omars des Zeltmachers ...*“, op. cit., Nr. 35.

[132] „*Strophen des Omar Chijam*“, op. cit., Nr. 262.

[133] „*Omar Khayyam. Schöner als die Wildnis kann kein Paradies sein*“. Mohamed Abou-Zaid, Hakim-Verlag, Köln 1974, S. 26, Nr. 20.

[134] „*Buch der Heilung*“ (كتاب الشفاء) ist einc achtzehnbändige wissenschaftliche Enzyklopädie, die die Heilung der Seele von Irrtümern zum Thema hat. Es ist das wichtige philosophische Werk Avicennas.

[135] شمس الدین محمد بن محمود شهرَزوری

[136] “نزهة الارواح و روضة الافراح فی تاریخ الحکماء و الفلاسفة”

»Omar war mit Avicennas „*Buch der Heilung*“ beschäftigt. Am Abschnitt *Von dem Einen und Vielfachen* (*Gott und die Welt*) angelangt, legte er das Buch zur Seite und verrichtete sein Gebet. Er aß und trank nicht, sondern versuchte nur noch seine letzten Pflichten hinter sich zu bringen. Nach dem Nachtgebet neigte er sich zur Erde und sagte: „O mein Allah! So gut ich es vermochte, habe ich in Wahrheit nach Deiner Erkenntnis gestrebt. Verzeih mir darum. Meine Erkenntnis von Dir sei bei Dir meine Empfehlung.“[133] Kaum hatte der Imam [Khayyam] diese Worte gesprochen, gab er seinen Geist auf.“«[134]

Das Todesjahr

Als Khayyam der vergänglichen Welt den Rücken kehrte, war er eine der berühmtesten Persönlichkeiten seiner Zeit. Es ist daher verwunderlich, dass das genaue Datum seines Todes nicht dokumentiert wurde. Dieses Versäumnis hatte zur Folge, dass im Laufe der Zeit verschiedene Angaben über sein Todesjahr gemacht wurden:

1121

Die erste Mitteilung über das Jahr des Dahinscheidens Khayyams findet sich in einer Kurzbiographie in der vielgepriesenen Schrift „*Vier Abhandlungen*“ des eminenten Autors Nizāmī Ἀrūzī.[135] Nach eigenen Angaben traf dieser im Jahre 1112/3 Khayyam bei einem Festmahl in der Stadt Bilch bei guter Gesundheit. Er schilderte diese historische Begegnung in seiner Schrift wie folgt:

»In Balkh, im Jahre 1112/13, als Omar Khayyam und Muzaffar-i-Isfizārī[136] [↓] sich im Hause von Amir Abu Said auf der Straße der Sklavenhändler niedergelassen hatten, trat ich ihrer gesellschaftlichen Versammlung bei und hörte Omar, diesen Beweis der Wahrheit, sagen: „Mein Grab wird an einem Ort sein, an dem der Nordwind jedes Frühjahr Rosen streuen würde.“ Für mich

133 «اللهم انّی عرّفتُک عَلی مبلغ امکانی فاغفرلی فانّ معرفتی ایاک، وسیلتی الیک»

134 „*Omar Khayyam. Schöner als die Wildnis kann kein Paradies sein*“, op. cit., S. 13–14.

135 Nizāmī Ἀrūzī Samarqandī (نظامی عروضی سمرقندی) war ein persischer Dichter und Prosaist, der zwischen 1110 und 1161 blühte. Er ist besonders berühmt für seine Schrift „*Vier Abhandlungen*“ (Tschahār Maqāleh چهار مقاله), sein einziges Werk, das vollständig überlebt hat.

136 Abū Ḥātim al-Muẓaffar al-Isfizārī war ein persischer Mathematiker und Astronom, der zusammen mit Khayyam und anderen Fachkollegen an der Reformierung des persischen Kalenders mitwirkte.

schienen diese Worte unglaublich, aber ich wusste, dass ein Mann wie er niemals etwas Unsinniges sagen würde. Als ich im Jahre 1135/36 nach Nischapur kam, das heißt nachdem diese große Seele bereits seit [vier oder vierzehn?] Jahren den Schleier aus Staub gezogen hatte [gestorben war] und die minderwertige Welt von ihm verwaist war, ging ich am Freitagabend zu seinem Grabe, weil er den Anspruch eines Meisters auf mich hatte. Ich nahm jemanden mit, der mich auf sein Grab hinweisen konnte, und er brachte mich zum Friedhof Hīra[137]. Ich drehte mich nach links und sah Omars Grab am Ende der Gartenmauer. Birnbäume und Pfirsichbäume hoben

ihre Wipfel von außerhalb des Gartens; und ein so großer Schauer von Blüten hatte auf sein Grab gegossen, dass es unter den Rosen verborgen war; und mir fielen seine Worte ein, die ich in Balkh von ihm gehört hatte. Daraufhin fing ich an zu weinen, weil ich nirgendwo auf dieser Welt oder in allen Regionen des Universums jemanden sah, der ihm ähnlich war.«[138]

Leider geht aus dieser bewegenden Schilderung nicht klar hervor, ob Nizāmī Ărūzī nach *vier* oder *vierzehn* Jahren die Grabstätte Khayyams aufsuchte. Je nach Manuskript kommen beide Möglichkeiten infrage, da die Schreibweise der Zahlen *vier* und *vierzehn* im Persischen ähnlich ist. Die Zahl *vier* würde bedeuten, dass Khayyam erst im Jahre 1131 starb, während die Zahl *vierzehn* hieße, dass er zehn Jahre früher nämlich im Jahre 1121 gestorben war. Das Jahr 1121 wurde lange Zeit in Persien als das Todesjahr Khayyams akzeptiert.

Die rührende Erzählung von Nizāmī Ărūzī über seine Begegnung mit Khayyam und seinen Besuch von Khayyams Grabstätte inspirierte den irischen Übersetzer von Khayyams Vierzeilern, George Roe (1861–1934), zu einem Gedicht von 20 vierzeiligen Strophen im Jahre 1906 unter dem Titel von *Eine Ode an Omar*. Im Folgenden werden nur die ersten zwei Strophen in deutscher Übersetzung wiedergegeben[139]:

Khayyam, alter Freund, obwohl du so lange geschlafen hast
Im fernen Nischapur, wo sich Rosen häufen
Ihre Blütenblätter über deinem Grab, wie oft ich höre
Deine lebendige Stimme hallt durch die Tiefe!

Von Breslaus Toren, Wiens geräumigen Hallen,
Oder wo Turin ihre heiseren Mauern aufrichtet,
Im tiefen lieblichen germanischen Gesangs lag,
Der subtile Sänger von Khorasan [Khayyam] *ruft.*[140]

---

137 حيره

138 „*Revised Translation of Chahár Maqála of Niẓámi-i-Ărudi of Samarqand by Edward G. Browne*“, Cambridge University Press, London, 1921, S. 71.

139 Alle 20 Strophen dieser Ode sind im Anhang 5 zu finden.

140 „*Ruba'iyat of Omar Khayyam. A new metrical version rendered into English from various Persian sources by George Roe*“, A.C. McClurg & Co., 1906, S. 13.

1122

Die englishsprachige Enzyklopädie „*Muslim Heritage. Discover the golden age of Muslim civilisation*“ (2002–2020) gibt das Todesjahr Khayyams mit 1122 an.

1123

Das Jahr 1123 wurde lange Zeit in Europa als Sterbejahr Khayyams zugrunde gelegt und zwar ausfolgendem Grund: Der bereits genannte englische Orientalist Thomas Hyde hatte 1700 das Todesjahr Khayyams aufgrund eines Zitats aus einer arabischen Quelle mit 517 A.H. = 1123 n.Chr. angegeben. Das Zitat hatte den folgenden Wortlaut:

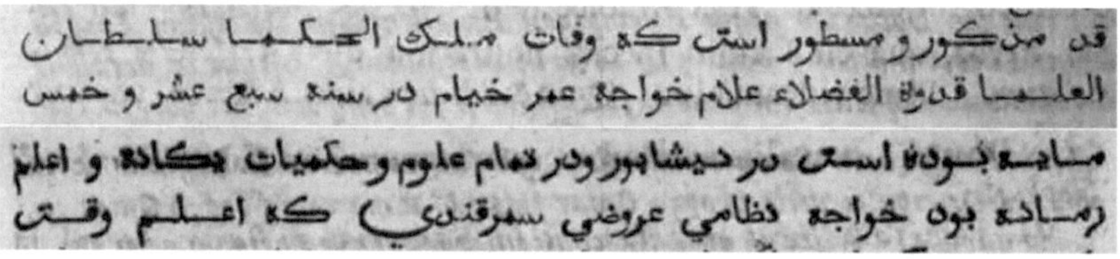
قد مذکور و مسطور است که وفات ملک الحکما سلطان
العلما قدوة الفضلاء علام خواجه عمر خیام در سنه سبع عشر و خمس
مایه بوده است در نیشابور و در تمام علوم و حکمیات یگانه و اعلم
زمانه بوده خواجه نظامی عروضی سمرقندی که اعلم وقت

»Es ist überliefert worden, dass sich der Todesfall des Königs der Philosophen, Sultans der Gelehrten, Führers der Weisen und des Allwissenden Khadjeh[141] Omar Khayyam im Jahre 517 A.H. [1123 n.Chr.] in Nischabur ereignete. Er war in allen Wissenschaften und Philosophien einzigartig und der allergrößte seiner Zeit.«[142]

1126

1999 wurde in den Föderierten Staaten von Mikronesien[143] (Abb. 30, links) eine Briefmarke (Abb. 30, rechts) herausgegeben, auf der das Jahr 1126 als das Jahr des Ablebens Khayyams angegeben war. Es ist nicht bekannt, auf welcher Grundlage diese Angabe beruht.

---

[141] Khadjeh, khwāja, khvajeh oder Hodja (persisch: خواجه) mit der Bedeutung *Herr* oder *Meister* ist ein persischer Ehrentitel, der damals nur großen Gelehrten vorbehalten war.

[142] Thomas Hyde: „*Historia* ...“, op. cit., S. 498–499.

[143] Die Föderierten Staaten von Mikronesien sind ein Inselstaat im westlichen Teil des Pazifischen Ozeans. Das Staatsgebiet deckt dabei nur einen Teil des Inselgebiets Mikronesien ab. (Wilipedia.Die freie Enzyklopädia)

Abb. 30: Mikronesien (links); Khayyam-Briefmarke (rechts)[144]

4. Dezember 1131

1941 gab der bereits zitierte indische Gelehrte Govinda Tīrtha das Sterbedatum Khayyams als 4. Dezember 1131 an. Dieses Datum wird auch im vorliegenden Buch zugrunde gelegt. Demnach muss Khayyam im Alter von 83 Jahren gestorben sein.[145]

Die erste Grabstätte

Khayyams Grab am Friedhof Hirah, angesiedelt in dem größten und von noblen Familien bewohnten Viertel von Nischabur, überlebte vielerlei Katastrophen im Laufe der Jahrhunderte, darunter mehrere Erdbeben. Etwa 15 Jahre nach dem Tod des großen Gelehrten, das heißt im Jahre 1145, wurde die Stadt, die sich auf einer seismischen Verwerfungslinie befindet, durch ein starkes Erdbeben zerstört. Noch schlimmer waren die Folgen des Mongolensturms unter Dschingis Khan in den Jahren 1219 bis 1256 und der Invasionen der Goldenen Horde unter Timur in den Jahren 1380 bis 1393 (mehr hierüber im nächsten Kapitel).

---

144 https://de.wikipedia.org/wiki/Philippinen.

145 Der bereits erwähnte iranische Soziologe M.H. Tamdgidi ist der Ansicht, dass Khayyam in 1021 geboren und in 1123, also im Alter von 102 Jahren verstorben ist. Siehe: „*Omar Khayyam's Secret: Hermeneutics of the Robaiyat in Quantum Sociological Imagination*", op. cit., Book 2.

1540 wurde auf dem Grundstück, auf dem sich Khayyams Grabstein befand, ein Grabmal mit einer türkisfarbenen Kuppel für einen schiitischen Heiligen namens Mohammad Ibn Hossein Mahrūq[146] errichtet, der im 8. Jahrhundert ermodert worden war. Khayyams Grabstein befand sich nun im offenen linken Flügel des heiligen Schreins, der fortan als Imāmzādeh Mahrūq bekannt wurde. Eine Vorstellung von dem Bauwerk und der Lage des Grabsteins Khayyams vermittelt eine Skizze, die der schottische Künstler William Simpson (1823–1899) am 5. Oktober 1885 unter dem Titel *The Tomb of Omar Khayyam* (Das Grab Omar Khayyams) an Ort und Stelle angefertigte, als er als erster Europäer die Ruhestätte Khayyams aufsuchte (Abb. 31).

Abb. 31: William Simpsons Gemälde *Das Grab Omar Khayyams* (1885)

Simpsons Skizze inspirierte später den in Kanada geborenen amerikanischen Maler Edward John („Jay“) Hambidge (1867–1924) zu einem ähnlichen Gemälde namens *Am Grabe Omar Khayyams* (Abb. 32).

Die erste Schwarz-Weiß-Fotografie von der Grabstätte Khayyams (Abb. 33) machte der bereits zitierte US-amerikanische Gelehrte Williams Jackson, der sich 1907 in Nischapur aufhielt.

---

146 محمد بن حسين محروق

Abb. 32: Jay Hambidges Gemälde *Am Grabe Omar Khayyams* (1911)[147]

Abb. 33: Links: Grabstein Khayyams;
rechts: Portal zum Eingang des Gartens; (Foto 1907)[148]

In seinem Notizbuch hatte er kurz vor seiner Ankunft in Nischabur Folgendes eingetragen:

»Nur eine Tagesreise trennte uns jetzt von Nischapur, der Heimat von Omar Khayyam, und mein Herz schlug schneller als die Geschwindigkeit der eilen-

[147] *At the Tomb of Omar Khayyam* (Wikipedia. The Free Encyclopedia).
[148] A.V. Williams Jackson, op. cit., S. 230.

den Pferde, auf denen wir unserem Ziel zusteuerten, obwohl es unterwegs Orte von Interesse gab, an denen man hätte Halt machen können.«[149]

Der britische Brigadier General, Diplomat und Gelehrte Sir Percy Molesworth Sykes (1867–1945), der zwischen 1906 und 1913 als Generalkonsul in der iranischen Provinz Khuzestan (im Südwesten Irans) fungierte, machte 1911 das in Abb. 34 wiedergegebene Foto vom Grab des *Zeltmachers aus Nischabur*, wie er es bezeichnete.

Abb. 34: Das Grab Omar Khayyams (im linken Flügel) aus dem Jahre 1911[150]

Die zweite Grabstätte

Die Schmuck- und Prunklosigkeit, insbesondere aber die Namenlosigkeit des Grabmals Khayyams, der weltweit zunehmend als Dichter gefeiert und verehrt wurde, lösten bei den Besuchern, insbesondere bei den Gästen aus dem Ausland, große Verwunderung aus, zumal sie unweigerlich am pompösen Mausoleum Mahrūqs vorbeigehen mussten.

Die enorme Wertschätzung Khayyams als Dichter in Europa erweckte bei seinen gebildeten Landsleuten den Wunsch nach einem prunkvolleren Denkmal, welches dieses großen Mannes würdig wäre. So wurde im Jahre 1313 (= 1934) ein säulenförmiges Denkmal zu seinen Ehren neben dem prunkvollen Mahrūq-Mausoleum errichtet. Die Lage der Gedenksäule ist auf dem Foto (Abb. 35) deutlich zu erkennen, das 1938 von dem bekannten US-amerikanischen Wissenschaftshistoriker George Sarton (1884–1956) in der Fachzeitschrift

[149] Ebenda, S. 218.

[150] „*A History of Persia*“ by P. M. Sykes, London, 1915, S. 139.

ISIS mit der Unterschrift *The Tomb of Omar Khayyám in Nîshâpûr* (Das Grab von Omar Khayyam in Nischabur) veröffentlicht wurde.

Abb. 35: Die Grabsäule Khayyams in Nischabur (1938)[151]

Das säulenförmige Denkmal ist in Abb. 36 vergrößert wiedergegeben.

Am Fuße der Säule, die bis 1959 noch an derselben Stelle stand, war ein Vierzeiler des eminenten persischen Dichters Mohammad-Taqī Bahār (1886–1951), besser bekannt als Malek ol-Schoarā Bahār[152] (Dichterfürst), als Widmung an Khayyam eingraviert.

Lass dich am Grabe Khayyams nieder und genieße das Leben,	بر تربت خیام نشین کام طلب
Befreie dich so für einen Augenblick vom tagtäglichen Trübsinn.	يك لحظه فراغ از غم ایام طلب
Willst du das Datum der Errichtung dieses Schreins erfahren,	تاریخ بنای بقعه اش گر خواهی
So wünsch dir am Grabe Khayyam, was dein Herz begehrt.	**کام دل و دین ز قبر خیام طلب**

Die Summe aller Zahlen, die den einzelnen Buchstaben der vierten Zeile (fett geschrieben) dieses Vierzeilers zugeordnet sind, ergibt die Zahl 1313, d.h. das Jahr 1934 der Errichtung des säulenförmigen Denkmals.

---

151 ISIS, 29 (1938) 1 (July), S. 15–19.

152 ملک الشعرا بهار

Abb. 36: Khayyams Denkmal in Nischabur, erbaut in 1934

1959 wurde das Säulendenkmal aufgrund einer Entscheidung der zuständigen iranischen Kulturbehörde auf einen Platz in der Mitte der Stadt Nischabur verlegt, der noch heute als *Khayyam Platz* zu den bekanntesten Sehenswürdigkeiten der Stadt zählt (Abb. 37, links).

Abb. 37: Khayyam Platz in Nischabur[153]

---

[153] ویکی‌پدیا، دانشنامهٔ آزاد

Bei der Errichtung des Obelisken hatten die Erbauer zwei der berühmtesten Vierzeiler Khayyams auf einer Seite der viereckigen Säule eingravieren lassen (Abb. 37, rechts). Die beiden Vierzeiler zusammen mit ihren deutschen Übersetzungen sind hier wiedergegeben:

آنانکه محیط فضل و آداب شدند
و از جمع کمال شمع اصحاب شدند
ره زین شب تاریک نبردند برون
گفتند فسانه ای و در خواب شدند

Die als Leuchten von Weisheit und Wissenschaft prangen,
Und andern als Lehrer vorgegangen,
Sie fanden den Weg nicht aus finstrer Nacht,
Sagten Märchen, bis sie der Tod umfangen.[154]

دوری که در او آمدن و رفتن ماست
آنرا نه بدایت نه نهایت پیداست
کس می نزند دمی درین معنی راست
کاین آمدن از کجا و رفتن بکجاست

Der Kreislauf, der unser Kommen und Gehen umspannt,
hat keinen erkennbaren Anfang oder sichtbares Ende;
niemand hat diesen Umstand ganz begriffen:
Woher wir kommen und wohin wir gehen.[155]

Die dritte Grabstätte

1959 plante die iranische Kulturbehörde die Errichtung eines neuen Mausoleums für Omar Khayyam in der Stadt Nischabur und beauftragte damit den bekannten iranischen Architekten und Bildhauer Houshang Seyhoun (1920–2014). Am 12. Farvardīn, 1342 (2. April 1963) war es so weit und das neue, Mausoleum, das heute eines der berühmtesten Wahrzeichen der Stadt ist, wurde der Öffentlichkeit vorgestellt (Abb. 38a).

[154] „*Der Hakim von Nischapur Omar Chajjám und seine Rubaijat. Nach alten und neuesten persischen Handschriftenfunden*“ von Manuel Sommer. Guido Pressler Verlag, Wiesbaden, 1974, Nr. 209.

[155] „*Wie Wasser strömen wir. Die Rubaijat des Omar Chajjam*“. Ins Deutsche übertragen von Cyrus Atabay. Mit Graphiken von Josua Reichert. Im Verlag Eremiten-Presse, Düsseldorf, 1984, Nr. 10.

Abb. 38a: Das gegenwärtige Mausoleum Khayyams aus dem Jahre 1963[160]

Das neue, aus weißem Marmor gebaute Mausoleum steht auf einem Podest, das aus Metall- mit Betonabdeckung besteht und zehn Unterteilungen mit jeweils 5 Metern Abstand zueinander besitzt. Das Bauwerk hat die Form eines 22 Meter hohen Zeltes und ähnelt einem Observatorium. Seine verdrehte Struktur folgt einer komplexen mathematischen Beziehung. Die konisch nach oben ragenden Seiten weisen regelmäßige geometrische Gestalten auf und treffen in Form eines zehnzackigen Sterns zusammen. Dieser bildet das Kuppeldach, durch dessen Öffnungen man tagsüber den blauen Himmel und nachts die leuchtenden Sterne am Firmament bewundern kann (Abb. 38b).

Die Absicht des Architekten war, durch das kegelförmig gestaltete Bauwerk die astronomisch-mathematischen Überlegungen des großen Gelehrten mit seinen philosophisch angehauchten Versen in Einklang zu bringen.[161] Zu diesem Zweck ließ er mehrere ausgewählte Vierzei-

[160] https://mapio.net/images-p/6700268.jpg

[161] Private Mitteilung des Architekten an den Verfasser des vorliegenden Buches.

ler Khayyams, die vorwiegend die Vergänglichkeit des Irdischen zum Inhalt haben, auf türkisfarbenen und mit Blumen verzierten Fliesen kalligraphisch in *ta'līq*-Schrift[162] niederschreiben. Die abgerundeten Formen der Buchstaben mit ihren übertriebenen horizontalen Strichen und Verschnörkelungen, die für die *ta'līq*-Schrift charakteristisch sind, erwiesen sich als besonders geeignet für die kalligraphische Gestaltung der Vierzeiler (Abb. 39).

Abb. 38b: Das Kuppeldach des Mausoleums von innen (links) und außen (rechts)

Abb. 39: Charakteristische Merkmale der *ta'līq*-Schrift[163]

[162] Der Schriftstil *ta'līq* (persisch: تعليق) wurde im 10. Jahrhunderts in Persien entwickelt und war bis ins 14. Jahrhundert sowohl für die königliche als auch für die alltägliche Korrespondenz in Gebrauch, bis sie dann durch den Schriftstil *nasta'līq* verdrängt wurde.

[163] https://www.google.com/search?q=Mausoleum+Khayyams&client

Der Künstler, der für diese Aufgabe engagiert wurde, war der Kalligraph und Komponist Morteza Abdolrassouli (1906–1995).

Aus der Vielzahl der niedergeschriebenen Vierzeiler werden hier nur zwei in der Originalsprache mit ihren deutschen Übersetzungen wiedergegeben:

تا چند اسیر رنگ و بو خواهی شد
چند از پی هر زشت و نکو خواهی شد
گر چشمه زمزمی و گر آب حیات
آخر به دل خاک فرو خواهی شد

Wie lang noch blenden dich Täuschung und Schein?
Wie lang noch macht dir Gut und Böse Pein?
Wärst du der Zamzamquell[164], der Stein der Weisen[165],
einst bettet man auch dich ins Grab hinein.[166]

این قافله عمر عجب می گذرد
دریاب دمی که با طرب می گذرد
ساقی غم فردای حریفان چه خوری
پیش آر پیاله را که شب می گذرد

Des Lebens Karawane zieht vorbei:
Ihr lebt, doch morgen seid ihr vogelfrei.
Das Morgen graut, noch ist der Krug gefüllt.
Erhebt ihn schnell! Er bricht so bald entzwei.[167]

Abb. 40: Architekt H. Seyhoun (links), Kalligraph M. Abdolrassuli (rechts)

---

164 *Zamzam* (arabisch: زمزم) heißt der Brunnen im Hof der al-Harām-Moschee (der größten Moschee der Welt) in Mekka. Der Überlieferung nach entspringt das Wasser von *Zamzam* im Paradies und besitzt heilende Wirkung.

165 Im persischen Original: Lebenswasser (ewige Jugend bringendes Wasser).

166 „*Omar Chajjám und seine Vierzeiler; ...*“, op. cit., Nr. 27.

167 „*Omar Khayyam: die Sinnsprüche*“, aus dem Persischen von Rudolf Berger, Alfred Scherz Verlag, Bern, 1948, Nr. 61.

Abb. 40 zeigt die beiden Künstler, den Architekten H. Seyhoun und den Kalligraphen M. Abdolrassouli, die am Bau des jetzigen Mausoleums maßgeblich beteiligt waren.

Obwohl es im Iran üblich ist, die Geburts- und Sterbedaten der verstorbenen auf ihren Grabsteinen anzugeben – und dies wird bei einer so berühmten Persönlichkeit wie Khayyam umso mehr erwartet –, sucht man vergeblich auf dem Grabstein Khayyams nach seinem Geburts- und Sterbedatum. Dafür findet man auf einer kleinen steinernen Grabtafel (Abb. 41) einen in persischer Schönschrift eingravierten Hinweis, der besagt, dass Khayyam mehr als siebzig Jahre alt wurde und im Jahre 517 A.H. [1123/4 n.Chr.] starb. Wörtlich heißt es dort:

»[Hier ist] die Ruhestätte des Weisen Abolfath Omar ebn-e Ebrahim Khayyam Nischaburi, der sich im Mondjahr 517 nach mehr als siebzig Jahren Gottes Barmherzigkeit anschloss.«

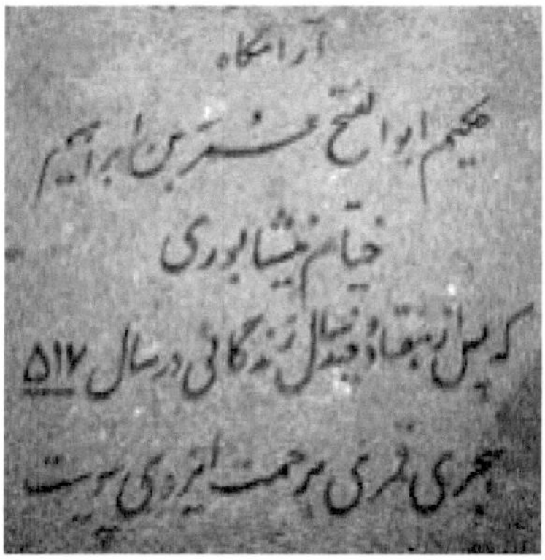

Abb. 41: Grabtafel mit Hinweis auf das Alter und Todesjahr Khayyams

Der Gedenktag

Das Mausoleum von Khayyam, das hinsichtlich der Kreativität, Konstruktion und Architektur eines der bedeutendsten Bauwerke im heutigen Iran ist und 1963 in die Liste des Nationalen Kulturerbes aufgenommen wurde, gehört zu den berühmtesten und beliebtesten Sehenswürdigkeiten des Landes. Jedes Jahr am 28. Ordibehescht (dem 18. Mai), dem Gedenktag des weltberühmten Gelehrten, findet eine große Zeremonie am Mausoleum statt, an der zahlreiche Literaten, Wissenschaftler und Touristen teilnehmen.

Geistiges Erbe

Khayyam gilt als Autor mehrerer Einzelwerke über verschiedene Fachgebiete, insbesondere Algebra und Geometrie. Als Naturwissenschaftler verfasste er richtungweisende Abhandlungen, die sich mit den Prinzipien der Physik und Mechanik beschäftigen. In seinen Schriften behandelte er auch geisteswissenschaftliche Themen wie Theologie, Philosophie und Logik sowie die Musiktheorie.

Als Mathematiker befasste er sich hauptsächlich mit Algebra und den Lösungen von Gleichungen 3. Grades, auch kubischen Gleichungen genannt. Es gelang ihm, als Erster in der Geschichte der Mathematik die Wurzeln solcher Gleichungen mit Hilfe bestimmter Kegelschnitte (Kreise, Parabeln und Hyperbeln) geometrisch zu konstruieren. Im Bereich der Geometrie widmete er sich dem 5. Postulat des Euklids und gelangte schließlich zu einem folgenreichen Ergebnis, das die Notwendigkeit der Schaffung einer nichteuklidischen Geometrie einläutete. Des Weiteren gelang es ihm, als Erster die Binomialkoeffizienten des Ausdruckes $(a + b)^n$ mit $n = 1, 2, 3, \ldots$ zu bestimmen und sie dreieckförmig anzuordnen; eine Entdeckung, deren praktische Nutzung bei der Bewältigung zahlreicher mathematischer Probleme Jahrhunderte später von den europäischen Mathematikern erkannt wurde.

Khayyams mathematische Leistungen, insbesondere im Bereich der Algebra und Geometrie, zeugen von seinem profunden Intellekt.

Als Astronom befasste sich Khayyam mit der Beobachtung der Position und Bewegung von Himmelskörpern und Planeten mittels der damals verfügbaren astronomischen Geräte. Der von ihm und seinen Fachkollegen entwickelte Kalender, der heute im Iran und in einigen anderen Ländern verwendet wird, gilt weltweit als die genaueste Art der Zeitrechnung.

Dass sich Khayyam, der als Universalgelehrter höchstes Ansehen bei seinen Zeitgenossen genoss, neben seinen vielfältigen und bahnbrechenden wissenschaftlichen Arbeiten auch noch mit der Poesie beschäftigte und Vierzeiler verfasste, blieb aber seinen Landsleuten (bis auf wenige Ausnahmen) gänzlich verborgen. Dafür hatte er, so paradox es auch klingen mag, selbst gesorgt und das aus gutem Grunde. Der damals vorherrschende religiöse Fundamentalismus duldete keinerlei Freigeisterei und schon gar nicht glaubenskritische Äußerungen aus dem Munde eines Mannes, der als ausgewiesene Autorität im islamischen Recht galt. Es war eine Ironie des Schicksals, dass ausgerechnet dieser Mann sich in seinen Versen über die Unvollkommenheiten der Schöpfung und Unzulänglichkeiten des Seins beklagte und in ausgelassener Weise lebensbejahende Botschaften verkündete, die den sinnlichen Lebensgenuss verherrlichten. So musste er zu Lebzeiten seine ketzerischen Verse wie ein großes Geheimnis hüten und sie nur hie und da seinen engsten Gefährten anvertrauen. Wäre einer seiner blasphemischen Vierzeiler dem strenggläubigen Großwesir Nizām al-Mulk zu Gehör gekommen, hätte dieser nicht nur ihm jedwede Unterstützung verweigert, sondern ihn zurückgewiesen und aufs Schärfste bestraft.

Erst Jahrhunderte nach Khayyams Tod erfuhr die Nachwelt von seinen Vierzeilern, die dann und wann in verschiedenen Quellen auftauchten. Nachdem sie Mitte des 19. Jahrhunderts in englischer Sprache erschienen und bald in aller Munde waren, wurden sie als die schönsten Vierzeiler der Weltliteratur gefeiert. Die Übersetzungen seiner Vierzeiler, die nun in fast allen Sprachen der Welt vorliegen, sind ein Beweis für die anhaltende poetische Wirkung Khayyams und begründen auch die Weltgeltung der persischen Poesie. Auch wenn oft als Verherrlichung und Lobpreisung des Augenblicks interpretiert werden, strahlen sie doch zeitlose Weisheit aus und haben ihm deshalb auch Anerkennung als Philosoph eingebracht.

Zieht man all jene Wirrnisse und Wechselfälle, Ränke und Verfolgungen sowie Kriege und Schicksalsschläge in Betracht, die Khayyams Epoche eigen waren und wohl oder übel auch sein Leben und Wirken beeinflussten, dann fragt man sich, wie er solch vielseitigen Errungenschaften überhaupt erreichen konnte.

1918 äußerte sich der amerikanische Mathematiker, William Edward Story (1850–1930), über die erstaunliche Gelehrsamkeit Khayyams wie folgt in seinem Essay „*Omar Khayyam als Mathematiker*“:

»Es scheint allgemein angenommen zu werden, dass Omar von Beruf ein Astronom war und dass die reine Mathematik[168] bei ihm nur ein Nebenthema war. Aber es ist zu beachten, dass alle frühere Philosophen, wie der Name „Philosoph“ impliziert, Liebhaber des Lernens aller Art waren; so ein Liebhaber des Lernens scheint Omar tatsächlich gewesen zu sein. [...] Alles in allem bin ich geneigt zu denken, dass Omar Khayyam der originellste und daher großartigste der sarazenischen [muslimischen] Mathematiker war.«[169]

1922 schilderte Friedrich Rosen, der bereits zitierte Übersetzer der Vierzeiler Khayyams, die Breite der wissenschaftlichen Tätigkeiten Khayyams mit folgenden Worten:

---

[168] *Reine Mathematik* ist die übergreifende Bezeichnung für alle Teilbereiche der Mathematik, wie beispielsweise die Algebra und die Zahlentheorie, die sich primär rein mathematische Themen widmen und kaum bzw. gar nicht praktische Probleme zum Gegenstand haben. Als Gegensatz zur Reinen Mathematik versteht man die Angewandte Mathematik.

[169] William Edward Story: „*Omar Khayyam as a mathematician*“. Read at the annual meeting of the Omar Khayyam Club of America, April 6, 1918, p. 10, 13.

»Omar beherrschte das gesamte Wissen seines Jahrhunderts. Er war gleich berühmt als Mathematiker und Astronom wie als Exeget des Korans, als Dichter in persischer und arabischer Sprache wie als Arzt – es wird von Zeitgenossen berichtet, daß er in schweren Krankheitsfällen konsultiert wurde –, als Sterndeuter wie als Weltweiser.«[170]

Üble Nachreden

Seit dem Tode Khayyams und im Laufe der Jahrhunderte sind in seinem muslimisch geprägten Heimatland, aber auch anderswo, so viele Geschichten und Märchen über ihn und sein Leben erzählt und geschrieben worden, dass sein wahres Gesicht heute hinter einem dunklen und geheimnisvollen Vorhang verborgen ist. Als Folge davon ist es kaum möglich, Fakt und Fiktion voneinander zu trennen, Wahrheit oder Falschheit der Überlieferungen eindeutig zu bestimmen und ein objektives Urteil über den Menschen Khayyam abzugeben.

Die vielen üblen Nachreden und Verleumdungen, die seine Gegner über ihn verbreiteten, hatten oft den Zweck, ihn zu demütigen und seine wissenschaftlichen und literarischen Errungenschaften geringfügiger erscheinen zu lassen.[171]

Je mehr Vierzeiler im Laufe der Zeit ans Licht kamen, die angeblich oder tatsächlich von Khayyam stammten, umso mehr wurde er durch die Glaubenseiferer und den Pöbel diffamiert und als Ungläubigen und Gotteslästerer verdammt. Seine Widersacher bedienten sich häufig – und tun es noch heute – auch der Sprache der Poesie und brachten ihre Anfeindungen ihm gegenüber in Form von Vierzeilern zum Ausdruck. Der folgende dilettantische Vierzeiler liederlichen Inhalts, der nur ein Beispiel von vielen ist, wurde paradoxerweise später ihm selbst untergeschoben:

خیام که خیمه های حکمت می دوخت
در کوره غم فتاد و ناگاه بسوخت
مقراض اجل طناب عمرش ببرید
فراش قضا به رایگانش بفروخت

Die folgenden deutschen Übertragungen, die in chronologischer Reihenfolge wiedergegeben sind, demonstrieren beispielhaft, wozu das unbeirrbare Festhalten des Westens an der Idee geführt hat, wonach Khayyam vom Beruf Zeltmacher war. Dieser Vierzeiler wurde näm-

170 *„Die Sinnsprüche Omars des Zeltmachers ...“*, op. cit., S. 135.

171 Auch heute bleiben diesem großen Gelehrten im Iran Anfeindungen und Denunziationen schlimmster Art seitens des Klerus nicht erspart.

lich für bare Münze genommen und unkritisch im Namen Khayyams in fast alle europäischen Sprachen übersetzt bzw. nachgedichtet.[172]

Der ich der Weisheit Zelte sonst genäht, nun vom Geschicke,
Das im Zerstören sich gefällt und Morden,
Zerschnitten wurden mir in Gram und Weh des Lebens Stricke
Und sind für nichts versteigert worden.[173]

Chajjam, der die Zelte des Wissens genäht,
Versinkt einst in's Nichts mit all' seinem Geräth.
Durchschnitten wird ihm der Lebensfaden,
Und die Welt verkauft seinen Nachlaß mit Schaden.[174]

Der Chajjam, der genäht am Weisheitszelt,
Dem Zorn der Schmäher bald zur Beute fällt.
Der Parzen[175] Schere schneidet ab den Faden,
Dem Trödler feil ist er für Lumpengeld.[176]

Omar, der Zeltmacher, hat von früh bis spät
An manchem Zelt der Philosophie genäht,
Bis Schicksals Schere sein Lebensseil ihm kappt
Und Trödler Tod ihn um ein Nichts ersteht.[177]

Khayyam, der Weisheit Zelte nähtest du –
Tief steckt' im Schlamm des Kummers doch dein Schuh.
Dann schnitt das Schicksal deinen Lebensfaden –
Um einen Deut schlug dich der Trödler zu.[178]

Chajjam! Wer an der Weisheit Zelt zu näh'n begehrt,
Wird von des Trübsinns Flammengluten schnell verzehrt.
Des Schicksals Schere schneidet seines Lebens Stränge,
Der Hoffnungshändler schlägt ihn los, weit unterm Wert.[179]

---

172 In den meisten in englischer Sprache verfassten Biografien von Omar Khayyam wird ausgerechnet die englische Übersetzung dieses Vierzeilers als Beweis dafür zitiert, dass Khayyam vom Beruf Zeltmacher war.

Khayyam, who stitched the tents of science,
Has fallen in grief's furnace and been suddenly burned,
The shears of Fate have cut the tent ropes of his life,
And the broker of Hope has sold him for nothing!

173 „*Strophen des Omar Chijam*", op. cit., Nr. 204.

174 „*Die Lieder und Sprüche des Omar Chajjâm*", op. cit., Drittes Buch Nr. 9.

175 Parze: eine der drei altrömischen Schicksalsgöttinnen

176 „*Sprüche des Omar Chajjam*", op. cit., Nr. 81.

177 „*Die Sinnsprüche Omars des Zeltmachers*", op. cit., Nr. 152.
Anmerkung: Diese Übersetzung von Rosen diente 1931 dem deutsch-baltischen Komponisten Boris Blacher (1903–1975) als Vorlage für eine Vertonung unter dem Titel *Omar, der Zeltmacher hat von früh bis spät*.

178 „*Omar Khayyam: die Sprüche der Weisheit*", op. cit., Nr. XVIII.

Chajjām, du nähtest lang der Weisheit Zelt!
Nun aber fraß der Kummer deine Welt:
der Tod schnitt deines Lebens Faden ab,
das Schicksal gab dich her um Bettelgeld![180]

Hayyam der so oft Zelte der Weisheit zusammennähte,
fiel in den Schmelzofen des Kummers und war plötzlich verbrannt.
Die Schere des Todes schnitt seinen Lebensfaden ab,
der Makler der Hoffnung verkaufte ihn für nichts![181]

Khaijam erbaute einst sein stolzes Zelt, das Wissen;
der Gram hat ihn versengt, er ist verkohlt,
das Schicksal hat sein Lebenszelt zerrissen,
der Trödler ihn dem Kunden nachgeschmissen.[182]

Die religiösen Fanatiker scheuten sich auch nicht davor, dem großen Denker fingierte Verse zu unterstellen, um ihre Verleumdungen als berechtigt erscheinen zu lassen. Beispielsweise wurde behauptet, dass Khayyam kurz vor seinem Tod seinen letzten Willen in mehreren Vierzeilern zum Ausdruck gebracht hätte. Vier solche Vierzeiler, die exemplarisch hier wiedergegeben werden, machten zwar die Runde, sind aber mit aller Wahrscheinlichkeit das Machwerk seiner Erzfeinde und entbehren jeder Grundlage.

چون درگذرم به باده شوئید مرا
تلقین ز شرابِ ناب گوئید مرا
خواهید به روز حَشْر یابید مرا
از خاکِ درِ میکده جوئید مرا

Wenn ich gestorben bin, wascht mich mit Wein
Von Wein und Kelch singt mir in's Grab hinein.
Und wollt Ihr mich zum Auferstehungstage,
So sucht im Staub der Schenke mein Gebein![183]

179 „*Die Vierzeiler des Omar Chajjâm*", übersetzt nach der Bodley'schen Handschrift von Walter von der Porten, L. Friedrichsen & Co., Hamburg, 1927, Nr. 22.

180 „*Omar Chajjám und seine Vierzeiler ...*", op. cit., Nr. 56.

181 „*Omar Hayyam: Zelte der Weisheit*". Deutsche Nachdichtung von Dieter Bellmann, Greifenverlag Rudolstadt, 1958, S. 34.

182 „*Die Rubaijat des Omar Khaijam*". Deutsch von Max Barth, Europäische Verlagsanstalt, Frankfurt am Main, 1963, Nr. 124.

183 „*Siebzehn Vierzeiler*" in: „*Die Nationalliteratur sämtlicher Völker des Orients: Eine prosaische und poetische Anthologie aus den besten Schriftstellern des gesamten Orients mit erläuternden, kritischen und biographischen Notizen*". Zweiter Band (S. 206–209), herausgegeben von A.E. Wollheim, Chevalier da Fonseca. Zweiter Band, Verlag von Gustav Hempel, Berlin, 1873, Nr. 7.

در پای اجل چو من سرافکنده شوم
وز بیخ امید عمر برکنده شوم
زینهار گِلَم به جز صُراحی نکنید
باشد که ز بوی می دمی زنده شوم

Wenn mich des Schicksals hohler Tritt erreicht,
Und jede Lebenshoffnung mir entweicht,
Nimm meinen Staub und forme den Pokal,
Wenn Wein drin blinkt, erwache ich – vielleicht.[184]

چون مُرده شوم خاکِ مرا گُم سازید
احوالِ مرا عبرتِ مردم سازید
خاک تن من به باده آغشته کنید
وَز کالبدم خشتِ سَرِ خُم سازید

Sterb ich, tut meinen Staub dann in die Erde,
daß ich zum Beispiel für die Menschen werde;
ja, netzt ihr meinen Staub mit Wein, dann wird
er wohl zum Deckelstein noch ohn Beschwerde![185]

زنهار ز جام می مرا قوت کنید
و این چهرهٔ کهربا چو یاقوت کنید
چون مُرده شوم به باده شویید مرا
و از چوب رَزم تختهٔ تابوت کنید

O theure Genossen vom Trinkerorden,
  Gelb wie Bernstein ist mein Antlitz geworden,
Bringt Wein, um es wieder zu beleben,
  Und den Wangen gesunde Röthe zu geben.
Und leg' ich mich einst zum Sterben nieder,
  So wascht mit rothem Wein meiner Glieder;
Das Holz des Weinstocks diene zur Truhe,
  So laßt mich tragen zur ewigen Ruhe.[186]

Solch bösartige Herabwürdigungen des Menschen Khayyam finden auch im heutigen Iran seitens der openggläubigen Geistlichkeit statt. Das Gros seiner Landsleute jedoch verehrt ihn als großen Dichter von schönsten und tiefsinnigsten Vierzeilern aller Zeiten. Seine Verehrer fühlen sich auch bestätigt durch die große Bewunderung, die ihm im Westen zuteilwird sowie durch den weltweiten Ruhm, den er als Denker genießt. Seine philosophisch angehauchten Verse lassen ihn in den Augen der meisten seiner Landsleute als ein entschiedener Gegner des religiösen Dogmatismus und Fanatismus erscheinen. Seine Statuten und Skulpturen vielerorts im Iran, aber auch im Ausland, wie beispiels-

---

[184] „*Die Vierzeiler des Omar Chajjâm*", op. cit., Nr. 116.
[185] „*Omar Chajjám und seine Vierzeiler; ...*", op. cit., Nr. 211.
[186] „*Die Lieder und Sprüche des Omar Chajjâm*", op. cit., Neuntes Buch, 67.

weise in Rom, Wien, Oklahoma (USA) und Astrakhan (Russland), erinnern die Menschen weltweit an diesen großen Denker.

Astrologen am Werk

Als Verfechter der Astronomie lehnte Khayyam den Hokuspokus der Astrologen und Sterndeuter seiner Zeit entschieden ab, die unentwegt versuchten, obskure Zusammenhänge zwischen den astronomischen Gestirnskonstellationen und den realen irdischen Vorgängen herzustellen. Nizāmī Áruzī bestätigt in seiner Abhandlung über die Astronomie ausdrücklich die Abneigung Khayyams gegen die Astrologie und das Vorgehen der Astrologen. Darin heißt es:

»Ich habe nicht bemerkt, dass er [Omar Khayyam] großen Glauben an astrologische Vorhersagen hatte.«

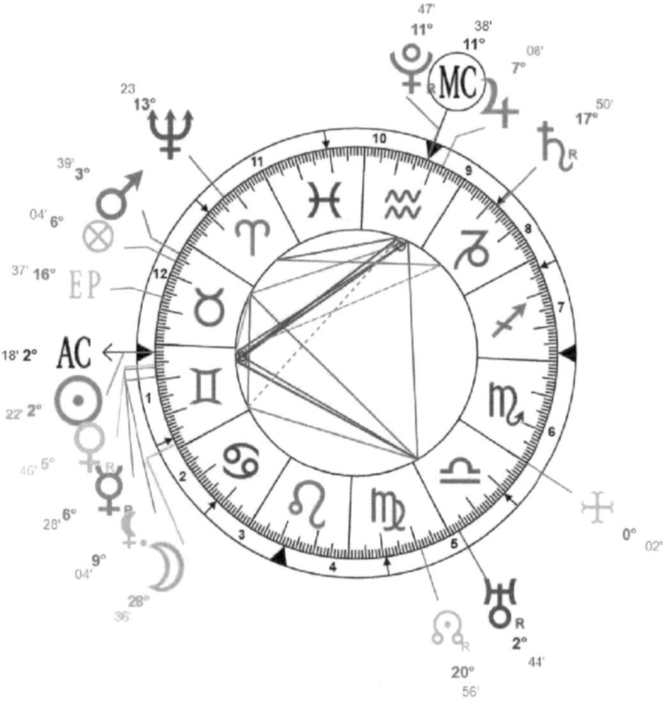

Abb. 42: Geburtsdaten und astrologische Dominanten Khayyams[187]

187 https://www.astrotheme.com/astrology/Omar_Khayyám

Es scheint daher eine Ironie des Schicksals zu sein, dass ausgerechnet er zum Objekt der Begierde der Astrologen von heute geworden ist. Diese fühlen sich dazu berufen, anhand Khayyams Horoskops (Abb. 42) und des daraus ermittelten Geburtsdatums (18. Mai 1048) seine Persönlichkeit analysieren zu müssen und meinen mit ihren Gemeinplätzen und Binsenwahrheiten, folgende Charakterzüge an ihm entdeckt zu haben:

Khayyam hätte einen ausgesprochen starken Intellekt und auch die Fähigkeit gehabt, seine Gedanken präzise wissenschaftlich ergründen und optimal formulieren zu können. Seine hervorstechenden Charaktermerkmale wären Konzentration, Organisationstalent, Ausdauer, Vorsicht und Sparsamkeit gewesen. Nüchternheit und Sachlichkeit wären seine Grundhaltung gewesen.

Kapitel 2

Der Mathematiker

Omar Khayyam war schon zu Lebzeiten als Universalgelehrter, besonders aber als Mathematiker und Astronom in seinem Heimatland Persien anerkannt und hochverehrt. Viele Jahrhunderte später erlangte er auch in Europa hohes Ansehen, weil er sich erfolgreich mit verschiedenen Themen aus den Gebieten der Geometrie, Arithmetik und Algebra auseinandergesetzt hatte. Hier soll vor allem über seine Beschäftigung mit drei Problemkreisen berichtet werden, nämlich

- Die Beweisbarkeit des 5. Postulats von Euklid
- Die Bestimmung von Binomialkoeffizienten
- Die kubischen Gleichungen und ihre Lösungen

Khayyams Herangehensweise an die drei genannten Probleme und die von ihm dabei erzielten Resultate sind einzigartig und werden daher im Folgenden in angemessener Ausführlichkeit erörtert. Vorweg sei gesagt, dass er, der sich vor etwa tausend Jahren diesen Problemen widmete, natürlich eine gänzlich andere Sprache benutzte als die der heutigen Mathematik. Hinzukommt, dass besondere Symbole, Abkürzungen und Fachausdrücke, die in der modernen Mathematik üblich sind, zu seiner Zeit völlig unbekannt waren. Aus diesem Grunde kann man seine geometrischen und mathematischen Abhandlungen nur dann nachvollziehen, wenn man sie in die heutige Sprache der Mathematik übersetzt.

Die Beweisbarkeit des 5. Postulats von Euklid

Der griechische Mathematiker Euklid, der vermutlich um das Jahr 360 v.Chr. in Athen geboren wurde und später in Alexandria (Ägypten) wirkte, trug das gesamte Wissen seiner Zeit über Arithmetik und Geometrie systematisch in einem Werk zusammen, das unter dem Titel „*Elemente*“ für immer in die Kulturgeschichte der Menschheit eingegangen ist. Dieses Werk, das zu Recht zu den berühmtesten Mathematikbüchern der Welt gezählt wird, zeichnet sich insbesondere dadurch aus, dass es musterhafte Beweise für die allgemeine Gültigkeit bestimmter geometrischer Aussagen aus einem begrenzten Vorrat von *Definitionen*, *Axiomen* und *Postulaten* herleitet.

Definitionen sind in diesem Zusammenhang jene Begriffsbestimmungen, die dazu dienen, den Bezug zur vertrauten geometrischen Erfahrungswelt herzustellen.

Axiome stellen allgemein gültige Wahrheiten dar, die keiner Beweise bedürfen. Es sind also Aussagen, die weniger die Geometrie als vielmehr die logischen Grundlagen betreffen.

Postulate sind wiederum notwendige und unentbehrliche Voraussetzungen, aus denen logische Schlüsse gezogen werden. Sie bilden gewissermaßen das Herzstück der euklidischen Geometrie.

Die fünf von Euklid aufgestellten Postulate lauten:

1. Von einem beliebigen Punkt zu einem anderen kann man nur eine gerade Linie ziehen.
2. Eine begrenzte gerade Linie kann man auf beiden Seiten beliebig verlängern.
3. Um einen beliebigen Punkt kann man einen Kreis mit beliebigem Radius zeichnen.
4. Alle rechten Winkel ($\llcorner = 90^\circ$) sind unter sich gleich.
5. Zwei gerade Linien, die von einer dritten geraden Linie so geschnitten werden, dass die beiden Innenwinkel zusammen kleiner als zwei rechte Winkel sind, treffen sich bei Verlängerung ins Unendliche auf der Seite der beiden Innenwinkel.

Es fällt sofort auf, dass während die ersten vier Postulate kurz und bündig formuliert und unmittelbar einsichtig sind, das 5. Postulat wegen seiner relativ langen und komplizierten Beschreibung ohne nähere Erläuterung kaum nachvollziehbar ist. Zum besseren Verständnis dieses seit eh und je umstrittenen Postulats wird zunächst kurz auf den Inhalt des 4. Postulats eingegangen.

In der ebenen Geometrie unterscheidet man sieben verschiedene Winkelarten, nämlich

1) Nullwinkel = 0°
2) Spitzer Winkel = 0° bis 90°
3) Rechter Winkel = 90°
4) Stumpfer Winkel = 90° bis 180°
5) Gestreckter Winkel = 180°
6) Überstumpfer Winkel = 180° bis 360°
7) Vollwinkel = 360°

In Abb. 43 sind die Winkel graphisch dargestellt.

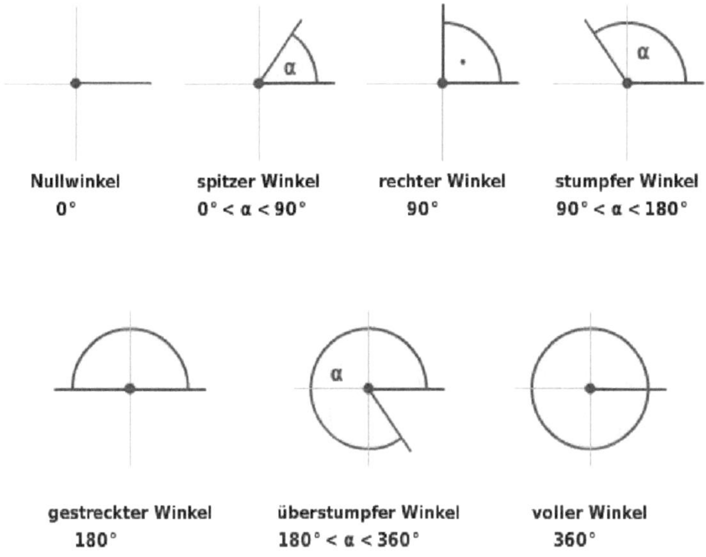

Abb. 43: Die verschiedenen Winkelarten in der ebenen Geometrie

Ein Nullwinkel entsteht, wenn die beiden Schenkel eines Winkels zusammenfallen. Ein gestreckter Winkel bildet sich hingegen, wenn die beiden Schenkel des Winkels so weit auseinanderliegen, dass sie gemeinsam eine gerade Linie bilden. Noch größere Winkel werden dann als überstumpfer Winkel bezeichnet. Ein Vollwinkel beschreibt schließlich einen ganzen Kreis.

Das 5. Postulat

Abb. 44 zeigt die zeichnerische Darstellung des 5. Postulats.

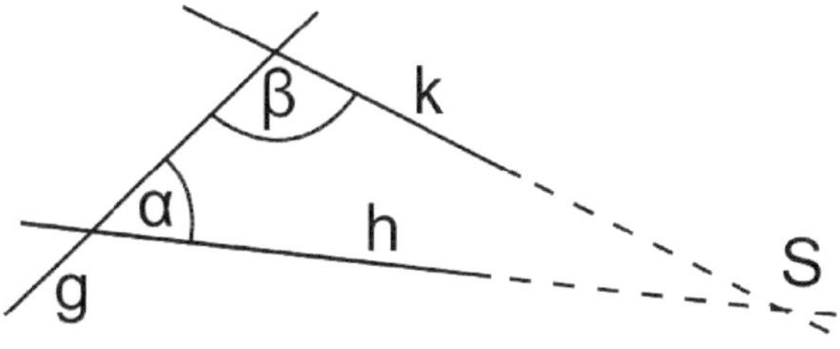

Abb. 44: Das 5. Postulat von Euklid: $\angle\alpha + \angle\beta < 180°$

Die beiden geraden Linien k und h werden von der geraden Linie g dergestalt geschnitten, dass die Summe der beiden Innenwinkel $\angle\alpha$ und $\angle\beta$ kleiner als zwei rechte Winkel (180°) ist. Infolgedessen treffen sich die beiden geraden Linien k und h bei Verlängerung im Punkte S, der auf der Seite der beiden Innenwinkel liegt. Das eben Gesagte kann auch anhand des Dreiecks $\triangle ABC$ in Abb. 45 anschaulich gemacht werden.

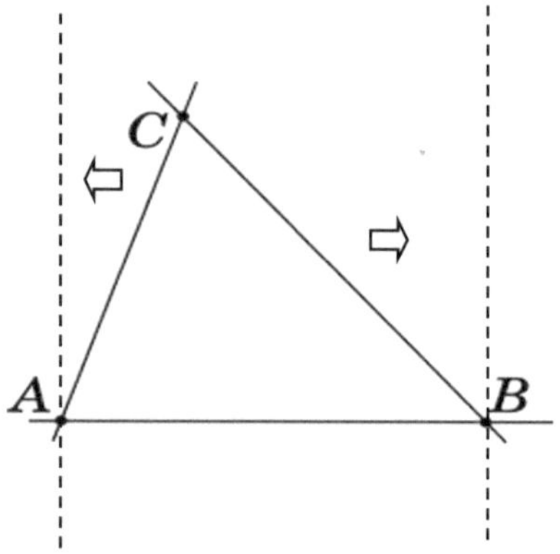

Abb. 45: Veranschaulichung des 5. Postulats

Die Seiten AC und BC schneiden sich im Punkte C, weil die Summe der beiden Innenwinkel $\angle A$ und $\angle B$ kleiner als zwei rechte Winkel ist. Würde man die beiden Seiten AC und BC des Dreiecks nach links und rechts so drehen, dass sie senkrecht zu AB stehen, dann würden sie zwei Geraden ergeben, die sich bei Verlängerung ins Unendliche nicht schneiden; sie sind *per definitionem* parallel zueinander. Dieser Sachverhalt ist wesensgleich mit der von Euklid angegebenen Definition, wonach zwei Geraden nur dann als parallel bezeichnet werden können, wenn sie in einer Ebene liegen und einander nicht schneiden.

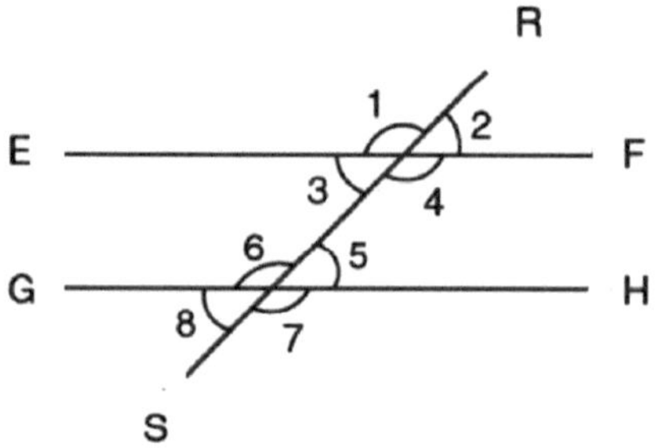

Abb. 46: Zwei parallele Geraden (EF und GH) und die Sekante SR

Charakteristisch für zwei parallele Geraden ist, dass, wenn sie von einer beliebigen dritten Geraden (Sekante) geschnitten werden (Abb. 46), 8 Winkel bilden: Vier abwechselnde Innenwinkel und vier abwechselnde Außenwinkel.

Die vier abwechselnden Innenwinkel ($\angle 3$, $\angle 4$, $\angle 5$, $\angle 6$) sind Winkelpaare auf der Innenseite, die vier abwechselnden Außenwinkel ($\angle 1$, $\angle 2$, $\angle 7$, $\angle 8$) sind Winkelpaare auf der Außenseite der beiden parallelen Geraden. Dabei sind die Winkel $\angle 2$, $\angle 3$, $\angle 5$ und $\angle 8$ sowie die Winkel $\angle 1$, $\angle 4$, $\angle 6$ und $\angle 7$ unter einander gleich groß.

Abb. 47 zeigt, wie man parallele Geraden mithilfe eines rechtwinkligen Zeichendreiecks und einer Zeichenschiene graphisch darstellen kann.

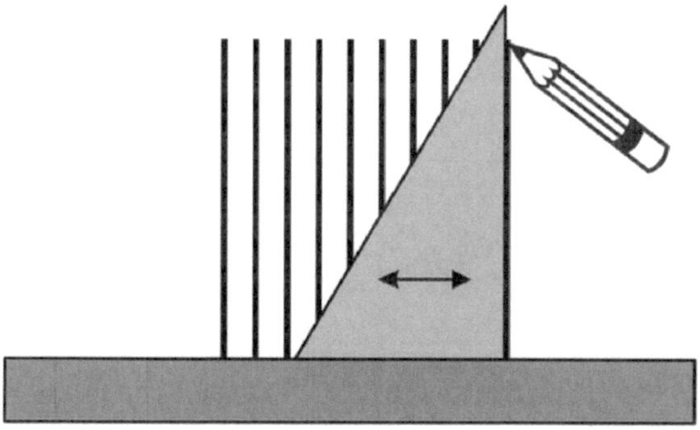

Abb. 47: Methode zum Zeichnen paralleler Geraden

Ein besonders anschauliches Beispiel für zwei parallele Linien sind Zuggleise (Abb. 48); es sind zwei auf Schwellen verlegten Schienen, die in gleichbleibendem Abstand voneinander laufen und als Fahrspur für Schienenfahrzeuge dienen.

Abb. 48: Schienen als Fahrspur für Schienenfahrzeuge

Seit seiner Einführung durch Euklid stellt das 5. Postulat eines der größten Probleme der ebenen Geometrie dar. Mit diesem Problem haben sich in den vergangenen zwei Jahrtausenden weltweit viele führende Mathematiker der Antike, des Mittelalters und der Neuzeit auseinandergesetzt. Einige von ihnen sind:

In Europa:

- Archimedes (287–212 v.Chr.)
- Poseidonios (135–51 v.Chr.)
- Ptolemäus (100–160 n.Chr.)
- Proklos (412–485)
- Simplikios (480–560)
- Giovanni Alfonso Borelli (1608–1679)
- John Wallis (1616–1703)
- Giovanni Girolamo Saccheri (1667–1733)
- Johann Heinrich Lambert (1728–1777)
- John Playfair (1748–1819)
- Carl Friedrich Gauß (1777–1855)
- Adrien-Marie Legendre (1752–1883)

In der islamischen Welt

- Al-ʿAbbās ibn Saʿid al-Jawharī[188] (800–860)
- Abū ʿAbdallāh Muhammad ibn ʿIssā al-Māhānī[189] (gestorben 880)
- Abū Hassan Thābit ibn Qurra ibn Marwān[190] (836–901)
- Abū ʿAlī al-Hassan ibn al-Haitham[191] (965–1039)
- Omar Khayyam (1048–1131)
- Athīr al-Dīn al-Abharī[192] (gestorben 1265)
- Muḥammad Naṣīr ad-Dīn Tūsī[193] (1201–1274)
- Muhyī ad-Dīn al-Maghribī[194] (13. Jahrhundert)

---

188 العباس بن سعيد الجوهرى

189 أبوعبدالله محمد بن عيسى الماهانى

190 ثابت بن قرة بن مروان

191 أبو علي الحسن بن الهيثم

192 اثيرالدين ابهرى

193 محمد نصير الدين طوسى

194 محيى الدين المغربى

Europäische Mathematiker und das 5. Postulat

Das 5. Postulat war von Anbeginn umstritten und wurde bereits im Altertum als großer Makel der euklidischen Geometrie empfunden. Obendrein stellte es sich heraus, dass jeder Versuch, es aus den anderen Axiomen und Postulaten herzuleiten, zum Scheitern verurteilt war.

Der griechische Astronom und Mathematiker Poseidonios war einer der ersten, der das 5. Postulat nicht ohne weiteres akzeptierte, sondern den Versuch unternahem, es zu beweisen. Dabei schlug er vor, das Postulat wie folgt zu definieren:

»Zwei gerade Linien, die in derselben Ebene liegen, sind nur dann parallel, wenn man sie nach beiden Seiten beliebig verlängert, und sie immer den gleichen Abstand zueinander behalten.«

Jahrhunderte später legte der schottische Mathematiker John Playfair im Jahre 1795 eine alternative Formulierung des 5. Postulats vor, die seitdem als *Playfairsches Parallelenpostulat*, oder einfach als *Parallelenpostulat* bezeichnet wird. Es lautet:

Durch den Punkt P, der außerhalb der Geraden g aber in derselben Ebene (A) liegt, kann nur eine einzige parallele gerade Linie zu der Geraden g gezeichnet werden, nämlich die Gerade h (Abb. 49).

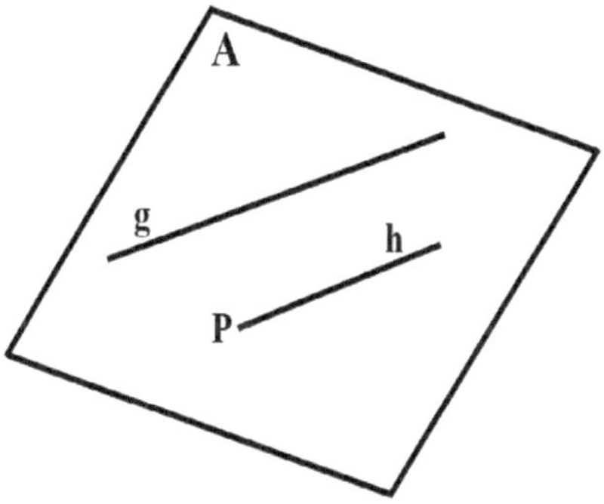

Abb. 49: Zur Definition des Parallelenpostulats

Der deutsche Mathematiker und Physiker Georg Simon Klügel (1739–1812) untersuchte 1763 in seiner Dissertation „*Conatuum praecipuorum theoriam parallelarum demonstrandi recensio*" (Musterung der vornehmlichen Versuche, die Theorie der Parallelen zu beweisen) die damals bekannten dreißig Beweisversuche des Parallelenpostulats und fand heraus, dass sie alle falsch waren.

Der französische Mathematiker Adrien-Marie Legendre (1752–1833) war jedoch von der Beweisbarkeit des Parallelenpostulats so überzeugt, dass er 30 Jahre lang immer wieder mit der Behauptung aufwartete, dessen Richtigkeit bewiesen zu haben. Seine ‚Beweise' veröffentlichte er in mehreren Auflagen seiner „*Elemente der Geometrie*"[195], und immer wenn sie durch andere Mathematiker widerlegt wurden, veröffentlichte er einen neuen Beweis. 1823, in der 12. Auflage seines Buches, meinte er, den einwandfreien Beweis des Parallelenpostulats endlich gefunden zu haben und ersetzte ihn nicht mehr durch einen anderen.[196]

Gegen Ende des 18. Jahrhunderts setzte sich allmählich die Erkenntnis durch, dass das Parallelenpostulat aus den anderen Axiomen und Postulaten nicht ableitbar ist. Carl Friedrich Gauß, der sich ab 1792 mit diesem Problem beschäftigte, erkannte schließlich als erster um 1815, dass das Parallelenpostulat grundsätzlich unlösbar ist. Allerdings veröffentlichte er seine Ergebnisse nicht, sondern begnügte sich damit, darüber mit anderen Mathematikern zu korrespondieren. Nun stand es zweifelsfrei fest, dass das Parallelenpostulat von den anderen euklidischen Axiomen und Postulaten unabhängig ist und aus ihnen nicht bewiesen werden kann.

Muslimische Mathematiker und das 5. Postulat

Euklids „*Elemente*" wurde bereits im 9. Jahrhundert als „*Uṣūl al-Handasah*"[197] (Grundlagen der Geometrie) aus dem Griechischen ins Arabische übersetzt. Der erste Übersetzer war ein muslimischer Mathematiker namens al-Haddschādsch ibn Yūsuf ibn Matar[198] (786–835), der in Bagdad wirkte und die „*Elemente*" sogar zweimal übersetzte. Der nächste Übersetzer war ein christlich-arabischer Gelehrter namens Abū Zaid Ḥunain bin Isḥāq al-'Ibādī[199] (808–873). Seine Übersetzung wurde später von dem Universalgelehrten Thābit ibn Qurra ibn Marwān, in Europa bekannt als Thebit, durchgesehen und verbessert. Es war diese überarbeitete Übertragung der „*Elemente*", die fortan als Grundlage für die geometrischen Wissenschaften in der islamischen Welt diente und

195 Adrien-Marie Legendre: „*Éléments de géométrie*", Paris 1794. (Deutsche Übersetzung durch August Leopold Crelle, 1858).

196 Von Adrien-Marie Legendre stammt übrigens die unbewiesene Vermutung, dass zwischen den Zahlen n^2 und $(n+1)^2$ immer eine Primzahl liegt. Als Primzahl bezeichnet man eine natürliche Zahl, die größer als 1 und ausschließlich durch sich selbst teilbar ist.

197 “اصول الهندسة”

198 الحجاج بن يوسف بن مَطَر

199 أبوزيد حنين بن إسحاق العبادى

viele muslimische Gelehrte in die Lage versetzte, sich mit der Problematik des Parallelenpostulats intensiv zu beschäftigen. Besonders erwähnenswert unter diesen Gelehrten sind der berühmte Astronom, Mathematiker und Optiker Abū Ali al-Hasan ibn al-Haitham, in Europa bekannt als *Alhazen*, und Omar Khayyam. Im Folgenden werden die von ihnen vorgeschlagenen Lösungsansätze näher erörtert.

Alhazen und das 5. Postulat

Alhazen legte ein recht elegantes Verfahren zur Lösung des Parallelenpostulats vor, die in Abb. 50 angedeutet ist.

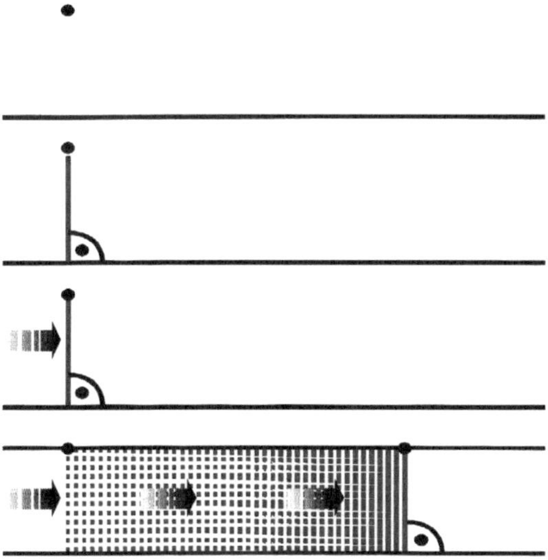

Abb. 50: Alhazens Beweis des Parallelenpostulats

Vom Punkt P wird eine Senkrechte zu der gegebenen Geraden eingezeichnet und dann entlang derselben verschoben. Da beim Verschieben des Punktes P die Länge der Senkrechten und damit der Abstand des Punktes P von der Geraden unverändert bleiben, beschreibt P eine Parallele zu der gegebenen Geraden.

Khayyam und das 5. Postulat

In einer längeren Abhandlung unter dem Titel *„Risāla fī šarḥ mā aškala min muṣādarāt kitāb Uqlīdis“*[200] (Kommentar zu den Schwierigkeiten bezüglich der Postulate von Euklids Elementen), die Omar Khayyam vermutlich um das Jahr 1077 verfasste, setzte er sich intensiv mit der euklidischen Geometrie und dem Parallelenpostulat auseinander. Dabei ging er sorgfältiger vor als alle seinen muslimischen Vorgänger. In seiner Abhandlung beschrieb er ausführlich den Lösungsansatz Alhazens, lehnte ihn jedoch mit der Begründung ab, dass Bewegung eine innewohnende Eigenschaft der Materie sei und in der Geometrie nichts zu suchen habe. Seine Ablehnung bekräftigte er durch vier Argumente, auf deren Wiedergabe hier jedoch verzichtet wird. Im Anschluss daran legte er sein eigenes Konzept vor, das, wie es sich später herausstellte, schließlich zu einem wesentlich besseren Verständnis des Parallelenpostulats beitragen sollte.

Khayyams Behandlung des Parallelenpostulats gilt als die erste in ihrer Art, die nicht auf der Basis des Zirkelbeweises (*Petitio Principii*) entwickelt wurde. Das heißt, er verwendete nicht einen unbewiesenen oder noch zu beweisenden Satz als Prämisse, um das Problem des Parallelenpostulats zu behandeln. Vielmehr unternahm er den Versuch, dieses Postulat mit dem vierten zu verbinden, welches, wie bereits dargelegt, besagt, dass alle rechten Winkel (90°) gleich sind. So gelang es ihm, zu zeigen, dass das Parallelenpostulat aus der Hypothese des rechten Winkels folgt. Seine Behandlung des Problems lässt sich anhand Abb. 51 erläutern.

---

200 “رسالة فى شرح ما أشكل من مصادرات كتاب اقليدس”

Anmerkung: Ein Exemplar dieser Abhandlung befindet sich in der Staatsbibliothek Leiden in den Niederlanden. 1912 übersetzten der deutsche Islamwissenschaftler und Orientalist Georg Jacob (1862–1937) und der deutsche Physiker Eilhard Wiedemann (1852–1928) die Abhandlung aus dem Arabischen ins Deutsche und veröffentlichten sie unter dem Titel *„Zu 'Omar-i-Chajjâm“* in der Zeitschrift *Der Islam* (Nr. 3, Strassburg, 1912, S. 42–62). 1935/36 gab der iranische Naturwissenschaftler Taqi Erani (1903–1940) die Abhandlung in der Originalsprache mit einem persischen Vorwort in Teheran heraus. 1959 veröffentlichte der iranische Mathematiker Ali Reza Amir-Moéz (1919–2007) die englische Fassung der Abhandlung unter dem Titel *„Discussions of Difficulties in Euclid“* in der Fachzeitschrift *Scripta Mathematica* 24 (1959), S. 275–303.

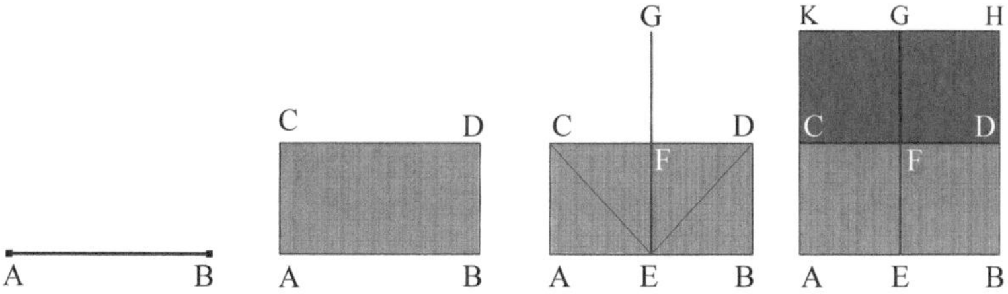

Abb. 51: Khayyams Behandlung des Parallelenpostulats

Der Ausgangspunkt ist das Liniensegment[201] oder die Stecke AB als Basislinie. Nun werden von A und B die beiden Senkrechten AC und BD eingezeichnet, das heißt sowohl bei A als auch bei B liegt jeweils ein rechter Winkel vor, und es gilt AC = BD. Die Strecke CD wird als Gipfellinie bezeichnet, und es gilt, die beiden Gipfelwinkel $\angle C$ und $\angle D$ sind kongruent (deckungsgleich, $\angle C \hat{=} \angle D$). Errichtet man jetzt im Mittelpunkt E der Basislinie eine Senkrechte, so trifft diese die Gipfellinie in ihrem Mittelpunkt F. Da $\triangle ABC \hat{=} \triangle BAD$ ist, gilt $EC \hat{=} ED$ und $\angle ACE \hat{=} \angle EDB$. Weil aber die Gipfelwinkel $\angle C$ und $\angle D$ kongruent sind, muss auch $\angle ECF \hat{=} \angle EDF$ sein. Schließlich ist $\angle CEF \hat{=} \angle DEF$, und es gilt: $\triangle CEF \hat{=} \triangle DEF$ und $CF \hat{=} FD$. Da $\angle CEF \hat{=} \angle EFE$ ist, trifft EF senkrecht auf die Gipfellinie. Hieraus folgt, dass die Gipfelwinkel $\angle C$ und $\angle D$ ebenfalls rechte Winkel sind.

Verlängert man EF bis G dergestalt, dass EF=FG, erhält man identische Verhältnisse. Es lässt sich also schlussfolgern, dass zwei Geraden mit einer gemeinsamen Senkrechten äquidistant sind. Würde man nun das Viereck ABHK entlang CD zusammenfalten, müssten die Strecken KH und AB aufeinander zu liegen kommen. Wenn FG gleich lang ist wie CK und DH, dann sind die Winkel K und H ebenfalls rechte Winkel (∟). Nun sind die drei Punkte K, G und H equidistant zu der Basislinie AB und infolgedessen sind alle Punkte auf der Geraden KGH equidistant zu der Basislinie AB.

Omar Khayyam ging nun einen Schritt weiter und zog auch die Möglichkeit in Betracht, dass die Gipfelwinkel bei K und H stumpf bzw. spitz sein könnten. Mit anderen Worten betrachtete er drei mögliche Fälle (Abb. 52):

Fall I: Die Innenwinkel bei K und H sind rechte Winkel (Abb. 52, links)

[201] In der Geometrie bezeichnet man eine gerade Linie, die durch zwei Punkte begrenzt ist, als Liniensegment.

Fall II: Die Innenwinkel bei K und H sind stumpfe Winkel (Abb. 52, Mitte)

Fall III: Die Innenwinkel bei K und H sind spitze Winkel (Abb. 52, rechts)

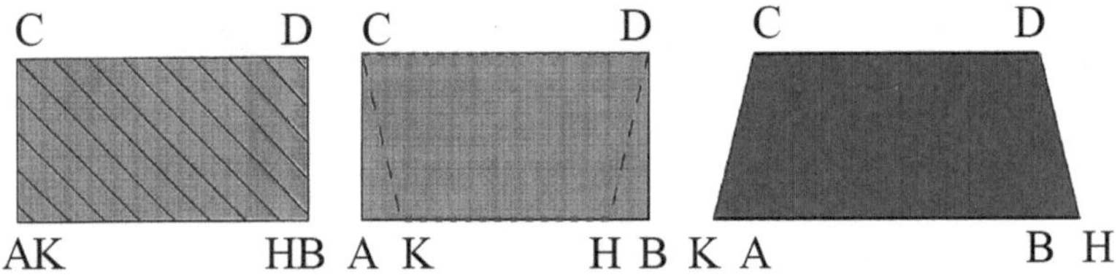

Abb. 52: Drei von Khayyam als möglich betrachtete Fälle

Sind im Viereck KHDC die Innenwinkel bei K und H rechte Winkel, dann ist die Seite KH nach dem Falten um CD gleich lang wie die Seite AB. Dies ist Fall I und kommt in der euklidischen Geometrie vor (Abb. 52, links).

Ist die Seite KH aber kürzer (Abb. 52, Mitte) oder länger (Abb. 52 rechts) als die Seite AB, das heißt die Innenwinkel bei K und H ist stumpf bzw. spitz, dann handelt es sich um die Fälle II und III, die im Widerspruch zu der euklidischen Geometrie stehen.

Die von Khayyam diskutierten drei Möglichkeiten sind als seine Originalzeichnungen in Abb. 53 wiedergegeben.

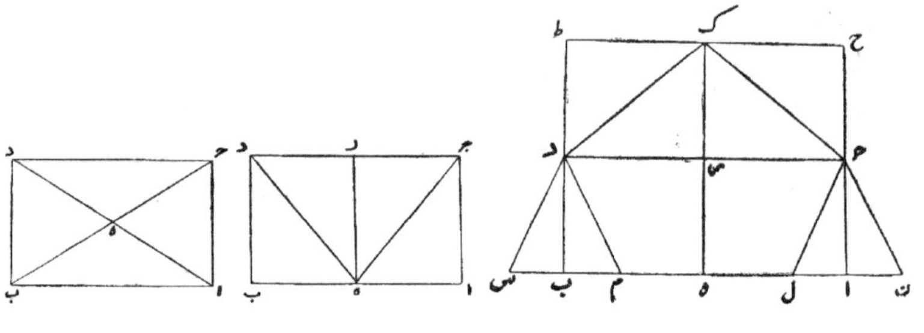

Abb. 53: Khayyams Behandlung des Parallelenpostulats[202]

Khayyam war der erste Mathematiker, der die drei unterschiedlichen Fälle von rechtem, stumpfem und spitzem Winkel für die Gipfelwinkel eines Vierecks in Betracht zog. Er verzichtete aber darauf, aus welchem Grund auch immer, aus den beiden von ihm erwähnten Fällen II und III (die Hypothesen von stumpfen und spitzen Winkeln) die

[202] „*Risāla fī šarḥ mā aškala* ...“, op. cit., S. 186–188.

notwendigen Konsequenzen zu ziehen. Vielmehr begnügte er sich damit, diese beiden Möglichkeiten als widersprüchlich zu erklären.

Khayyams Versuch, das Parallelenpostulat zu beweisen, war für die weitere Entwicklung der Geometrie von großer Bedeutung. Sein Unterfangen führte schließlich zu der Erkenntnis, dass auch nichteuklidische Geometrien durchaus möglich sein könnten. Erst viele Jahrhunderte später sollte sich herausstellten, dass die Hypothesen von spitzen und stumpfen Winkeln letzten Endes zu zwei weiteren Geometrietypen führten, nämlich der hyperbolischen und der elliptischen (oder sphärischen) Geometrie.

Nach Klaus Fritsche[203] lässt sich das „Omar Khayyams Theorem" wie folgt zusammenfassen:

»Betrachtet wird ein Viereck ABCD mit folgenden Eigenschaften: Bei A und B liegen jeweils rechte Winkel vor, und es ist $\overline{AD} \triangleq \overline{BC}$.

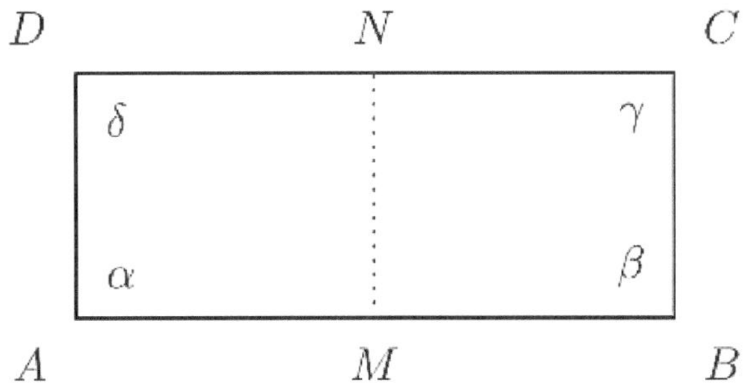

Die Strecke AB wird Basis genannt, die Strecke DC Gipfellinie. Die Winkel γ und δ heißen Gipfelwinkel. Nun gilt, dass die Gipfelwinkel kongruent sind. Errichtet man im Mittelpunkt M der Basis die Senkrechte g, so trifft diese die Gipfellinie DC in ihrem Mittelpunkt N und bildet mit ihr einen rechten Winkel. g ist sowohl zu AD als auch zu BC parallel. Da A und B auf verschiedenen Seiten von g liegen, muss das auch für D und C gelten.

Da $\triangle AMD \triangleq \triangle MBC$ ist (SWS), ist $\overline{DM} \triangleq \overline{MC}$ und $\angle ADM \triangleq \angle MCB$. Weil aber die Gipfelwinkel kongruent sind, muss auch $\angle MDN \triangleq \angle MCN$ sein. Und schließlich ist

$$\angle DMN = 90° - \angle AMD \triangleq 90° - \angle BMC = \angle CMN.$$

[203] Ausarbeitung der Vorlesung Euklidische und Nichteuklidische Geometrie von Prof. Dr. Klaus Fritzsche, SS 1996. Bergische Universität – Gesamthochschule Wuppertal – Fachbereich Mathematik (http://www2.math.uni-wuppertal.de /~fritzsch/lectures/geo/ne_geo96.pdf).

Also ist $\Delta DMN \triangleq \triangle MCN$ und insbesondere $\overline{DN} \triangleq \overline{NC}$. Und da $\angle DNM \triangleq CNM$ ist, trifft g senkrecht auf die Gipfellinie.

In der Euklidischen Geometrie würde nun sehr schnell folgen, dass die Gipfelwinkel ebenfalls rechte Winkel sind. Wenn das Parallelenaxiom nicht zur Verfügung steht, kann man zunächst nicht ausschließen, daß die Gipfelwinkel spitze oder stumpfe Winkel sind. Wenn wir solchen „verallgemeinerten Rechtecken" einen Namen geben wollen, sollten wir sie eigentlich Khayyam-Vierecke nennen.«

Über die Bemühungen Khayyams, das Parallelenpostulat zu beweisen, bemerkte 2019 die amerikanische Mathematikerin Amanda Nethington:

»Omar Khayyam gelang es zwar nicht, andere davon zu überzeugen, das Parallelenpostulat zu ersetzen. Es gelang ihm jedoch, das 5. Postulat zur „philosophischen Vollkommenheit" zu bringen. Er konnte zwei gleichwertige Prinzipien entdecken, die frei von „Zweifeln und Unsicherheiten" waren und in der Tat leichter zu akzeptieren waren als das 5. Postulat selbst. Aus diesem Blickwinkel betrachtet, ist Khayyams Arbeit getan. Er kommt zu dem Schluss, dass seine Argumentation vollständig ist sowohl aus mathematischer als auch aus philosophischer Sicht.«[204]

Khayyam-Viereck

Omar Khayyams Hypothesen bezüglich des Parallelenpostulats von Euklid wurden später in die Enzyklopädie Britannica als *Khayyam-Viereck* aufgenommen (Abb. 54) und wie folgt erläutert:

»Omar Khayyam konstruierte das in der Abbildung gezeigte Viereck, um zu beweisen, dass Euklids 5. Postulat über parallele Linien überflüssig ist. Er begann mit der Konstruktion von Liniensegmenten AD und BC gleicher Länge und senkrecht zum Liniensegment AB. Omar erkannte, dass er bewiesen hätte, dass DC parallel zu AB ist, wenn er zeigen könnte, dass die Innenwinkel am oberen Rand des Vierecks, die durch die Verbindung von C und D gebildet werden, rechte Winkel sind. Obwohl Omar zeigte, dass die Innenwinkel oben gleich sind (wie der in der Abbildung gezeigte Beweis zeigt), konnte er nicht beweisen, dass es sich um rechte Winkel handelt.«[205]

---

[204] Amanda Nethington: „*Achieving Philosophical Perfection: Omar Khayyam's Successful Replacement of Euclid's Parallel Postulate*", 23 March 2019. Siehe: https://www.maa.org/sites/default/files/images/upload_library/46/HOMSIGMAA/2019-Amanda%20Nethington.pdf.

[205] Ebenda.

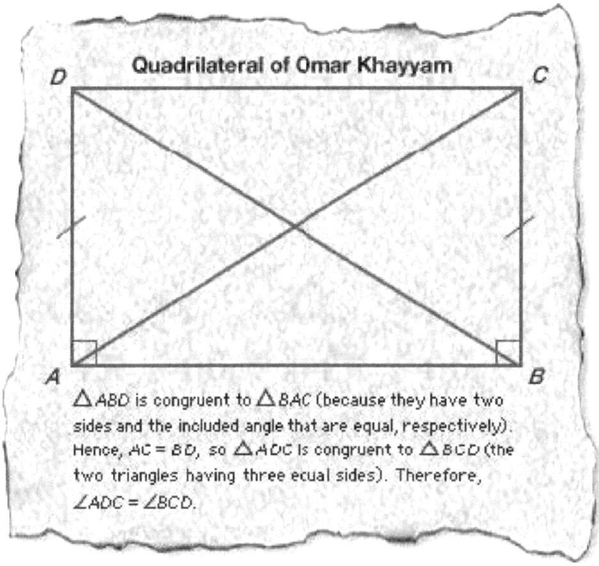

Abb. 54: Khayyam-Viereck[206]

Khayyam-Viereck in Europa

1298, das heißt etwa 160 Jahre nach Khayyams Tod, schrieb ein persischer Astronom namens Sadr al-Dīn ʿAli Tūsī[207] (in Europa bekannt als *Pseudo-Tusi*) einen grundlegenden Kommentar zu Khayyams Behandlung des Parallelenpostulats in arabischer Sprache. Dieser später als *Tusīs Kommentar* bekannt gewordene Schrift basierte auf den Gedanken seines berühmten Vaters Nasīr al-Dīn Tūsī, der sich wie oben erwähnt ebenfalls intensiv und umfassend mit den euklidischen Hypothesen beschäftigt und versucht hatte, das 5. Postulat mit Hilfe von ähnlichen Dreiecken zu beweisen. *Tusīs Kommentar* wurde 1594 in Rom herausgegeben und trug dazu bei, dass die Gelehrtenkreise in Europa von den Hypothesen Khayyams bezüglich des Parallelenpostulats Kenntnis nahmen.

---

206 Encyclopaedia Britannica 2003.

207 صدرالدّین علی توسی

John Wallis

1693 übersetzte John Wallis (1616–1703), der berühmte Geometrieprofessor an der Universität Oxford, *Tusīs Kommentar* ins Lateinische.[208] Nach der Übersetzung entwickelte er seine eigenen Gedanken über das 5. Postulat und versuchte, es aus den anderen vier Postulaten des Euklids abzuleiten und mithilfe von ähnlichen Dreiecken zu beweisen. 1663 hielt er an der Universität Oxford einen Vortrag, in dem er die Behauptung aufstellte, Euklids 5. Postulat nach strengsten Regeln bewiesen zu haben. Sein Unterfangen wurde bald als *Wallis-Dreieck* oder *Wallis-Postulat*[209] bekannt, welches besagt: »Auf einer gegebenen endlichen Geraden ist es immer möglich, ein Dreieck zu konstruieren, das einem gegebenen Dreieck ähnlich ist.« Dieses Postulat entsprach dem Trend, der versuchte, Euklids 5. Postulat aus den anderen vier Postulaten abzuleiten, ein Verfahren, das wie heute bekannt, unmöglich ist.

Girolamo Saccheri

Etwa sechs hundert Jahre nach Khayyams Tod beschäftigte sich ein italienischer Theologe und Mathematiker namens Giovanni Girolamo Saccheri ebenfalls mit dem 5. Postulat. Wie viele andere Gelehrte vor ihm war auch er davon überzeugt, das 5. Postulat als logische Konsequenz aus den übrigen Postulaten Euklids herleiten zu können und zwar mithilfe des Widerspruchsbeweises (*reductio ad absurdum*). Bei diesem Beweisverfahren wird eine Aussage dadurch widerlegt, dass gezeigt wird, aus ihr würde ein logischer Widerspruch zu einer bereits anerkannten These folgen. Obwohl es Saccheri bewusst war, dass es bis dahin niemandem gelungen war, dies zu tun, argumentierte er sinngemäß wie folgt:

»Man stelle sich eine Geometrie vor, in der die ersten vier Postulate von Euklid wahr sind, das Fünfte jedoch nicht. Wenn das 5. Postulat tatsächlich aus den ersten vier bewiesen werden kann, dann haben wir eine Geometrie mit einer inhärenten Widersprüchlichkeit. Denn dann ist das 5. Postulat sowohl falsch als auch wahr. Deshalb muss man nach einer Geometrie suchen, in der das 5. Postulat falsch ist.«

---

[208] Johannis Wallis: „*Opera mathemtica*“, V. 2. Oxford 1693 MCDXCV, pp. 659–673.

[209] M.J.M. Hill: „*On the substitution of Wallis's Postulate of Similarity for Euclid's Postulate of Parallels*“, published online by Cambridge University Press: 24 October 2008.

Saccheri, der mit den Arbeiten John Wallis' und seiner Übersetzung des *Tusīs Kommentars* vertraut war, folgte konsequent seinem Plan und hielt seine Ergebnisse in einem Notizbuch unter dem Titel „*Euclides ab Omni Naevo Vindicatus*" (Euklid frei von jedwedem Fehler[210]) fest. Die Veröffentlichung dieses Werkes konnte aber erst nach der Genehmigung durch die Inquisition erfolgen. Diese Genehmigung wurde am 13. Juli 1733 erteilt und am 16. August 1733 zur Bewilligung der Provinzgesellschaft Jesu[211] vorgelegt. Saccheri starb aber zwei Monate später am 25. Oktober in Mailand, und die Bedeutung seiner Arbeit wurde erst 170 Jahre später erkannt.

Saccheri stellte in seinem Buch, ähnlich wie seinerzeit Omar Khayyam, drei verschiedenartige Vierecke vor, die später als *Saccheri-Vierecke* bekannt wurden (Abb. 55).

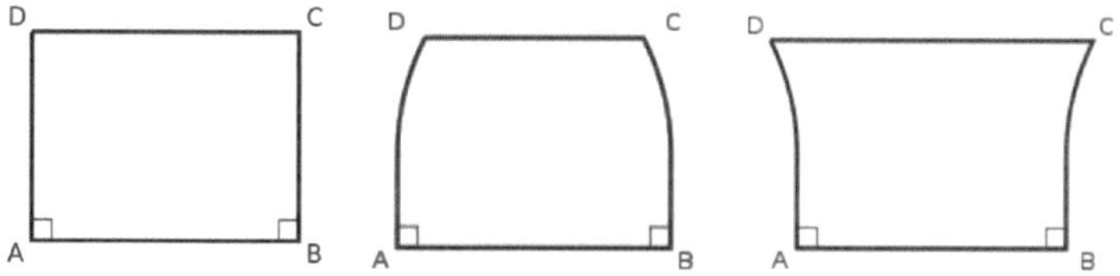

Abb. 55: Saccheri-Viereck[212]

Saccheri errichtete an das Liniensegment AB die beiden gleich langen Segmente AD und BC, die jeweils senkrecht zu AB standen und das Viereck ABCD bildeten. Er war sich darüber im Klaren, dass er das 5. Postulat aus den vier anderen Postulaten Euklids nur dann ableiten konnte, wenn es ihm gelingen würde, nachzuweisen, dass die Winkel $\angle C$ und $\angle D$ rechtwinklig sind. Er konnte zwar leicht beweisen, dass die beiden Winkel $\angle C$ und $\angle D$ gleich groß waren, aber zu begründen, dass sie auch rechte Winkel (90°) waren (Abb. 54 links), war keine einfache Angelegenheit. So nahm er an, die Winkel $\angle C$ und $\angle D$ wären keine rechten Winkel. Sein nächster Schritt bestand nun darin, mit allen Axiomen und Postulaten von Euklid außer dem 5. Postulat zu

210 „*Euclid Vindicated from Every Blemish*", edited and annotated by Vincenzo De Risi, translated by G.B. Halsted and L. Allegri, Springer International Publishing Switzerland, 2014.

211 Die „Societas Jesu" oder „Gesellschaft Jesu", entstand Mitte des 16. Jahrhunderts. Der Orden war Teil einer katholischen Erneuerungsbewegung und breitete sich rasch aus. Seine Mitglieder übernahmen führende Positionen der Gegenreformation und betrieben erfolgreiche Bildungsarbeit. (https://www.schloss-mannheim.de/wissenswert-amuesant/dossiers/die-jesuiten)

212 https://de.wikipedia.org/wiki/Saccheri-Viereck.

arbeiten, um einen Widerspruch zu finden. Er hatte dann zwei Fälle zu berücksichtigen: Entweder waren die beiden Winkel $\angle C$ und $\angle D$ zwar gleich aber größer als 90°, also stumpfe Winkel (Abb. 54 Mitte), oder sie waren gleich jedoch kleiner als 90°, also spitze Winkel (Abb. 54. rechts). Nun war Saccheri überzeugt, dass er den gesuchten Widerspruch gefunden hatte. Aus der Darstellung in Abb. 54 geht nämlich Folgendes hervor: Die beiden oberen Innenwinkel ($\angle C$ und $\angle D$) im linken Viereck sind entsprechend der euklidischen Geometrie rechte Winkel, während sie im mittleren Viereck stumpfe und im rechten Viereck spitze Winkel sind und somit im Widerspruch zur euklidischen Geometrie stehen.

Der 1697 von Saccheri aufgestellte Beweis des 5. Postulats ist insofern wichtig, als er einen Widerspruch aus der Annahme herzuleiten versuchte, dass dieses Postulat falsch sei. Er verwendete dazu eine Beweisfigur, die er *Quadriliteral* nannte. Damit versuchte er zu beweisen, dass die Gipfelwinkel bei D und C (Abb. 55) gleich groß sind. Im Beweis wurden nur die Eigenschaften kongruenter Dreiecke verwendet, die Euklid in den Propositionen 4 und 8 ohne Verwendung des 5. Postulats gezeigt hatte. Saccheri unterschied danach drei Fälle:

a) Die Gipfelwinkel sind > 90° (Stumpfwinkelhypothese)
b) Die Gipfelwinkel sind < 90° (Spitzwinkelhypothese)
c) Die Gipfelwinkel sind = 90° (Rechtwinkelhypothese)

Interessant und aufschlussreich in diesem Zusammenhang sind die Bemerkungen des amerikanischen Mathematikhistorikers David Eugene Smith (1860–1944), der die Vorgehensweise Saccheris wie folgt kommentierte:

»Saccheri verwendete dasselbe Lemma [Hilfssatz bei einer Beweisführung], das von Tusi [Sadr al-Dīn Tusī] verwendet wurde; sogar die Buchstaben in seiner Figur sind in genau der gleichen Weise.«

Dann fügte er hinzu:

»Tusi sagt deutlich, dass es [das Lemma] Omar Khayyam zu verdanken sei, und aus seinem Text geht klar hervor, dass er [Khayyam] seine Inspirationsquelle gewesen ist.«[213]

---

[213] Amir-Moez, A.R.: „*A Paper of Omar Khayyám*“, *Scripta Mathematica* 26 (1963), pp. 323–37.

Giordano Vitale

Giordano Vitale (1633–1711), ein italienischer Mathematiker, der sich erst mit 28 Jahren dem Studium der Mathematik widmete bald aber Hochschullehrer für Mathematik in Rom wurde, befasste sich in seinem Buch „*Euclide restituto*“ (Euklid wiederhergestellt) aus dem Jahre 1680 mit den Saccheri-Vierecken und argumentierte:

Wenn ABCD (Abb. 56) ein Saccheri-Viereck ist, das heißt die Winkel ∠A und ∠B rechte Winkel, und die Seiten AD und BC gleich lang sind, dann muss HK eine Senkrechte von DC zu AB sein.

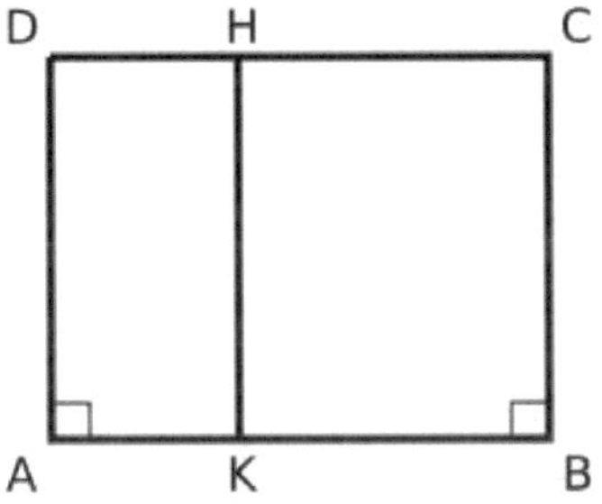

Abb. 56: Vitale-Viereck

Und, so Vitale weiter, wenn HK gleich AD ist, dann sind die Winkel ∠C und ∠D gleich und rechte Winkel, und DC ist equidistant von AB.

Vitales Beweisführung erinnert an das Argument von Khayyam, der gezeigt hatte, dass wenn drei Punkte der Linie CD equidistant von der Linie AB sind, dann sind alle ihrer Punkte äquidistant von AB.

Nichteuklidische Geometrie

Über die Bedeutung der kritischen Überlegungen Khayyams bezüglich des 5. Postulats von Euklid und ihre Folgen für die Weiterentwicklung der Geometrie bemerkte der deutsche Mathematiker Hans-Ludwig Wußing (1927–2011) in seinem Buch „*6000 Jahre Mathematik. Eine kulturgeschichtliche Zeitreise*“ aus dem Jahre 2008:

»ʻUmar Ḫayyām hat einen äußerst scharfsinnigen kritischen Beitrag zur Diskussion um das Parallelenpostulat von Euklid geleistet; er kann gedeutet werden als erster Beitrag zur nichteuklidischen Geometrie.«[214]

---

[214] H. Wußig: „*6000 Jahre Mathematik. Eine kulturgeschichtlisch Zeitreise*“, Springer-Verlag Berlin Heidelberg, 2008, S. 248.

2011 bekräftigten die beiden malaysischen Wissenschaftler, Abdi Omar Shuriye und Jamal I. Daoud, die Richtigkeit der Vorgehensweise Khayyams bei der Behandlung des Parallelenpostulats mit folgenden Worten:

»Die Anwendung des Prinzips [*petitio principi*] diente Umars Vorgängern als Ausgangspunkt in ihren Beweisen des Parallelenpostulats, und er war sich dieses logischen Fehlers seiner Vorgänger voll bewusst. Dass er nicht in denselben Fehler verfiel, war in der Tat einer seiner Erfolge. Einige von Umars Schlussfolgerungen aus der Hypothese spitzer oder stumpfer Winkel sind im Wesentlichen das Gleiche wie die Grundsätze der nichteuklidischen Theorie paralleler Linien von Lobachevski und Bolyai bzw. Riemann.«[215]

Zum Ende des 18. Jahrhunderts setzte sich immer mehr die Erkenntnis durch, dass das Parallelenpostulat, welches für den Aufbau der euklidischen Geometrie unverzichtbar ist, nicht aus den anderen Axiomen und Postulaten Euklids ableitbar ist. Ausgehend von dieser Gewissheit versuchten viele Mathematiker, neue Geometrien zu entwickeln, die die Negation des Parallelenpostulats implizieren und in sich widerspruchsfrei sind.

Carl Friedrich Gauß

Wie bereits erwähnt, war der deutsche Mathematiker Carl Friedrich Gauß einer der Ersten, der den Schritt unternahm, eine neue, in sich widerspruchsfreie Geometrie zu entwickeln. Er akzeptierte zwar die Notwendigkeit nichteuklidischer Geometrien, hinterließ jedoch keine Bücher oder Abhandlungen über solche Geometrien. Lediglich in seinen Tagebuchaufzeichnungen von 1817 machte er seinen Standpunkt wie folgt deutlich:

»Ich komme immer mehr zu der Überzeugung, daß die Notwendigkeit unserer Geometrie nicht bewiesen werden kann, wenigstens nicht vom menschlichen Verstande noch für den menschlichen Verstand.«[216]

Es sollte drei anderen Mathematikern, nämlich Lobatschewski, Bolyai und Riemann, vorbehalten bleiben, Anfang des 19. Jahrhunderts unabhängig voneinander, neue, nichteuklidische Geometrien zu entdecken. Alle drei gingen von der Überzeugung aus, dass es zu einer Geraden und einem Punkt mehr als eine oder auch gar keine Parallele geben kann. So gelang es den drei Mathematikern, ein über 2000 Jah-

---

215 Abdi Omar Shuriye und Jamal I. Daoud: „*Islamic Mathematical Sciences*", Australian Journal of Basic and Applied Sciences, 5(3): 51–59, 2011, p. 57.

216 http://www.danielmetzsch.de/WebSite%20Euklid/Gauss.html.

re altes Problem zu lösen. Es wird vermutet, dass keiner von ihnen mit den Arbeiten Omar Khayyams bzw. Giovanni Saccheris vertraut war.

Nikolai Lobatschewski

In einem Manuskript, das der russische Mathematiker Nikolai Iwanowitsch Lobatschewski (1792–1856) bereits 1823 fertiggestellt hatte, hatte er zunächst alle Aussagen zusammengefasst, die ohne Verwendung des Parallelenpostulats hergeleitet werden konnten. Erst dann widmete er sich jenen Aussagen, zu deren Beweis das Parallelenpostulat erforderlich war. Am 2. Februar 1826 stellte er seine neuartige Geometrie, die er *imaginäre Geometrie* nannte, im physikalisch-mathematischen Institut der Universität Kazan (im Südwesten Russlands) vor. Darin besaßen, bis auf das Parallelenpostulat, alle Axiome der euklidischen Geometrie Gültigkeit. Er konnte zeigen, dass durch den Punkt M (Abb. 57) nicht nur eine Linie, sondern zwei Linien verlaufen, die parallel zur Linie D sind.

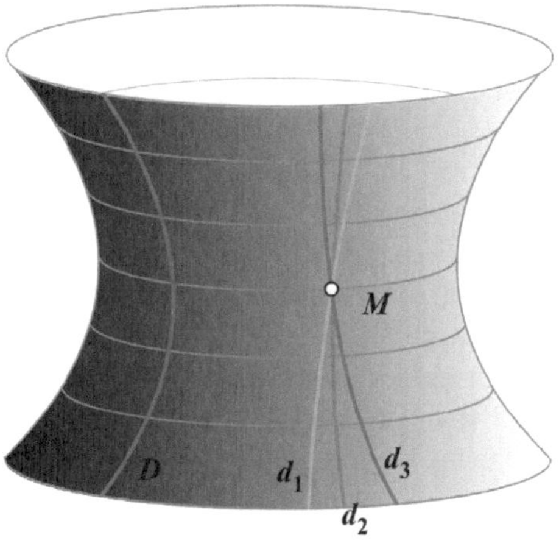

Abb. 57: Hyperbolische Geometrie[217]

Lobatschewskis Gedanken fanden kaum Anerkennung unter seinen Kollegen. Dennoch arbeitete er weiter an seiner Geometrie und veröffentlichte sie kurz vor seinem Tode in russischer und französischer Sprache unter dem Titel „*Pangeometrie*“, also allgemeine Geometrie. Darin wurde die euklidische Geometrie als Grenzfall behandelt.

---

[217] Quelle: Wikipedia. Freie Enzyklopädie.

János Bolyai

Der österreichisch-ungarische Mathematiker János Bolyai (1802–1860) beschäftigte sich ebenfalls intensiv mit dem Parallelenpostulat und gelangte fast gleichzeitig zu ähnlichen Resultaten wie Lobatschewski, die er aber erst 1837 als Anlage zu einem Werk seines Vaters veröffentlichte. So wurde ihm zu Lebzeiten keine Würdigung seiner Leistung zuteil. Sein Vater, Farkas Wolfgang Bolyai (1775–1856), der sich ebenfalls mit demselben Problem beschäftigt und versucht hatte, das Parallelenpostulat aus den anderen vier Postulaten Euklids herzuleiten, hatte ihn dringend davor gewarnt, sich mit diesem Problem zu befassen und so seine Jugend zu vergeuden. Er hatte bereits 1820 an seinen Sohn geschrieben:

»Es ist unbegreiflich, dass diese unabwendbare Dunkelheit, diese ewige Sonnenfinsternis, dieser Makel an der Geometrie zugelassen wurde, diese ewige Wolke an der jungfräulichen Wahrheit.«[218]

Bernhard Riemann

Nicht lange nach den Endeckungen Lobatschewskis und Bolyais gelang es 1854 dem deutschen Mathematiker Bernhard Riemann (1826–1866), die so genannte elliptische oder sphärische Geometrie (Abb. 58) zu entwickeln.

Riemann konnte zeigen, dass sich aus der Negation des Parallelenpostulats auch der mögliche Fall ableiten lässt, wonach es zu einer gegebenen Geraden keine parallele Gerade von einem Punkt gezogen werden kann. Anhand der Darstellung in Abb. 56 kann man am Beispiel der Erdkugel Folgendes feststellen: Während die Breitenkreise (das sind gedachte Kreise unterschiedlicher Größe auf der Erdoberfläche parallel zum Äquator) äquidistant sind und sich nicht schneiden, treffen sich die Längenkreise (gedachte Kreise gleicher Größe auf der Erdoberfläche in Nord-Süd-Richtung) in den beiden Rotationspolen der Erde.

Des Weiteren stellt man fest, dass im Gegensatz zu der hyperbolischen Geometrie, in der Linien unendliche Längen aufweisen, besitzen sie in der sphärischen Geometrie endliche Längen.

[218] Meschkowski, H.: „*Wandlungen des mathematischen Denkens. III. Der Weg zur nichteuklidischen Geometrie*“, Springer Fachmedien Wiesbaden GmbH 1956, S. 14.

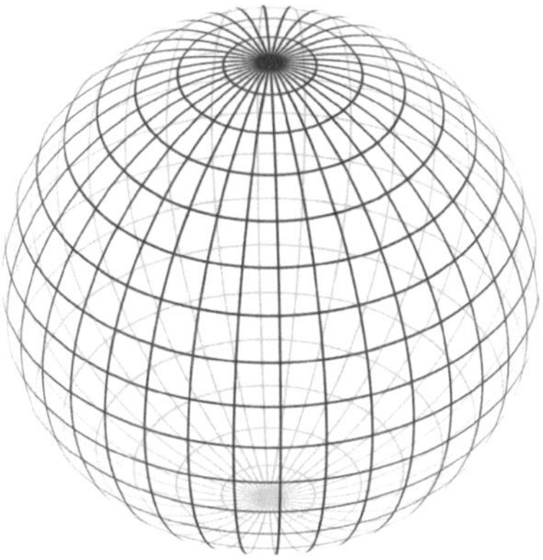

Abb. 58: Riemanns sphärische Geometrie

Drei verschiedene Geometrietypen

Abb. 59 präsentiert schematisch die charakteristischen Merkmale der euklidischen (links), der hyperbolischen (Mitte) und der sphärischen Geometrie (rechts).

Dieser Darstellung ist zu entnehmen, dass Geraden in der ebenen Geometrie zu gebogenen Linien in der hyperbolischen bzw. sphärischen Geometrie werden. Als Folge davon nehmen das Khayyam- und das Saccheri-Viereck andere Gestalten in der hyperbolischen bzw. sphärischen Geometrie an, da ihre geradförmigen Kanten zu Kurven werden. Dementsprechend verwandeln sich die rechten Winkel zu spitzen Winkeln in der hyperbolischen bzw. stumpfen Winkeln in der sphärischen Geometrie.

Aus der Darstellung geht ferner hervor, dass das Dreieck in der euklidischen Geometrie unterschiedliche Formen in den beiden nichteuklidischen Geometrien annimmt. Auch in diesem Fall werden die geraden Seiten zu Kurven, und die drei Winkel erfahren eine Größenänderung. Um das nachvollzuziehen ist es angebracht, darauf hinzuweisen, dass aus der Vielzahl der möglichen Polygone (Vielecke) in der ebenen Geometrie dem Dreieck (Abb. 60) eine besondere Bedeutung[219] zukommt, weshalb es hier näher betrachtet wird.

---

[219] Seit langem beschäftigt sich sogar eines der ältesten und wichtigsten Teilgebiete der Mathematik, nämlich die Trigonometrie ausschließlich mit den Beziehungen zwischen Seiten und Winkeln von Dreiecken. Der Begriff Trigonometrie wurde 1595 durch den deutschen Theologen und Mathematiker Bartholomäus Pitiscus (1561–1613) eingeführt. Auch in der Welt der Symbo-

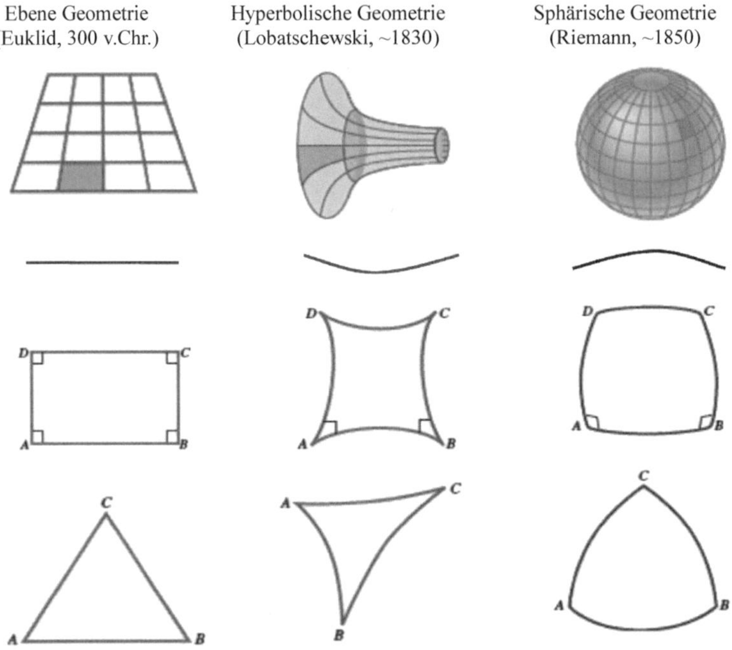

Abb. 59: Charakteristische Merkmale der drei verschiedenen Geometrietypen

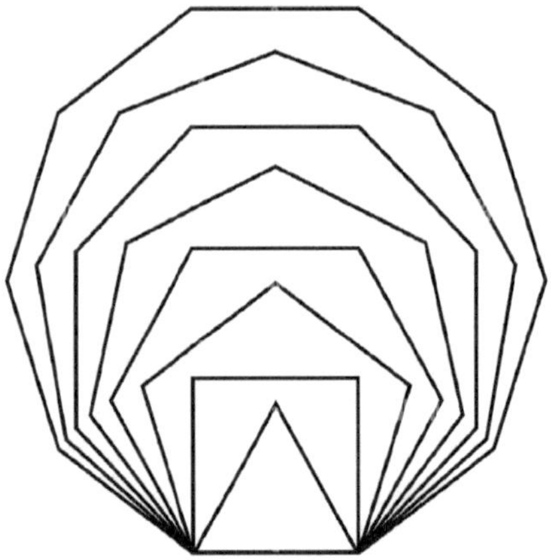

Abb. 60: Dreieck (Trigone) im Vergleich zu anderen möglichen Vielecken (Polygonen)

---

lik (Esoterik, Spiritismus) gehört das ebene Dreieck zu den bedeutendsten aller geometrischen Formen.

Bereits Heron, der griechische Mathematiker und Ingenieur, der in Alexandria wirkte (gestorben um 60 n.Chr.), hatte sich mit den Eigenschaften des Dreiecks beschäftigt und herausgefunden, wie man den Umfang U und die Fläche F eines beliebigen Dreiecks mit den Seiten *a*, *b*, und *c* berechnen kann.[220] Die von ihm stammenden Formeln sind in Abb. 61 wiedergegeben:

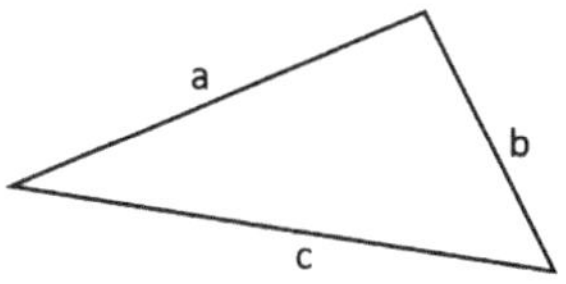

$$U = a + b + c$$

$$s = \frac{a + b + c}{2}$$

$$F = \sqrt{s(s-a)(s-b)(s-c)}$$

Abb. 61: Bestimmung der Fläche eines Dreiecks nach Heron

Aus Abb. 62 geht hervor, dass sieben verschiedene Dreieckarten in der ebenen (euklidischen) Geometrie vorkommen.

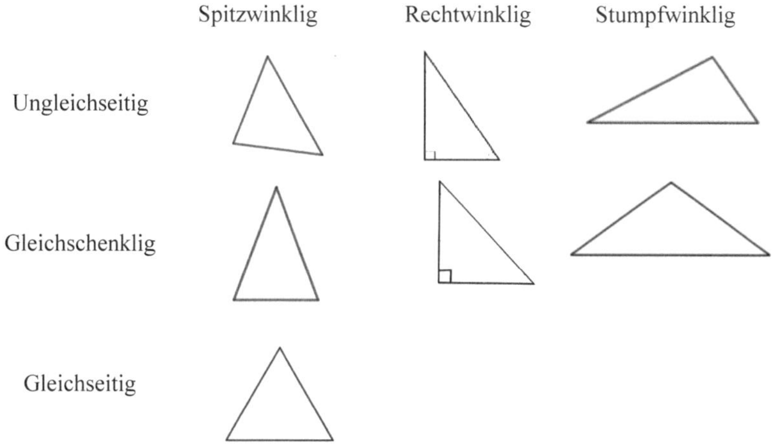

Abb. 62: Die verschiedenen Dreieckstypen

Ein Dreieck mit drei unterschiedlich langen Seiten wird als ungleichseitiges, mit zwei gleich langen Seiten als gleichschenkliges und mit drei gleich langen Seiten als gleichseitiges Dreieck bezeichnet. Ein Dreieck, bei dem alle Winkel weniger als 90° betragen, bezeichnet man als spitzes Dreieck; misst einer der Winkel 90°, dann spricht man

220 Eine 3700 Jahre alte Keilschrift-Tafel aus dem Südirak belegt, dass die Babylonier bereits mehr als tausend Jahre vor den Griechen die Eigenschaften des Dreiecks kannten und diese sich zunutzte machten.

von einem rechtwinkligen Dreieck, ist einer der Winkel größer als 90°, dann wird es stumpfes Dreieck genannt. Unter den verschiedenen Dreieckstypen spielt das rechtwinklige Dreieck eine besondere Rolle.

Hervorzuheben ist in diesem Zusammenhang, dass in der euklidischen Geometrie die Summe der drei Winkel in jedem beliebigen Dreieck ABC gleich zwei rechten Winkeln ist, das heißt $\angle\alpha + \angle\beta + \angle\theta = 180°$. Die Richtigkeit dieses Sachverhalts lässt sich leicht beweisen. Zu diesem Zweck legt man durch die Ecke C des Dreiecks ABC (Abb. 63, links) eine Parallele zur Basisseite AB (Abb. 62, rechts). Aus der Parallelität der beiden Geraden ergibt sich, dass einerseits $\angle\alpha = \angle p$ und $\angle\beta = \angle q$. Andererseits $\angle p + \angle\theta + \angle q = 180°$, da ein gestreckter Winkel 180° beträgt.

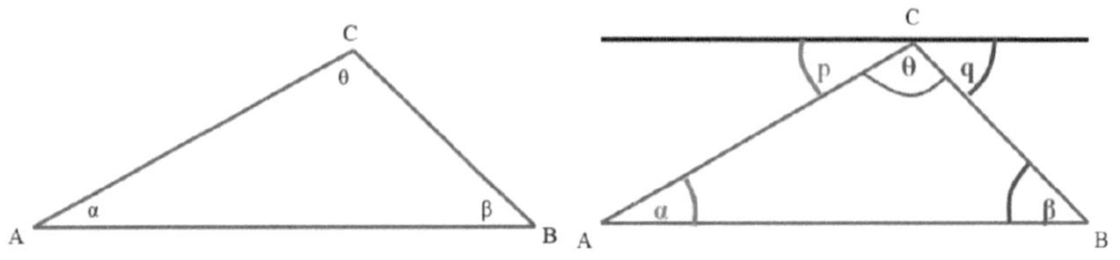

Abb. 63: Summe der Winkel eines Dreiecks $\angle\alpha + \angle\beta + \angle\theta = \angle p + \angle\theta + \angle q = 180°$

Eine andere Vorgehensweise für den Nachweis, dass die Summe der Winkel eines Dreiecks 180° beträgt, besteht darin, dass man gemäß Abb. 64 die Seite BC bis D verlängert und die Gerade CE parallel zu AD zeichnet.

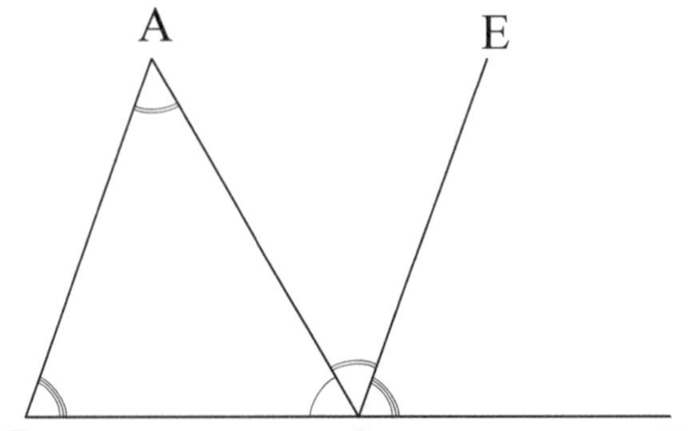

Abb. 64: Bestimmung der Summe der Winkel eines Dreiecks

Der Winkel ∠BAC ist gleich dem Winkel ∠ACE, da es sich um abwechselnde Innenwinkel der Transversale AC über die parallelen Linien AB und CE handelt. Der Winkel ∠ABC ist gleich dem Winkel ∠ECD, da der Außenwinkel der Transversale BC gleich einem Innenwinkel ist. Das Ergebnis ist ein gestreckter Winkel, der bekanntlich 180° beträgt.

Aus den obigen Ausführungen lässt sich die einfache Beziehung $(n-2) \times 180^\circ$ ableiten, mit deren Hilfe man die Summe der Winkel von Polygonen (Abb. 65) in der ebenen Geometrie leicht ermitteln kann. Darin bedeutet n die Anzahl der Seiten des Polygons.

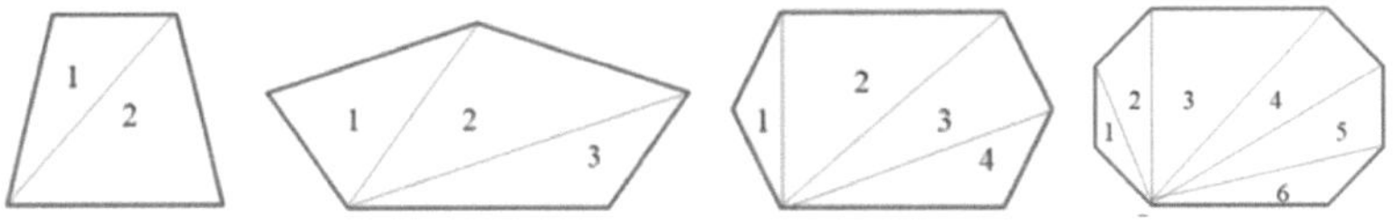

Abb. 65: Summe der Winkel von Polygonen

Wie bereits erwähnt, werden aus geraden Linien der ebenen Geometrie gekrümmte Linien in der hyperbolischen bzw. sphärischen Geometrien. Demzufolge ist die Summe der Winkel eines *Dreiecks* in der hyperbolischen Geometrie kleiner und in der sphärischen Geometrie größer als 180°, wie aus Abb. 66 ersichtlich.

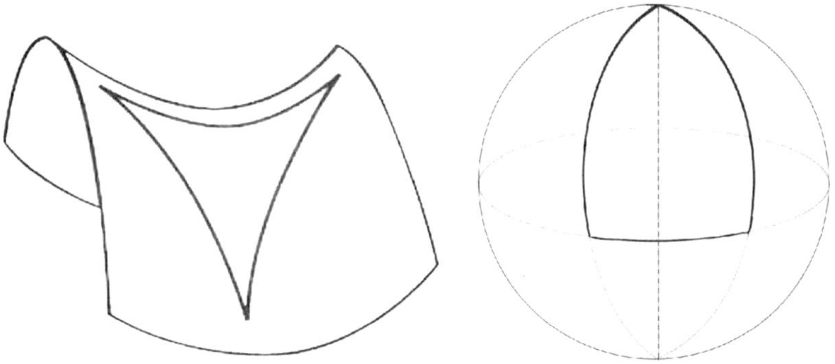

Abb. 66: Summe der Winkel eines *Dreiecks*
in der nichteuklidischen Geometrie

Ebene und räumliche Darstellung

In der ebenen Geometrie verwendet man in der Regel ein rechtwinkliges Zweiachsendiagramm, das so genannte *kartesische Koordinatensystem*[221], um die Lage eines Punktes oder einer Linie zu kennzeichnen. Hierbei handelt es sich um zwei aufeinander senkrecht stehende Achsen, eine horizontale, die mit x, und eine vertikale, die mit y bezeichnet wird (Abb. 67). Die x-Achse heißt die *Abszisse*, und die y-Achse die *Ordinate*[222].

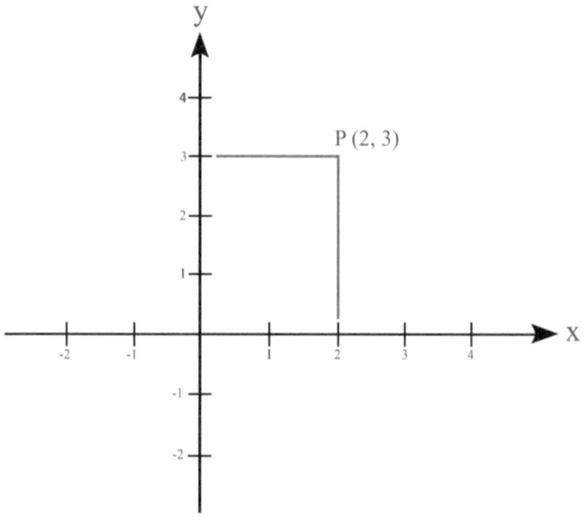

Abb. 67: Bestimmung der Lage Punktes P im rechtwinkligen x-y-Koordinatensystem

Nun können die so genannten *Koordinaten* des Punktes P mithilfe von zwei Senkrechten zu den beiden Achsen bestimmt werden. Er befindet sich im vorliegenden Fall im Abstand von 2 Einheiten von der

[221] Das rechtwinklige Koordinatensystem wurde 1637 von dem französischen Naturwissenschaftler und Mathematiker René Descartes (1596–1650) in seinem Buch „*La Géométrie*“ vorgestellt. Es wird daher auch nach dem lateinisierten Namen *Cartesius* als *kartesisches Koordinatensystem* bezeichnet. Descartes wählte den Buchstaben x für die horizontale und den Buchstaben y für die vertikale Achse. Der Grund für diese Wahl könnte darin gelegen haben, dass die Buchstaben x und y am Ende des französischen Alphabets stehen, oder auch, weil sie im Französischen ungewöhnlich sind.

[222] Die erste bekannte Verwendung der Worte *Abszisse* und *Ordinate* findet sich in einem Brief des deutschen Philosophen und Mathematikers Gottfried Wilhelm Leibniz (1646–1716) an den langjährigen Sekretär der Royal Society in London Henry Oldenburg (1619–1677) vom 27. August 1676.

y-Achse und 3 Einheiten von der *x*-Achse. Die beiden Zahlen 2 und 3 bestimmen somit die Lage des Punktes P. Man bedient sich der Schreibweise P(2, 3), um die Koordinaten des Punktes P in der Ebene *xy* anzugeben. Die allgemeine Schreibweise lautet demnach P(*x*, *y*).

In gleicher Weise lässt sich eine Gerade (oder eine Kurve) als eine Folge von vielen Punkten im rechtwinkligen Koordinatensystem graphisch darstellen (Abb. 68a).

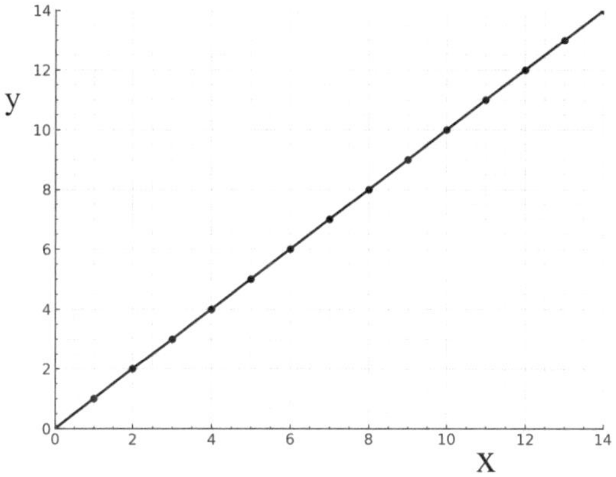

Abb. 68a: Grafische Wiedergabe einer Linie im rechtwinkligen Koordinatensystem

Sind die Koordinaten der Endpunkte einer Geraden bekannt, kann man die Koordinaten des Mittelpunktes der Geraden bestimmen (Abb. 68b).

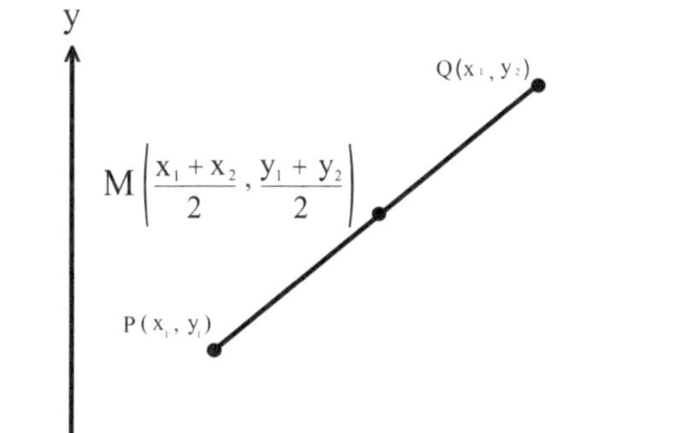

Abb. 68b: Bestimmung des Mittelpunkts einer Linie im rechtwinkligen Koordinatensystem

Für die Bestimmung der Lage eines Punktes im Raum benötigt man aber nicht zwei, sondern drei zueinander senkrecht stehende Achsen *x*, *y* und *z*. Sie ergeben sich als die Schnittgeraden von drei zueinander orthogonalen Ebenen *xy*, *yz* und *zx* (Abb. 69a).

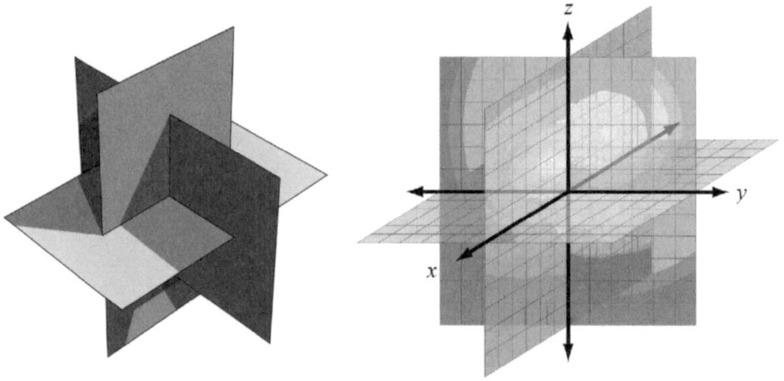

Abb. 69a: Drei orthogonale Ebenen (links); drei orthogonale Achsen (rechts)

Die Koordinaten eines Punktes P(*x*, *y*, z) sind in diesem Fall die Abstände zu den drei Achsen (Abb. 69b).

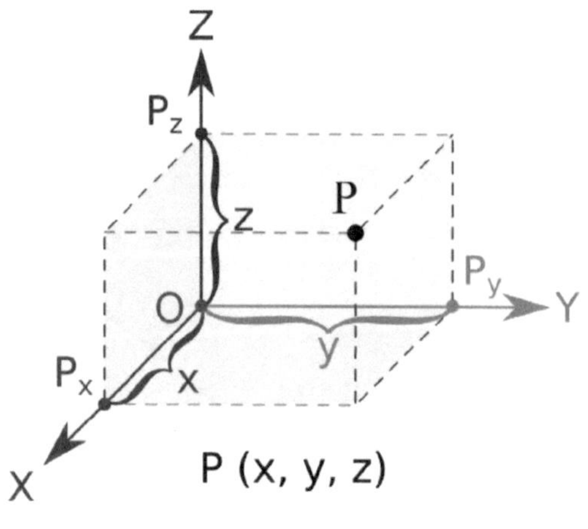

Abb. 69b: Bestimmung der Lage eines Punktes im Raum

In den hyperbolischen und sphärischen Geometrien wird naturgemäß von dem dreiachsigen Koordinatensystem Gebrauch gemacht (Abb. 70).

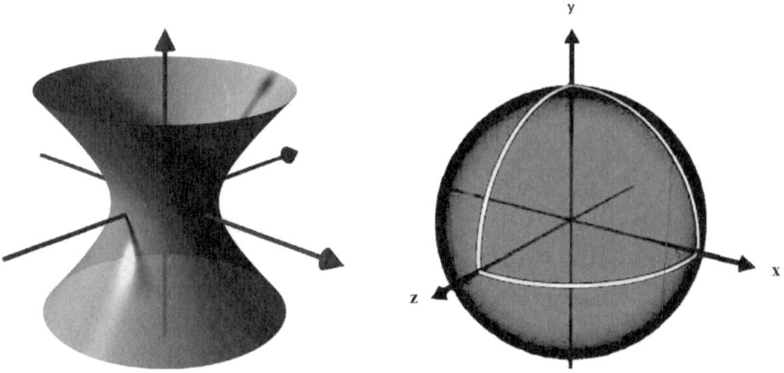

Abb. 70: Dreiachsiges Koordinatensystem
in den nichteuklidischen Geometrien

Geometrische Beschreibung des Universums

In der Physik wird darüber diskutiert, welche der drei vorgestellten Geometrien das Universum am besten beschreiben kann. Theoretische Überlegungen und experimentelle Beobachtungen haben ergeben, dass der Wert einer dimensionslosen Größe Ω_{tot}, des so genannten Dichteparameters, bestimmt, ob das Universum eben, hyperbolisch oder sphärisch ist (Abb. 71).

$\Omega_{tot} = 1$

$\Omega_{tot} < 1$

$\Omega_{tot} > 1$

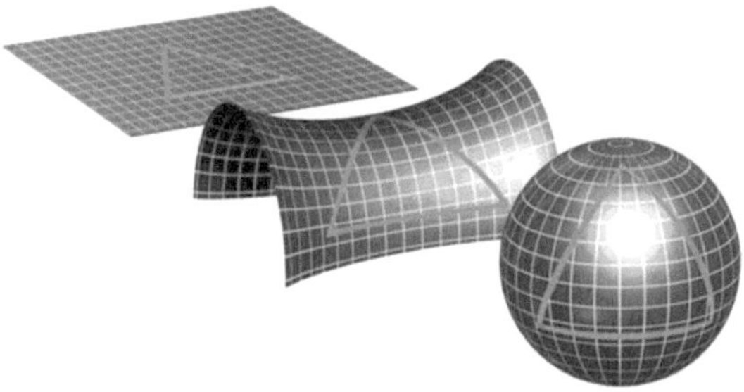

Abb. 71: Mögliche Geometrien des Universums

Der Wert für $\Omega_{tot} = 1{,}0005 \pm 0{,}0065$ ergibt sich dadurch, dass man die tatsächliche mittlere Dichte ρ (Masse pro Volumeneinheit) durch die kritische Dichte ρ_c teilt ($\Omega_{tot} = \frac{\rho}{\rho_c}$). Der Index *total* kennzeichnet in diesem Zusammenhang die Gesamtdichte, die sich aus der Dichte von Materie und Energie zusammensetzt.

Die ebene Geometrie ($\Omega_{tot} = 0$) würde zu einem flachen Universum führen, dessen Expansion ewig weitergehen würde. Das Universum wäre in diesem Fall unendlich und unbegrenzt (Abb. 72, links). In einem solchen Universum gilt der Satz, dass der kürzeste Abstand zwischen zwei Punkten immer eine Gerade ist (Abb. 72, rechts).

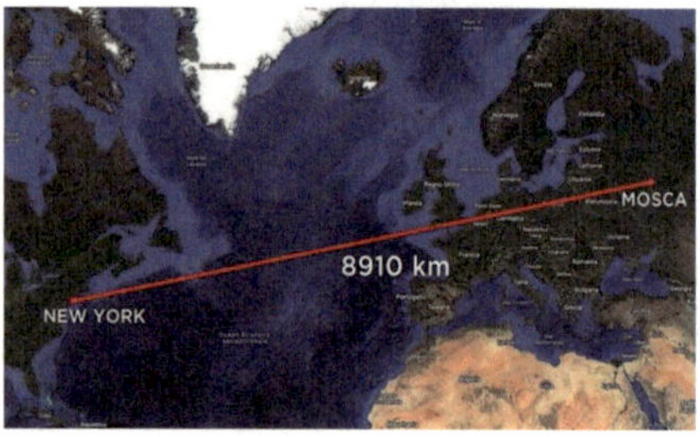

Abb. 72: Flaches Universums (links); kürzester Abstand zwischen zwei Punkten (rechts)

Die hyperbolische Geometrie ($\Omega_{tot} < 0$) würde ein offenes Universum mit negativer Krümmung bedeuten (Abb. 73, links), das sich ebenfalls für immer ausdehnen würde. Ein solches Universum wäre ebenfalls unendlich und unbegrenzt.

Abb. 73: Hyperbolisches Universum (links); zwei Beispiele (rechts)

Wie in der euklidischen Geometrie gilt auch in der hyperbolischen Geometrie, dass es genau eine kürzeste Verbindung zwischen zwei Punkten gibt, und zwar eine Gerade. Die Gestalt eines Fahrradsattels (Abb. 73, Mitte), bzw. eines Kartoffelchips (Abb. 73, rechts) sind anschauliche Beispiele für die hyperbolische Geometrie.

Die sphärische Geometrie ($\Omega_{tot} > 0$) mit positiver Krümmung würde im Gegensatz zu der ebenen und hyperbolischen Geometrie ein geschlossenes Universum abgeben, dessen Ausdehnung irgendwann zum Stillstand kommen muss. Das Universum wäre in diesem Fall endlich und begrenzt (Abb. 74, links).

Abb. 74: Sphärisches Universum (links); kürzeste Abstand zwischen zwei Punkten (rechts)

In einem solchen Universum ist die kürzeste Linie, die zwei Punkte verbindet, stets eine Kurve, die als *Orthodrome* (die kürzeste Verbindung zweier Punkte auf einer Kugeloberfläche) bezeichnet wird. Die Tatsache, dass Flugzeuge stets die Orthodrome als Route verwenden (Abb. 74, rechts), um Zeit- und Treibstoffeinsparungen zu gewährleisten, ist ein weiterer unwiderlegbarer Beweis für die Kugelform des Planeten Erde.[223]

Fazit: Khayyams intensive und kritische Beschäftigung mit der Problematik des Parallelenpostulats mündete schließlich in Überlegungen, die Jahrhunderte später zur Entwicklung nichteuklidischer Geometrien mit ihren segensreichen Folgen für die Natur- und Ingenieurswissenschaften führten. Ein Paradebeispiel: Die nichteuklidische Geometrie ist der Grundpfeiler einer der größten physikalischen Theorie der Geschichte, nämlich der Allgemeinen Relativitätstheorie von Albert Einstein (1879–1955) aus dem Jahre 1915!

Khayyam war sich selbst jedoch in keiner Weise der Tragweite seiner Arbeit in diesem Bereich der Geometrie bewusst.

[223] Eine im Jahre 2018 in den USA durchgeführte Umfrage unter 8000 Menschen ergab, dass etwa ein Sechstel der Bevölkerung nicht völlig von der Kugelform der Erde überzeugt ist!

Die Bestimmung von Binomialkoeffizienten

Die Entdeckung der binomischen Reihe und die Entwicklung eines Verfahrens zur Berechnung von Zahlen der Form $(a+b)^n$ wird Omar Khayyam zugeschrieben. Um zu erläutern, was mit dem mathematischen Ausdruck $(a + b)^n$ gemeint ist, sei Folgendes vorab erwähnt:

Will man die beliebige Zahl a nicht zwei- oder dreimal, sondern n-mal mit sich selbst multiplizieren (n ist eine positive ganze Zahl: $n = 1, 2, 3, ...$)[224], dann spricht man von a hoch n, oder von der n-ten Potenz von a. Demnach bedeutet a^n:

$$a^n = \underbrace{a \cdot a \ldots a \cdot a}_{n \text{ mal}}$$

Die Zahl a heißt die Basis, und n der Exponent. Die Operation selbst nennt man Potenzieren.[225] $n=7$ bedeutet also $a^7 = a \times a \times a \times a \times a \times a \times a$.

Um anzudeuten, dass a kein einziges Mal mit sich selbst multipliziert wird, bedient man sich der Schreibweise a^0 und spricht von *a hoch 0*. In der Mathematik wird gezeigt, dass jede beliebige Zahl x hoch Null gleich 1 ist ($x^0 = 1$).

Monome und Binome

In der Mathematik, speziell in der Algebra, bezeichnet man ein Produkt, das aus einem Koeffizienten und einer potenzierten Variablen (eine Variable ist eine veränderliche Größe) besteht, als Monom. Beispielsweise sind die Terme $2a^3$, $4a^5$ und $13a^7$ Monome der Variablen

---

224 n kann natürlich auch negativ sein ($n = -1, -2, -3, ...$). Die folgenden Beispiele zeigen, wie man die beliebige Basis x mit negativem n berechnet:

$$x^{-1} = \frac{1}{x}$$

$$x^{-2} = \frac{1}{x} \times \frac{1}{x} = \frac{1}{x^2}$$

$$x^{-3} = \frac{1}{x} \times \frac{1}{x} \times \frac{1}{x} = \frac{1}{x^3}$$

$$x^{-4} = \frac{1}{x} \times \frac{1}{x} \times \frac{1}{x} \times \frac{1}{x} = \frac{1}{x^4}$$

225 Es war der französische Mathematiker Nicolas Chuquet (1445–1488), der im 15. Jahrhundert eine Form der Exponential-Notation entwickelte, die im 16. Jahrhundert von den deutschen Mathematikern Henricus Grammateus (1495–1525) und Michael Stifel (1487–1567) genutzt wurde. Das Wort „Exponent“ wurde 1544 von Michael Stifel geprägt, der übrigens in seinen Werken konsequent auch die Zeichen + (plus) und – (minus) verwendete.

a. Die Zahlen 2, 4 und 13 sind die jeweiligen Koeffizienten. Die Exponenten 3, 5 und 7 stellen die Potenzen der Variablen *a* dar.

Unter einem Binom versteht man zwei Monome, die durch ein Plus- bzw. Minuszeichen miteinander verbundenen sind.[226] Beispielsweise ist $(a+b)^2$ die zweite Potenz des Binoms $(a+b)$ und bedeutet $(a+b) \times (a+b)$. Um das Produkt $(a+b) \times (a+b)$ auszurechnen, muss man die beiden Klammern ausmultipliziert: $a \times a + a \times b + b \times a + b \times b = a^2 + 2ab + b^2$.

Wie aus Abb. 75 hervorgeht, stellt $(a+b)^2$ ein Quadrat dar, dessen Kanten gleich $a+b$ sind.

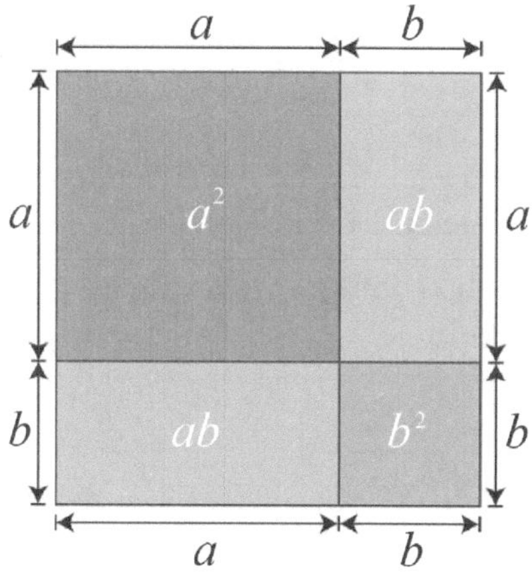

Abb. 75: $(a+b) \times (a+b) = (a+b)^2 = a^2 + b^2 + 2ab$

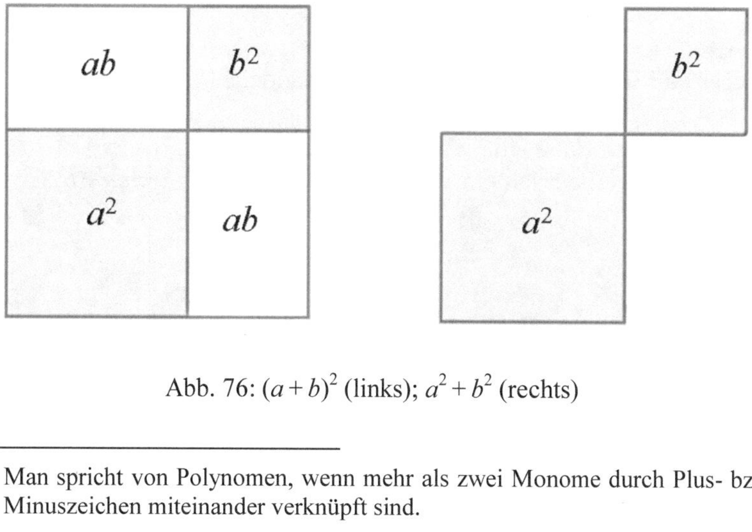

Abb. 76: $(a+b)^2$ (links); $a^2 + b^2$ (rechts)

[226] Man spricht von Polynomen, wenn mehr als zwei Monome durch Plus- bzw. Minuszeichen miteinander verknüpft sind.

Im Unterschied zu $(a+b)^2$ ist der Ausdruck a^2+b^2 ein Binom der zwei Variablen a und b, deren Koeffizienten jeweils gleich 1 ist. Die beiden Ausdrücke $(a+b)^2$ und a^2+b^2 sind daher weder identisch noch gleich groß, sondern wie sich leicht geometrisch zeigen lässt (Abb. 76), ist $(a+b)^2$ um den Betrag $2ab$ größer als a^2+b^2; mathematisch ausgedrückt: $(a+b)^2 > a^2+b^2$.

Binome mit Potenzen $n = 0$ bis 3

Binome und ihre Potenzen in der Form von $(a+b)^n$ mit $n=0$, 1, 2, 3, ... nehmen einen besonderen Platz in der Mathematik ein, da sie in den verschiedenen naturwissenschaftlichen Zweigen ziemlich häufig vorkommen.

$n=0$ bedeutet, dass $(a+b)^0=1$, da – wie bereits erwähnt – jede beliebige Zahl hoch Null gleich 1 ist.

$n=1$ bedeutet, dass $(a+b)^1=a+b$ ist und geometrisch eine Gerade der Länge $a+b$ darstellt:

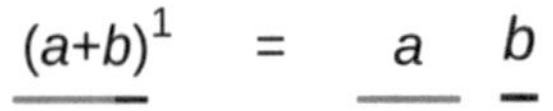

$n=2$ bedeutet, dass $(a+b)^2$ gleich dem Produkt $(a+b)\times(a+b)$ ist und somit geometrisch ein Quadrat mit der Seitenlänge $(a+b)$ darstellt:

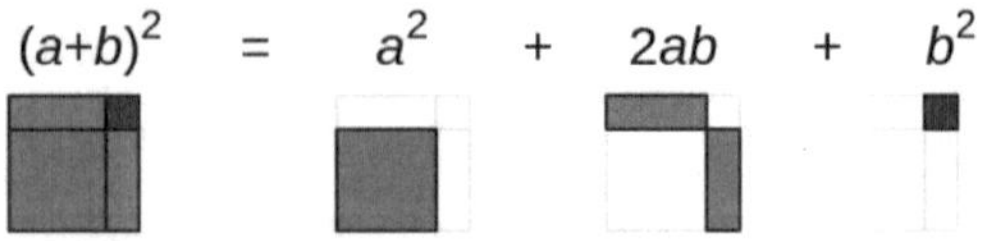

Dieser Fall wurde bereits von Euklid behandelt.

$n=3$ bedeutet, dass $(a+b)^3$ gleich dem Produkt $(a+b)\times(a+b)\times(a+b)$ und geometrisch ein Würfel mit der Kantenlänge $(a+b)$ ist:

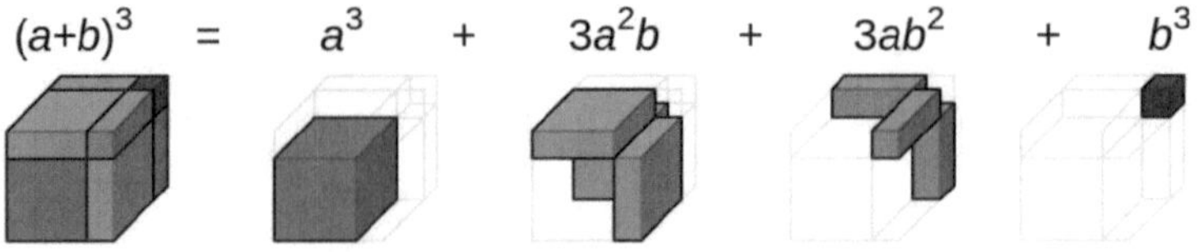

Dieser Fall wurde später von indischen Mathematikern in Angriff genommen.

Binome mit höheren Potenzen als 3

Omar Khayyam kommt die Ehre zu, sich als Erster mit höheren Potenzen des Binoms $(a+b)$, das heißt $n \geq 4$ beschäftigt zu haben. Der amerikanische Mathematiker Julian Lowell Coolidge bemerkte hierzu:

»Eine Potenz höher als die dritte mag ihnen [indischen Mathematikern] praktisch nutzlos erschienen sein. Doch jemand muss die Bedeutung solcher Potenzen erkannt haben, wie das folgende Zitat vermuten lässt. Sein Autor ist Omar Khayyam, der von einem eigenen Werk spricht, das höchst bedauerlich verloren gegangen ist.«[227]

Nach dieser Bemerkung zitierte dann Coolidge die Beschreibung Khayyams wie folgt (in französischer Sprache):

»Die Inder verfügen über Methoden zum Ermitteln der Seiten von Quadraten und Würfeln. Ich habe eine Arbeit über den Nachweis der Genauigkeit dieser Methoden verfasst und bewiesen, dass sie tatsächlich zum gesuchten Ziel führen. Ich habe neben der Vermehrung der Art auch gelehrt, wie man die Seiten des Quadrat-Quadrats [$n = 4$], des Quadrat-Kubus [$n = 5$] des Kubus-Kubus [$n = 6$] finden kann, und dies in der Weise getan, wie wir vorher noch nicht gemacht hatten. Die Demonstrationen, die ich bei dieser Gelegenheit dazu gegeben habe, sind nur arithmetische Demonstrationen, basierend auf den Teilen Arithmetik der Elemente Euklids.«[228]

Ist n eine positive, beliebig große Zahl, dann bedeutet $(a+b)^n$:

$$(a+b)^n = \underbrace{(a+b) * (a+b) * \ldots * (a+b)}_{n-mal}$$

Beim Ausmultiplizieren des Ausdrucks auf der rechten Seite des Gleichheitszeichens muss man 1 Faktor der 1. Klammer mit je einem Faktor aller anderen Klammern multiplizieren und dabei alle möglichen Kombinationen durchlaufen und danach aufsummieren. Es ist wohl eine regelrechte Herausforderung sich vorstellen zu wollen, wie aufwendig und mühsam eine solche Vorgehensweise sein würde. Es war Khayyam, der eine Gesetzmäßigkeit entdeckte, die ihm erlaubte, die Koeffizienten von $(a+b)$ – *Binomialkoeffizienten*[229] genannt – für Potenzen größer als 4 auf eine einfache Art und Weise zu berechnen. Seine Vorgehensweise bei der Bestimmung der Binomialkoeffizienten

---

[227] J.L. Coolidge: „*The Story of the Binomial Theorem*". The American Mathematical Monthly, Vol. 56, No. 3 (March, 1949), p. 148.

[228] Ebenda.

[229] Das Wort Binomialkoeffizient bezeichnet jene Vorfaktoren (Koeffizienten), die entstehen, wenn Potenzen der Summe $(a+b)$ ausmultipliziert werden.

lässt sich durch die Ausrechnung der Ausdrücke $(a+b)^0$, $(a+b)^1$, ... $(a+b)^5$ andeuten:

$$(a+b)^0=1$$
$$(a+b)^1=a+b$$
$$(a+b)^2=a^2+2ab+b^2$$
$$(a+b)^3=a^3+3a^2b+3ab^2+b^3$$
$$(a+b)^4=a^4+4a^3b+6a^2b^2+4ab^3+b^4$$
$$(a+b)^5=a^5+5a^4b+10a^3b^2+10a^2b^3+5ab^4+b^5$$

Ordnet man nun die Ergebnisse der Potenzierungen dreieckförmig an und entfernt dabei die Variablen a und b, sodass nur die Zahlenkoeffizienten übrigbleiben, dann erhält man das Schema in Abb. 77.

$$\begin{array}{ccccccccccc} & & & & & 1 & & & & & \\ & & & & 1 & & 1 & & & & \\ & & & 1 & & 2 & & 1 & & & \\ & & 1 & & 3 & & 3 & & 1 & & \\ & 1 & & 4 & & 6 & & 4 & & 1 & \\ 1 & & 5 & & 10 & & 10 & & 5 & & 1 \end{array}$$

Abb. 77: Koeffizienten des Binoms $(a+b)$ zu Potenzen von 0 bis 5[230]

[230] Khayyam beschäftigte sich ausschließlich mit dem Binom $(a+b)$ und positiven Exponenten. Für das Binom $(a-b)$ mit positiven Exponenten $n = 0$ bis $n = 5$ erhält man entsprechend folgende Werte:

$$(a-b)^0=1$$
$$(a-b)^1=a-b$$
$$(a-b)^2=a^2-2ab+b^2$$
$$(a-b)^3=a^3-3a^2b+3ab^2-b^3$$
$$(a-b)^4=a^4-4a^3b+6a^2b^2-4ab^3+b^4$$
$$(a-b)^5=a^5-5a^4b+10a^3b^2-10a^2b^3+5ab^4-b^5$$

Khayyam-Dreieck

Khayyam ordnete die von ihm ermittelten Binomialkoeffizienten in Form eines rechtwinkligen Dreiecks an (Abb. 78, links). Sie lassen sich aber auch in Form eines gleichschenkligen Dreiecks (Abb. 78, rechts) anordnen.

۱
۱ ۱
۱ ۲ ۱
۱ ۳ ۳ ۱
۱ ۴ ۶ ۴ ۱
۱ ۵ ۱۰ ۱۰ ۵ ۱
۱ ۶ ۱۵ ۲۰ ۱۵ ۶ ۱
۱ ۷ ۲۱ ۳۵ ۳۵ ۲۱ ۷ ۱
۱ ۸ ۲۸ ۵۶ ۷۰ ۵۶ ۲۸ ۸ ۱
۱ ۹ ۳۶ ۸۴ ۱۲۶ ۱۲۶ ۸۴ ۳۶ ۹ ۱

۱
۱ ۱
۱ ۲ ۱
۱ ۳ ۳ ۱
۱ ۴ ۶ ۴ ۱
۱ ۵ ۱۰ ۱۰ ۵ ۱
۱ ۶ ۱۵ ۲۰ ۱۵ ۶ ۱
۱ ۷ ۲۱ ۳۵ ۳۵ ۲۱ ۷ ۱
۱ ۸ ۲۸ ۵۶ ۷۰ ۵۶ ۲۸ ۸ ۱
۱ ۹ ۳۶ ۸۴ ۱۲۶ ۱۲۶ ۸۴ ۳۶ ۹ ۱

Abb. 78: Khayyam-Dreieck

In seinem Hauptwerk „*Abhandlung über die Demonstration von Problemen der Algebra*“ aus dem Jahre 1078, das im nächsten Abschnitt dieses Kapitels ausführlich erörtert wird, vermerkte Khayyam bezüglich seiner Entdeckung der Binomialkoeffizienten noch Folgendes:

»Von den Indern hat man Methoden zur Bestimmung von Quadrat- und Kubikwurzeln erhalten. Sie beruhen auf der Kenntnis von Einzelfällen – nämlich die Kenntnis der Quadrate der neun Ziffern 1×1, 2×2, 3×3 (usw.) und ihrer jeweiligen Produkte, das heißt 2×3 usw. Wir haben eine Abhandlung über den Nachweis der Gültigkeit dieser Methoden geschrieben, die diese Bedingungen erfüllen. Zusätzlich haben wir ihre Typen erhöht, und zwar in Form der Bestimmung der vierten, fünften, sechsten Wurzel bis zu einem beliebigen gewünschten Grad. Niemand ist uns dabei vorausgegangen, und diese Beweise sind rein arithmetisch und basieren auf der Arithmetik der Elemente [Euklids].«

Moritz Cantor (1829–1920), der erste Professor für die Geschichte der Mathematik in Deutschland, kommentierte diese Aussage Khayyams folgendermaßen:

»Es scheint, als sei noch ein anderes Verdienst ihm zuzuschreiben, die Kenntnis der Binomialentwicklung für den Fall ganzzahliger positiver Exponenten. Er sagt nämlich: „Ich habe gelehrt, die Seiten des Quadratoquadrats, des Quadratokubus, des Kubokubus etc. bis zu beliebiger Ausdehnung zu finden, was man vorher noch nie getan hatte. Die Beweise, welche ich bei dieser Gelegenheit gab, sind einzig arithmetischer Natur und gründen sich auf die arithmetischen Abschnitte der euklidischen Elemente“. Diese Behauptung kann kaum anders verstanden werden, als daß die Ausziehung der Quadratwurzel sich stütze auf die Entwicklung von $(a+b)^2$, die der Kubikwurzel auf die Entwicklung von $(a+b)^3$, die der *m*ten Wurzel auf die Entwicklung von $(a+b)^m$, eine Auffassung, zu deren Bestätigung es dienen kann, daß Alchaijâmi [Khayyam] unmittelbar vor der angeführten Stelle von den Methoden der Inder die Quadrat- und Kubikwurzel zu finden geredet hat und nur deren Art vermehrt zu haben sich rühmt.«[231]

An einer anderen Stelle der besagten Abhandlung bemerkte Khayyam:

»Ich habe ein Buch verfasst, in dem ich die Solidität der Methoden, die zur Entdeckung der erforderlichen Werte führen, demonstriert habe. Darin habe ich weitere Methoden zur Lösung von verschiedenen anderen Arten hinzugefügt – ich beziehe mich auf die Extraktion der Seiten [Kanten] des Quadrats von Quadrat, des Quadrats von Kubus, und des Kubus von Kubus usw. –, die alle neuartig sind. Die Beweise sind arithmetisch.«[232]

In einer anderen Abhandlung, die Khayyam unter dem Titel „*Moškelāt al-hisāb*“[233] (Die Schwierigkeiten der Arithmetik) verfasst hatte, beschrieb er seine Entdeckung noch einmal kurz und knapp wie folgt:

«ما را رساله ای است که در آن نشان داده ایم چگونه پایهٔ **مربع مربع، مربع مکعب، مکعب مکعب** و غیر آنرا، هر قدر باشد، می توان معین کرد که قبلاً سابقه نداشت.»

»Von uns existiert eine Abhandlung, in der wir gezeigt haben, wie man die Koeffizienten [des Binoms $(a+b)$] zum **Quadrat × Quadrat** [zur vierten Potenz], **Quadrat × Kubus** [zur fünften Potenz], **Kubus × Kubus** [zur sechsten Potenz] bzw. zur jeden beliebigen Potenz bestimmen kann, was vorher nicht bekannt war.«

[231] Moritz Cantor: „*Vorlesungen über Geshichte der Mathematik*“, Leipzig B.G. Teubner, 1901, S. 777.

[232] Dauod S. Kasir: „*The Algebra of Omar Khayyam*“, Teacher College, Columbia University, No. 385, New York City, 1931, p. 54.

[233] “مشکلاة الحساب”

Anmerkung: In einer Abhandlung Khayyams über Algebra ist die Rede von einer Schrift, die er über die Extraktion der Wurzeln von Zahlen unter Verwendung eines von ihm entdeckten Gesetzes verfasst hatte. Diese Schrift hatte wahrscheinlich den Titel „*Die Schwierigkeiten der Arithmetik*“. Das Originalmanuskript ist verschollen, eine Kopie davon soll sich in der Münchener Staatsbibliothek befinden.

Dieser lapidare Hinweis Khayyams veranlasste den deutschen Mathematikhistoriker Johannes Tropfke (1866–1939) zu folgendem Kommentar:

»Die letzte Bemerkung [Khayyams] kann man offenbar nur auf Benutzung der binomischen Entwickelung auf beliebig hohe Exponenten deuten, wodurch dann Alkhajjami [Khayyam] als Entdecker des Binomialtheorems für ganzzahlige Exponenten anzusehen wäre.«[234]

Besonderheiten des Khayyam-Dreiecks

Beim genaueren Hinsehen des Khayyam-Dreiecks stellt man fest, dass die Binomialkoeffizienten beiderseits einer gedachten senkrechten Achse spiegelbildlich gleich sind (Abb. 79).

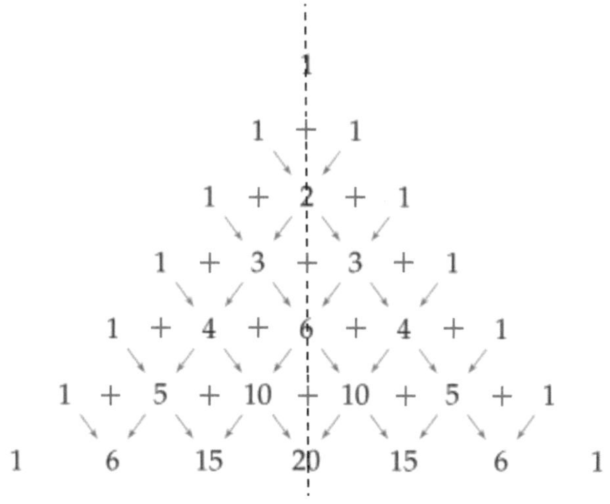

Abb. 79: Khayyams Verfahren zur Bestimmung der Binomialkoeffizienten

Hieraus ergibt sich die von Khayyam entdeckte Gesetzmäßigkeit, wonach jeder Binomialkoeffizient gleich der Summe der beiden direkt über ihm liegenden Binomialkoeffizienten ist. Wendet man diese Gesetzmäßigkeit konsequent an, dann lassen sich die Binomialkoeffizienten des Ausdrucks $(a+b)^n$ für beliebige Werte von n berechnen. In Abb. 80 ist beispielhaft diese Berechnung für $n=0$ bis $n=16$ gezeigt.

[234] Johannes Tropfke: „*Geschichte der Elementar-Mathematik in systematischer Darstellung*“, Band 2, 3. Auflage, 1903, S. 174.

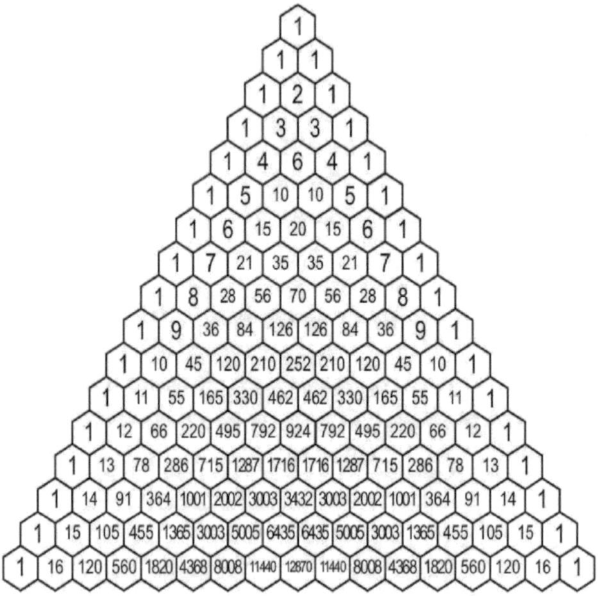

Abb. 80: Binomialkoeffizienten des Binoms $(a+b)^n$ für $n=0$ bis 16

Avicennas Dreieckzahlen im Khayyam-Dreieck

Der bereits erwähnte persische Universalgelehrte Avicenna, den Khayyam seinen spirituellen Lehrmeister nannte, war der erste in der islamischen Welt, der auf bestimmte Zahlen mit interessanten Eigenschaften aufmerksam wurde. Diese ergeben sich aus dem Addieren der natürlichen Zahlen 1, 2, 3, ...:

$1+2=3$
$1+2+3=6$
$1+2+3+4=10$
$1+2+3+4+5=15$
$1+2+3+4+5+6=21$

Avicenna nannte die Zahlenfolge 3, 6, 10, 15, 21, ... Dreieckzahlen[235], da diese sich, wie aus Abb. 81 hervorgeht, graphisch als Dreiecke darstellen lassen. Dabei wird jede natürliche Zahl durch eine Anzahl von Punkten oder kleinen Kreisen repräsentiert.

---

[235] اعداد مثلث

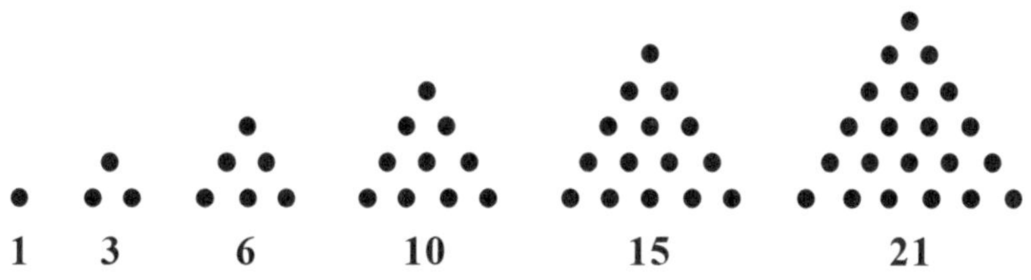

Abb. 81: Die ersten 5 Dreieckszahlen

Die n-te Dreieckszahl kann dadurch berechnet werden, dass man alle n natürlichen Zahlen zusammenaddiert, also $1+2+3+4+...+(n-1)+n$.

Betrachtet man nun die beiden Zahlenfolgen, die im Khayyam-Dreieck markiert sind (Abb. 82), dann stellt man fest, dass es sich bei ihnen genau um Avicennas Dreieckzahlen handelt.

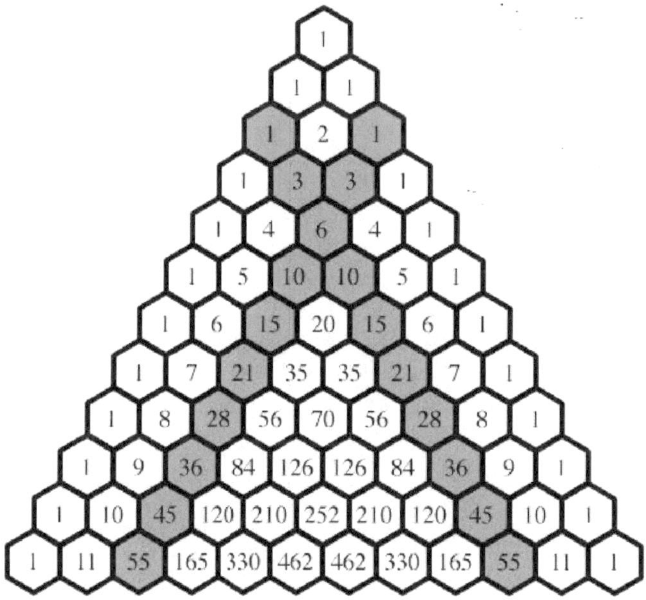

Abb. 82: Avicennas Dreieckzahlen

Dreieckszahlen werden heute in der Mathematik mit D_1, D_2, D_3, ... D_n oder T_1, T_2, T_3, ... T_n bzw. Δ_1, Δ_2, Δ_3, ... Δ_n bezeichnet und lassen sich aufgrund folgender Überlegung berechnen: Will man beispielsweise den Wert von D_3 ermitteln, legt man zwei graphische Darstellungen von D_3 so nebeneinander, dass 3 Reihen mit jeweils 4 Punkten oder kleinen Kreisen entstehen (Abb. 83a):

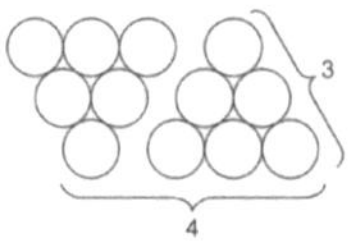

$$D_3 = \frac{3 \cdot 4}{2} = 6$$

Abb. 83a: Berechnung des Wertes von D_3

Hieraus lässt sich mithilfe der Skizze in Abb. 83b die allgemeine Formel für D_n ableiten:

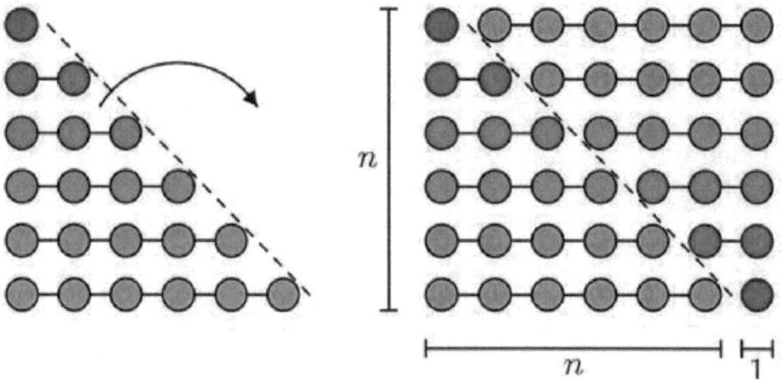

Abb. 83b: Ableitung einer allgemeinen Formel für D_n

$$D_n = \frac{n(n+1)}{2}$$

Diese Formel wird auch als *Gaußsche Summenformel* bezeichnet. Einer Erzählung nach wurde sie von dem neunjährigen Carl Friedrich Gauß[236] gefunden, nachdem er im Mathematikunterricht von seinem Lehrer die Aufgabe gestellt bekommen hatte, die Summe der ersten 100 natürlichen Zahlen zu berechnen. Wie er bei der Bewältigung dieser Aufgabe vorging, lässt sich am einfachen Beispiel der Summe der ersten 10 natürlichen Zahlen erläutern:

$$1 + 2 + 3 + \cdots + 10 = \underbrace{\underbrace{(1+10)}_{=11} + \underbrace{(2+9)}_{=11} + \cdots + \underbrace{(5+6)}_{=11}}_{5\text{ mal}}$$
$$= 5 \cdot 11 = 55$$

[236] Es wird erzählt, dass Gauß, kaum dreijährig, beobachtete wie sein Vater Gebhard Dietrich die Lohnabrechnung für die Maurergesellen machte. Als der Vater zur Auszahlung schritt, rief er laut: „Falsch gerechnet!“ und nannte andere Beträge. Der Vater und die Gesellen überprüften die Rechnungen und stellten verblüfft fest, dass der Kleine Recht hatte. Er hatte die richtigen Zahlen errechnet!

Statt die Zahlen der Reihe nach zu addieren, bildete der kleine Gauß aus der niedrigsten und der höchsten Zahl jeweils ein Paar: (1+100=101), (2+99=101), (3+98=101) usw. Das letzte Paar, das er bilden konnte, war (50+51 =101). Aus den 100 Ziffern hatte er also 50 Paare gebildet, von denen jedes Paar 101 betrug. Nun brauchte er 50 mit 101 zu multiplizieren, um zur Summe 5050 zu gelangen:

$$1 + 2 + 3 + \quad + 100 = (1 + 100) + (2 + 99) + (3 + 98) = \underbrace{101 + 101 + \quad + 101 + 101}_{50 \text{ mal}} = 50 \times 101 = 5050$$

Interessant ist übrigens auch der folgende Zusammenhang zwischen den Avicennas Dreieckszahlen und der Kreiszahl[237] π, den 2007 der aus Mexiko stammende amerikanische Mathematiker Jonas Castillo Toloza (*1952) herausfand:

$$\pi - 2 = \frac{1}{1} + \frac{1}{3} - \frac{1}{6} - \frac{1}{10} + \frac{1}{15} + \frac{1}{21} - \frac{1}{28} - \frac{1}{36} + \frac{1}{45} + \frac{1}{55} - \ldots$$

Samuel al-Maghrībī und das Khayyam-Dreieck

Um das Todesjahr Khayyams, also um das Jahr 1130 herum, erblickte ein Junge das Licht der Welt in Bagdad in einer jüdischen Gelehrtenfamilie aus Marokko. Er sollte sich später als As-Samaw'al (Samuel) ibn Yahyā al-Maghrībī[238] (Samuel, Sohn von Johannes aus Marokko) ein großen Namen als Mathematiker machen.

Da der Stand des mathematischen Unterrichts im damaligen Bagdad nicht besonders hoch war, begab sich Samuel als junger Mann auf Reisen über Syrien in das Gebiet des heutigen Aserbaidschans in Persien, wo er 1163 im Alter von 33 Jahren vom Judentum zum Islam übertrat. Er starb um 1180 in der Stadt Marāgha[239] im Nordwesten Persiens.

---

[237] Die Kreiszahl π ist das Verhältnis des Umfangs eines Kreises zu seinem Durchmesser und beträgt 3,14 ... Das Symbol π wurde erstmals 1706 von dem britischen Mathematiker William Jones (1675–1749) zur Darstellung dieses Verhältnisses verwendet. Er wählte diesen Buchstaben, weil der erste Buchstabe des griechischen Wortes für Umfang *perimetros* ist. Später machte der Schweizer Mathematiker Leonhard Euler (1707–1783) dieses Symbol populär und machte es zu einer Standardschreibweise in der Mathematik.

[238] السموأل بن يحيى المغربى

[239] مراغه

Samuel schrieb mit 19 Jahren eine Anhandlung unter dem Titel „*Al-Bāhir fi 'ilm al hisāb*“ (Das leuchtende Buch über die Arithmetik)[240] und behandelte darin das Potenzieren von Binomen und Polynomen. Die in Abb. 84 reproduzierte Seite aus diesem Werk enthält interessante Informationen im Zusammenhang mit dem Khayyam-Dreieck.

Abb. 84: Eine Seite aus al-Maghrībīs Abhandlung über Binomialkoeffizienten

Als erstes fällt es auf, dass Samuel mit den so genannten arabischen Zahlen, das heißt das Zehnersystem, das von dem persischen Mathematiker und Astronomen Khārazmī, besser bekannt als al-Khwārizmī[241],

---

240 “الباهر فی علم الحساب”

Anmerkung: Die Handschrift dieser Abhandlung wird unter der Katalog-Nr. 2718 in der Bibliothek der Hagia Sophia (Türkei) aufbewahrt.

241 محمد بن عبدالله موسی خوارزمی

Anmerkung: Al-Khwārizmī (780–850), dessen latinisierter Name *Algorismi* sich im Laufe der Zeit zu *Algorithmus* verwandelte, war ein persischer Universalgelehrter choresmischer Herkunft. Sein Leben und Wirken werden ausführlich besprochen in Nasser Kanani: „*Al-Khwarizmi. Mathematiker, Astro-*

verbreitet worden war, bestens vertraut war. Auf dieser Seite sieht man nämlich die Zahlen ٠١٢٣٤٥٦٧٨٩ (0123456789), die heute in der islamischen Welt[242] benutzt werden. Festzustellen ist, dass nur die Zahl 5 hier ähnlich wie 8 wiedergegeben ist.

Besonders erwähnenswert ist aber, dass es sich bei den hier wiedergegebenen Zahlen in Wirklichkeit um das Khayyam-Dreieck in seiner ursprünglichen Form handelt. Ein Vergleich zwischen Abb. 84 und Abb. 78 zeigt, dass die beiden dreieckförmigen Zahlenanordnungen völlig identisch sind. Dieser Sachverhalt gibt Anlass zu der Vermutung, dass Samuel höchst wahrscheinlich in Persien die Bekanntschaft mit den Arbeiten Khayyams machte. Bei ihm finden sich auch Überlegungen, die auf einen etwaigen Beweis des binomischen Lehrsatzes hindeuten. Offenkundig reichten aber die mathematischen Ausdrucksmöglichkeiten seiner Zeit nicht aus, um eine allgemeine Formel abzuleiten. Im Übrigen, Samuel war derjenige, der schon damals auch darauf hinwies, dass jede beliebige Zahl hoch Null gleich 1 sei ($x^0 = 1$).

Fibonaccis Zahlenfolge im Khayyam-Dreieck

1202, das heißt etwa 70 Jahre nach Khayyams Tod entdeckte der italienische Rechenmeister Fibonacci (1170–1240), eigentlich Leonardo da Pisa, bei der Beobachtung des Wachstums einer Kaninchenpopulation eine Zahlenfolge, die heute als Fibonacci-Zahlen bezeichnet wird. Die Zahlenfolge, die auch in den Naturwissenschaften Anwendung findet, beginnt mit zwei Einsen, und jedes weitere Glied der Folge ist die Summe der beiden vorhergehenden Glieder:

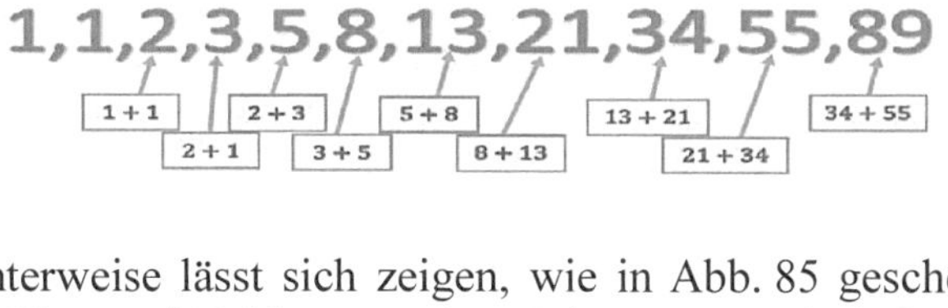

Interessanterweise lässt sich zeigen, wie in Abb. 85 geschehen, dass man die Fibonacci-Zahlen aus dem Khayyam-Dreieck in seiner ursprünglichen Form herleiten kann.

---

nom und Geograph. Seine Epoche und seine Werke“ (in persischer Sprache), Verlag Fadak, Teheran, 2015.

242 Es sei daran erinnert, dass weder das von al-Khwārizmī eingeführte Zehnersystem noch die von ihm beschriebene Zahl Null bis etwa Ende des 14. Jahrhunderts in Europa allgemein bekannt waren.

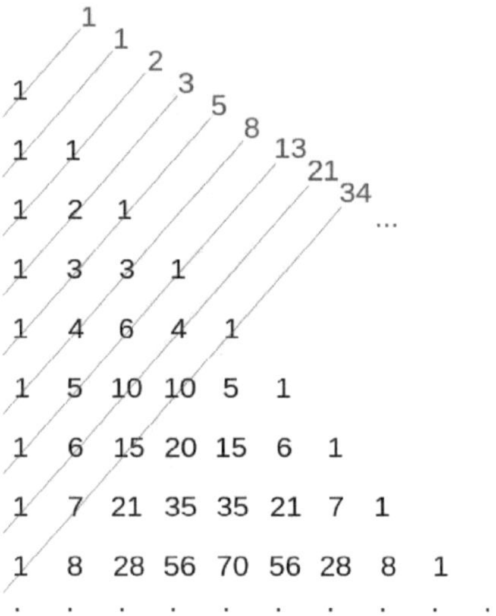

Abb. 85: Bestimmung der Fibonacci-Zahlen mithilfe des Khayyam-Dreiecks

Zhu Shijie

Einer der bedeutendsten chinesischen Mathematiker namens Zhu Shijie oder Chu Shih-Chieh (1260–1320) verfasste um das Jahr 1303 ein Mathematikbuch unter dem Titel „*Der kostbare Spiegel der vier Elemente*". Mit *vier Elementen* waren der Himmel, der Mensch, die Erde und die Materie gemeint. Die Titelseite dieses Buches zeigte eine dreieckförmige Anordnung von chinesischen Zahlen, die den Binomialkoeffizienten entsprachen (Abb. 86).
Es ist davon auszugehen, dass chinesische Mathematiker den binomischen Lehrsatz für sich entdeckt hatten. Dennoch ist es aufschlussreich, auf folgende historisch Begebenheit kurz einzugehen.

Zhu Shijie lebte und wirkte zu einer Zeit als China von der Yuan-Dynastie beherrscht wurde. Kublai Khan, einem Enkel Dschingis Khans, hatte 1271 diese Dynastie im *Reich der Mitte*[243] gegründet und herrschte über sie von 1279 bis 1368. Ab 1294 nannte er sich sogar *Kaiser von China.*

[243] Die Bezeichnung *Reich der Mitte* markierte ursprünglich die geographische Lage kleiner Fürstentümer am Gelben Fluss. Im Laufe der Jahrhunderte entstanden weitere Fürstentümer um diese Region herum. Sie wurden schließlich von Qin Shi Huang (259–210 v.Chr.), der sich als *erster Kaiser von Qin* bezeichnete, im Jahr 221 v.Chr. geeint. So entstand der Begriff *Reich der Mitte*.

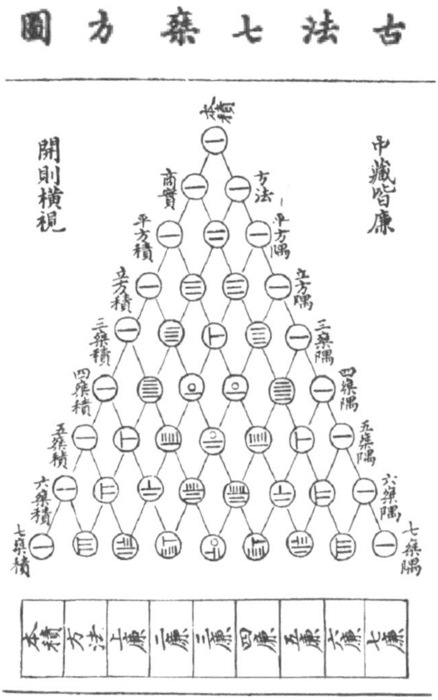

Abb. 86: Titelseite des Buches
„Der kostbare Spiegel der vier Elemente“ (1303)[244]

Etwa um die gleiche Zeit herrschte in Persien der Halbbruder von Kublai Khan, der als Hülegü[245] oder Hulago Khan dort die Dynastie der Ilkhaniden (1256–1353) gegründet hatte. Die Zusammenarbeit zwischen den beiden Halbbrüdern war nicht nur im politischen, sondern auch im kulturellen und wissenschaftlichen Bereich sehr intensiv und freundschaftlich. Ein Beleg hierfür ist eine Eisenplatte, die aus der Zeit der Yuan-Dynastie stammt, und unter dem Fundament des Palasts des mongolischen Prinzen Anxi in den östlichen Vororten von Xi’an gefunden wurde. Sie war dort vergraben, um wahrscheinlich böse Geister abzuwehren. Auf die Platte, die in Abb. 87 zu sehen ist, sind verschiedene arabische Zahlen in ihrer in der islamischen Welt üblichen Gestalt ٠١٢٣٤٥٦٨٩ in einem Raster von 6×6 angeordnet. Sie bilden ein magisches Quadrat, dessen Konstante 111 beträgt.

[244] Quelle: Wikipedia. Die freie Enzyklopädie.

[245] Hülegü war Sohn von Tolui, der vierte Sohn von Dschingis Khan und seiner Hauptfrau Börte Üdschin.

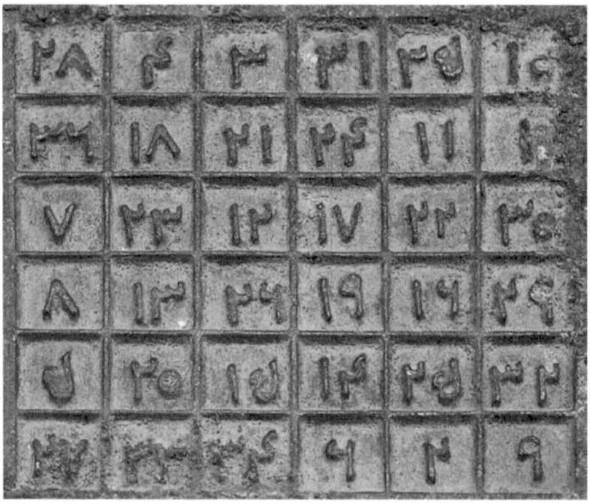

Abb. 87: Eisenplatte mit arabischen Zahlen aus der Zeit der Yuan-Dynastie[246]

Diese Zahlentafel ist ein eindeutiger Beweis dafür, dass die von al-Khwārizmī eingeführte Dezimalzahlen zumindest in gewissen Kreisen des damaligen Chinas bekannt waren.

Es gibt auch Hinweise über die enge Zusammenarbeit von Persern und Chinesen auf dem astronomischen Gebiet. Der deutsche Naturwissenschaftler Willy Hartner (1905–1981) hat in einer bemerkenswerten Abhandlung[247] ausführlich über die Entsendung des persischen Astronomen Cha-ma-lu-ting (eigentlich: Dschamāl al-Dīn[248]) berichtet, der auf Geheiß Hülegüs mit sieben astronomischen Geräten aus der berühmten Sternwarte von Marāgha[249] an den Hof Kublai Khans geschickt wurde, um den Chinesen bei Errichtung eines Observatoriums zur Seite zu stehen.

Auch der bereits genannte deutsche Wissenschaftshistoriker Hans Wußing bestätigte die Entsendung des persischen Astronomen nach China und schrieb:

»Im Jahre 1267 traf in Peking ein Mitarbeiter des Observatoriums von Maragha (Iran) ein, der eine Reihe astronomischer Geräte mitbrachte. Umgekehrt waren im 13. Jahrhundert chinesische Astronomen in Maraghs tätig.«[250]

---

[246] https://nl.pinterest.com/pin/546202261028519538/.

[247] Willy Hartner: „*The Astronomical instruments of Cha-ma-lu-ting: their identification, and their relations to the instruments of the observatory of Marāgha*“, Isis, vol. 41, July 1950. S. 184–194.

[248] جمال الدين محمد بن طاهر بن محمد زيدی بخاری

[249] رصدخانه مراغه

[250] H. Wußing: „*6000 Jahre Mathematik. Eine kulturgeschichtliche Zeitreise*“, Springer-Verlag Berlin Heidelberg, 2008, S. 62.

Ebenso heißt es in dem Buch „*4000 Jahre Algebra*“ aus dem Jahre 2003:

»Im chinesischen Observatorium arbeiteten Gelehrte des Iran und aus Mittelasien, ebenso waren chinesische Astronomen in der Sternwarte des Nasīr ad-Dīn aṭ-Tūsī (1201–1274) in Maragha tätig. Infolgedessen erfolgte der Kenntnisaustausch auch auf dem Gebiet der Mathematik.«[251]

Ergänzend sei erwähnt, dass die Sternwarte von Marāgha, die 1259 unter der Schirmherrschaft von Hulago Khan und der Leitung des persischen Universalgelehrten Nasīr al-Dīn Tūsī gegründet worden war, das modernste Observatorium im damaligen Asien war.

1280 gelang es einer Gruppe chinesischer Mathematiker und Astronomen unter der Leitung von Guo Shoujing (1231–1316), einen neuen Kalender während der Herrschaft Kublai Khans in China zu etablieren, der die nächsten drei Jahrhunderte überdauerte. Bei der Entwicklung des neuen Kalenders hatten die Chinesen auch die astronomischen Erkenntnisse der Perser berücksichtigt. Ihre Bekanntschaft mit den Arbeiten der persischen Astronomen war eine Folge des intensiven Wissensaustauschs zwischen dem damaligen Persien und China.

Über die Rolle der Perser in der damaligen chinesischen Gesellschaft machte der persische Kunsthistoriker Abolala Soudavar (* 1945) folgende Bemerkung:

»Mit der Gründung der mongolischen Yuan-Dynastie in China verlegte Qubilāy [Kublai Khan] die Hauptstadt des Reiches nach Peking, wo Kaufleute, Händler und Verwalter zusammenkamen, um ihre Dienste anzubieten. Unter den vielen Ausländern, die am Yuan-Hof nach Ruhm und Reichtum strebten, befand sich der berühmte venezianische Reisende Marco Polo zusammen mit seinem Vater und seinem Onkel. Aber die meisten Ausländer waren offenbar Perser oder persischsprachige Kaufleute und Verwalter, viele von ihnen Steuereintreiber. Zum Beispiel war in der Zeit des Großen Khān Ogdāy (Regierungszeit: 1227–1241) ein gewisser Kaufmann namens Ȧbdorrahmān für die Steuererhebung in Nordchina zuständig (er wurde schließlich abgesetzt und auf Befehl des Großen Khān hingerichtet). In der neu eroberten Provinz Yunan wurde ein Nachkomme einer prominenten Familie aus Bokhārā, Sayyed-e Ȧjall Shamsoddin, zum Gouverneur ernannt, während Qubilāys Finanzminister der berühmte Ahmad-e Fanākati (Banākati) war; zahlreiche andere Perser bekleideten ebenfalls geringere Verwaltungsposten.«[252]

---

[251] H.-W. Alten et al.: „*4000 Jahre Algebra. Geschichte. Kulturen. Menschen*“, Springer-Verlag Berlin Heidelberg, 2003, S. 115.

[252] Abolala Soudavar: „*Art of the Persian Courts: Selections from the Art and History Trust Collection*“, New York, 1992.

Peter Apian

1527 veröffentlichte ein deutscher Mathematiker und Astronom namens Peter Apian (1495–1552), besser bekannt als Petrus Apianus, in Ingolstadt ein Buch, dessen Titel „*Ein newe und wolgegründete underweisung aller Kauffmanns Rechnung* ...“ war (Abb. 88).

Abb. 88: Titelseite des Arithmetikbuchs von Petrus Apianus (Ingolstadt, 1527)[253]

Auf der Titelseite dieses Buches war neben einer Variante der dreieckförmigen Anordnung von Zahlen, ähnlich wie Khayyams Binomialkoeffizienten, eine Tabelle mit chinesischen Ziffern zu sehen. Somit war Petrus Apianus der erste abendländische Autor, der noch viele Jahre vor dem Bekanntwerden des so genannten Pascal'schen Dreiecks [↓] von den Arbeiten muslimischer und chinesischer Mathematiker auf diesem Gebiet Kenntnis hatte. Über seine Wissensquelle ist nichts bekannt.

253 Eli Maor: „*The Story of a Number*“, Princeton University Press, New Jersey, 1994, S. 33.

Michael Stifel

Der bedeutende deutsche Mathematiker und lutherischer Prediger Michael Stifel (1487–1567) veröffentlichte sein mathematisches, aus drei Büchern bestehendes Hauptwerk 1544 unter dem Titel „*Mathematica integra*“ (Vollständige Mathematik) in Nürnberg. Darin gab er unter u.a. eine Methode zur Berechnung von Wurzeln höheren Grades unter Verwendung von Binomialkoeffizienten an.[254] So entwickelte er seinerseits die Grundlage zu Berechnung von Binomialkoeffizienten (Abb. 89).

1							
2							
3	3						
4	6						
5	10	10					
6	15	20					
7	21	35	35				
8	28	56	70				
9	36	84	126	126			
10	45	120	210	252			
11	55	165	330	462	462		
12	66	220	495	792	924		
13	78	286	715	1287	1716	1716	
14	91	364	1001	2002	3003	3432	
15	105	455	1365	3003	5005	6435	6435
16	120	560	1820	4368	8008	11440	12870

Abb. 89: Michael Stifel und die Binomialkoeffizienten

Über diese Leistung Stifels notierte 1903 der deutsche Mathematiker Johannes Tropfke:

»Aus dem vierzehnten Jahrhundert ist eine chinesische Schrift, der *Tschuh schi kih* (1303), „Der kostbare Spiegel der vier Elemente“, anzuführen; in ihr ist die Berechnung der Binomialkoeffizienten nach der Anordnung, die wir heute unter dem Namen des arithmetischen oder PASCAL'schen Dreieckes kennen, zum erstenmal vorgenommen. Für Europa läßt sich dieses Berechnungsverfahren erst in der Mitte des sechzehnten Jahrhunderts nachweisen; dabei ist jede Verbindung mit der chinesischen Quelle ausgeschlossen. Es ist der begabte Kossist [Algebraiker] Michael Stifel (1486/87–1567, Jena), der diese additive Bildung der Binomialkoeffizienten selbständig wieder entdeckt hat.«[255]

[254] „*Mathematica integra*“, S. 38b–46b.

[255] Johannes Tropfke: „*Geschichte der Elementarmathematik in systematischer Darstellung*“, Veit & Comp., 2. Band, Leipzig, 1903. S. 326–337.

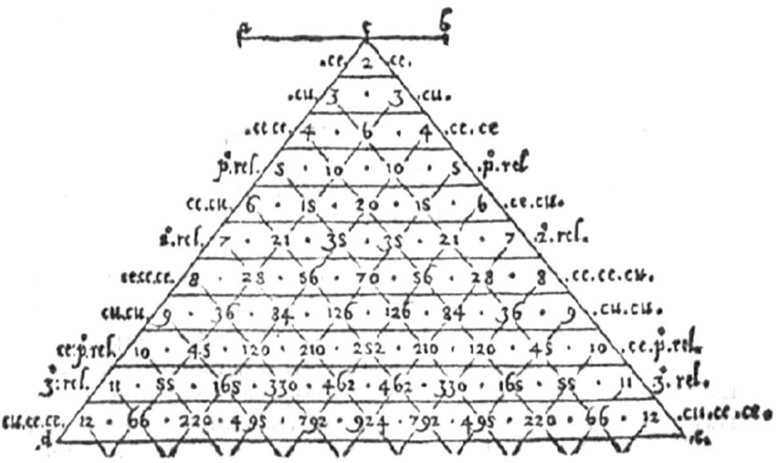

Abb. 90: Tartaglia-Dreieck[256]

Der italienische Mathematiker Niccolò Tartaglia[257] (1499–1557) verfasste in seinen letzten Lebensjahren in Venedig eine der besten, aus sechs Teilen[258] bestehenden Mathematik-Enzyklopädie unter dem Titel „*General trattato di numeri et misure*“ (Allgemeine Abhandlung der Zahlen und Maße). In diesem Werk stellte er auch die von ihm ermittelten Binomialkoeffizienten in Form einer dreieckförmigen Anordnung (Abb. 90) vor.

Offensichtlich beherrschte Tartaglia das Ausmultiplizieren binomischer Ausdrücke, denn er fügte viele ausgearbeitete Beispiele im Teil II seines Werkes ein; eines davon behandelte detailliert, wie man die Summanden bzw. die Binomialkoeffizienten des Binoms $(6+4)^7$ berechnen kann.

---

256 Niccolò Tartaglia: „*General trattato di numeri et misure*“, 1556 (Teil II, Buch 2), p. 69.

257 Tartaglia soll, nach eigener Behauptung, mit Nachnamen eigentlich Fontana geheißen haben. Als er zwölf Jahre alt war, besetzen die Franzosen seiner Geburtsstadt Brescia. Ein Soldat versetzte ihm mit dem Gewehrkolben einen Hieb gegen den Kehlkopf, wodurch er zeitlebens nicht mehr in der Lage war, flüssig und artikuliert zu sprechen. Er wurde fortan „Tartaglia“ genannt, was im Italienischen so viel wie „*der Stammler*“, „*der Stotterer*“ bedeutet, und er übernahm diesen Namen.

258 Die letzten Teile kamen 1560 posthum heraus.

Pascal-Dreieck

Der französische Mathematiker, Physiker und Philosoph Blaise Pascal, der 1623, also rund 500 Jahre nach dem Tode Omar Khayyams in Clermont-Ferrand, Frankreich, zur Welt kam und 1662 im Alter von 39 Jahren in Paris verstarb, stellte auch die Binomialkoeffizienten als *arithmetisches Dreieck* dar (Abb. 91).

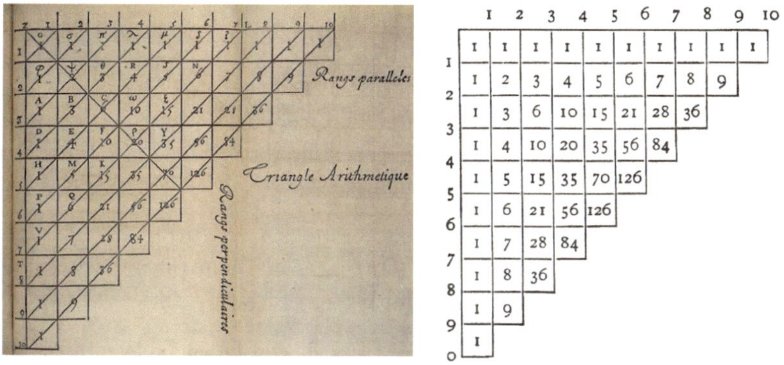

Abb. 91: Pascal-Dreieck (rechts: Originalform; links: Erläuterung)[259]

Er tat dies in seiner in 1654 veröffentlichen Schrift „*Traité du triangle arithmétique*" (Abhandlung über das arithmetische Dreieck), in der er versucht hatte, die verschiedenen Ergebnisse bezüglich des Dreiecks zu verwenden, um die Probleme der Wahrscheinlichkeitstheorie zu lösen. Sein arithmetisches Dreieck wurde später als *Pascal-Dreieck* weltberühmt. Als verantwortlich für die Einführung dieser Bezeichnung und ihre weltweite Verbreitung werden drei Personen genannt: der französische Mathematiker und Pionier der Wahrscheinlichkeitstheorie Pierre Raymond de Montmort (1678–1715) im Jahre 1708[260], der französische Mathematiker Abraham de Moivre (1667–1754) im Jahre 1730 und der französische Philosophielehrer Jules-César-Honoré Delègue im Jahre 1869.

---

[259] Blaise Pascal: „*The Mathematics of Great Amateurs* ", op. cit., p. 93.

[260] Raymond de Montmort war der Erste, der von „*Table de M. Pascal pour les combinaisons*" sprach.

Khayyam-Dreieck oder Pascal-Dreieck?

Die Frage, ob die dreieckförmige Anordnung der Binomialkoeffizienten heutzutage nach Khayyam oder Pascal benannt werden soll, lässt sich vielleicht am besten mit den folgenden Zitaten beantworten:

1903 wies der bereits zitierte deutsche Mathematiker Johannes Tropfke darauf hin, dass das berühmt gewordene Pascal-Dreieck ursprünglich von Omar Khayyam entwickelt worden war. Er bemerkte:

»Es ist hier die Gelegenheit, einen Rückblick auf die Geschichte der Binomialreihe einzuschalten. – Die Entwicklung von $(a+b)^n$ war für beliebig hohe Exponenten im Abendlande seit mehr als 100 Jahren bekannt, die Araber aber kannten sie bereits seit dem zwölften Jahrhundert; OMAR ALCHAIJAMI († 1128) macht uns selbst von seiner Entdeckung der Verallgemeinerung des euklidischen $(a+b)^2$ und $(a+b)^3$ Mitteilung.«[261]

Der englische Zoologe und Statistiker Lancelot Hogben (1895–1975), der sich der breiten Öffentlichkeit vor allem als Autor populärwissenschaftlicher Bücher bekannt gemacht hatte, schrieb 1936:

»In Wirklichkeit wurde das Pascalsche Dreieck von Omar Khayyam aufgestellt. Es ist [auch] im „Kostbaren Spiegel der Vier Elemente" abgebildet und von dem Chinesen Chu Schi Kei um 1300 n.Chr. verfasst, der um die Zeit lebte, als das Mogul-Imperium sich nach Osten auszubreiten begann.«[262]

Er fügte noch hinzu:

»Die zu Anfang eines jeden Gliedes dieser Entwicklungen stehenden bestimmten Zahlen oder „Koeffizienten" bilden die Reihen im Omar-Khayyámschen Dreieck.«[263]

Auch für den bereits genannten amerikanischen Mathematiker Julian Lowell Coolidge war klar, wer der erste Entdecker des Dreiecks der Binomialkoeffizienten war. 1949 stellte er nämlich fest:

»Es gibt gute Gründe zu der Annahme, dass Omar Khayyam die Anerkennung [für die Entdeckung des arithmetischen Dreiecks] verdient.«[264]

2019 wurde in einem Fachartikel erneut die Vorreiterrolle Khayyams bei der Auffindung der Binomialkoeffizienten bekräftigt:

---

[261] „*Geschichte der Elementarmathematik in systematischer Darstellung*", op. cit., S. 326.

[262] Lancelot Hogben: „*Mathematik für Alle. Einführung in die Wissenschaft der Zahlen und Figuren*", Verlag Kiepenheuer + Witsch, Köln, 1985, S. 243.

[263] Ebenda, S. 244.

[264] „*The Mathematics of Great Amateurs*", op. cit., p. 93.

»Es war Omar Khayyam, der eine Regel zur Ermittlung der vierten, fünften, sechsten und höheren Potenzen eines Binoms aufstellte.«[265]

In Anbetracht der weiten Verbreitung der Bezeichnung *Pascal-Dreieck* und unter Berücksichtigung der Vorreiterrolle Khayyams wäre es vielleicht nur fair, in Zukunft von *Khayyam-Pascal-Dreieck* zu sprechen.

Praktische Anwendungen des Khayyam-Dreiecks

Eine der Anwendungsmöglichkeiten des Khayyam-Dreiecks besteht darin, dass man die Potenzen der natürlichen Zahl 2, das heißt 2^n ($n = 1, 2, 3, ...$), aus ihm berechnen kann. Die Summe der Zahlen in jeder Reihe entspricht nämlich einer bestimmten Potenz von 2 (Abb. 92).

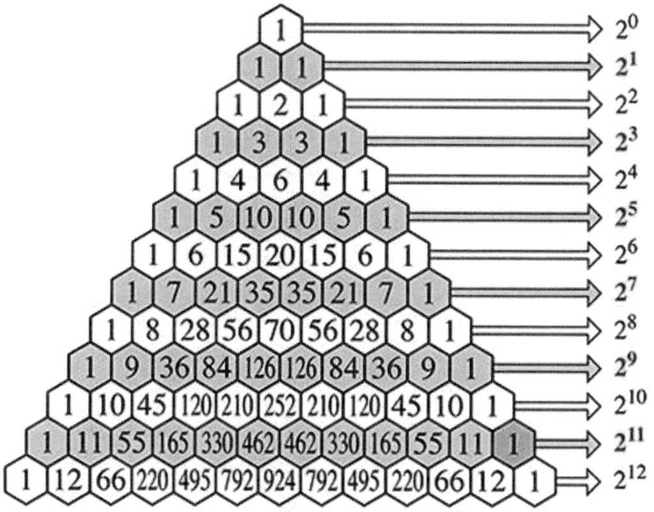

Abb. 92: Khayyam-Dreieck und Potenzierung der Zahl 2

Das Khayyam-Dreieck ist auch eine gute Handhabe für die schnelle Berechnung von Binomen mit beliebigen Exponenten. Dies soll anhand von Abb. 93 und am Beispiel der 7. und der 8. Zeile demonstriert werden.

---

[265] Park Jeanam and Park Mingu: „*Ring of Four Almonds and the Omar Khayyam's Triangle in Islamic Art Design*", Journal for History of Mathematics Vol. 32 No. 4 (Aug. 2019), p. 170.

1

1 1

1 2 1

1 3 3 1

1 4 6 4 1

1 5 10 10 5 1

1 6 15 20 15 6 1

1 7 21 35 35 21 7 1

1 8 28 56 70 56 28 8 1

Abb. 93: Khayyam-Dreieck für $(a+b)^n$ mit $n = 0$ bis 8

Die Binomialkoeffizienten in der 7. Zeile lauten: 1, 7, 21, 35, 35, 21, 7, 1. Das Ergebnis der Potenzierung $(a+b)^7$ kann demnach wie folgt angegeben werden:

$$(a+b)^7 = a^7 + 7a^6b^1 + 21a^5b^2 + 35a^4b^3 + 35a^3b^4 + 21a^2b^5 + 7a^1b^6 + b^7$$

Die Summe der Exponenten in jedem Term muss freilich gleich dem Exponenten des Binoms $(a+b)^7$, das heißt 7 sein.

Die Binomialkoeffizienten in der 8. Zeile lauten: 1, 8, 28, 56, 70, 56, 28, 8, 1. Das Ergebnis der Potenzierung $(a+b)^8$ lautet daher in diesem Fall:

$$(a+b)^8 = a^8 + 8a^7b^1 + 28a^6b^2 + 56a^5b^3 + 70a^4b^4 + 56a^3b^5 + 28a^2b^6 + 8a^1b^7 + b^8$$

Auch in diesem Fall muss die Summe der Exponenten in jedem Term gleich dem Exponenten des Binoms $(a + b)^8$, das heißt 8 sein.

Ein weiteres praktisches Beispiel dieser Art ist die Berechnung des Binoms $(\sqrt{3} + \sqrt{2})^5$, das heißt $a = \sqrt{3}$ und $b = \sqrt{2}$. Gemäß dem Khayyam-Dreieck ist

$$(a+b)^5 = a^5 + 5a^4b + 10a^3b^2 + 10a^2b^3 + 5ab^4 + b^5.$$

Dementsprechend erhält man

$$(\sqrt{3}+\sqrt{2})^5 = (\sqrt{3})^5 + 5(\sqrt{3})^4(\sqrt{2}) + 10(\sqrt{3})^3(\sqrt{2})^2 + 10(\sqrt{3})^2(\sqrt{2})^3 + 5(\sqrt{3})(\surd$$

$$= 9\sqrt{3} + 60\sqrt{3} + 20\sqrt{3} \;+\; 45\sqrt{2} + 60\sqrt{2} + 4\sqrt{2}$$

$$= 89\sqrt{3} + 109\sqrt{2}\,.$$

Anhand der obigen Zahlenbeispiele lässt sich nun eine allgemeine Formel für die Berechnung der Binomialkoeffizienten des Binoms $(a+b)^n$ mit beliebigem Wert von n ableiten. Sie lautet:

$$(a+b)^n = a^n + \frac{n}{1}a^{n-1}b + \frac{n(n-1)}{1\cdot 2}a^{n-2}b^2 + \frac{n(n-1)(n-2)}{1\cdot 2\cdot 3}a^{n-3}b^3 + \ldots$$

$$+ \frac{n(n-1)(n-2)\cdot\ldots\cdot 2\cdot 1}{n!}b^n$$

Setzt man in diese Beziehung $n=5$, dann erhält man wie zu erwarten

$$(a+b)^5 = a^5 + 5a^4b + 10a^3b^2 + 10a^2b^3 + 5ab^4 + b^5$$

Die allgemeine Formel kann auch bei Brüchen verwendet werden, wie das folgende Beispiel zeigt. Angenommen ist $a=2$ und $b=x/3$, dann erhält man das Binom:

$$\left(2-\frac{x}{3}\right)^5 = 2^5 + 5\left(2^4\right)\left(-\frac{x}{3}\right) + 10\left(2^3\right)\left(-\frac{x}{3}\right)^2 + 10\left(2^2\right)\left(-\frac{x}{3}\right)^3 + 5(2)\left(-\frac{x}{3}\right)^4 + \left(-\frac{x}{3}\right)^5$$

Hieraus ergibt sich

$$= 32 + 80\left(-\frac{x}{3}\right) + 80\left(\frac{x^2}{9}\right) + 40\left(-\frac{x^3}{27}\right) + 10\left(\frac{x^4}{81}\right) + \left(-\frac{x^5}{243}\right)$$

$$= 32 - \frac{80}{3}x + \frac{80}{9}x^2 - \frac{40}{27}x^3 + \frac{10}{81}x^4 - \frac{1}{243}x^5$$

Nun kann für x jeder beliebige Wert eingesetzt werden.
Wie bereits erwähnt, kann der Exponent eines Binoms auch einen negativen Wert besitzen. Die Berechnung eines solchen Binoms erfolgt nach gleichem Muster, wie das Beispiel $(1+x)^{-1}$ demonstriert:

$$(1+x)^{-1} = 1^{-1} + \frac{-1}{1}(x)^1 + \frac{-1\times -2}{1\times 2}(x)^2 + \frac{-1\times -2\times -3}{1\times 2\times 3}(x)^3 + \frac{-1\times -2\times -3\times -4}{1\times 2\times 3\times 4}(x)^4$$

$$(1+x)^{-1} = 1 - x + x^2 - x^3 + x^4 + \cdots$$

In gleicher Weise kann man auch bei der Berechnung des Binoms $(2-x)^{-2}$ vorgehen:

$$(2-x)^{-2} = 2^{-2} + \frac{-2}{1} 2^{-3}(-x)^1 + \frac{-2\times -3}{1\times 2} 2^{-4}(-x)^2 + \frac{-2\times -3\times -4}{1\times 2\times 3} 2^{-5}(-x)^3 + \cdots$$

$$\Updownarrow \qquad \Updownarrow \qquad \Updownarrow \qquad \Updownarrow$$

$$= \frac{1}{4} + \frac{x}{4} + \frac{3}{16}x^2 + \frac{1}{8}x^3 + \cdots$$

Eine weitere nützliche Anwendung der allgemeinen Formel lässt sich am Beispiel der Berechnung der Zahl $(4{,}84)^8$ demonstrieren.[266] Anstelle der Durchführung langwieriger Multiplikationen kann man von der folgenden Überlegung ausgehen:

$$4{,}84^8 = (4 \times 1{,}21)^8 = 4^8 \times 1{,}21^8 = 4^8 \times \left(1 + \tfrac{21}{100}\right)^8.$$

Für $\left(1 + \frac{21}{100}\right)^8$ erhält man

$$\left(1+\frac{21}{100}\right)^8 = 1 + 8 \cdot \left(\frac{21}{100}\right) + \frac{8\cdot 7}{2\cdot 1}\cdot\left(\frac{21}{100}\right)^2 + \frac{8\cdot 7\cdot 6}{3\cdot 2\cdot 1}\cdot\left(\frac{21}{100}\right)^3 + \frac{8\cdot 7\cdot 6\cdot 5}{4\cdot 3\cdot 2\cdot 1}\cdot\left(\frac{21}{100}\right)^4 \text{ usw.}$$

$$= 1 + 8\cdot 0{,}21 + 28 \cdot 0{,}0441 + 56 \cdot 0{,}009261 \text{ usw.}$$

Der Vorteil dieser Vorgehensweise besteht darin, dass man die Reihe an jeder beliebigen Stelle abbrechen kann, da die Zahlen immer kleiner werden. Das auf 7 Dezimalstellen genaue Ergebnis der obigen Berechnung lautet demnach: 1,1046221.

Häufig wird die oben vorgestellte allgemeine Formel in folgender Form angewendet:

$$(a+b)^n = a^n + na^{n-1}\cdot\frac{b^1}{1!} + n(n-1)a^{n-2}\cdot\frac{b^2}{2!} + \cdots\cdots + b^n$$

Der Operator ! heißt *Fakultät* und bedeutet allgemein für eine beliebige natürliche Zahl $n \geq 1$ das Produkt der Zahlen 1 bis n:

$$n! = n\cdot(n-1)\cdot(n-2)\ldots\cdot 3\cdot 2\cdot 1$$

Die folgenden Zahlenbeispiele verdeutlichen die Funktion des Operators ! näher.

---

[266] Lancelot Hogben: „*Mathematics for the Million*", George Allen & Unwin Ltd. London, 1936, S. 326.

$$
\begin{aligned}
6! &= 6 \times 5 \times 4 \times 3 \times 2 \times 1 &&= 720\\
5! &= 5 \times 4 \times 3 \times 2 \times 1 &&= 120\\
4! &= 4 \times 3 \times 2 \times 1 &&= 24\\
3! &= 3 \times 2 \times 1 &&= 6\\
2! &= 2 \times 1 &&= 2\\
1! &= 1 &&= 1\\
0! &= 1 &&= 1
\end{aligned}
$$

Die Frage, warum 0! gleich 1 sein soll, lässt sich anhand der folgenden Aufstellung

n	**n!**		
1	**1**	1	1
2	2 × **1**	= 2 × **1!**	= 2
3	3 × **2 × 1**	= 3 × **2!**	= 6
4	4 × **3 × 2 × 1**	= 4 × **3!**	= 24
5	5 × **4 × 3 × 2 × 1**	= 5 × **4!**	= 120

wie folgt beantworten:

$$
\begin{aligned}
5!/5 &= 4!\\
4!/4 &= 3!\\
3!/3 &= 2!\\
2!/2 &= 1!\\
1!/1 &= 0!
\end{aligned}
$$

Der besondere Vorteil des Gebrauchs des Operators ! zeigt sich spätestens bei sehr großen Zahlen. Im späten 15. Jahrhundert wurden Fakultäten zum Forschungsgegenstand europäischen Mathematiker. Beispielsweise berechnete 1494 der italienische Mathematiker Luca Pacioli (1447–1517) in einer Abhandlung Fakultäten bis 11. Abb. 94 enthält die Zahlen 0 bis 25 und ihre jeweiligen Fakultäten. Dieser Abbildung kann man entnehmen, dass die recht große Zahl 1.307.674.368.000 einfachheitshalber mit 15! angegeben werden kann.

n	n!
0	1
1	1
2	2
3	6
4	24
5	120
6	720
7	5,040
8	40,320
9	362,880
10	3,628,800
11	39,916,800
12	479,001,600
13	6,227,020,800
14	87,178,291,200
15	1,307,674,368,000
16	20,922,789,888,000
17	355,687,428,096,000
18	6,402,373,705,728,000
19	121,645,100,408,832,000
20	2,432,902,008,176,640,000
21	51,090,942,171,709,440,000
22	1,124,000,727,777,607,680,000
23	25,852,016,738,884,976,640,000
24	620,448,401,733,239,439,360,000
25	15,511,210,043,330,985,984,000,000

Abb. 94: Die Zahlen 0 bis 25 und ihre Fakultäten[267]

[267] https://en.wikipedia.org/wiki/Factorial

Bestimmung eines beliebigen Binomialkoeffizienten

Die Binomialkoeffizienten im Khayyam-Dreieck gehen, wie bereits anhand von Abb. 77 ausgeführt, sukzessive voneinander hervor. Das heißt: Jeder Binomialkoeffizient ist gleich der Summe der beiden direkt über ihm liegenden Binomialkoeffizienten. Nun gibt es aber auch die Möglichkeit, jeden beliebigen Binomialkoeffizienten unabhängig von den anderen im Khayyam-Dreieck herauszufinden. So kann man beispielsweise in Abb. 95 den Binomialkoeffizienten 20 genau am „Schnittpunkt" der 6. Horizontalzeile und der schräg liegenden 3. Spalte lokalisieren.

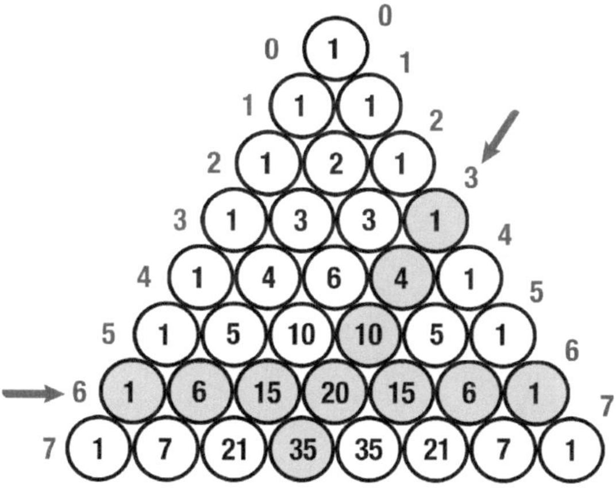

Abb. 95: Herausfinden eines bestimmten Binomialkoeffizienten[268]

Formelmäßig lässt sich der gesuchte Binomialkoeffizient 20 wie folgt berechnen:

$$\binom{6}{3} = \frac{6!}{(6-3)! \times 3!} = \frac{6 \times 5 \times 4 \times 3 \times 2 \times 1}{3 \times 2 \times 1 \times 3 \times 2 \times 1} = 20$$

Man liest das Klammersymbol $\binom{6}{3}$ „6 über 3" oder „3 aus 6".

Allgemein wird der Binomialkoeffizient in der n-ten Zeile und der k-ten Spalte mithilfe der folgenden Formel berechnet:

$$\binom{n}{k} = \frac{n!}{(n-k)! * k!} = \frac{n \cdot (n-1) \cdot (n-2) \cdot \ldots \cdot (n-k+1)}{1 \cdot 2 \cdot 3 \cdot \ldots \cdot k}$$

[268] https://www.mathematische-basteleien.de/pascaldreieck.htm

$$= \frac{n(n-1)(n-2)\ldots(n-k+2)(n-k+1)}{k(k-1)(k-2)\ldots \qquad 2 \cdot 1}$$

Diese Formel gibt an, auf wie viele verschiedene Arten man *k* bestimmte Objekte aus einer Menge von *n* verschiedenen Objekten ohne Beachtung der Reihenfolge auswählen kann.

Ein berühmtes Anwendungsbeispiel für diese Formel ist das Lottospiel, bei dem es heißt: Wie viele Möglichkeiten es gibt, um 6 Richtige (*k*) aus 49 Zahlen (*n*) zu ziehen, also $\binom{49}{6}$

Um die Antwort auf diese Frage zu finden, zeichnet man einen Bruchstrich und schreibt dann zuerst das Produkt $6 \times 5 \times 4 \times 3 \times 2 \times 1$ im Nenner, das heißt, angefangen von 6 bestimmt man jeden nachfolgenden Faktor durch Verminderung um 1, bis man bei 1 ankommt. Danach schreibt man ein Produkt im Zähler beginnend mit der Zahl 49 abwärts und zwar so lange, bis gleich viele Faktoren im Zähler stehen wie im Nenner:

$$\binom{49}{6} = \frac{49 \cdot 48 \cdot 47 \cdot 46 \cdot 45 \cdot 44}{6 \cdot 5 \cdot 4 \cdot 3 \cdot 2 \cdot 1} = 13.983.816$$

13.983.816 ist also die Anzahl der Tippreihen, die man spielen müsste, um garantiert 6 Richtige zu treffen. Mit anderen Worten liegt die Gewinnwahrscheinlichkeit für 6 Richtige bei etwa 1 zu 140 Millionen!

Khayyam-Newton-Binomialformel

Auch der große englische Universalgelehrte Isaac Newton (1642–1726) beschäftigte sich mit der Möglichkeit, die Binomialkoeffizienten des Binoms $(a+b)^n$ für beliebige Werte von *n* zu berechnen und entwickelte hierfür ein eigenes Verfahren. So kann man heute von einer Khayyam-Newton-Binomialformel folgender Gestalt sprechen:

$$(a+b)^n = \binom{n}{0}a^n + \binom{n}{1}a^{n-1}b + \binom{n}{2}a^{n-2}b^2 + \ldots + \binom{n}{n-1}ab^{n-1} + \binom{n}{n}b^n$$

Bei der praktischen Anwendung dieser Formel sind folgende Beziehungen zu berücksichtigen:

$$\binom{n}{0} = \frac{n!}{0! \cdot (n-0)!} = \frac{n!}{1 \cdot n!} = 1$$

$$\binom{n}{n} = \frac{n!}{n! \cdot (n-n)!} = \frac{n!}{n! \cdot 0!} = \frac{n!}{n! \cdot 1} = 1$$

Die restlichen Binomialkoeffizienten können gemäß

$$\binom{n}{k} = \frac{n!}{(n-k)! * k!}$$

berechnet werden, wie das folgende Beispiel zeigt

$$\binom{10}{3} = \frac{10!}{7! \cdot 3!} = \frac{10 \cdot 9 \cdot 8}{3 \cdot 2 \cdot 1} = \frac{720}{6} = 120$$

Die folgende Tabelle enthält beispielsweise die Binomialkoeffizienten für $n = k = 0 \ldots 10$.

n	$\binom{n}{0}$	$\binom{n}{1}$	$\binom{n}{2}$	$\binom{n}{3}$	$\binom{n}{4}$	$\binom{n}{5}$	$\binom{n}{6}$	$\binom{n}{7}$	$\binom{n}{8}$	$\binom{n}{9}$	$\binom{n}{10}$
0	1										
1	1	1									
2	1	2	1								
3	1	3	3	1							
4	1	4	6	4	1						
5	1	5	10	10	5	1					
6	1	6	15	20	15	6	1				
7	1	7	21	35	35	21	7	1			
8	1	8	28	56	70	56	28	8	1		
9	1	9	36	84	126	126	84	36	9	1	
10	1	10	45	120	210	252	210	120	45	10	1

Unter Berücksichtigung, dass

$$\binom{0}{0} = 1$$

$$\binom{1}{0} = 1$$

$$\binom{1}{1} = 1$$

$$\binom{2}{1} = 2$$

kann man das ursprüngliche Khayyam-Dreieck neugestalten (Abb. 96).

$$\begin{array}{ccccccccccccc} &&&&&& 1 &&&&&& \\ &&&&& 1 && 1 &&&&& \\ &&&& 1 && 2 && 1 &&&& \\ &&& 1 && 3 && 3 && 1 &&& \\ && 1 && 4 && 6 && 4 && 1 && \\ & 1 && 5 && 10 && 10 && 5 && 1 & \\ 1 && 6 && 15 && 20 && 15 && 6 && 1 \end{array}$$

$$\begin{array}{ccccccccccccc} &&&&&& \binom{0}{0} &&&&&& \\ &&&&& \binom{1}{0} && \binom{1}{1} &&&&& \\ &&&& \binom{2}{0} && \binom{2}{1} && \binom{2}{2} &&&& \\ &&& \binom{3}{0} && \binom{3}{1} && \binom{3}{2} && \binom{3}{3} &&& \\ && \binom{4}{0} && \binom{4}{1} && \binom{4}{2} && \binom{4}{3} && \binom{4}{4} && \\ & \binom{5}{0} && \binom{5}{1} && \binom{5}{2} && \binom{5}{3} && \binom{5}{4} && \binom{5}{5} & \\ \binom{6}{0} && \binom{6}{1} && \binom{6}{2} && \binom{6}{3} && \binom{6}{4} && \binom{6}{5} && \binom{6}{6} \end{array}$$

Abb. 96: Alte (links) und neue (rechts) Gestalt des Khayyam-Dreiecks

Binomischer Lehrsatz

Die Khayyam-Newton-Binomialformel wird oft unter dem Namen *Binomischer Lehrsatz* im Bereich der Wirtschaftswissenschaften herangezogen, um Wahrscheinlichkeiten für wirtschaftliche Vorhersagen zu berechnen. Auch auf dem Gebiet der Datenverarbeitung kann man ihn anwenden, um die Verteilung von IP[269]-Adressen zu ermitteln, das heißt individuelle Adressen, die ein Gerät im Internet oder auf einem lokalen Netzwerk identifiziert. Eine weitere Anwendung dieses Lehrsatzes ist die Ermittlung der Bevölkerungszahl eines Landes beispielsweise alle zehn Jahre, wenn die jährliche Bevölkerungswachstumsrate bekannt ist.

Ein Beispiel aus dem täglichen Leben und am Arbeitsplatz wäre die Berechnung von Zinsen, die man auf eine bestimmte Geldsumme nach einer festgelegten Laufzeit erhält: In diesem Fall berechnet man das Endkapital (das Kapital nach der Verzinsung, K_{neu}), indem man das Anfangskapital (das Kapital vor der Verzinsung, K) mit dem Zinsfaktor ($1+p/100$) multipliziert und das Ganze hoch der Anzahl der Jahre n nimmt:

$$K_{neu} = K \cdot (1 + \frac{p}{100})^n .$$

[269] IP steht für Internetprotokoll.

Fazit: Die oben genannten Beispiele machen deutlich, dass der binomische Lehrsatz, der als eines der effizientesten Werkzeuge im Bereich der Natur- und Ingenieurwissenschaften sowie im Bereich der Wirtschaftswissenschaften häufig eingesetzt wird, letztlich auf die Bemühungen Khayyams zurückgeht, eine einfache Methode zur Bestimmung von Koeffizienten des Binoms $(a+b)$ mit Exponenten größer als vier $(n > 4)$ zu finden.

Die kubischen Gleichungen und ihre Lösungen

In der Mathematik versteht man unter einer *Gleichung* einen Ausdruck, in dem zwei mathematische Größen bzw. Terme unter Zuhilfenahme des Gleichheitszeichens (=) gleichgesetzt werden. Wird eine so aufgestellte Gleichung dazu benutzt, um unbekannte Größen mithilfe bekannter Größen quantitativ und zahlenmäßig zu ermitteln, dann spricht man von einer *algebraischen Gleichung*. Der Zweig der Mathematik, der sich mit algebraischen Gleichungen mit dem Zweck beschäftigt, unbekannte Größen mithilfe bekannter Größen zahlenmäßig zu ermitteln, heißt in der Fachsprache *Algebra*. In diesem Sinne definierte auch der Schweizer Mathematiker und Universalgelehrte Leonhard Euler (1707–1783) die Algebra in seinem 1770 erschienen Werk „*Vollständige Anleitung zur Algebra*", indem er bemerkte:

»Dahero die Algebra auch also beschrieben wird, daß darinnen gezeigt werde wie man aus bekanten Größen unbekante ausfindig machen könne.«[270]

Der Begriff *Algebra* im mathematischen Sinne tauchte zum ersten Mal im Titel eines Mathematikbuches auf, das der bereits genannte persische Mathematiker al-Khwārizmī, um das Jahr 825 verfasst hatte. Das Buch trug den Titel „*Kitāb al-muḫtaṣar fī ḥisāb* ***al-jabr wa-l-muqābala***"[271], was so viel bedeutete wie „Das kurz gefasste Buch über die Rechenverfahren durch **Ergänzen** und **Ausgleichen**". Der englische Arabist und Mathematiker Robert von Chester, der in den 1140er-Jahren in Segovia (Spanien) wirkte, übersetzte 1145 das Werk ins Lateinische unter dem Titel „*Liber algebrae et almucabala*". Er verzichtete darauf, die lateinischen Entsprechungen *restauratio* und *oppositio* für die beiden arabischen Begriffe *al-jabr* und *al-muqābala* zu

---

[270] Leonhard Euler: „*Vollständige Anleitung zur Algebra*", herausgegeben von Heinrich Weber, Leipzig und Berlin, Druck und Verlag von B. G. Teubner, 1911, S. 211.

[271] "كتاب المختصر فى حساب الجبر والمقابلة"

verwenden. So fanden beide Ausdrücke Einzug in die europäischen Sprachen. Im Laufe der Zeit, und nachdem sich das Wort *al-jabr* als *Algebra* durchgesetzt hatte, geriet der Ausdruck *al-muqābala* in Vergessenheit und wurde nicht mehr gebraucht.

Etymologisch geht der Terminus *Algebra* auf das arabische Wort *al-jabr* zurück, das etwa das *Zusammenfügen gebrochener Teile* bedeutet.[272]

In seinem epochalen Werk unterteilte al-Khwārizmī alle ihm bekannten algebraischen Gleichungen in zwei Klassen, lineare und quadratische Gleichungen oder Gleichungen 1. und 2. Grades. Er präsentierte auch Verfahren zur Auffindung der Lösungen bzw. Wurzeln[273] solcher Gleichungen.

Gleichungen 1. Grades

Eine Gleichung 1. Grades lässt sich am Beispiel einer Waage (Abb. 97) veranschaulichen.

In der rechten Schale der Waage befinden sich sieben gleichgroße Gewichtskugeln, deren Gewichte bekannt sind; in der linken Schale sind jedoch nur 3 solche Gewichtskugeln vorhanden zusammen mit

---

[272] Das Wort *Algebrista* mit der Bedeutung *Knocheneinrenker* oder *Knochensetzer* tauchte in der spanischen Sprache auf, nachdem al-Khwārizmīs Buch dort ins Lateinische übersetzt worden war. In dem berühmten Ritterroman „*Don Quijote*“ des spanischen Schriftstellers Miguel de Cervantes (1547–1616) wird der zur Hilfe herbeigerufene Knocheneinrenker *Algebrista* genannt. Im Kapitel XV heißt es: »En esto fueron razonando los dos, hasta que llegaron a un pueblo donde fue ventura hallar un algebrista.« (Die beiden überlegten, bis sie eine Stadt erreichten, in der es ein Glück war, einen Algebrista zu finden.) Anzumerken sei noch, dass Rückenschmerzen im klassischen Altertum mit Hilfe bestimmter Griff- und Massagetechniken behandelt wurden. Die Bezeichnung *Knocheneinrenker* kam im Mittelalter auf, als so genannte *Laienbehandler* durch die Lande zogen und versuchten, durch manipulative Grifftechniken Bewegungsstörungen bei den leidenden Menschen zu beheben.

[273] Der Begriff *Wurzel* als Lösung einer algebraischen Gleichung wurde erstmals von dem deutschen Mathematiker Johann Müller (1436–1476), besser bekannt als Johannes Regiomontanus, aus der Operation des Radizierens (Wurzelziehen) in die Mathematik eingeführt. Er benutzte den Buchstaben R (vom lateinischen *radix*, Wurzel) für die zweite Wurzel einer Zahl. Das Wurzelzeichen $\surd$ (in Anlehnung an den kleinen Buchstaben *r*) wurde später von Michael Stifel als Zeichen für das Radizieren verwendet. Die Verlängerung des Symbols $\surd$ in Form von $\sqrt{\ }$ (das so genannte *Vinculum*) geht auf eine Arbeit von René Decartes aus dem Jahre 1637 zurück.

dem Objekt x, dessen Gewicht unbekannt ist und gesucht wird. Die Waage befindet sich im Gleichgewicht, da das Gewicht der rechten Schale und das in der linken Schale gleich groß sind. Mathematisch lässt sich der Gleichgewichtszustand der Waage durch die algebraische Gleichung $7=3+x$ beschreiben. Damit ist klar, dass das Objekt x, das hier als *Unbekannte* bezeichnet wird, genauso schwer sein muss, wie 4 Gewichtskugeln, also $x=4$. Die Zahl 4 nennt man die *Lösung* oder die *Wurzel* der Gleichung $7=3+x$. Da der Exponent der Unbekannten x in diesem Fall 1 beträgt (x^1), spricht man von einer *linearen Gleichung* bzw. einer *Gleichung 1. Grades*.

Abb. 97: Waage in Gleichgewichtslage

Um die Lösungen bzw. Wurzeln von Gleichungen 1. Grades zu finden, überführte sie al-Khwārizmī zunächst in eine Form, in der nur positive Koeffizienten auftraten. Dies bewerkstelligte er mithilfe von zwei Umformungstechniken, die er eben *al-jabr* und *al-muqābala* nannte.

Die Operation *al-jabr* (Ergänzen) bestand darin, dass er einen bestimmten Term zu beiden Seiten einer Gleichung addierte, um die darin vorhandenen Differenzen in Summen zu überführen. Das Addieren der Zahl 12 zu beiden Seiten der Gleichung $5x-12=8$, wodurch sie in $5x=20$ übergeht, ist ein Beispiel für die Operation *al-jabr*. Durch diese Operation konnte er den Wert $x=20/5=4$ als Lösung oder Wurzel der Gleichung bestimmen.

Die Operation *al-muqābala* (Ausgleichen) wiederum bestand darin, dass er einen bestimmten Term von beiden Seiten einer Gleichung subtrahierte. Das Subtrahieren des Terms $7x$ von beiden Seiten der Gleichung $10x=7x+15$, wodurch sie in $3x=15$ überführt wird, ist ein Beispiel für die Operation *al-muqābala*. Durch diese Operation konnte er als Lösung oder Wurzel der Gleichung den Wert $x=15/3=5$ angeben.

An diese Stelle sei daran erinnert, dass al-Khwārizmī die mathematischen Symbole, die heute üblich sind, nicht kannte und gezwungen war, mathematische Größen und Sachverhalte mithilfe von bestimmten Wörtern und Sätzen auszudrücken. So gebrauchte er das arabische Wort شيء *schay* (mit der Bedeutung *Sache*, *Ding* oder *Wurzel*) für die Unbekannte, die man heute häufig mit dem Buchstaben x bezeichnet. Beispielsweise hieß die lineare Gleichung $4x = 8$ in seinem Vokabular: 4*schay* gleich 8. Übrigens, das Wort *schay* war auch der Grund dafür, dass die Verwendung des Buchstaben x für die Unbekannte später in der Mathematik üblich wurde. Wann und wo dies geschah, lässt sich wie folgt zusammenfassen:

Al-Khwārizmīs Algebra verbreitete sich zunächst im maurischen Spanien. Dort wurde das Wort *schay* mit den Buchstaben *xey* wiedergegeben, die ähnlich wie *schay* ausgesprochen wurden. Im Laufe der Zeit wurde jedoch nur der Anfangsbuchstabe x des Worte *xey* für die Unbekannte verwendet und nach und nach in ganz Europa übernommen. Der spanische Mathematiker Pedro Ciruello (1470–1554) soll der Erste gewesen sein, der den Anfangsbuchstaben x für die Unbekannte verwendete.

Gleichungen 2. Grades

Eine algebraische Gleichung, in der die Unbekannte x mit dem Exponenten 2, also als x^2 in Erscheinung tritt, bezeichnet man als *quadratische* oder *Gleichung 2. Grades*. Al-Khwārizmī erkannte fünf verschiedene Typen von Gleichungen 2. Grades:

- $ax = c$
- $ax^2 = bx$
- $ax^2 = c$
- $ax^2 + bx = c$
- $ax^2 + c = bx$
- $bx + c = ax^2$

Um das Quadrat der Unbekannten, das heißt x^2 mit einem bestimmten Wort auszudrücken, verwendete er das arabische Wort مال *māl* mit der Bedeutung *Vermögen*. Beispielsweise sprach er von 5*māl* gleich 9 und meinte damit die quadratische Gleichung $5x^2 = 9$.

Die Behandlung von Gleichungen 2. Grades wird heute als die größte Leistung al-Khwārizmīs im Bereich der Algebra angesehen. Er wird sogar von manchen Autoren und Historikern als *Vater der Algebra*[274] tituliert.

Um zu verstehen, warum sich al-Khwārizmī für quadratische oder Gleichungen 2. Grades interessierte, sei an ein mathematisches Problem aus dem antiken Griechenland erinnert, nämlich *die Quadratur des Kreises*. Dieses Problem bestand darin, mithilfe von Zirkel und Lineal ein Quadrat zu so konstruieren, dass sein Flächeninhalt dem eines gegebenen Kreises mit dem Radius r gleich wäre (Abb. 98, links).

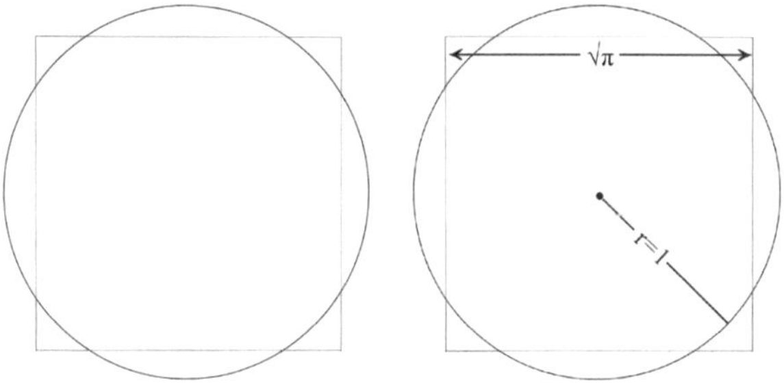

Abb. 98: Die Quadratur des Kreises

Es stellte sich aber nach unzähligen Versuchen herausgestellt, dass diese Aufgabe geometrisch, also allein mithilfe von Zirkel und Lineal nicht gelöst werden kann. Bezeichnet man aber die Kante des zu konstruierenden Quadrats mit x, dann erhält man eine algebraische Gleichung 2. Grades, nämlich $x^2 = r^2 \times \pi$. Hieraus ergibt sich $x = r \times \sqrt{\pi}$, das heißt die Kantenlänge des gesuchten Quadrats muss gleich dem Produkt aus dem Radius des Kreises (r) und der Wurzel der Kreiszahl π ($\sqrt{\pi}$) sein. Nimmt man einfachheitshalber an $r = 1$, dann erhält man $x = \sqrt{\pi}$ (Abb. 98, rechts). Jetzt wird auch klar, warum das Problem der Quadratur des Kreises nicht geometrisch gelöst werden kann. Die Kreiszahl $\pi = 3{,}14159265359$ ... ist nämlich eine irrationale Zahl[275], das heißt sein genauer Wert kann nicht ermittelt werden. Demzufolge lässt sich auch der Wert von $\sqrt{\pi}$ nicht genau bestimmen.[276]

---

274 Beispielsweise von Heinz Klaus Strick in „*Mathematik – einfach genial!*". Springer, Berlin und Heidelberg, 2020, (Muhammed al-Khwarizmi – Vater der Algebra), S. 57–72.

275 Eine irrationale Zahl ist eine Dezimalzahl mit unendlich vielen Stellen nach dem Komma, die sich nicht periodisch wiederholen.

276 Es war der deutsche Mathematiker Carl Louis Ferdinand Lindemann (1852–1939), der 1882 bewies, dass die Kreiszahl π eine transzendente/irrationale

Al-Khwārizmī legte genaue Vorschriften (heute spricht man von Algorithmen[277]) fest, mit deren Hilfe man jede beliebige Gleichung 2. Grades lösen, das heißt die Unbekannte x zahlenmäßig oder geometrisch bestimmen kann. Am Beispiel der quadratischen Gleichung

$$x^2 + 10x = 39$$

(in al-Khwārizmīs Terminologie: 1*māl* und 10*schay* gleich 39)

soll seine Vorgehensweise Schritt für Schritt erläutert werden.

Seine Vorschrift lautete wörtlich:

1. Halbiere die Anzahl von *schays*: $10/2 = 5$
2. Multipliziere dies mit sich selbst: $5 \times 5 = 25$
3. Addiere dies zu neununddreißig: $25 + 39 = 64$
4. Nimm die Wurzel von diesem: $\sqrt{64} = 8$
5. Subtrahiere davon die Hälfte der Anzahl von *schays*: $8 - 5 = 3$

3 ist der Betrag von *schay*, nach dem du gesucht hast.

Setzt man nun die Zahl 3 für x in die quadratische Gleichung $x^2 + 10x = 39$ ein, erhält man auf beiden Seiten des Gleichheitszeichens die Zahl 39. 3 ist somit die Lösung oder die Wurzel der Gleichung $x^2 + 10x = 39$.

Es bedarf keiner besonderen Erwähnung, dass die Wurzel aus 64 ($\sqrt{64}$, Schritt 4) nicht nur +8, sondern auch –8 ist ($\sqrt{64} = \pm 8$), da sowohl $(+8)\times(+8)$ als auch $(-8)\times(-8)$ gleich 64 sind. Infolgedessen ergeben sich in Wirklichkeit zwei Werte für x, nämlich +3 und –13. Al-Khwārizmī berücksichtige jedoch nur die positive Lösung $x = 3$, da seine Algebra in erster Linie dazu diente, praktische und alltägliche Aufgaben zu lösen, wie beispielsweise das Verteilen des Vermögens eines Verstorbenen unter seinen Hinterbliebenen nach dem komplizierten islamischen Erbrecht. In solchen Fällen würden negative Werte für die gesuchte Unbekannte freilich keinen Sinn ergeben. Am Bei-

---

Zahl ist. Dabei nutzte er den Zusammenhang zwischen der Euler'schen Zahl e = 2,71828 ... und der Kreiszahl π aus, nämlich $e^{i\pi} = -1$ (Euler'sche Identität). Hieraus folgte erstmals der Beweis für die Unmöglichkeit der Quadratur des Kreises.

277 Die Anfangsworte der lateinischen Übersetzung von al-Khwārizmīs Algebra durch Robert von Chester lauteten: *Dixit Algorismi* (Also sprach Algorismi). Hieraus entwickelte sich im Laufe der nächsten Jahrhunderte der Fachausdruck *Algorithmus*, worunter man heute – stark vereinfacht – ein logisches Verfahren zur schrittweisen Lösung eines Problems oder einer Klasse von Problemen nach einem bestimmten Schema versteht.

spiel des Satzes von Pythagoras lässt sich dies näher verdeutlichen: Dieser Satz besagt bekanntlich, dass es in jedem rechtwinkligen Dreieck mit der Seiten a, b und c die Beziehung $c^2 = a^2 + b^2$ besteht. Das heißt: Der Flächeninhalt des Hypotenusenquadrats c^2 ist gleich der Summe der Flächeninhalte der Kathetenquadrate a^2 und b^2 ist (Abb. 99).

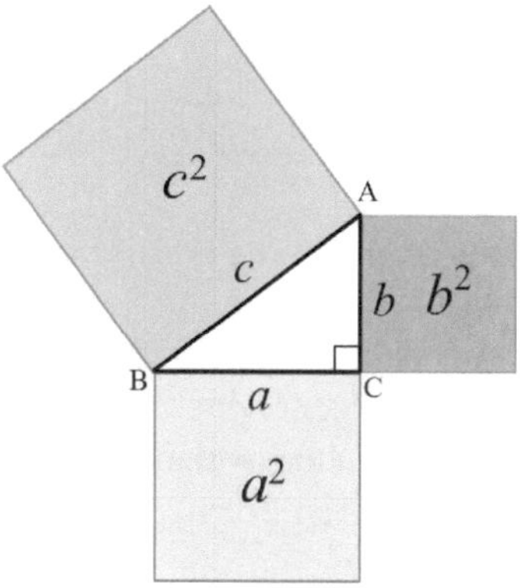

Abb. 99: Satz von Pythagoras

Angenommen $a = 3$ und $b = 4$, dann erhält man für c

$c^2 = 3^2 + 4^2 = 9 + 16 = 25$

$c = \sqrt{25} = \pm 5$

Das heißt: $c = +5$ bzw. $c = -5$.

Dass eine negative Länge für die Hypotenuse c sinnlos ist, leuchtet sofort ein.

Al-Khwārizmī unternahm den Versuch, die Richtigkeit seiner Vorgehensweise bei der Lösung der Gleichung $x^2 + 10x = 39$ auch geometrisch zu beweisen. Zu diesem Zweck konstruierte er ein Quadrat mit der Seitenlänge x und der Fläche x^2 (Abb. 100, links). Dann fügte er zwei Rechtecke mit den Kanten 5 und x und dem Flächeninhalt $5x$ hinzu (Abb. 100, Mitte).

Durch das Zufügen des kleinen Quadrats mit dem Flächeninhalt 25 (Abb. 100, rechts).) erhielt er das große Quadrat mit der Seitenlänge $(x+5)$ und dem Flächeninhalt $(x+5)^2 = x^2 + 10x + 25$. Durch Addieren der Zahl 25 auf beiden Seiten der ursprünglichen Gleichung überführte er sie in $x^2 + 10x + 25 = 39 + 25 = 64$. Nun konnte er zeigen, dass $(x+5)^2 = 64$ bzw. $x + 5 = 8$, woraus sich $x = 3$ ergibt. Damit lieferte er den geometrischen Beweis für die Richtigkeit seiner Vorgehensweise bei der rechnerischen Lösung der Gleichung $x^2 + 10x = 39$.

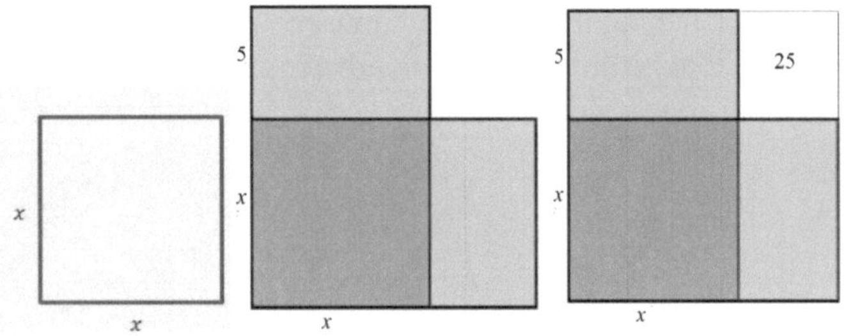

Abb. 100: Al-Khwārizmīs geometrische Lösung der Gleichung $x^2 + 10x = 39$

Auf ähnliche Weise behandelte al-Khwārizmī alle Gleichungen 2. Grades. Die in Abb. 101 wiedergegebene Seite aus seiner Abhandlung über Algebra zeigt seine Vorgehensweise bei der Lösung der quadratischen Gleichung der allgemeinen Form $x^2 + bx = c$, oder in seinen Worten: *māl und schay gleich Zahl*.

السطح الاعظم وهو سطح د ه وقد علمنا ان ذلك
كله اربعة وستون واحد اضلاعه جذره وهو
ثمانية فاذا نقصنا من الثمانية مثل ربع العشرة مرتين
من طرفي ضلع السطح الاعظم الذي هو سطح د ه وهو
خمسة بقي من ضلعه ثلثة وهو جذر ذلك المال
وانما نصفنا العشرة الاجذار وضربناها في مثلها وزدناها
على العدد الذي هو تسعة وثلثون ليتم لنا بناء
السطح الاعظم بما نقص من زوايا ه الاربع لان
كل عدد يضرب ربعه في مثله ثم في اربعة يكون
مثل ضرب نصفه في مثله فاستغنينا بضرب
نصف الاجذار في مثلها عن الربع في مثله ثم في اربعة
وهذه صورته

وله ايضا صورة اخرى تؤدي الى هذا وهي سطح
اب وهو المال فاردنا ان نزيد عليه مثل عشرة

Abb. 101: Eine Seite aus der Abhandlung al-Khwārizmīs über Algebra[278]

[278] Frank J. Swetz and Victor J. Katz: „*Mathematical Treasures – Al-Khwarizmi's Algebra*".

Das mittlere Quadrat in der schematischen Darstellung repräsentiert x^2. Die vier Rechtecke auf den vier Seiten des Quadrats haben jeweils die Breite $b/4$. Somit ist die Fläche des mittleren Quadrats plus die Flächen der vier Rechtecke gleich c. Das mittlere Quadrat ist durch Hinzufügen der vier Eckquadrate mit der Seite $b/4$ vervollständigt. Somit ist die Fläche des großen Quadrats in moderner Notation

$$x^2 + bx + \frac{b^2}{4} = \left(x + \frac{b}{2}\right)^2 = c + \frac{b^2}{4}$$

Die Lösung der Gleichung ist nun offensichtlich.

Quadratische Ergänzung

Die oben vorgestellte geometrische Beweisführung al-Khwārizmīs wird heute als *Quadratische Ergänzung* bezeichnet und ist zu einem algebraischen Verfahren geworden, mit dessen Hilfe quadratische Gleichungen in Form von $(x+a)^2 = b$ überführt und so ihre beiden Lösungen (Wurzeln) x_1 und x_2 gefunden werden können. Denn eine quadratische Gleichung der allgemeinen Form $ax^2 + bx + c = 0$ lässt sich nicht ohne Weiteres lösen, weil darin die gesuchte Variable x sowohl quadratisch (x^2), als auch linear (x) vorkommt.

Am Beispiel der Gleichung $x^2 + 10x + 9 = 0$ soll demonstriert werden, wie man sie mithilfe der Quadratischen Ergänzung lösen kann.

Durch das Ergänzen der Gleichung mit $(+5^2 – 5^2)$ erhält man $x^2 + 2{\cdot}5x + 5^2 - 5^2 + 9 = 0$. Nun ergeben sich die beiden Lösungen (Wurzeln) x_1 und x_2 durch folgende Operationen:

$(x^2 + 2{\cdot}5x + 5^2) - 5^2 + 9 = 0$

$(x^2 + 2{\cdot}5x + 5^2) - 16 = 0$

$(x + 5)^2 - 16 = 0$

$(x + 5)^2 = 16$

$x + 5 = \pm 4$

$x_1 = 4 - 5 = -1$

$x_2 = -4 - 5 = -9$

Die Quadratische Ergänzung lässt sich am Beispiel der quadratischen Gleichung $x^2 + bx = a$ durch das Schema in Abb. 102 graphisch veranschaulichen:

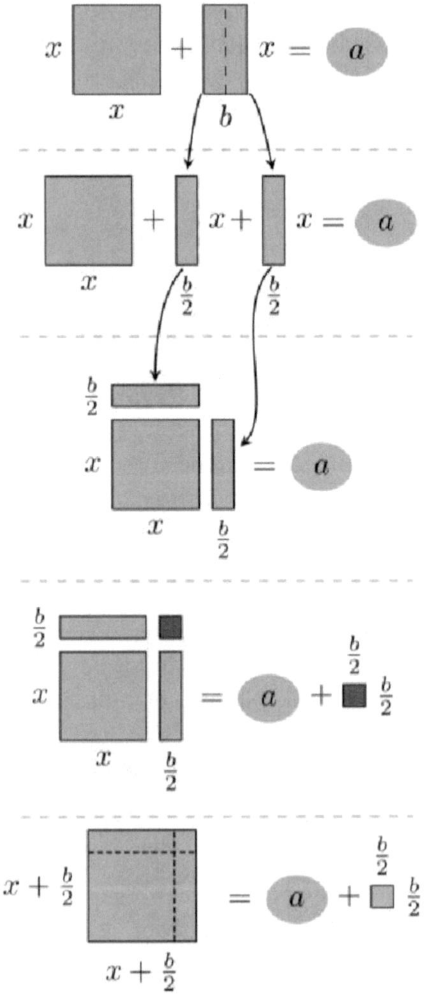

$$\left(x + \frac{b}{2}\right)^2 = a + \left(\frac{b}{2}\right)^2$$

$$\boxed{x = -\frac{b}{2} \pm \sqrt{a + \frac{b^2}{4}}}$$

Abb. 102: Methode der Quadratischen Ergänzung[279]

[279] https://en.wikipedia.org/wiki/Completing_the_square

Quadratische Formel

Betrachtet man die quadratische Gleichung

$$x^2 + 3x - 4 = 0,$$

so stellt sich heraus, dass sie sich leicht in zwei Faktoren zerlegen lässt:

$$(x + 4)\times(x - 1) = 0$$

Da das Produkt gleich Null ist, muss entweder $(x+4)=0$ oder $(x-1)=0$ sein. Ergo erhält man als Lösung oder Wurzel der Gleichung entweder $x=-4$ oder $x=1$.

Ein anderes Beispiel dieser Art ist die folgende Gleichung:

$$-x^2-3x+2=0$$

Durch Multiplizieren beider Seiten der Gleichung mit (–1) und gleichzeitiges Addieren und Subtrahieren mit $\frac{9}{4}$ erhält man

$$x^2 + 3x + \frac{9}{4} - 2 - \frac{9}{4} = 0.$$

Das Ergebnis lässt sich durch Umformen überführen in

$$\left(x + \frac{3}{2}\right)^2 = \frac{17}{4}.$$

Hieraus erhält man

$$x + \frac{3}{2} = \pm\frac{\sqrt{17}}{2} \text{ bzw. } x = \frac{-3 \pm \sqrt{17}}{2}$$

Somit ergeben sich $x_1 = \frac{-3+\sqrt{17}}{2}$ und $x_2 = \frac{-3-\sqrt{17}}{2}$ als die beiden Wurzeln der Gleichung.

Solch einfach zu behandelnden quadratischen Gleichungen kommen jedoch nicht so häufig vor, sodass man nach einer allgemeinen Formel für die Bestimmung der Wurzeln von quadratischen Gleichungen suchen muss. Eine solche allgemeine Anweisung lässt sich aufgrund der von al-Khwārizmīs festgelegten Vorschriften ableiten.

Schreibt man die Gleichung $x^2+10x=39$, die erstmals von al-Khwārizmī erörtert wurde und mittlerweile weltweite Berühmtheit erlangt hat, in allgemeiner Form der quadratischen Gleichung, nämlich $ax^2+bx+c=0$ (a, b, und c sind positive Platzhalter), dann lässt sich die gesuchte allgemeine Lösungsformel wie folgt ableiten:

$$ax^2 + bx + c = 0$$
$$ax^2 + bx = -c$$
$$x^2 + \frac{bx}{a} = -\frac{c}{a}$$
$$x^2 + \frac{bx}{a} + \frac{b^2}{4a^2} = -\frac{c}{a} + \frac{b^2}{4a^2}$$
$$\left(x + \frac{b}{2a}\right)^2 = -\frac{c}{a} + \frac{b^2}{4a^2}$$
$$\left(x + \frac{b}{2a}\right)^2 = \frac{b^2-4ac}{4a^2}$$
$$\pm\sqrt{\left(x + \frac{b}{2a}\right)^2} = \pm\sqrt{\frac{b^2-4ac}{4a^2}}$$
$$x + \frac{b}{2a} = \frac{\pm\sqrt{b^2-4ac}}{2a}$$
$$x = \frac{\pm\sqrt{b^2-4ac}}{2a} - \frac{b}{2a}$$
$$x = \frac{-b\pm\sqrt{b^2-4ac}}{2a}$$

Das Ergebnis wird auch als *a-b-c-Formel* oder die *Quadratische Formel*[280] bezeichnet. Gemäß dieser Formel besitzt die gesuchte Unbekannte x zwei Lösungen oder Wurzeln (x_1 und x_2), weil der Ausdruck $\pm\sqrt{b^2-4ac}$ sowohl mit positivem als auch negativem Vorzeichen behaftet ist. Die folgenden zwei Beispiele sollen dies verdeutlichen:

Gegeben sei die Gleichung $x^2 + 16x + 15 = 0$. Setzt man $a = 1$, $b = 16$ und $c = 15$ in die Quadratische Formel ein, erhält man:

$$x = \frac{-(16) \pm \sqrt{(16)^2 - 4(1)(15)}}{2(1)}$$
$$x = \frac{-16 \pm \sqrt{256 - 4(1)(15)}}{2}$$
$$x = \frac{-16 \pm \sqrt{256 - 60}}{2}$$

280 Die Quadratische Formel wird in Teilen Deutschlands und der Schweiz umgangssprachlich als *Mitternachtsformel* bezeichnet, da Schülerinnen und Schüler sie aufsagen sollen, selbst wenn sie um Mitternacht geweckt und nach ihr gefragt werden. Siehe: Guido Walz: „*Gleichungen und Ungleichungen: Klartext für Nichtmathematiker*“. Springer Spektrum, Wiesbaden, 2018, S. 14.

$$x = \frac{-16 \pm \sqrt{196}}{2}$$

$$x = \frac{-16 \pm 14}{2}$$

Hieraus ergeben sich zwei verschiedene Werte für x:

$$x_1 = \frac{-16+14}{2} = \frac{-2}{2} = -1$$

$$x_2 = \frac{-16-14}{2} = \frac{-30}{2} = -15$$

Gegeben sei die Gleichung $x^2 - 7x + \frac{1}{9} = 0$. Setzt man $a = 1$, $b = -7$ und $c = 1/9$ in die Quadratische Formel ein, erhält man

$$x = \frac{-(-7) \pm \sqrt{(-7)^2 - 4(9)\left(\frac{1}{9}\right)}}{2(9)} = \frac{7 \pm \sqrt{45}}{18};$$

Hieraus ergeben sich

$$x_1 = \sqrt{\frac{7+\sqrt{45}}{18}}$$

$$x_2 = \sqrt{\frac{7-\sqrt{45}}{18}}$$

Die Diskriminante $b^2 - 4ac$

Der Term $b^2 - 4ac$ unter dem Wurzelzeichen in der Quadratischen Formel wird *Diskriminante*[281] genannt und mit dem Buchstaben $\boldsymbol{D}$ oder Δ bezeichnet. Sein Zahlenwert kann positiv (> 0), Null (= 0) oder negativ (< 0) sein:

$\boldsymbol{D} > 0$ bedeutet, dass die Quadratwurzel $\sqrt{b^2 - 4ac}$ einen positiven Wert hat. Demzufolge besitzt die Gleichung zwei verschiedene reelle[282] Lösungen x_1 und x_2.

---

[281] Aus dem lateinischen *discriminare* = unterscheiden.

[282] Zu den reellen Zahlen gehören alle Zahlen, die auf der Zahlengerade liegen. Sie setzen sich zusammen aus rationalen Zahlen, das heißt aus positiven und negativen Zahlen sowie Brüchen und irrationalen Zahlen wie beispielsweise π und $\sqrt{5}$.

Beispiel: $x^2 - 6x + 7 = 0 \rightarrow \sqrt{(36 - 28)} = 2{,}8 \rightarrow x = 6 \pm 2{,}8 \rightarrow x_1 \approx 9$, $x_2 \approx 3$.

$\boldsymbol{D} = 0$ bedeutet, dass die Quadratwurzel $\sqrt{b^2-4ac}$ gleich 0 ist. Demnach besitzt die Gleichung genau eine reelle Lösung, nämlich $x = -b/2a$.

Beispiel: $x^2 - 6x + 9 = 0; \rightarrow \sqrt{(36 - 36)} = 0 \rightarrow x = 6/2 = 3$.

$\boldsymbol{D} < 0$ bedeutet, dass die Quadratwurzel $\sqrt{b^2-4ac}$ keinen reellen Wert besitzt. Infolgedessen hat die Gleichung auch keine reelle Lösung.

Beispiel: $x^2 - 6x + 11 = 0 \rightarrow \sqrt{(36 - 44)} = \sqrt{-8}$.

Anmerkung: Da Wurzeln aus negativen Zahlen bedeutungslos sind, spricht man in solchen Fällen von *imaginären*[283] Lösungen. Als Einheit für imaginäre Lösungen bzw. Zahlen dient das Symbol $i = \sqrt{-1}$. Im vorliegenden Fall kann die Lösung $\sqrt{-8}$ als $\sqrt{8}i$ angegeben werden.

Abb. 103 zeigt schematisch die graphische Darstellung der allgemeinen quadratischen Gleichung $ax^2+bx+c=0$ im kartesischen Koordinatensystem. Darin sind die Kurvenverläufe für $\boldsymbol{D}>0$ (zwei reelle Lösungen x_1 und x_2), $\boldsymbol{D}=0$ (eine reelle Lösung x) und $\boldsymbol{D}<0$ (keine reelle Lösung) zu sehen.

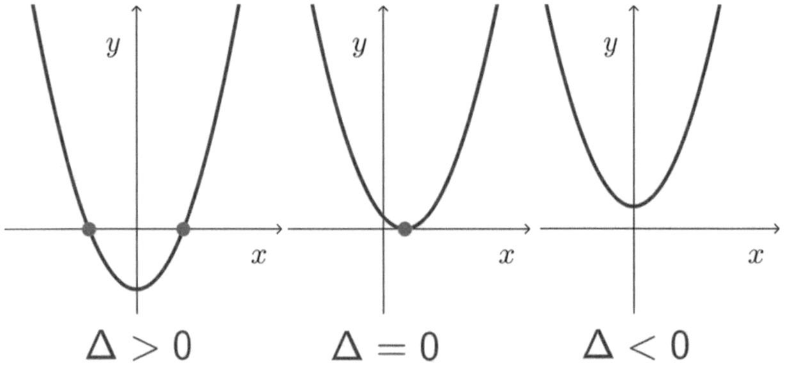

Abb. 103: $\boldsymbol{D}>0$ (links), $\boldsymbol{D}=0$ (Mitte), $\boldsymbol{D}<0$ (rechts)

[283] Die Bezeichnung *imaginär* wurde erstmalig in 1637 von René Descartes verwendet, um solche Zahlen von den reellen Zahlen zu unterscheiden.

Im Übrigen, quadratische Gleichungen können gelegentlich auch „verdeckt“ auftreten, wie beispielsweise die folgende

$$\frac{1}{2}x + 5\sqrt{(x)} + 12 = 0 .$$

Die Gleichung vermittelt zunächst den Eindruck, als ob sie eine Gleichung 1. Grades wäre. Setzt man aber $x = y^2$, dann nimmt die Gleichung folgende Gestalt an:

$$y^2 + 10y + 24 = 0 .$$

Diese so entstandene quadratische Gleichung lässt sich in das Produkt

$$(y + 6)(y + 4) = 0$$

überführen. Hieraus ergibt sich $y_1 = -6$ bzw. $y_2 = -4$, das heißt $x_1 = 36$ bzw. $x_2 = 16$.

Kubische Gleichungen

Bevor über die Beschäftigung Khayyams mit Gleichungen 3. Grades berichtet wird, erscheint es angebracht zu sein, zunächst diese Gleichungen und ihre spezifischen Eigenschaften kurz zu beschreiben, um die außerordentliche Bedeutung der Arbeiten Khayyams auf diesem Gebiet gebührend würdigen zu können.

Wenn die höchste Potenz in einer algebraischen Gleichung n ist, das heißt

$$a_n x^n + a_{n-1} x^{n-1} + \ldots + a_0 = 0 ,$$

dann spricht man von einer Polynomgleichung.

Gemäß dem Fundamentalsatz der Algebra[284] besitzt jede Polynomgleichung n Lösungen (Wurzeln).

Gleichungen 3. Grades, auch kubische Gleichungen genannt, sind demnach algebraische Gleichungen, in denen die Unbekannte x in dritter Potenz, das heißt als x^3 vorkommt. Demnach besitzt jede kubische Gleichung nach dem Fundamentalsatz der Algebra drei Lösungen. Dabei unterscheidet man zwischen zwei Grundformen von kubischen Gleichungen: *allgemeine* und *reduzierte* Form.

---

[284] Der erste vollständige Beweis für den Fundamentalsatz der Algebra wurde 1799 von Carl Friedrich Gauß im Rahmen seiner Dissertation angegeben.

Allgemeine Form der kubischen Gleichung

Die allgemeine Form der kubischen Gleichung lautet:

$$ax^3 + bx^2 + cx + d = 0; \ (a, b, c \text{ und } d, \neq 0).$$

Genauso wie eine quadratische Gleichung in der Regel maximal zwei Lösungen (Wurzeln) haben kann, die mit x_1 und x_2 bezeichnet werden, kann eine kubische Gleichung höchsten drei Lösungen oder Wurzeln besitzen, nämlich x_1, x_2 und x_3. Abb. 104 zeigt die graphische Darstellung der allgemeinen Form der kubischen Gleichung mit drei reellen Lösungen x_1, x_2 und x_3 im kartesischen Koordinatensystem.

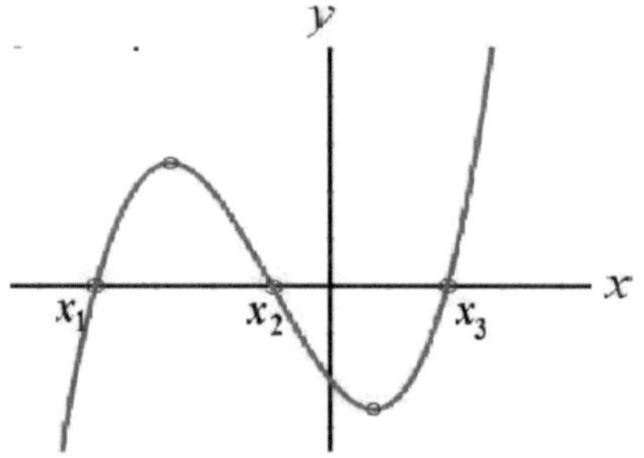

Abb. 104: Drei reelle Lösungen einer kubischen Gleichung

Die drei Lösungen x_1, x_2 und x_3 lauten im vorliegen Fall:

$$x_1 = -\frac{b}{3a} - \frac{1}{3a}\sqrt[3]{\frac{1}{2}\left(2b^3 - 9abc + 27a^2d + \sqrt{(2b^3 - 9abc + 27a^2d^2)^2 - 4(b^2 - 3ac)^3}\right)}$$
$$-\frac{1}{3a}\sqrt[3]{\frac{1}{2}\left(2b^3 - 9abc + 27a^2d - \sqrt{(2b^3 - 9abc + 27a^2d^2)^2 - 4(b^2 - 3ac)^3}\right)}$$
$$x_2 = -\frac{b}{3a} + \frac{1+\sqrt{-3}}{6a}\sqrt[3]{\frac{1}{2}\left(2b^3 - 9abc + 27a^2d + \sqrt{(2b^3 - 9abc + 27a^2d^2)^2 - 4(b^2 - 3ac)^3}\right)}$$
$$+\frac{1-\sqrt{-3}}{6a}\sqrt[3]{\frac{1}{2}\left(2b^3 - 9abc + 27a^2d - \sqrt{(2b^3 - 9abc + 27a^2d^2)^2 - 4(b^2 - 3ac)^3}\right)}$$
$$x_3 = -\frac{b}{3a} + \frac{1-\sqrt{-3}}{6a}\sqrt[3]{\frac{1}{2}\left(2b^3 - 9abc + 27a^2d + \sqrt{(2b^3 - 9abc + 27a^2d^2)^2 - 4(b^2 - 3ac)^3}\right)}$$
$$+\frac{1+\sqrt{-3}}{6a}\sqrt[3]{\frac{1}{2}\left(2b^3 - 9abc + 27a^2d - \sqrt{(2b^3 - 9abc + 27a^2d^2)^2 - 4(b^2 - 3ac)^3}\right)}$$

Es fällt sofort auf, dass die allgemeine Form einer kubischen Gleichung neben einer reellen Lösung (x_1) zwei weitere Lösungen (x_2 und x_3) besitzt, in denen die imaginäre Zahl $\sqrt{-3}$ auftritt. Man spricht deshalb von komplexen Lösungen. Darunter versteht man eine komplexe Zahl z, die aus zwei Teilen besteht, dem Realteil a und dem Imaginärteil ib, also $z=a+ib$.

Reduzierte Form der kubischen Gleichung

Die reduzierte Form der kubischen Gleichung lautet:

$$x^3 + px + q = 0; (p \text{ und } q \neq 0).$$

Für die drei Lösungen oder Wurzeln x_1, x_2 und x_3 ergeben sich in diesem Fall folgende Werte:

$$x_1 = \sqrt[3]{-\frac{q}{2} + \sqrt{\left(\frac{q}{2}\right)^2 + \left(\frac{p}{3}\right)^3}} + \sqrt[3]{-\frac{q}{2} - \sqrt{\left(\frac{q}{2}\right)^2 + \left(\frac{p}{3}\right)^3}}$$

$$x_2 = \omega\sqrt[3]{-\frac{q}{2} + \sqrt{\left(\frac{q}{2}\right)^2 + \left(\frac{p}{3}\right)^3}} + \omega^2\sqrt[3]{-\frac{q}{2} - \sqrt{\left(\frac{q}{2}\right)^2 + \left(\frac{p}{3}\right)^3}}$$

$$x_3 = \omega^2\sqrt[3]{-\frac{q}{2} + \sqrt{\left(\frac{q}{2}\right)^2 + \left(\frac{p}{3}\right)^3}} + \omega\sqrt[3]{-\frac{q}{2} - \sqrt{\left(\frac{q}{2}\right)^2 + \left(\frac{p}{3}\right)^3}}$$

Darin bedeutet

$$\omega = \frac{-1 + \sqrt{3}i}{2}$$

Auch im Fall der reduzierten Form der kubischen Gleichung kommen neben einer reellen Lösung (x_1) zwei komplexe Lösungen (x_2 und x_3) vor.

Ein Zahlenbeispiel für die reduzierte Form einer kubischen Gleichung mit einer reellen Lösung und zwei imaginäre Lösungen ist die folgende Gleichung:

$$x^3+x+2=0.$$

Die rechte Seite dieser Gleichung lässt sich in ein Produkt aus einer linearen Gleichung $(x+1)$ und einer quadratischen Gleichung (x^2-x+2) überführen:

$$(x+1)(x^2-x+2)=0.$$

Da das Produkt $(x+1)\times(x^2-x+2)$ gleich Null ist, muss entweder $(x+1)=0$ oder $(x^2-x+2)=0$ sein. Im ersten Fall ergibt sich $x_1=-1$, also eine reelle Lösung. Im zweiten Fall erhält man für die Diskriminante $D=1^2-4\times 2=-7$, das heißt

$$x_{2,3} = \frac{1 \pm \sqrt{7}i}{2} \quad .$$

Die beiden Wurzeln x_2 und x_3 sind komplex, da sie sowohl aus reellen als auch imaginären Teilen bestehen.

Khayyam und Gleichungen 3. Grades

Omar Khayyam war der erste Mathematiker, der die verschiedenen Typen der kubischen Gleichungen klassifizierte und für jede Klasse spezifische geometrische Lösungen angab. Es bedarf keiner besonderen Erwähnung, dass Voraussetzungen für die Vollbringung dieser Großtat umfassende und fundierte Kenntnisse in Mathematik und Geometrie waren. Die Frage, die sich aufdrängt, lautet: Wie gelangte Khayyam zu solch umfassendem und fundiertem Wissen, zumal er kaum älter als 25 war, als es ihm dieser Geniestreich gelang.

Khayyam hatte sich seit seiner Jugend intensiv und unermüdlich nicht nur mit den Werken großer muslimischen Gelehrten, sondern auch mit der Mathematik und Geometrie der alten Griechen beschäftig. Es wird sogar vermutet, dass er sich ausreichend griechische Sprachkenntnisse angeeignet hatte, um die Werke der griechischen Mathematiker in der Originalsprache studieren zu können. So kam er mit einem klassischen geometrischen Problem aus dem antiken Griechenland in Berührung, das als *Verdopplung des Würfels* bekannt war. Der Legende nach waren die Bewohner von Delos (eine Insel im Ägäischen Meer) von einer Pestepidemie heimgesucht. Die Befragung des Orakels von Delphi führte zu der Prophezeiung, dass sich die Inselbewohner nur dann von der Pest befreien könnten, wenn sie den würfelförmigen Altar des Apollos verdoppeln würden. Das Problem der Würfelverdoppelung wird deshalb auch als *Delisches Problem* bezeichnet. Angeblich soll der griechische Mathematiker und Astronom Hippokrates von Chios (in der zweiten Hälfte des 5. Jahrhunderts v.Chr.) dieses Problem ersonnen haben.

Bei diesem Problem geht es also um die Frage, ob es möglich ist, die Kantenlänge eines gegebenen Würfels so zu verlängern, dass ein neuer Würfel mit doppeltem Volumen entsteht. Bezeichnet man die Kantenlänge des gegebenen Würfels mit a und sein Volumen mit a^3, die gesuchte Kantenlänge des neuen Würfels mit x und sein Volumen mit x^3, dann lässt sich das Problem als eine Gleichung 3. Grades, nämlich $x^3 = 2 \times a^3$ ausdrücken (Abb. 105).

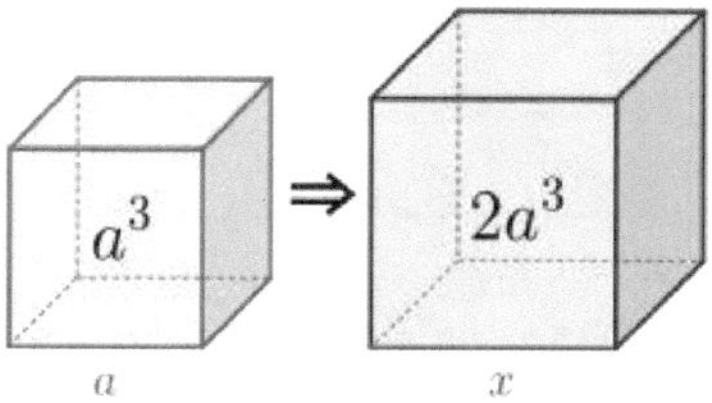

Abb. 105: Verdopplung des Würfelvolumens: $x^3 = 2 \times a^3$

Khayyam war zu der Überzeugung gelangt, dass es nicht möglich sei, das Problem der Würfelverdopplung mithilfe von Zirkel und Lineal zu lösen, wie die Griechen es verlangt hatten. Er argumentierte, dass Geraden und Kreise zu linearen und quadratischen Gleichungen führen jedoch nicht zu kubischen, zu denen $x^3 = 2a^3$ offensichtlich gehört. Hierfür müssten vielmehr, so argumentierte er weiter, Kreise, Ellipsen, Parabeln und Hyperbeln herangezogen werden. Seine Vorgehensweise bei der Behandlung dieses Problems haben der englische Mathematiker John J. O'Connor (* 1945) und der schottische Mathematiker Edmund F. Robertson (* 1943) in ihrem Internetportal „*MacTutor History of Mathematics*" wie folgt zusammengefasst:

»Vielleicht noch bemerkenswerter ist die Tatsache, dass Khayyam angibt, dass die Lösung dieser kubischen Gleichung [$x^3 = 2a^3$: die Würfelverdopplung] die Verwendung von Kegelschnitten [Kreise, Ellipsen, Parabeln und Hyperbeln] erfordert und dass man sie nicht mit Zirkel und Lineal gelöst werden kann; eine Erkenntnis, die erst nach weiteren 750 Jahren bewiesen werden konnte.«[285]

Die kubische Gleichung $x^3 = 2a^3$ bedeutet, dass die gesuchte Kantenlänge x gleich $\sqrt[3]{2} \times a$ sein muss. Nimmt man nun einfachheitshalber an, a sei gleich 1 (unabhängig von einer Maßeinheit), so ergibt sich, dass die gesuchte Kantenlänge $x = \sqrt[3]{2}$ beträgt.

Khayyam wusste, wie viele Mathematiker vor ihm, dass sich Quadratwurzeln wie beispielsweise $\sqrt{2}$, $\sqrt{3}$ und $\sqrt{5}$ mithilfe des Satzes von Pythagoras ($c^2 = a^2 + b^2$) als Liniensegmente darstellen lassen. Wie in Abb. 106 ersichtlich, ist in einem rechtwinkligen gleichschenkligen Dreieck mit der Schenkellänge 1 die Hypotenuse gleich $\sqrt{2}$; in einem rechtwinkligen mit den Seitenlängen $\sqrt{2}$ und 1 gleich $\sqrt{3}$, und in einem rechtwinkligen Dreieck mit den Schenkeln 1 und 2 gleich $\sqrt{5}$.

285 „*MacTutor History of Mathematics*", (https://mathshistory.st-andrews.ac.uk/Biographies/Khayyam/)

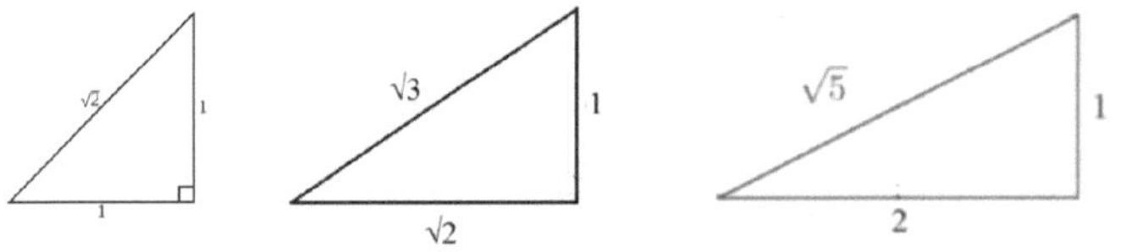

Abb. 106: Geometrische Darstellung der Wurzelzahlen √2, √3 und √5

Der griechische Mathematiker Theodoros von Kyrene (ca. 465–398 v.Chr.), der sich intensiv mit Quadratwurzeln beschäftigt hatte, konnte zeigen, dass nicht nur √2, √3 und √5, sondern auch die Quadratwurzeln aller anderen nicht-quadratischen Zahlen bis 17 mithilfe des Satzes von Pythagoras in der Gestalt einer *Quadratwurzelspirale* dargestellt werden können (Abb. 107).

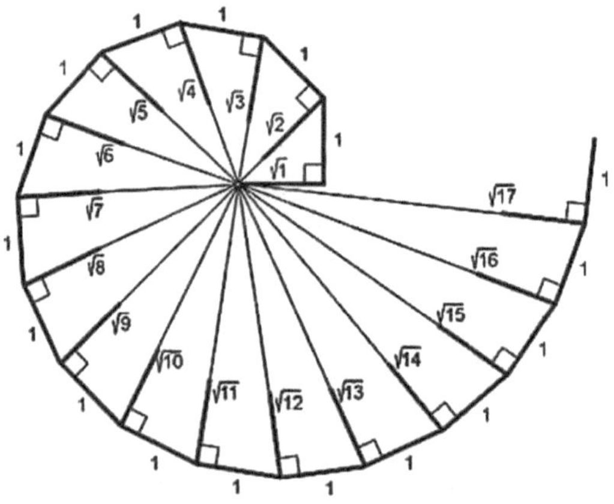

Abb. 107: Theodoros' Quadratwurzelspirale[286]

Anmerkung: Wie wertvoll die geometrische Bestimmung von √2, √3 und √5 war, wird einem erst dann bewusst, wenn man die entsprechenden Zahlenwerte betrachtet, die gegenwütig mit modernsten Computern errechnet worden sind:

$\sqrt{2} = 1{,}4142135623730950488016887242096980785696718753769480731766\ ...$[287]

---

[286] Dieter Herrmann: „*Die antike Mathematik. Eine Geschichte der griechischen Mathematik, ihrer Probleme und Lösungen*", Springer-Verlag Berlin Heidelberg, 2014, S. 91.

[287] 1997 wurde der Wert von √2 von dem japanischen Mathematiker Yasumasa Kanada (1949–2020) und seinen Kollegen auf 137.438.953.444 Dezimalstellen berechnet. Im Februar 2006 wurde der Rekord für die Berechnung von √2 mit der Verwendung eines Heimcomputers in den Schatten gestellt. 2010 be-

$\sqrt{3} = 1{,}7320508075688772935274463415058723669428052538103806280558 0...$[288]

$\sqrt{5} = 2{,}2360679774997896964091736687312762354406183596115257242708 9...$[289]

$\sqrt{2}$, $\sqrt{3}$ und $\sqrt{5}$ sind *per definitionem* irrational, das heißt, sie lassen sich nicht als Quotienten zweier ganzer Zahlen darstellen und erscheinen in der Dezimalschreibwiese als nicht-periodische Zahlen mit unendlich vielen Dezimalstellen. Das Gesagte gilt natürlich auch für die Kubikwurzel $\sqrt[3]{2}$, deren Wert wie folgt lautet:

$$\sqrt[3]{2} = 1{,}259921049894873164767210607278 2.....$$

Die Kenntnis über die Möglichkeit der linienförmigen Darstellung von Quadratwurzeln versetzte Khayyam in die Lage, die Lösungen kubischer Gleichungen mithilfe von geraden Strecken anzugeben. Er war zu der Erkenntnis gelangt, dass er die kubischen Gleichungen nur mittels der so genannten Kegelschnitte lösen kann und war davon überzeugt, dass nur die denjenigen seine Abhandlung über solche Gleichungen und ihre Lösungen verstehen können, die die Kegelschnitte und ihre Eigenschaften ausreichend kennen. Diese Überzeugung brachte er folgendermaßen zum Ausdruck:

»Es muss klar sein, dass diese Abhandlung nur von jemandem verstanden werden kann, der Euklids *Elemente* und sein Buch namens *Data*[290] sowie zwei Bücher des Apollonius über die Kegelschnitte beherrscht, und jeder, der keines dieser drei Bücher kennt, kann [die vorliegende Abhandlung] nicht verstehen.«

ويجب ان يحقق ان هذه الرساله لَا يفهمَا الَا
من يكون متقنَا لكتاب اوقليدس في الاصول
وكتابه في المعطيات ومقالتين من كتاب ابلونيوس
في المخروطات وَان من شذ عنه معرفة وَاحد
من هذه الثلاثه فلَا سبيل له الَى تحقُقها.

Eine kurze Einführung in die Geometrie der Kegelschnitte an dieser Stelle erscheint daher notwendig zu sein.

---

rechnete ein anderer japanischer Mathematiker namens Shigeru Kondo den Wert von $\sqrt{2}$ bis auf 1 Milliarde Dezimalstellen.

288 Bis Dezember 2013 wurde der numerische Wert von $\sqrt{3}$ in Dezimalschreibweise auf mindestens zehn Milliarden Stellen berechnet.

289 Dies ist ein Teil der ersten sechzig signifikanten Stellen von $\sqrt{5}$, die mit einer Genauigkeit von 99,99 % auf 2,236 abgerundet werden kann.

290 „*Data*“ (griechisch: *Dedomena*) war ein Werk von Euklid, das sich mit der Natur und den Problemen der Geometrie befasste. Thematisch war es eng mit den ersten vier Büchern von Euklids „*Elemente*“ verwandt. Das Werk wurde schon im 9. Jahrhundert von dem bereits genannten christlich-arabischen Gelehrten Ḥunain bin Isḥāq ins Arabische übersetzt. Erst im 12. Jahrhundert wurde es in Toledo (Spanien) durch Gerhard von Cremona alias Gerardus Cromonsis (1114–1187), den bedeutenden Gelehrten und Übersetzer arabischer, naturkundlicher und medizinischer Schriften ins Lateinische übertragen.

Kegelschnitte

Kegelschnitte sind ebene Kurven, die sich ergeben, wenn eine Ebene einen geraden Kreiskegel[291] schneidet. Aus Abb. 108 geht hervor, dass je nach dem Schnittwinkel ein Kreis, eine Ellipse oder eine Parabel entstehen kann.

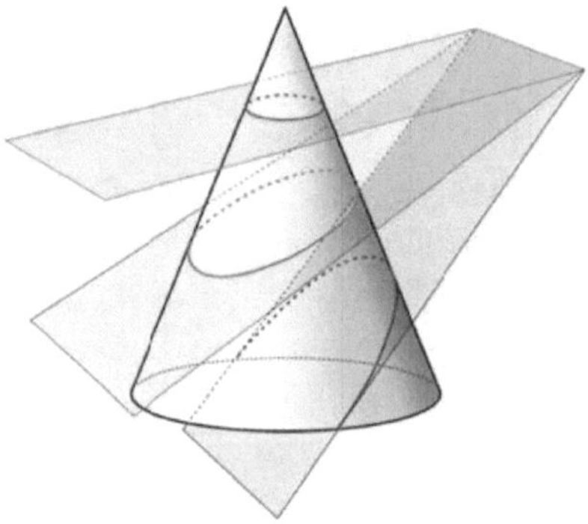

Abb. 108: Entstehung von Kreisen, Ellipsen und Parabel in einem Kreiskegel

Es gilt als sicher, dass der griechische Mathematiker Menaichmos (380–320 v.Chr.), der um 360 v.Chr. nach einer Lösung für das Problem der Würfelverdoppelung suchte, die Kegelschnitte entdeckte, ohne sie jedoch näher zu beschreiben. Es war sein Landsmann Apollonios von Perge (265–190 v.Chr.), der später die Kegelschnitte in seinem Werk „*Konika*“ untersuchte und zeigte, dass sie neben dem bereits bekannten Kreis noch drei weitere Kurven umfassen, die er als Ellipse, Parabel und Hyperbel bezeichnete und ihre Eigenschaften näher schilderte.

Apollonios’ Werk wurde im 9. Jahrhundert zuerst von Helāl ibn Helāl Hemssī[292] (gestorben um 870) und später vom dem bereits zitierten Thābit ibn Qurra ins Arabische übersetzt. Es war vor allem die zuletzt genannte Übersetzung, die großes Interesse bei den muslimischen Mathematikern erweckte. Abb. 109 zeigt einen Ausschnitt aus der zweiten arabischen Übersetzung.

---

[291] Ein Kreiskegel wird durch eine Gerade erzeugt, die in einem Punkt festgehalten und an einem Kreis hingleitet. wird.

[292] هلال بن هلال حِمصى

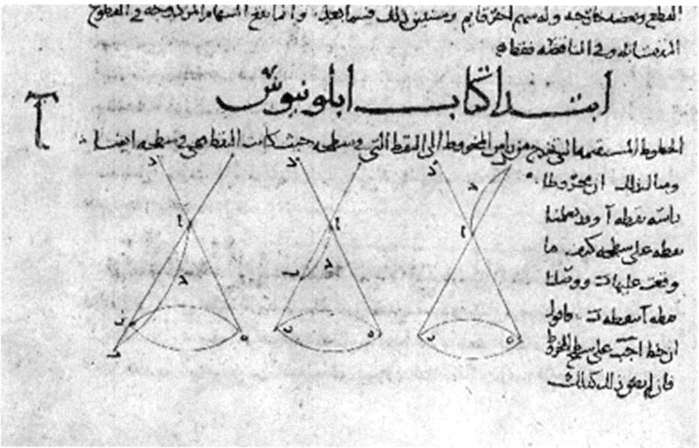

Abb. 109: Ausschnitt aus der arabischen Übersetzung von „*Konika*“[293]

Wie in Abb. 110 gezeigt, erhält man beim Schneiden eines geraden Doppelkreiskegels mit einer Ebene je nach dem Schnittwinkel vier verschiedene, gleichmäßige Kurven.

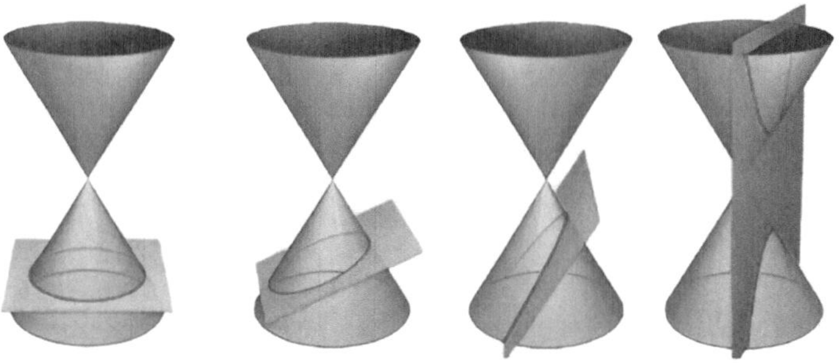

Abb. 110: Kegelschnitte: Kreis, Ellipse, Parabel und Hyperbel

Wie man sieht, entsteht ein Kreis nur dann, wenn die Ebene den Kegel parallel zu seiner kreisförmigen Basisebene schneidet. Schneidet sie den Kegel hingegen unter einer bestimmten Neigung, dann ist das Ergebnis eine Ellipse. Mit steigendem Schnittwinkel entstehen immer länglichere Ellipsen bis sie schließlich in eine Parabel übergehen. Dies ist dann der Fall, wenn die Schnittebene parallel zu einer Mantellinie des Kegels läuft. Ist die schneidende Ebene parallel zur Achse des Doppelkegels, dann entsteht eine Hyperbel.

Während der Kreis und die Ellipse ebene geschlossene Kurven sind, stellen die Parabel und die Hyperbel ebene offene Kurven dar.

[293] Quelle: Bodleian Library Oxford; Manuskript aus dem Jahre 1070.

Der Kreis

Ein Kreis ist die Menge aller Punkte einer Ebene, die einen konstanten Abstand zu einem vorgegebenen Punkt haben. Dieser Punkt heißt der Mittelpunkt, und der konstante Abstand zum Mittelpunkt ist der Radius r des Kreises. Abb. 111 (links) zeigt einen Kreis, dessen Mittelpunkt im Ursprung des Koordinatensystems liegt: M(0, 0).

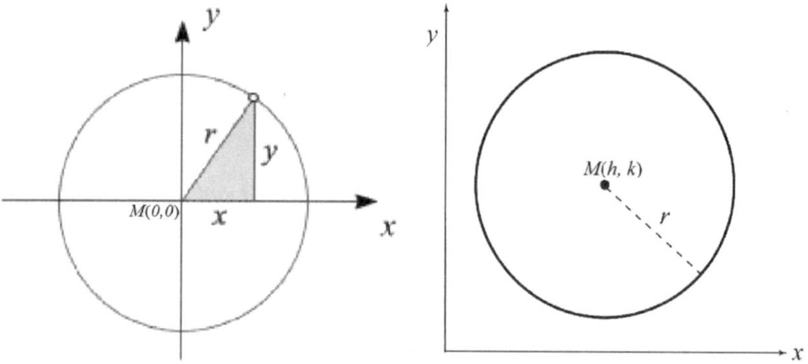

Abb. 111: Der Kreis

In diesem speziellen Fall lässt sich die Kreisgleichung gemäß dem Satz von Pythagoras leicht ermitteln

$$x^2 + y^2 = r^2.$$

In Abb. 109 (rechts) ist ein Kreis in der x-y-Ebene zu sehen, dessen Mittelpunkt die Koordinaten $x = h$ und $y = k$ besitzt und daher als M(h, k) beschrieben wird. Die Gleichung dieses Kreises lautet in diesem Fall:

$$(x - h)^2 + (y - k)^2 = r^2.$$

Für $h = 9$ und $k = -3$ erhält man beispielsweise für die Kreisgleichung

$$(x - 9)^2 + (y - (-3))^2 = 3^2$$
$$(x - 9)^2 + (y - (-3))^2 = 9$$
$$x^2 + y^2 - 18x + 6y + 90 = 9$$

Hieraus lässt sich die allgemeine Gleichung für Kreis wie folgt ableiten:

$$a(x^2 + y^2) + bx + cy + d = 0.$$

Demnach handelt es sich bei der folgenden Gleichung um einen Kreis:

$$x^2 - 4x + y^2 - 2y = 0$$

Dies lässt sich dadurch beweisen, dass man auf beiden Seiten der Gleichung den Term (4+1) addiert:

$$x^2 - 4x + y^2 - 2y + 4 + 1 = 4 + 1$$

oder

$$(x - 2)^2 + (y + 1)^2 = 5 \rightarrow 5 = r^2 \rightarrow r = \sqrt{5}.$$

Die Ellipse

Eine Ellipse ist die Menge aller Punkte einer Ebene, die konstante Abstände zu zwei vorgegebenen Punkten, den so genannten Brennpunkten F_1 und F_2, haben (Abb. 112). Die Abbildung zeigt zugleich, dass die graphische Darstellung einer Ellipse im Gegensatz zu einem Kreis nicht so einfach ist.

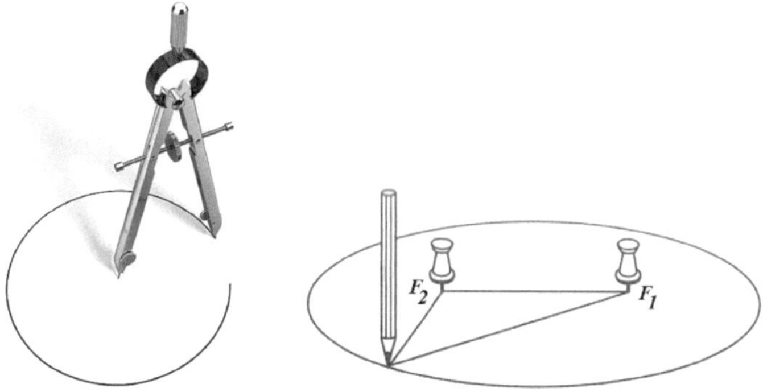

Abb. 112: Zeichnen eines Kreises und Konstruktion einer Ellipse

Jede Ellipse hat zwei Symmetrieachsen (Abb. 113). Die längere Achse mit der Länge $2a$ bezeichnet man als die Hauptachse (x-Achse); ihre Schnittpunkte mit der Ellipse sind die Hauptscheitel S_1 und S_2. Die kürzere Achse mit der Länge $2b$ ist die Nebenachse (y-Achse); sie schneidet die Ellipse in den Nebenscheiteln.

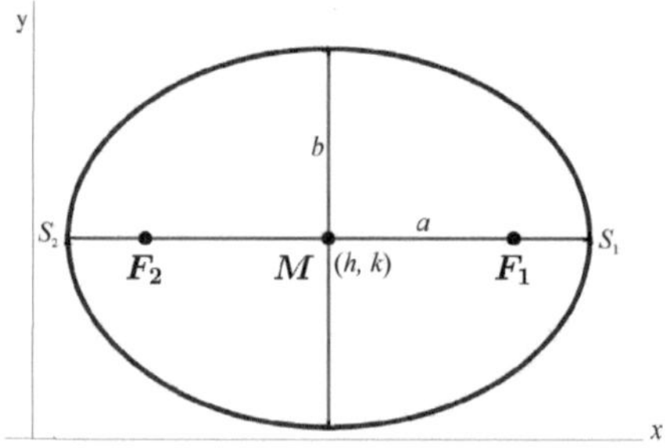

Abb. 113: Symmetrieachsen der Ellipse

Die allgemeine Gleichung der Ellipse lautet:

$$\frac{x^2}{a^2} + \frac{y^2}{b^2} = 1$$

Somit erhält man beispielsweise für eine Ellipse mit M (0, 0), $a = 2$ und $b = 1$ (Abb. 114) die Gleichung $x^2/4 + y^2 = 1$.

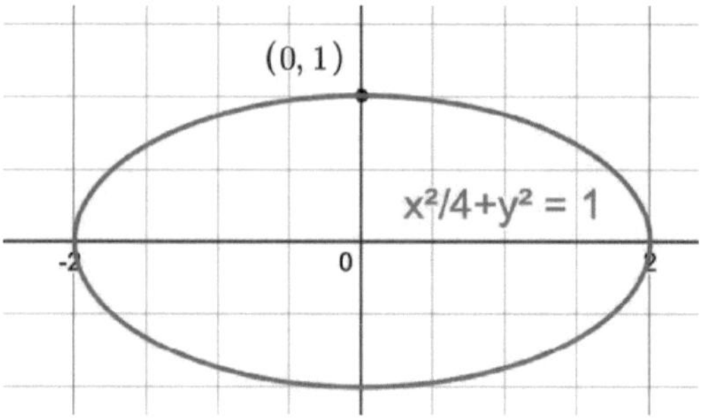

Abb. 114: Ellipse mit dem Zentrum im Ursprung des Koordinatensystems

Sind die beiden Symmetrieachsen der Ellipse gleich lang, das heißt $a = b$, dann geht die Ellipse in einen Kreis über. Überdies gibt es eine weitere besondere Verwandtschaft zwischen der Ellipse und dem Kreis. Es lässt sich nämlich beweisen, dass der geometrische Ort des Schnittpunktes Q zweier Tangenten an einer Ellipse, wie in Abb. 115 angedeutet, ein Kreis ist.

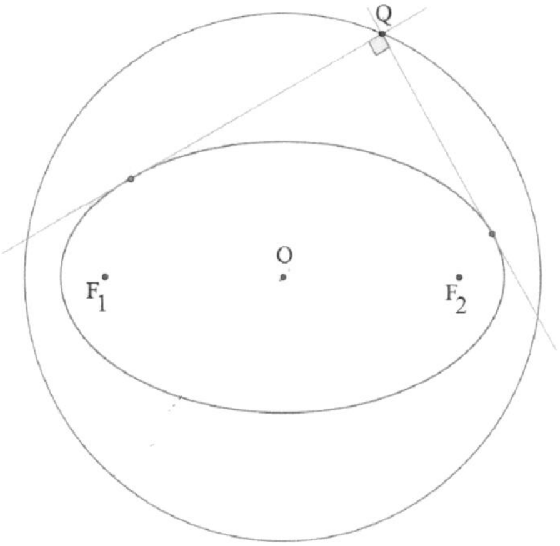

Abb. 115: Kreis als der geometrische Ort des Schnittpunkts Q

Die Parabel

Eine Parabel ist die Menge aller Punkte *P*, die von einem festen Punkt *F*, dem so genannten Brennpunkt, und einer speziellen Geraden, der so genannten Leitlinie *l* den gleichen Abstand *d* haben. Eine solche, nach rechts geöffnete Parabel ist in Abb. (Abb. 116a) eingezeichnet. Darin bedeuten *S* der Scheitelpunkt und *p* der Parameter der Parabel. Dem Betrage nach ist *p* gleich der halben Parabelweite beim Brennpunkt *F* und steht senkrecht zur Parabelachse. Der Abstand zwischen dem Brennpunkt *F* und der Leitlinie *l* ist ebenfalls gleich p.

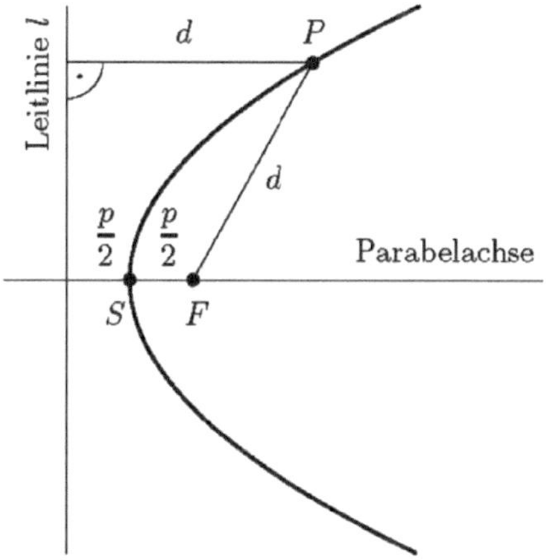

Abb. 116a: Eine nach rechts geöffnete Parabel

Dieselbe Parabel ist in Abb. 116b derart eingezeichnet, dass der Scheitelpunkt S im Ursprung des Koordinatensystems zum Liegen gekommen ist, und die x-Achse mit der Parabelachse (Symmetrieachse) identisch ist. In diesem speziellen Fall spricht man von der *Normallage* der Parabel.

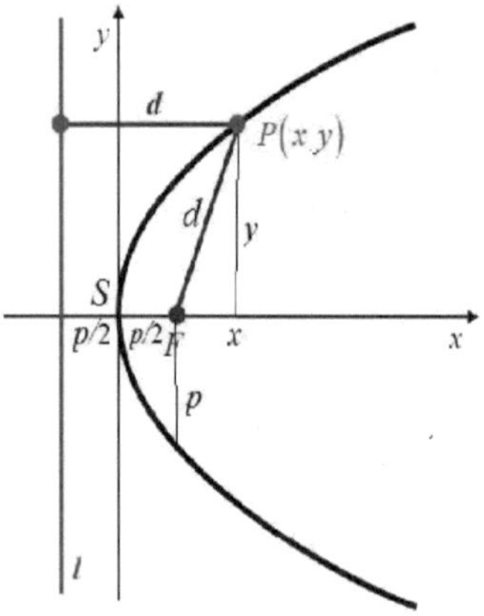

Abb. 116b: Parabel in Normallage

Die Anwendung des Satzes von Pythagoras im rechtwinkligen Dreieck *PFx* erlaubt, eine analytische Gleichung für die Parabel abzuleiten:

$$\left(x-\frac{p}{2}\right)^2+y^2 = \left(x+\frac{p}{2}\right)^2$$

$$x^2-px+\frac{p^2}{4}+y^2 = x^2+px+\frac{p^2}{4}$$

$$y^2 = 2px$$

Wird die Parabel aus der Normallage um die y-Achse gespiegelt, dann ist sie nach links geöffnet. Die x-Achse beleibt weiterhin die Symmetrieachse der Parabel. Die Parabelgleichung lautet in diesem Fall $y^2 = -2px$. Die Parabel kann aber auch durch 90° Linksdrehung bzw. Rechtsdrehung so transformiert werden, dass sie entweder nach oben oder nach unten geöffnet ist. In beiden Fällen ist die y-Achse identisch mit der Symmetrieachse der Parabel. Die entsprechenden Gleichungen lauten $y = 2px^2$ bzw. $y = -2px^2$. Die drei Fälle sind in Abb. 117 wiedergegeben.

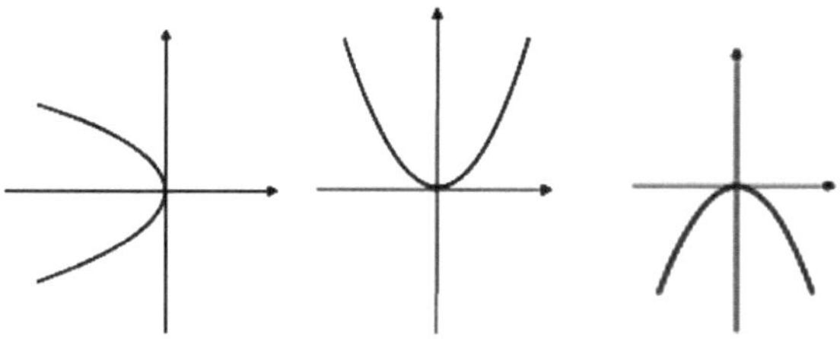

$y^2 = -2px$ $\qquad$ $y = 2px^2$ $\qquad$ $y = -2px^2$

Abb. 117: Nach rechts (links), oben (Mitte)
und unten (rechts) geöffnete Parabel

Eine nach oben geöffnete Parabel (Abb. 117, Mitte) wird algebraisch durch die allgemeine Funktion $y = f \times x^2$ beschrieben, wobei f der so genannte Formfaktor ist und verschiedene Werte annehmen kann:

Bei f=1, das heißt $y=x^2$, spricht man von der *Normalparabel.*

Bei $f>1$ ist die Parabel schmaler und heißt *gestreckte* Parabel.

Bei $0 < f < 1$ ist die Parabel breiter und wird deshalb als *gestauchte* Parabel bezeichnet.

Abb. 118 vermittelt eine Vorstellung von den drei verschiedenen Parabelformen.

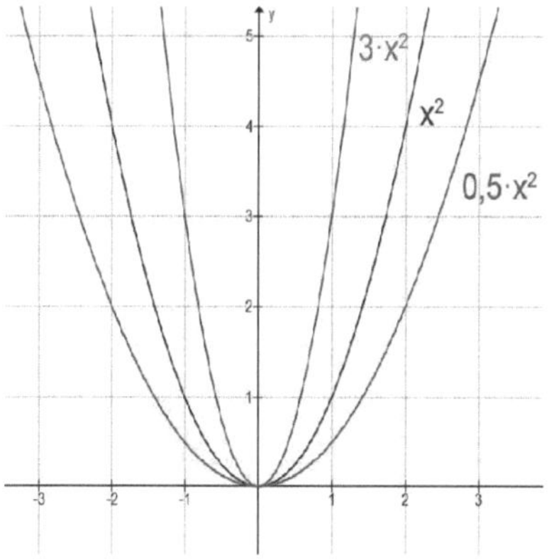

Abb. 118: Normal ($y = x^2$); gestreckt ($y = 3x^2$); gestaucht ($y = 0{,}5x^2$)

Zusammenfassend ist Folgendes festzuhalten:

Quadratische Gleichungen der allgemeinen Form $y = ax^2 + bx + c$ mit a, b und $c \neq 0$ stellen Parabeln dar. Der Parameter a wird als *Öffnungsfaktor*, der Parameter b als *Ordinatensteigung* und der Parameter

c als *Ordinatenabschnitt* bezeichnet. Der Einfluss der drei Parameter auf die Form der Parabel geht aus der folgenden Aufstellung hervor:

Parabel mit der allgemeinen Gleichung $ax^2 + bx + c$

a: Öffnungsfaktor

Das Vorzeichen von a bestimmt, ob die Parabel nach oben oder nach unten geöffnet ist.	Der Betrag von a bestimmt, ob die Parabel schmaler oder breiter geöffnet ist als die Normalparabel

b: Ordinatensteigung

Das Vorzeichen von b bestimmt, ob die Parabel am Ordinatenabschnitt steigt oder fällt oder horizontal verläuft	Der Betrag von b bestimmt, wie stark die Parabel am Ordinatenabschnitt steigt oder fällt.

c: Ordinatenabschnitt

Das Vorzeichen von c bestimmt, ob die Parabel die Ordinate oberhalb, auf oder unterhalb der Abszisse schneidet.	Der Betrag von c bestimmt, in welchem Abstand von der Abszisse die Parabel die Ordinate schneidet.

Abb. 119 zeigt beispielhaft, dass der Scheitelpunkt S einer nach oben geöffneten Parabel nicht nur im Koordinatenursprung, sondern sowohl oberhalb als auch unterhalb der x-Achse sein kann. Dies ist bei Parabeln mit der allgemeinen Gleichung $y = x^2 + c$ der Fall, je nachdem ob c gleich, kleiner oder größer als Null ist.

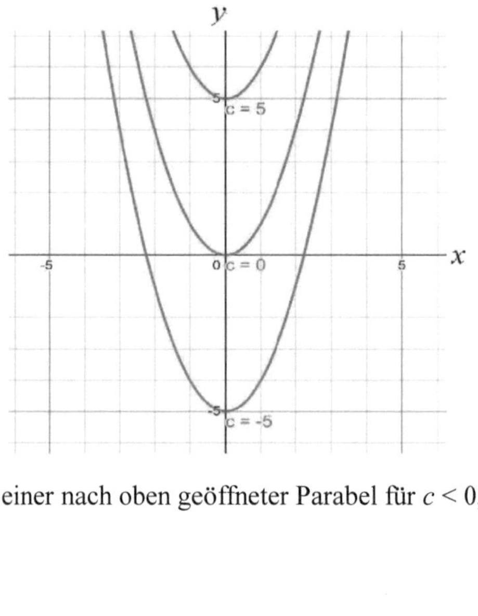

Abb. 119: Lage einer nach oben geöffneter Parabel für $c < 0$, $c = 0$ und $c > 0$

Ergänzend sei auf eine besondere Eigenschaft der Parabel hingewiesen, die in Abb. 120 angedeutet ist: P und R sind zwei beliebige Punkte auf einer Parabel mit dem Scheitel *S*.

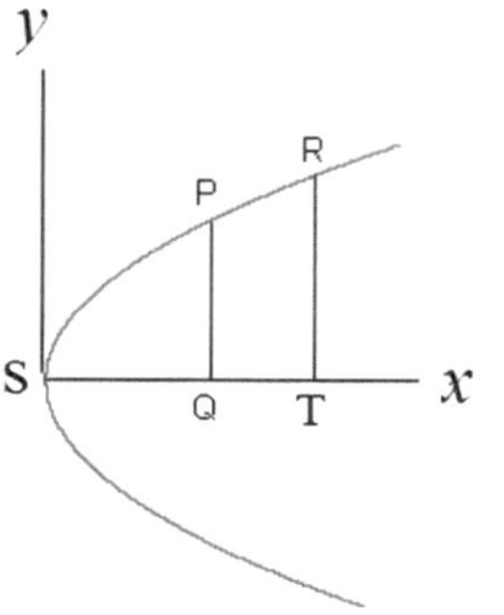

Abb. 120: Eine charakteristische Eigenschaft der Parabel $PQ^2{:}RT^2 = SQ{:}ST$

Zeichnet man die Senkrechten PQ und RT, dann gilt: $PQ^2 : RT^2 = QS : TS$; in Worten heißt es, die Quadrate der Senkrechten PQ und RT verhalten sich zueinander wie die Abszissen. Anders ausgedrückt: das Verhältnis $PQ^2 : QS$ hat für alle Parabelpunkte denselben Wert.

Abb. 121: Nishiki-Brücke (links)[294],
Ruine des Palastes Tāq-e Kasrā (rechts)[295]

An dieser Stelle sei daran erinnert, dass die geometrische Form der Parabel seit der Antike immer wieder Anwendung in der Architektur verschiedener Bauwerke gefunden hat. Der Hauptgrund dafür besteht darin, dass der parabolische Bogen einen ganz besonderen Vorteil aufweist. In all den Fällen, in denen ein Gewicht gleichmäßig oben aufge-

[294] https://asienspiegel.ch/2015/11/japans-schoenste-bruecke
[295] https://en.irna.ir/news/84182954/Iran-to-mend-ancient-Iranian-Taq-e-Kasra-monument-in-Iraq

bracht wird, folgt die interne Kompression, die aus diesem Gewicht resultiert, einer parabolischen Kurve. So erzeugt der Parabelbogen den größten Schub an der Basis. Daher wurde und wird diese Bauweise häufig im Brückenbau verwendet, wo oft große Spannweiten benötigt werden. Die historische Brücke über dem Nishiki-Fluss (Abb. 121, links) in der Stadt Iwakuni, Präfektur Yamaguchi (Japan) mit ihren fünf Bögen stellt ein besonders interessantes Beispiel dieser Art dar. Sie ist 200 Meter lange und stammt aus der Edo-Zeit (1603–1868).

Eine weitere Anwendung des parabolischen Bogens wird oft bei Prunkbauten beobachtet, von denen der Palast Tāq-e Kasrā (Abb. 121, rechts) aus der sassanidischen Ära (von 224 bis 651 n.Chr.) ein berühmtes Beispiel ist. Er wurde in der altpersischen, am Tigris gelegenen Stadt Ktesiphon erbaut. Der 48 m lange, mehr als 24,5 m breite und 33 m hohe Thronsaal war mit einem Backsteingewölbe überdacht. Die oberirdischen Ruinen dieses Palastes befinden sich heute etwa 35 Kilometer südöstlich von Bagdad.

Die Hyperbel

Die Hyperbel besteht aus zwei zueinander symmetrischen, sich ins Unendliche erstreckenden ebenen Kurven (Abb. 122).

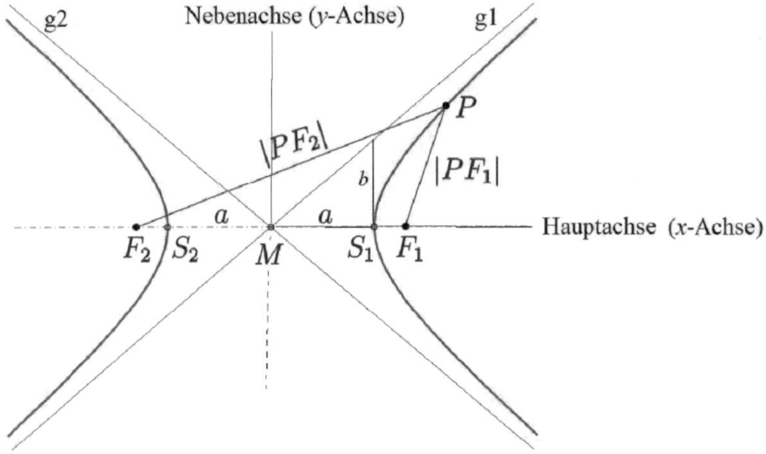

Abb. 122: Die Hyperbel

Die Kurven stellen die Menge aller Punkte der Ebene dar, für die der Betrag der Differenz der Abstände zu zwei gegebenen Punkten, den so genannten Brennpunkten F_1 und F_2, konstant ist, das heißt $|PF_2|-$

$|PF_1| = 2a$. Die Verbindungsgerade der beiden Brennpunkte ist die Hauptachse der Hyperbel, und der Punkt M, in der Mitte der beiden der Brennpunkte F_1 und F_2 ist der Mittelpunkt der Hyperbel. Der Abstand der Brennpunkte F_1 und F_2 vom Mittelpunkt M heißt die *Brennweite* oder *lineare Exzentrizität* und wird mit e bezeichnet. Die Hauptscheiteln S_1 und S_2 der Hyperbel befinden sich im Abstand a vom Mittelpunkt M.

Die Hyperbel liegt symmetrisch zur Haupt- und Nebenachse, und die Geraden g1 und g2, die durch den Mittelpunkt M gehen, sind die Asymptoten der Hyperbel.

Die allgemeine Gleichung für Hyperbel lautet

$$\frac{x^2}{a^2} - \frac{y^2}{b^2} = 1,$$

wenn sie in der so genannten 1. Hauptlage liegt, das heißt die beiden Brennpunkte F_1 und F_2 liegen symmetrisch auf der x-Achse.

Die Eine Hyperbel heißt dann gleichseitig, wenn $a = b$ ist. In diesem Fall stehen die Asymptoten g1 und g2 senkrecht aufeinander, und die Gleichung $\frac{x^2}{a^2} - \frac{y^2}{b^2} = 1$ geht in $\frac{x^2 - y^2}{a^2} = 1$ über (Abb. 123, links).

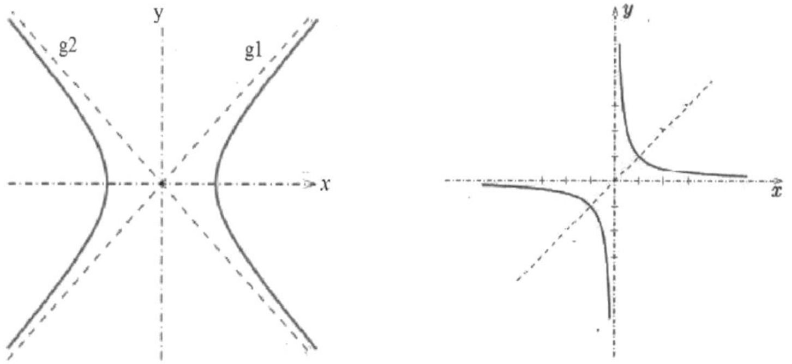

Abb. 123: Gleichseitige Hyperbel (links); nach der Drehung (rechts)

Dreht man die gleichseitige Hyperbel dergestalt, dass ihre aufeinander senkrecht stehenden Asymptoten ein x-y-Koordinatensystem bilden, dann erhält man die Hyperbel in Abb. 122, rechts. In diesem Fall fungieren die Koordinatenachsen x und y zugleich als Asymptoten, und die Gleichung der Hyperbel ist $y = c/x$ mit $c \geq 1$. Mit größer werdendem Wert von c ändert sich die Gestalt der Hyperbel, wie in Abb. 124 angedeutet.

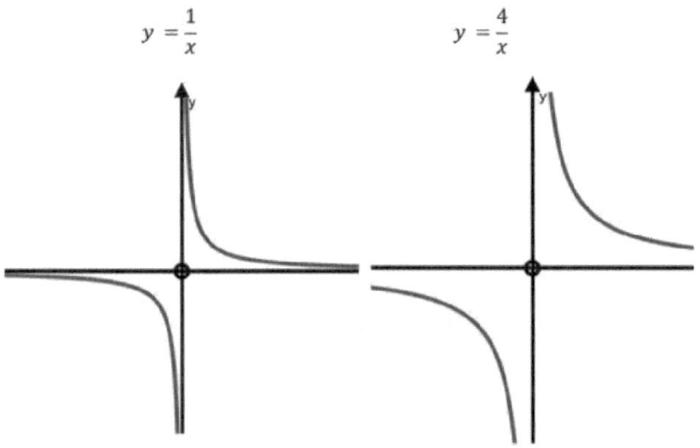

Abb. 124: Die Gestalt der Hyperbel für $c = 1$ bzw. $c = 4$

Die allgemeine Gleichung der Kegelschnitte

Die vier beschriebenen Kegelschnitte Kreis, Ellipse, Parabel und Hyperbel lassen sich durch folgende Gleichungen darstellen:

Kreis	$(x-h)^2+(y-k)^2=r^2$
Ellipse	$\frac{(x-h)^2}{a^2}+\frac{(y-k)^2}{b^2}=1$
Parabel	$y-k=a(x-h)^2$ bzw. $x-h=a(y-k)^2$
Hyperbel	$\frac{(x-h)^2}{a^2}-\frac{(y-k)^2}{b^2}=1$

Eine allgemeine Gleichung, die alle vier Kegelschnitte bei beliebiger Lage im kartesischen Koordinatensystem wiedergibt, lautet

$$Ax^2 + Bxy + Cy^2 + Dx + Ey + F = 0$$

Sie ergibt:

einen Kreis, wenn $A = C$,

eine Ellipse, wenn, $A \neq C$ und A und C gleiches Vorzeichen haben,

eine Parabel, wenn A oder $C = 0$ ist,

eine Hyperbel, wenn $A \neq C$ und A und C unterschiedliche Vorzeichen haben.

$B \neq 0$ führt zu einer Drehung der Hauptachse bezüglich des Koordinatensystems.

$B = 0$ bedeutet ohne Drehung.

D und E zeigen eine Verschiebung entlang der x- bzw. y-Achse an.

Die obengenannte allgemeine Gleichung lässt vermuten, dass es zwischen den vier Kegelschnitten enge Verwandtschaften bestehen müssen. Diese sollen im Folgenden näher untersucht werden.

Geometrische Verwandtschaft

Es hat sich herausgestellt, dass unter den drei Kegelschnitten Ellipse, Parabel und Hyperbel eine besondere geometrische Beziehung besteht, die durch das so genannte *Sperrungsrechteck* bzw. *Ordinatenquadrat* definiert wird. Zeichnet man, wie in Abb. 125 geschehen, in jedem der drei Kegelschnitte das hellgrau getönte Rechteck ein, dann entspricht die Sehne des jeweiligen Kegelschnitts beim Brennpunkt F der Höhe des Rechtecks.

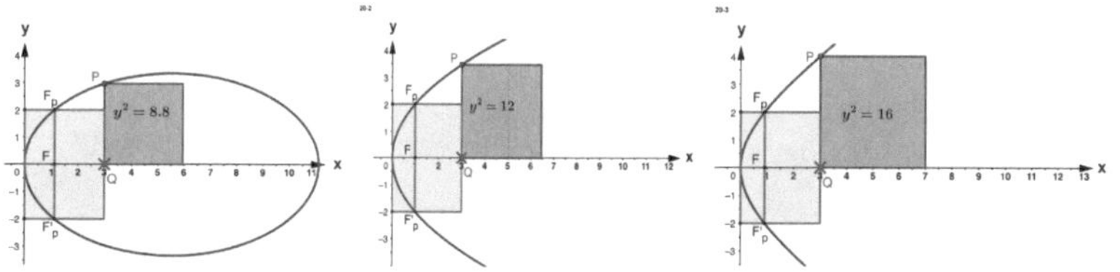

Abb. 125: Geometrische Verwandtschaft zwischen Ellipse, Parabel und Hyperbel[296]

Dieses Rechteck, das als Sperrungsrechteck bezeichnet wird, hat im vorliegenden Fall die Breite $x = 3$ und die Höhe $2p$. Seine Fläche beträgt somit $2px = 2 \cdot 2 \cdot 3 = 12$.

Fügt man nun, wie ebenfalls in der Abb. 125 angedeutet, das dunkelgrau getönte Quadrat zu, dann entspricht die Seitenläge des Quadrats der halben Sehne des jeweiligen Kegelschnitts beim Punkt P. Ist die Fläche dieses so genannten Ordinatenquadrats kleiner als die des Sperrungsrechtecks, dann handelt es sich bei dem Kegelschnitt um eine Ellipse. Sind das Ordinatenquadrat und das Sperrungsrechteck flächenmäßig gleich groß, dann ist der Kegelschnitt eine Parabel. Ist die Fläche des Ordinatenquadrats hingegen größer als die des Sperrungsrechtecks, dann liegt eine Hyperbel vor.

---

[296] file:///D:/Mathematik%20f%C3%BCr%20Ingenieure.pdf.

Funktionale Verwandtschaft

Unter den vier Kegelschnitten Kreis, Ellipse, Parabel und Hyperbel besteht auch eine funktionale Verwandtschaft, die sich durch die so genannte *Scheitelgleichung* beschreiben lässt:

$$y^2 = 2px + (\varepsilon^2 - 1)x^2$$

Die graphische Wiedergabe dieser Gleichung im rechtwinkligen *x-y*-Koordinatensystem ist in Abb. 126 zu sehen.

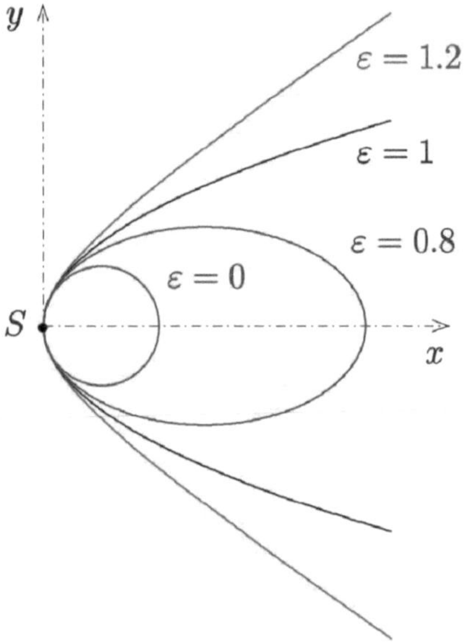

Abb. 126: Funktionale Verwandtschaft unter den vier Kegelschnitten[297]

Der Parameter $p > 0$ in der Scheitelgleichung, der als *Scheitelkrümmungskreisradius* bezeichnet wird, stellt die Krümmung der vier Kegelschnitte im Scheitelpunkt *S* (Koordinatenursprung) dar. ε ist die *numerische Exzentrizität* und gibt das Ausmaß der Abweichung von der Kreisform an. Ist sie gleich Null (ε = 0), dann liegt ein Kreis vor. Liegt sie dagegen zwischen 0 und 1, handelt es sich um eine Ellipse (Abb. 127).

[297] https://de.wikipedia.org/wiki/Kegelschnitt

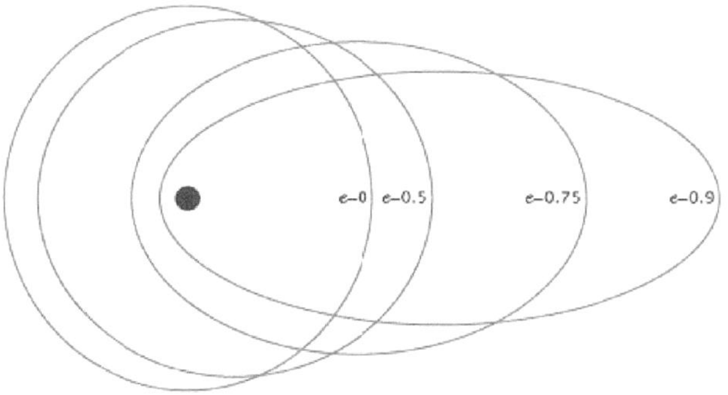

Abb. 127: Abweichung von der Kreisform in Abhängigkeit von ε

Bei $\varepsilon = 1$ liegt eine Parabel und bei $\varepsilon > 1$ eine Hyperbel vor.

Kegelschnitte als Planetenumlaufbahnen

Dass die Kegelschnitte bei der Beschreibung der Umlaufbahnen von Planten um die Sonnen sehr nützlich sein können, wurde bereits im Jahre 1678 von dem englischen Physiker, Mathematiker und Astronomen Isaac Newton (1642–1726) gezeigt. Bei der Formulierung seines universellen Gravitationsgesetzes wies er darauf hin, dass ein Planet mit der Masse m, der sich im Abstand r von der Sonne (Masse M) befindet, unter dem Einfluss der Gravitationskraft F:

$$F = G\frac{m\ M}{r^2} \qquad \text{G: Gravitationskonstante}$$

einer Umlaufbahn folgt, die einem der vier Kegelschnitte entspricht.

An dieser Stelle sei darauf hingewiesen, dass man mithilfe des Gravitationsgesetzes die Anziehungskraft $F = F_1 = F_2$, die die Sonne auf die Erde ausübt (Abb. 128), berechnen.

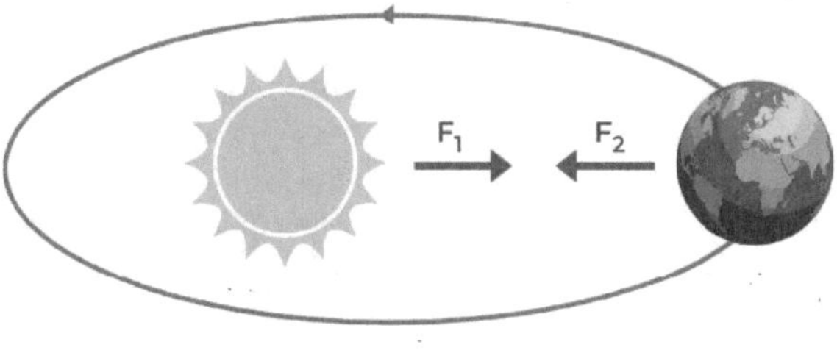

Abb. 128: Berechnung der Anziehungskraft F der Sonne auf die Erde

Die Größen, die in die Gleichung eingesetzt werden müssen, sind:

Die Gravitationskonstante: $G = 6{,}67 \times 10 - 1^{1}\ m^{2}/kg^{2}$.

Die Masse der Erde: $m = 6 \times 10^{24}$ kg

Die Masse der Sonne: $M = 2 \times 10^{30}$ kg

Der mittlere Abstand[298] der Erde zur Sonne: $r = 1{,}5 \times 10^{11}$ m

$$F = \frac{6.67 \times 10^{-11} \times (6 \times 10^{24}) \times (2 \times 10^{30})}{(1.5 \times 10^{11})^{2}} = 3.557 \times 10^{22}\ N$$

N steht für Newton. Der Name wurde 1913 auf der 5. Generalkonferenz für Maß und Gewicht (CGPM) als Maßeinheit für Kraft vorgeschlagen.

Zur Veranschaulichung dieser enormen Kraft sei gesagt, dass 1 N auf der Erdoberfläche etwa 0,1 kg Gewicht entspricht. Demnach bedeutet die Kraft von 10^{22} N etwa 10^{21} kg Gewicht! Da die Sonne etwa die 333.000-fache Masse der Erde besitzt, liegt der Schwerpunkt des Systems Sonne-Erde zwar im Inneren der Sonne, jedoch nicht in ihrem Zentrum.

Ein Vergleich der numerischen Exzentrizitäten von Venus ($\varepsilon = 0{,}007$), Erde ($\varepsilon = 0{,}017$)[299] und Mars ($\varepsilon = 0{,}093$) zeigt, dass ihre Umlaufbahnen eigentlich nahezu kreisförmig ($\varepsilon = 0$) sein müssten. Durch den Sonnenwind und den gravitativen Einfluss anderer Planeten und Meteore werden jedoch ihre *Umlaufbahn*en soweit gestört, dass sie, wie bereits erwähnt, fast elliptische Gestalten annehmen. Ähnliche Störungen scheinen auch dafür verantwortlich zu sein, dass die numerische Exzentrizität des Planeten Merkur ($\varepsilon = 0{,}206$) wesentlich größer ist als die der anderen inneren Planten (Venus, Erde, Mars) und infolgedessen eine ausgeprägte elliptische Umlaufbahn[300] (Abb. 129) besitzt.

---

[298] Der mittlere Abstand der Erde zur Sonne beträgt 149.597.870 Kilometer. Dieser Abstand ist als die Astronomische Einheit (AE) festgelegt, um Entfernungen innerhalb des Sonnensystems damit anzugeben. Die Entfernung der Erde zur Sonne beträgt somit 1 AE.

[299] Die Exzentrizität der Erdumlaufbahn beträgt derzeit 0,017, das bedeutet, dass der Unterschied zwischen Perihel (dem dichtesten Punkt zur Sonne) und Aphel (dem sonnenfernsten Punkt) etwa 3% beträgt. Sie variiert aber im Laufe der Zeit aufgrund der Gravitationswechselwirkung mit anderen Himmelskörpern. Der Exzentrizitätswert kann zwischen 0,0034 und 0,058 liegen.

[300] Eine weit gestrecktere Ellipsenbahn ($\varepsilon = 0{,}968$) besitzt der bekannte Halleysche Komet, der nach seinem Entdecker, dem englischen Astronomen Edmond Halley (1656–1742), benannt ist. Demzufolge hat dieser Komet eine Periode (Sonnenumlauf) von 75 bis 77 Jahren (die unterschiedlichen Perioden werden dem Einfluss des Jupiters zugeschrieben).

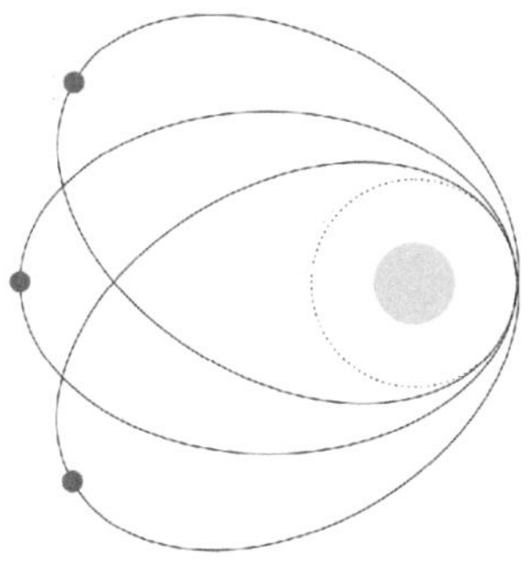

Abb. 129: Umlaufbahn des Planeten Merkur um die Sonne

Ergänzend sei noch gesagt, dass die Umlaufgeschwindigkeit v eines Himmelskörpers die Form seiner Umlaufbahnen beeinflusst. Sie ist die Geschwindigkeit, bei der die Gravitationskraft durch die Zentripetalkraft ausgeglichen wird, und hängt wie folgt von der Größe $u = \sqrt{(GM/r)}$ ab:

$v = u$:	kreisförmige Umlaufbahn
$u < v < u\sqrt{2}$:	parabolische Umlaufbahn
$v > u\sqrt{2}$:	hyperbolische Umlaufbahn

Himmelskörper, die sich schnell bzw. sehr schnell bewegen, vollführen parabolische bzw. hyperbolische Flugbahnen (Abb. 130).

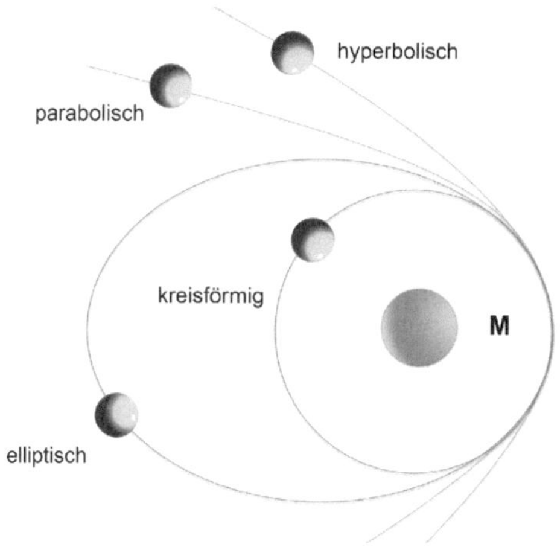

Abb. 130: Mögliche Umlauf- bzw. Flugbahnen von Himmelskörpern um die Sonne

Parabolische bzw. hyperbolische Flugbahnen sind bei den meisten Kometen der Fall. Diese erreichen solche Flugbahnen, da ihre Geschwindigkeit größer ist als die so genannte Fluchtgeschwindigkeit

$$v_e = \sqrt{\frac{2GM}{r}},$$

die ein Objekt haben muss, um einem anderen Objekt in einer bestimmten Entfernung zu entkommen.[301]

Die Tatsache, dass die acht Planeten Merkur, Venus, Erde, Mars, Jupiter, Saturn, Uranus und Neptun das Solarsystem nicht verlassen, ist ein direkter Beweis dafür, dass sie elliptische Umlaufbahnen besitzen.

Die Entstehung eines Meisterwerks

Khayyam verfasste zwei wichtige und richtungweisende Abhandlungen über Algebra als er noch kaum älter als 25 war. In der ersten kurzen und undatierten Abhandlung, deren Titel: „*Risālah fī qismah rub' al-dāirah*"[302] (Abhandlung über die Teilung des Kreisquadranten) lautete, befasste er sich mit einem geometrischen Problem (Teilung eines Kreisbogens), das er in eine kubische Gleichung überführte und anschließend mithilfe von Kegelschnitten löste. In dieser Abhandlung kündigte er seine Absicht an, in naher Zukunft alle kubischen Gleichungen in gebührender Weise anzugehen und bemerkte:

»Sollte mir Zeit und Glück gegönnt werden, so werde ich alle vierzehn Gattungen [der kubischen Gleichungen] in allen ihren Erscheinungsformen und Varianten in einer gesonderten Abhandlung zusammentragen und behandeln. Dabei werde ich die möglichen Fälle von den unmöglichen [das heißt: die lösbaren Gleichungen von den unlösbaren] unterscheiden, so dass eine Abhandlung zustande kommt, die die wichtigsten Prinzipien und Lemmata

---

301 Dies gilt im Übrigen auch für einen Satelliten, der sich beispielsweise 10.000 km von der Erde entfernt befindet. Für diese Entfernung gibt es einen bestimmten Fluchtgeschwindigkeitswert. Bewegt sich der Satellit langsamer als dieser Wert, tritt er in eine elliptische Umlaufbahn um die Erde ein; bewegt er sich genauso schnell, erreicht er eine parabolische Flugbahn und entkommt die Erde. Bewegt er sich noch schneller, dann wird er eine hyperbolische Flugbahn um die Erde vollführen und irgendwann das Gravitationsfeld der Erde verlassen.

302 "رسالة فى قسم ربع الدايرة"

[Hilfssätze bei einer Beweisführung] enthält, die für diese Kunst [Algebra] von großer Nützlichkeit sind.«[303]

Kurz nach dem Verfassen dieser Abhandlung, von der ein älteres Manuskript heute in der Zentralbibliothek der Universität Teheran aufbewahrt wird, schrieb Khayyam eine zweite und längere über Algebra, in der er in der Tat – neben der Behandlung der Gleichungen 1. und 2. Grades – vierzehn verschiedene Gleichungen 3. Grades untersuchte und Wege zu ihrer Lösung mittels Kegelschnitte aufzeigte. Diese Abhandlung verschwand jedoch später von der Bildfläche und galt mehrere Jahrhunderte als verschollen, bis etwa Mitte des 18. Jahrhunderts ein Manuskript in den Niederlanden auftauchte, das sich bald als eine Kopie der verschollenen zweiten Abhandlung Khayyams erwies.

Im Folgenden wird zunächst die erste Abhandlung Khayyams über Algebra erörtert.

Khayyams erste Abhandlung über Algebra

Wie bereits erwähnt, beschäftigte sich Khayyam in seiner ersten Abhandlung über Algebra mit einem geometrischen Problem, welches darin bestand, den Bogen eines Viertelkreises in einer bestimmten Weise zu teilen. Er wollte untersuchen, ob es möglich sei, einen kreisförmigen Quadranten so in zwei Abschnitte zu teilen, dass die vom Teilungspunkt zu den senkrechten Durchmessern des Kreises projizierten Liniensegmente ein bestimmtes Verhältnis bilden.[304]

Khayyams Vorgehensweise bei der Behandlung dieses Problems lässt sich wie folgt kurz umreißen. Er verwendete mehrere Kurvenkonstruktionen, um so zu einer kubischen Gleichung zu gelangen, die er mithilfe von Kegelschnitten lösen konnte. Die von ihm so entwickelte Gleichung enthielt sowohl kubische als auch quadratische Terme.

Abb. 131 zeigt zwei Seiten der Abhandlung, auf denen das von ihm formulierte Problem zu erkennen ist.

---

303 Mossaheb, G.H.: „*Omar Khayyam as an Algebraist*“ (in persischer Sprache), Bahman Printing, Teheran, 1960. S. 269, 323.

304 Sowohl eine englische als eine deutsche Übersetzung dieser Abhandlung liegen bereits vor; siehe: Amir-Moéz, A.: „*A paper of Omar Khayyam*“, Scripta Mathematica 26(4) (1961), 323–337.
Sebastian Linden: „*'Umar Ḫayām: Abhandlung über die Teilung eines Viertelkreises*“, Math Semesterber (2012) 59:103–125.

Abb. 131: Die erste Seite der ersten Abhandlung Khayyams

Wörtlich heißt es dort:

»Wir wollen ein Viertel von AB des Kreises ABCD durch einen Punkt G in zwei Teile teilen, sodass, wenn GH senkrecht zum Durchmesser BD gezeichnet wird, das Verhältnis von AE zu GH das gleiche ist wie EH zu EB. Der Punkt E ist der Mittelpunkt des Kreises und AE ist die Hälfte seines Durchmessers.«

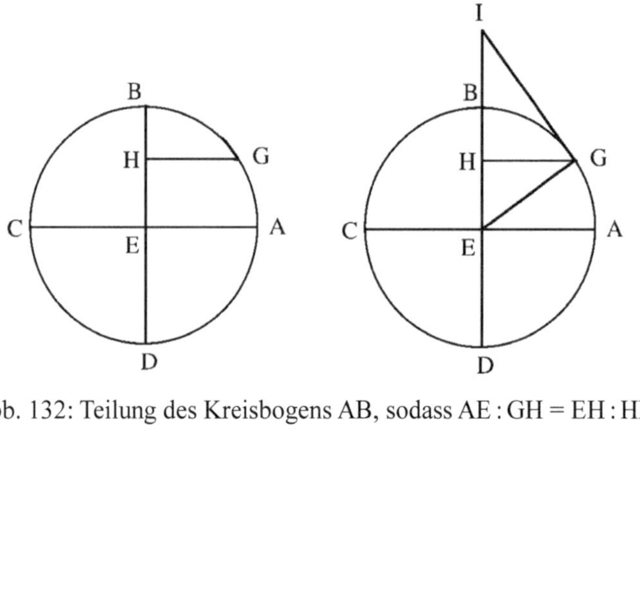

Abb. 132: Teilung des Kreisbogens AB, sodass AE : GH = EH : HB

Gegeben sei ein Kreis mit dem Mittelpunkt E und dem Radius AE (Abb. 132, links). Der Punkt G ist so auf dem Kreisbogen AB so zu wählen und die Senkrechte GH so zu errichten, dass AE : GH = EH : HB.[305]

Durch den Punkt G wird die Tangente GI an den Kreis gezeichnet (Abb. 130, rechts). Die Gerade EB wird so weit verlängert, bis sie die Tangente im Punkt I schneidet. Nun werden die beiden Punkte G und E miteinander verbunden. In dem rechtwinkligen Dreieck EGI wird von G aus das Lot GH auf die Hypotenuse EI gefällt. Aufgrund der Ähnlichkeit der beiden rechtwinkligen Dreiecke EGH und HGI gilt: EH : HG = HG : HI. Hieraus ergibt sich [gemäß dem Höhensatz in einem rechtwinkligen Dreieck]: $HG^2 = EH \times HI$.

Anmerkung: Der nach Euklid benannte Höhensatz beschreibt die in einem rechtwinkligen Dreieck ABC bestehende Beziehung zwischen der Hypotenuse AB und der Höhe h (Abb. 133). Die Höhe h teilt die Hypotenuse c in zwei Abschnitte: $c = p + q$. Es gilt: $h^2 = p \times q$.

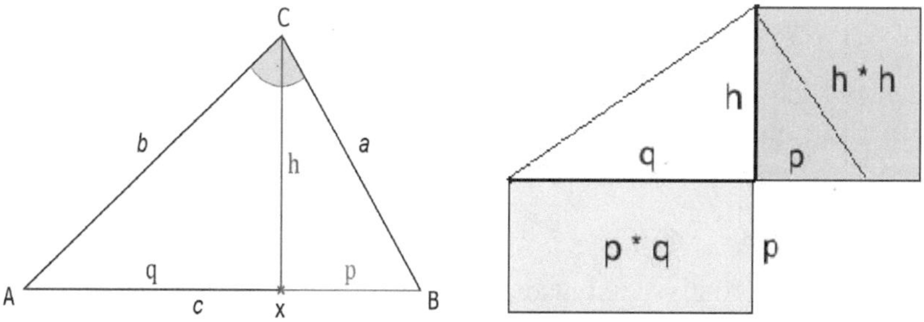

Abb. 133: Höhensatz im rechtwinkligen Dreieck

Aus den beiden rechtwinkligen Dreiecken AXC und BXC erhält man gemäß dem Satz von Pythagoras

$$h^2 = b^2 - q^2 \text{ und } h^2 = a^2 - p^2$$

$$2h^2 = a^2 + b^2 + p^2 + q^2 = c^2 - p^2 - q^2 = (p + q)^2 - p^2 - q^2 = 2pq$$

$$h^2 = p \times q$$

[305] Sebastian Linden: „*'Umar Ḫayām: Abhandlung über die Teilung eines Viertelkreises*“, Math Semesterber (2012) 59:103–125.

Aus demselben Grund ist HG^2 ist im rechtwinkligen Dreieck GBD gleich DH×HB. Das bedeutet wiederum, dass

$$DH \times HB = EH \times HI \text{ bzw. } HD : EH = HI : HB.$$

Durch Zerlegung erhält man:

$$ED : EH = BI : BH.$$

Gemäß Annahme gilt

$$AE : GH = EH : BH.$$

Durch Umstellung erhält man

$$AE : EH = GH : HB.$$

Auf der anderen Seite ist

$$DE : EH = BI : BH$$

bzw.

$$GH : HB = BI : HB.$$

Bekanntlich gilt es, dass Größen, deren Verhältnis zu ein und demselben Ding gleich ist, selber auch gleich sind. Infolgedessen GH = BI, und da GE = EB, ist die Summe

$$EG + GH = EI.$$

Die bisherige Analyse hat also auf ein rechtwinkliges Dreieck geführt, in dem die Hypotenuse gleich einer dem rechten Winkel anliegenden Seite plus der in diesem Winkel auf der Hypotenuse errichteten Senkrechten ist. Deshalb wird das Dreieck ABC in Abb. 134 so gezeichnet, dass der Winkel B ein rechter ist; nun wird durch B die Senkrechte BD auf AC errichtet. Es wird angenommen, dass gemäß der obigen Analyse

$$AB + BD = AC.$$

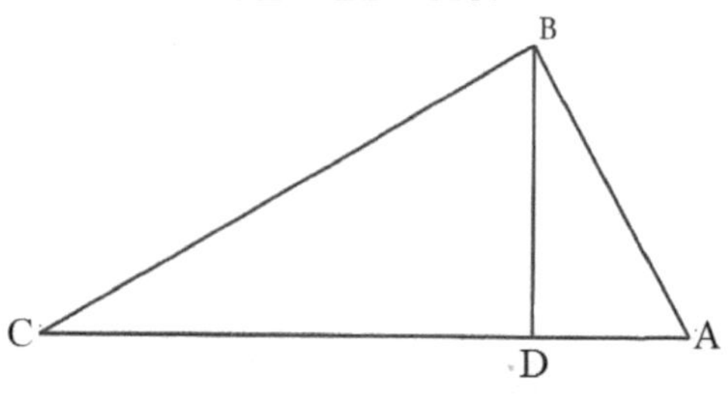

Abb. 134: Rechtwinkliges Dreieck → AB + BD = AC

Angenommen AD sei von rationaler Länge und gleich der Zahl 10, und BD sei die Unbekannte x. Multipliziert man 10 mit sich selbst, erhält man die Zahl 100. Multipliziert man x mit sich selbst, erhält man x^2. Die Addition von 100 und x^2 führt in dem rechtwinkligen Dreieck ABC zu dem Ergebnis, dass $100 + x^2 = AB^2$.

Aufgrund der Ähnlichkeit der beiden Dreiecke ABC und ABD gilt:

$$AC : AB = AB : AD.$$

Hieraus ergibt sich wiederum, dass

$$AC \times AD = AB^2 \text{ bzw. } AC \times AD = 100 + x^2.$$

Wenn man diese Gleichung durch AD teilt, erhält man

$$AC = 10 + (1/10)x^2.$$

Die ursprüngliche Annahme war aber, dass $AB + BD = AC$. Es gilt also:

$$AB + BD = 10 + (1/10)x^2.$$

Wenn man nun BD (das heißt die Unbekannte x) abzieht, erhält man:

$$AB = 10 + (1/10)x^2 - x.$$

Dieser Ausdruck multipliziert mit sich selbst ergibt:

$$100 + 3x^2 + (1/100)\, x^4 - 20x - 1/5x^3 = 100 + x^2.$$

Hieraus kann abgeleitet werden, dass

$$2x^2 + 1/100x^4 = 20x + 1/5x^3.$$

Das Dividieren der beiden Seiten dieser Gleichung durch die Unbekannte x führt zu

$$2x + 1/100x^3 = 20 + 1/5x^2$$

bzw.

$$x^3 + 200x = 20x^2 + 2000$$

Nachdem Khayyam zu diesem Ergebnis gelangt war, argumentierte er, dass diese Gleichung wegen des Terms x^3 nicht mit den üblichen Mitteln der ebenen Geometrie gelöst werden könne. Hierfür benötige man, so Khayyam, die Kegelschnitte. Zu diesem Zweck zog er den Kreis ABCD mit dem Mittelpunkt E in Betracht (Abb. 135, links), in dem es gilt: $AE : GH = EH : HB$.

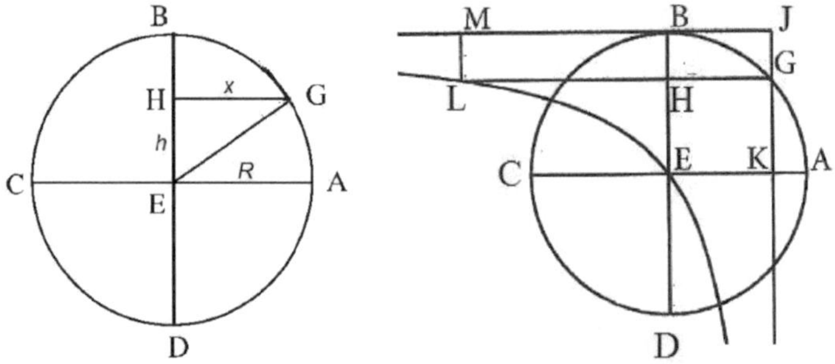

Abb. 135: Zur Lösung der Gleichung $x^3 + 200x = 20x^2 + 2000$

Er zeichnete die beiden Senkrechten KGJ und JBM ein und konstruierte das Rechteck JMLG, indem er die Gerade BM = AE einzeichnete (Abb. 135, rechts).

Da AE : GH = EH : HB und BM = AE ist, gilt:

$$\text{BM} : \text{GH} = \text{EH} : \text{HB}, \text{ und } \text{BM} \times \text{HB} = \text{GH} \times \text{EH}.$$

Das Produkt BM × HB ist gleich der Fläche des Rechtecks BMLH, und das Produkt GH × EH ist gleich der Fläche des Rechtecks GHEK; die Rechtecke BMLH und GHEK sind demnach gleich groß. Fügt man den beiden Rechtecken das Rechteck JBHG hinzu, dann ist das Rechteck JBEK mit dem Rechteck JMLG flächengleich. Konstruiert man nun eine Hyperbel, die keine der beiden Geraden KJ und JM berührt und durch den Punkt E geht, dann geht sie notwendigerweise durch den Punkt L (Khayyam diskutierte anschließend ausführlich die weiteren Details, auf deren Wiedergabe hier verzichtet wird.)

Die Forderung Khayyams nach der Teilung des Kreisbogens AB dergestalt, dass AE : GH = EH : HB ist, kann man als GH : AE = HB : H umschreiben. Gemäß Annahmen sind GH = x, HB = R und HB = h. Damit lässt sich das Verhältnis wie folgt angeben:

$$\frac{x}{R} = \frac{R-h}{h}$$

Die Anwendung des Satzes von Pythagoras im rechtwinkligen Dreieck HGE (Abb. 135, links) führt zu $R^2 = h^2 + x^2$. Durch Eliminierung von R erhält man

$$x^3 - 2hx^2 + 2h^2x - 2h^3 = 0.$$

Für $h = 10$ erhält man

$$x^3 - 20x^2 + 200x - 2000 = 0,$$

oder

$$x^3 + 200x = 20x^2 + 2000.$$

Dies ist genau identisch mit der von Khayyam entwickelten kubischen Gleichung.[306]

Khayyams Vorgehensweise bei der Lösung der kubischen Gleichung $x^3 + 200x = 20x^2 + 2000$ mithilfe einer Hyperbel und eines Kreises kann man heute in moderner Notation mit der Hyperbel $xy = 100\sqrt{2}$ und dem Halbkreis $(x + 15)^2 + (y + 10\sqrt{2})^2 = 5^2$ behandeln.

Es sei am Rande erwähnt, dass Khayyam die Gleichung $x^3 - 2hx^2 + 2h^2x - 2h^3 = 0$ unter der Annahme $h = 1$ in $x^3 - 2x^2 + 2x - 2 = 0$ bzw. $x^3 + 2x = 2x^2 + 2$ überführte sie und mithilfe seiner erprobten Methode löste.

Khayyams zweite Abhandlung über Algebra

Omar Khayyam war noch ein junger Mann, als sein Ruf als ein vielversprechender Mathematiker über die Grenzen seiner Geburtsstadt Nischapur hinausging. So wurde er von Abū Tāhir, dem höchsten Richter am Obersten Gericht von Samarkand (heute in Usbekistan), eingeladen, sich in seinem Landhaus niederzulassen und seinen mathematischen Arbeiten zu widmen. Offensichtlich war diese Einladung ein willkommener Anlass für den jungen Mathematiker, seine Heimatstadt Nischabur zu verlassen, denn er schrieb später im Vorwort zu seiner zweiten Abhandlung über Algebra:

»Ich war nicht in der Lage, mich dem Erlernen dieser Algebra und der fortgesetzten Konzentration darauf zu widmen, da mich Hindernisse in den Unwägbarkeiten der Zeit behinderten.«

Mit Bezug auf die allgemeine Ignoranz, die im Allgemeinen der Wissenschaft entgegengebracht wurde, beklagte er sich gleich am Anfang seines Werkes:

---

306 Das Problem der Teilung des Bogens eines Viertelkreises wird auch in den folgenden drei Quellen behandelt, allerdings auf eine andere Art und Weise als hier.
H.W. Alten und co-Autoren: „*4000 Jahre Algebra: Geschichte. Kulturen. Menschen*“, Springer Verlag Berlin Heidelberg 2003, S. 180–181.
Wolfdieter Lang: „*A Geometrical Problem of Omar Khayyám and its Cubic*“, https://www.itp.kit.edu/~wl/EISpub/A256099.pdf
Wassim Hassan; „*Omar Khayyam*“, http://kobotis.net/math/MathematicalWorlds/Fall2015/131/Projects/Biography/Khayyam.pdf

»Den meisten Menschen sind alles Wissen beraubt worden, abgesehen von einer kleinen Gruppe, deren Anliegen es im Leben ist, trotz aller Schwierigkeiten sich der Wissenschaft zu widmen. Ihre Zahl ist so gering, wie ihr Leiden groß ist. Diese kleine Gruppe von Menschen hat die Härte des Geschicks gemeinsam auferlegt, sich, solange sie leben, der Vervollkommnung und Erforschung der Wissenschaft allein zu widmen. Die meisten Menschen aber imitieren die Philosophen und verwechseln das Wahre mit dem Falschen. Sie tun nichts anderes als Wissen zu täuschen und vorzutäuschen und verwenden das, was sie über die Wissenschaften wissen nur für materielle Zwecke; und wenn sie eine bestimmte Person sehen, die nach dem Recht sucht und die Wahrheit bevorzugt und ihr Bestes tut, um das Falsche und Unwahre zu widerlegen und Heuchelei und Betrug beiseite zu lassen, verspotten sie sie und machen sie zum Narren.«[307]

In Hause Abū Tāhirs, der zu den angesehensten und einflussreichsten Männern seiner Zeit zählte, fand Khayyam die ersehnte Atmosphäre der Ruhe und Geborgenheit und konnte ungestört seinen mathematischen Neigungen nachgehen. Nach drei Jahren intensiver Arbeit legte er eine (zweite) Abhandlung über Algebra vor, die eine systematische Übersicht über alle algebraischen Gleichungen, insbesondere Gleichungen 3. Grades und ihre allgemeinen Lösungen enthielt. Dieses Meisterwerk, das seinen Autor schon zu Lebzeiten zu einer Legende machte, eignete er Abū Tāhir, seinem Gönner und Mäzen zu.

Die zweite Abhandlung verschwindet!

Das bahnbrechende Werk Khayyams über Algebra, welches nach seinem Tode oft von seinen Zeitgenossen und den Geschichtsschreibern mit großem Lob erwähnt wurde, verschwand jedoch in den Wirrnissen der folgenden Jahrhunderte urplötzlich von der Bildfläche und galt lange Zeit als verschollen. Die Ursache für Abhandenkommen des Werkes waren die schicksalhaften Vorkommnisse, die nach der Ermordung des Großwesirs Nizām al-Mulk und dem mysteriösen Tod Malik Schahs im Jahre 1092 Persien in seinen Grundfesten erschütterten. Abgesehen von den endlosen internen Fehden zwischen Malik Schahs Söhnen und den rivalisierenden Herrscherfamilien, die ihre angeblichen oder tatsächlichen Machtansprüche durchsetzen wollten, waren es vor allem die verheerenden Überfälle von Dschingis Khan ab 1219 und Timur in den 1380er und 1390er Jahren, die Persien an den Rand des Ruins trieben.

[307] Mossaheb, G. H., op. cit., S. 269.

Der Mongolensturm unter Dschingis Khan

1219, also kaum hundert Jahre nach Khayyams Tod, näherte sich Dschingis Khan (1162–1227) an der Spitze einer Riesenarmee mongolischer Krieger den Grenzen Persiens und ein Jahr später begann er mit der Eroberung einzelner Landesgebiete. 1221 schickte er seinen Sohn[308] Tolui Khan an der Spitze einer Strafexpedition nach Khorasan, weil sich die Menschen in einigen Städten jener Region über die Gewalttaten der Mongolen empört hatten, und in Nischabur die aufgebrachte Bevölkerung im November 1220 den Schwager von Tolui Khan getötet hatte. Nachdem Tolui Khan die Stadt Merv erobert und zerstört hatte, begab er sich nach Nischapur. Die Stadt fiel nach nur drei Tagen, und ihre Einwohner wurden in die Ebene evakuiert, wo sie auf Geheiß Tolui Khans massakriert wurden, oder wie es in den Geschichtsbüchern steht:

»Tolui brachte jedes Lebewesen in der Stadt mit dem Schwert um, einschließlich die Katzen und Hunde, während die Witwe Toquchars [des Schwagers von Tolui Khan] das Gemetzel überwachte.«

Der zur Mongolenzeit lebende persische Historiker ʿAtā-Malik Dschuwainī (1226–1283) und Autor des berühmten Werks „*Geschichte des Welteroberers*“[309] schrieb über das von den Mongolen begangene Genozid in der Stadt Nischabur:

»Sayyid ʿEzzeddin Nassaba, ein ehrwürdiger Nachkomme des Propheten, war mit einer Gruppe von Menschen dreizehn Tage lang damit beschäftigt, die Toten zu zählen, die zu zehntausenden überall herumlagen. Sie berücksichtigten nur diejenigen Toten, die deutlich sichtbar waren, und ließen diejenigen außer Acht, die in Löchern und Hohlräumen, in den Dörfern und Wüsten getötet worden waren. Dabei fiel ihm der folgende Vierzeiler Omar Khayyams ein:

ترکیب پیاله ای که در هم پیوست
بشکستن آن روا نمی دارد مست
چندین سر و پای نازنین از سر دست
از مهر که پیوست و به کین که شکست

---

[308] Es wird vermutet, dass Dschingis Khan etwa 500 Zweitfrauen hatte, und die Gesamtzahl seiner Nachkommen wird als extrem hoch beziffert. Einige Quellen deuten darauf hin, dass er Hunderte von Kindern gehabt haben könnte. Die Namen aller seiner Frauen und die genaue Anzahl seiner Kinder sind nicht vollständig dokumentiert, aber seine produktive Zeugung hat ein bleibendes Erbe hinterlassen: Schätzungsweise sind heute 16 Millionen Menschen seine Nachkommen.

[309] “تاریخ جهانگشای”

Die Teile des Pokals, die sich zusammenfügten,
unziemlich fände es der Trunkene, sie zu zerbrechen:
So viele zarte Köpfe, Beine, Hände,
welche Liebe band sie, welcher Haß zerschlug sie?«[310]

Während der Besatzung Persiens machten Dschingis Khans Krieger alles dem Boden gleich, was ihnen im Wege stand. Dem Mongolenführer gelang es, im Laufe der nächsten zehn Jahre seine unangefochtene Herrschaft über ganz Persien sicherstellen (Abb. 136).

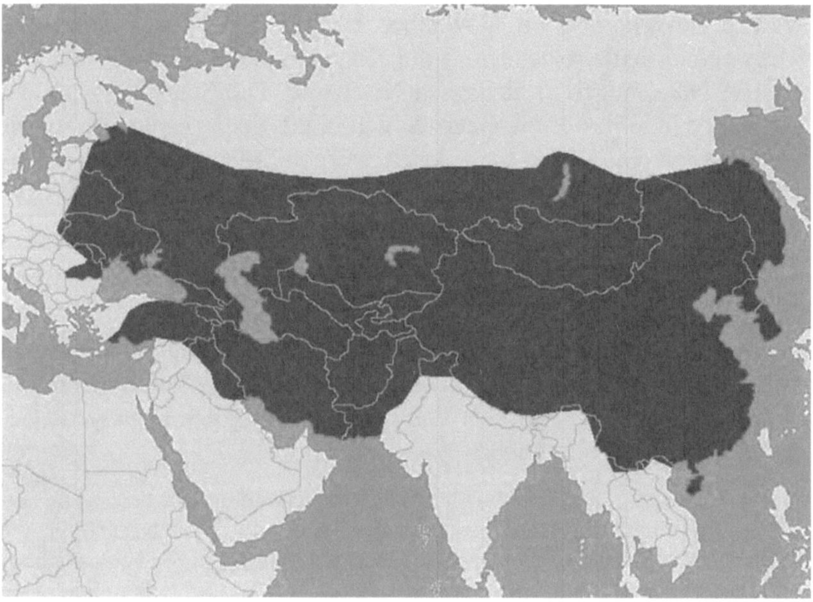

Abb. 136: Dschingis Khans Territorium um 1279[311]

Es ist eine Herausforderung für die menschliche Phantasie, sich vorzustellen, welch chaotische Zustände nach der mongolischen Invasion in Persien herrschten; ganz zu schweigen von dem unbeschreiblichen Leid und Elend der Menschen.

[310] Aus: „*Wie Wasser strömen wir. Die Rubaijat des Omar Chajjam*". Ins Deutsche übertragen von Cyrus Atabay. Verlag Eremiten-Presse, Düsseldorf, 1984, Nr. 43.

[311] https://www.mongoleireisen.de/dschingis-khan-barbar-held

Die Invasion der Goldenen Horde unter Timur

Kaum hatte sich die leidgeprüfte Bevölkerung Persiens von der furchtbaren Katastrophe infolge der Invasion Dschingis Khans etwas erholen können, musste sie wieder mit schreckgeweiteten Augen zusehen, wie das Land ein weiteres Mal in Schutt und Asche gelegt wurde. Dieses Mal waren es Timur und seine Goldene Horde[312], die ein noch schlimmeres Unheil anrichten sollten.

Nach Dschingis Khans Tod teilte sich sein Herrschaftsgebiet in vier separate Khanate[313] auf: das Khanat der Goldenen Horde in Russland, das Ilkhanat in Persien, das Chagatai Khanat in Zentralasien und das Yuan Khanat in China (Abb. 137).

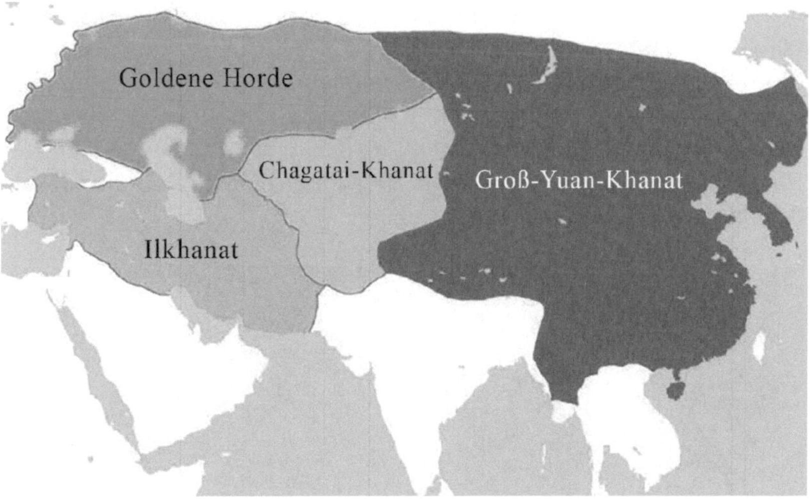

Abb. 137: Zerfall des Dschingis Khans Territoriums[314]

Nach der Gründung der Goldenen Horde wurde sie von zwei getrennten Flügeln gemeinsam regiert: Der rechte Flügel im Westen ging an Batu Khan, einen Enkel Dschingis Khans, der linke im Osten an sei-

[312] Mit der Bezeichnung Goldene Horde hat es folgende Bewandtnis: In der mongolischen Militärkultur wurden militärische Fraktionen, Ortsnamen oder Gruppen mit Farben gekennzeichnet.

[313] Khanat ist die Bezeichnung für die historischen Staatsgebilde der mongolischen Stämme im Sinne eines mittelalterlichen Feudalstaates. Sie wurden von einem Khan (oder Chan) regiert, woher auch der Name rührt. (Wikipedia. Die freie Enziklopädie)

[314] https://www.northcoastjournal.com/humboldt/the-golden-horde/Content?oid=21448232

nen Halbbruder Berke Khan. Später gelang es Timur und seinen Truppen, Sarai (persisch: Haus, Wohnsitz), die Hauptstadt der Goldenen Horde zu plünderten und zu zerstörten.

Timur wurde wahrscheinlich im Jahre 1336 in Transoxanien in der Nähe der Stadt Kesh (dem heutigen Shahrisabz = persisch: die Grüne Stadt) in Usbekistan geboren. Er war kein Nachkomme von Dschingis Khan und konnte deshalb auch den Titel Khan nicht beanspruchen. Dieser Umstand war seiner Legitimität abträglich und eine der größeren Herausforderungen, denen er sich während seines Aufstiegs gegenübersah. Um die Legitimität seiner Herrschaft zu sichern, unternahm er alles, um sich irgendwie mit Dschingis Khan in Verbindung zu bringen. So heiratete er eine Nachkommin Dschingis Khans, nachdem er 1370 in Transoxanien an die Macht gekommen war, und beanspruchte danach den Titel Kuragan (königlicher Schwiegersohn von Dschingis).

Timurs Hauptziel war es, das mongolische Reich wiederaufzubauen. Mit der Vernichtung von geschätzten 17 Millionen Menschenleben erreichte er auch schließlich sein Ziel und errichtete sein eigenes Riesenreich. Abb. 138 zeigt sein Herrschaftsgebiet. Darin sind auch die Grenzen des heuten Irans zu sehen.

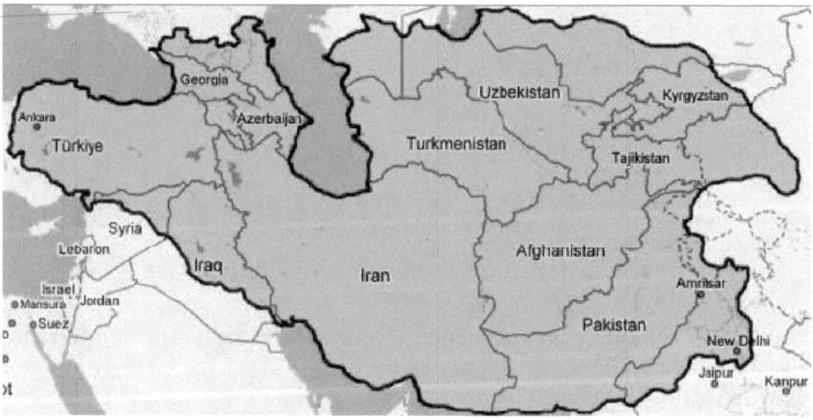

Abb. 138: Timurs Imperium[315]

Mit der Eroberung des Südens von Khorasan und anschließend des Mittel- und West-Persiens begann Timur 1380, etwa 180 Jahre nach dem verheerenden Überfall Dschingis Khans. Seinen zahlreichen Kriegern gelang es, innerhalb weniger Jahre seine schrecklichen Absichten in die Tat umzusetzen, die darin bestanden, alles Lebendige in den er-

[315] https://owlcation.com/humanities/40-Facts-about-Tamerlane-Timur-the-Lame

oberten Gebieten, wie beispielsweise in Nischapur, auszurotten. Besonders berühmt wurde das Massaker der Einwohner von Isfahan im November 1387. Unmittelbar nach der Eroberung der Stadt erging der Befehl an die Soldaten, die abgetrennten Köpfe der Bevölkerung zu sammeln und sie außerhalb der Stadtmauern in Pyramiden zu stapeln. Es wird berichtet:

»Auf der einen Seite zählte man achtundzwanzig aus Köpfen errichtete Pyramiden, deren jede eintausend bis zu zweitausend Schädeln enthielt. Und auf der anderen Seite der Stadt sah es genauso aus.«

Der bekannte persische Geschichtsschreiber Hāfez Abrū (gestorben in 1430) berichtete über die 28 Schädeltürme und schätzte die Anzahl der getöteten Menschen aus Isfahan auf mindestens 70.000.

Das Ausmaß der durch Dschingis Khan und Timur herbeigeführten Zerstörungen in Persien lag jenseits der Vorstellungskraft der zeitgenössischen Historiker und Geschichtsschreiber, die erst später darüber berichteten. Hier zwei Beispiele:

»Jemand war nach dem Ereignis aus Bukhārā geflohen und nach Khurāsān gekommen. Sie fragten ihn nach den Umständen von Bukhārā. Er sagte: „Sie kamen, gruben aus, verbrannten, töteten, plünderten und gingen.«

'Atā-Malik Dschuwainī (1226–1283): „*Geschichte des Welteroberers*“

«یکی از بخارا پس از واقعه گریخته و به خراسان آمد. حال بخارا ازو پرسیدند گفت آمدند و کندند و کشتند و بردند و رفتند.»

عَطامَلِک جوینی: ”تاریخ جهانگشای“

»Es besteht kein Zweifel, dass die Zerstörung, die bei der Entstehung des mongolischen Staates geschah, und das allgemeine Massaker, das sich damals ereignete, in tausend Jahren nicht repariert werden wird, selbst wenn kein anderes Unglück eintritt; und die Welt wird nicht in den Zustand zurückkehren, in dem sie vor diesem Ereignis war.«

Hamdallāh Mostaufī (1281–1344): „*Amüsement der Herzen*“

«شک نیست که خرابی که در ظهور دولت مغول اتفاق افتاد و قتل عام که در آن زمان رفت اگر تا هزار سال دیگر هیچ حادثه واقع نشدی هنوز تدارک پذیر نبودی و جهان بدان حال اول نرفتی که پیش از آن واقعه بود.»

حمدالله مستوفی:
”نزهت القلوب“

Es muss während dieser wilden und schrecklichen Zeiten gewesen sein, dass die zweite, längere Abhandlung Khayyams über Algebra wie viele andere Bücher und zahlreiche Kulturgüter verloren ging.

Die ersten Handschriften tauchen auf!

Laut „*Oxford Enzyklopädie für Philosophie und Wissenschaft im Islam*“ aus dem Jahre 2014 war Khayyams (zweite) Abhandlung über Algebra während des ganzen Mittelalters in Europa bekannt. Wörtlich heißt es dort:

»Dieses Werk über Algebra war während des ganzen Mittelalters allgemein bekannt. Es ist einer der ersten Versuche, Gleichungen vom Typ x^2 und x^3 zu klassifizieren und zu diskutieren.«[316]

Diese Verlautbarung gibt Anlass zu der Vermutung, dass Abschriften von Khayyams zweite Abhandlung über Algebra auf wundersame Weise nach Europa gelangt waren. Einen ersten konkreten Hinweis hierüber lieferte der flämische Mathematiker Simon Stevin (1548–1620), der in seinem im Jahre 1585 veröffentlichen Buch „*L'Arithmétique*“ namentlich einen gewissen Umar al-Khayyāmi erwähnte, der kubische Gleichungen mithilfe von Kegelschnitten gelöst hätte.

Universitätsbibliothek Leiden

1742 entdeckte der niederländische Mathematiker Gerard Meerman (1722–1771) ein Manuskript in der Bibliothek der Universität Leiden in den Niederlanden, in dem an einer bestimmten Stelle der Name *Omar Ben Ibrahim Al'Chajamæi* in Zusammenhang mit Algebra und kubischen Gleichungen zu lesen war:

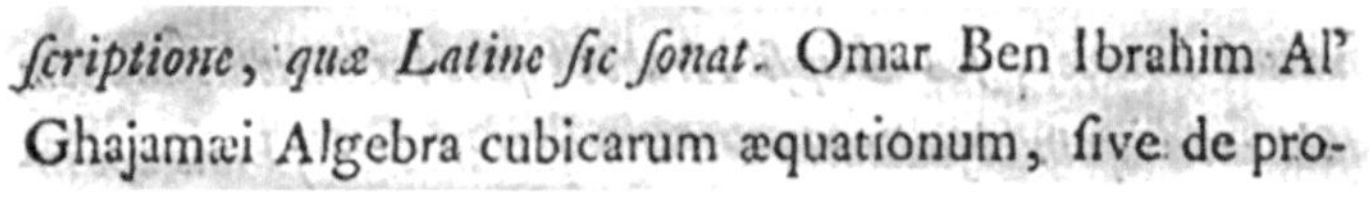
ſcriptione, quæ Latine ſic ſonat. Omar Ben Ibrahim Al'
Ghajamæi Algebra cubicarum æquationum, ſive de pro-

Meerman berichtete über seine Entdeckung in der Vorrede zu seinem Buch „*Specimen calculi fluxionalis* ...“[317] und wies dabei auch auf kubische Gleichungen hin. Bald stellte es sich heraus, dass es sich bei dem Manuskript tatsächlich um eine Abschrift der verschollenen zweiten Abhandlung Khayyams über Algebra handelte. Es war im 13. Jahr-

---

316 „*The Oxford Encyclopedia of Philosophy, Science, and Technology in Islam*“, Volume 1, Ibrahim Kalin (Editor in Chief), Oxford University Press, 2014, S. 445.

317 Gerard Meerman: „Specimen calculi fluxionalis, quo exhibetur generalis methodus duarum pluriumue quantitatum variabilium in semet multiplicatarum fluxiones et fluentes cujuscunque ordinis ope serierum infinitarum adinveniendi“, Leiden, 1742. S. 2.

hundert in Lahore, Indien, angefertigt worden und trug den Titel „*Risālah fi'l-barāhīn 'alā masā'il al-jabr wa'l-muqābalah*“[318] (Abhandlung über Demonstrationen von Problemen von Algebra und al-Muqābalah). Der Titel lässt schließen, dass sich Khayyam bei der Formulierung des Titels seiner Abhandlung ofensichtlich an seinen Vorgänger al-Khwārīzmī orientiert und die von ihm eingeführten Fachausdrücke **al-jabr** und **al-muqābalah** in den Titel seiner Abhandlung übernommen hatte. Abb. 139 enthält zwei Seiten aus dieser Handschrift.

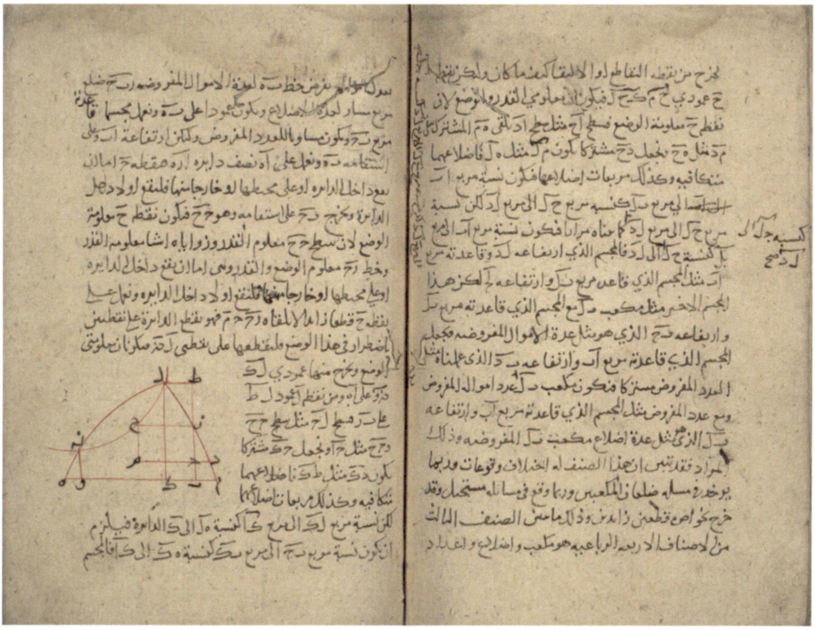

Abb. 139: Khayyams Manuskript über Algebra aus dem 13. Jahrhundert[319]

1758 diskutierte der französische Mathematiker und Mathematikhistoriker Jean-Étienne Montucla (1725–1799) das von Gerard Meerman entdeckte Manuskript im ersten Band seiner Schrift „*Histoire des Mathématiques*“ (Geschichte der Mathematik).

---

318 “رساله فى البراهين على مسائل الجبر و المقابله”

319 Quelle: „*Mathematical Treasures – Omar Khayyam's Algebra*“, Frank J. Swetz and Victor J. Katz, *Convergence* (January 2011).

Bibliothèque Royale Paris

1834 veröffentlichte der französische Mathematik- und Astronomiehistoriker Louis Pierre-Eugène Amélie Sédillot (1808–1875), der sich besonders mit der Mathematik und Astronomie des islamischen Mittelalters befasst hatte, einen Artikel in *Le Nouveau Journal Asiatique* und teilte darin mit, dass er ein arabisches Manuskript in der Bibliothèque Royale (später umbenannt in Bibliothèque nationale de France) entdeckt und darin ein Fragment der Abhandlung über Algebra gefunden hatte. Er wies darauf hin, dass das Manuskript der Handschrift aus der Bibliothek der Universität Leiden sehr ähnelte. Später diskutierte er das vorgefundene Fragment ausführlich in einem weiteren Artikel.[320] Drei Jahre später (1837) zitierte der französische Mathematiker Michel Chasles (1793–1880) dieses Fragment in seinem Buch „*Historischer Überblick über die Entstehung und Entwicklung von Methoden in der Geometrie*".[321]

1838 entdeckte der italienisch-französische Mathematiker Graf Guglielmo Libri (1803–1869)[322] das vollständige Manuskript der zweiten Abhandlung Khayyams über Algebra eben in derselben Bibliothèk Royale und verkündete:

»Dieses Manuskript würde das größte Interesse in der Geschichte der Entwicklung der Mathematik erwecken.«[323]

David E. Smith' Handschriftensammlung

Der bereits erwähnte US-amerikanische Mathematikhistoriker David Eugene Smith verbrachte im Winter 1932 und im Frühjahr 1933 vier Monate im Iran (damals noch immer Persien genannt), im Irak und in Syrien. Während dieser Zeit schaffte er es, etwa 150 Manuskripte in persischer, arabischer und hebräischer Sprache in seinen Besitz zu

---

320 „*Notices et extraists des manuscripts de la Bibliothèque Royale*" Vol. XIII, p. 130–136.

321 „*Aperçu historique sur l'origine et le dévéloppement des méthodes en géométrie*", Bruxelles, 1837.

322 Libri, dessen vollständiger Name Guglielmo Brutus Icilius Timeleone Libri Carucci dalla Sommaia lautete, war auch ein eifriger Sammler von antiken wissenschaftlichen Handschriften und erlangte durch seine enormen Manuskriptdiebstähle große Berühmtheit.

323 „*Histoire des sciences mathématiques en Italie, depuis la rénaissanace des lettres jusqu'à la fin du dix-septième siècle (1838–1841)*", vol. I, note XIII, S. 300ff.

bringen, die entweder arabische Übersetzungen griechischer Texte oder Werke von Mathematikern wie Omar Khayyam waren. Bei einem früheren Abstecher nach Indien hatte er von einem persischen Buchhändler in Lahore eine 99-seitige Handschrift käuflich erworben. Wie sich später herausstellte, handelte es sich bei dieser Handschrift um ein vollständiges und einwandfrei abgeschriebenes Manuskript der (zweiten) Abhandlung Khayyams über Algebra. 1931 übersetzte Daoud Soleiman Kasir (1892-?) dieses Manuskript im Rahmen seiner Dissertation ins Englische.[324] Eine weitere englische Übersetzung erfolgte im Jahre 1950.[325]

Die erste Übersetzung der Abhandlung

1851 übertrug der deutsche Orientalist und Mathematiker Franz Woepcke (1826–1864), der seit einigen Jahren in Paris lebte[326], das 1742 von Gerard Meerman entdeckte Manuskript der (zweiten) Abhandlung Khayyams über Algebra aus dem Arabischen ins Französische und versah seine Übersetzung mit umfangreichen Erläuterungen und wertvollen Anmerkungen. Abb. 140 zeigt die Titelseite dieser Übersetzung.

Woepcke lobte Khayyam für „sein rigoros systematisches Vorgehen" bei der Behandlung algebraischer Gleichungen und bemerkte in der Vorrede zu seiner Übersetzung:

»1742 veröffentlichte Gérard Meerman in Leiden sein „Specimen calculi fluxionalis", dem ein Vorwort vorausging, in dem der berühmte Autor die sukzessive Entwicklung der analytischen Analysis geschwind, aber mit Gelehrsamkeit und Eleganz skizzierte. Über die Fortschritte, die die Araber [?!] in diesem Bereich der Mathematik gemacht hatten, zitierte er ein arabisches Manuskript der Abhandlung von Alkhayyâmî, das Warner[327] der Bibliothek

---

[324] Dauod S. Kasir: „*The Algebra of Omar Khayyam*", Teacher College, Columbia University, No. 385, New York City, 1931.

[325] H.J.J. Winter and W. Arafat: „*Algebra of Umar Khayyam*", Journal of the royal Asiatic society of Bengal, v.16, No. 1950.

[326] Woepcke hätte beinahe die französische Hauptstadt verlassen, um als Kanzleibeamter des preußischen Politikers und Diplomaten Franz Hugo Hesse (1804–1861) nach Persien zu reisen. Der unerwartete Tod Hesses machte jedoch sein Vorhaben zunichte. Kurze Zeit danach starb er selbst im Alter von nur 38 Jahren.

[327] Levinus Warner (1618–1665) war ein deutscher Orientalist, der als Diplomat der niederländischen Republik in Istanbul (Konstantinopel) diente. Während der zwanzig Jahre, die er im Osmanischen Reich verbrachte, sammelte er

von Leiden hinterlassen hat. Er vermutete, dass dieses Manuskript durchaus die algebraische Lösung kubischer Gleichungen enthalten könnte.«[328]

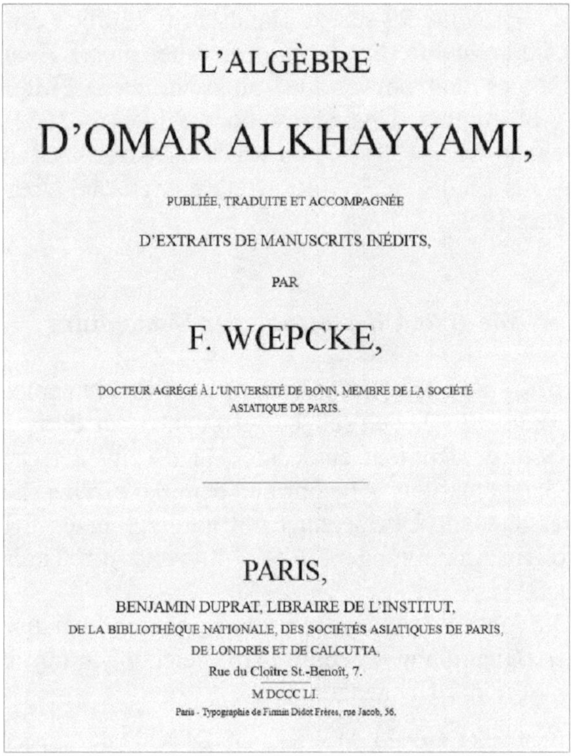
L'ALGÈBRE

D'OMAR ALKHAYYAMI,

PUBLIÉE, TRADUITE ET ACCOMPAGNÉE

D'EXTRAITS DE MANUSCRITS INÉDITS,

PAR

F. WŒPCKE,

DOCTEUR AGRÉGÉ À L'UNIVERSITÉ DE BONN, MEMBRE DE LA SOCIÉTÉ ASIATIQUE DE PARIS.

PARIS,

BENJAMIN DUPRAT, LIBRAIRE DE L'INSTITUT,
DE LA BIBLIOTHÈQUE NATIONALE, DES SOCIÉTÉS ASIATIQUES DE PARIS,
DE LONDRES ET DE CALCUTTA,
Rue du Cloître St.-Benoît, 7.

M DCCC LI.

Paris - Typographie de Firmin Didot Frères, rue Jacob, 56.

Abb. 140: Einband der Woepckes Übersetzung

Aus der Woepckes Übersetzung ging hervor, dass Khayyam in der Vorbemerkung zu seiner zweiten Abhandlung über Algebra seine tiefe Dankbarkeit gegenüber seinem Mäzen Abū Tāhir zum Ausdruck gebracht hatte:

»Gott hat mir die Intimität seiner Exzellenz verliehen, unser herrlicher und unvergleichlicher Herr, der große Richter, der Imam, Herr Aboū Tāhir, möge Gott seine Erhebung verlängern und diejenigen verwirren, die Neid oder Feindschaft gegen ihn hegen! Als ich schon verzweifelt war, jemals einen Mann zu treffen, der so vollständig über alle praktischen und theoretischen Vollkommenheiten verfügt, von einer tiefen Durchdringung der Wissenschaf-

über 900 orientalische Manuskripte, die seitdem in der Universitätsbibliothek aufbewahrt werden.

328 „*L'Algèbre d'Omar Alkhayyami*", publiée, traduite et accompagnée d'extraits de manuscrits inédits par F. Wœpcke, Benjamin Duprat, Paris, 1851.

ten bis zu der unerschütterlichen Festigkeit seiner Handlungen und seiner Bemühungen, jedem seiner sterblichen Brüder Gutes zu tun, erweiterte seine Gegenwart meine Brust, und seine Gesellschaft erhöhte meinen Ruhm. Meine Sache wächst nun, indem ich Licht aus seiner Pracht leihe, und meine Stärke wird durch seine Großzügigkeit und ihre Vorteile erhöht. Ich fühle mich daher verpflichtet, den Faden dieser Forschung zu erneuern, die mich veranlasst hat, die Wechselfälle des Glücks zu verlieren. Auf diese Weise begann ich, diese Art von algebraischen Theoremen aufzuzählen, da die mathematischen Wissenschaften am meisten bevorzugt werden. Und ich greife nach dem Seil der göttlichen Konkurrenz und hoffe, dass Gott mir dabei hilft, dieses Ziel zu verfolgen. Es ist die Genauigkeit, inwieweit sich meine Forschung und die meiner Vorgänger in diesen Teilen der edlen Wissenschaften unter allen anderen erstreckt. Ich lege meine Hand auf den festen Griff des Schutzes des Höchsten. Er ist der Herr der Antwort, und auf ihm ruht unser Vertrauen in irgendeiner Weise. ... Mit Gottes Hilfe und mit seiner kostbaren Hilfe sage ich: Algebra ist eine wissenschaftliche Kunst.«[329]

An einer anderen Stelle machte Khayyam eine wichtige Bemerkung, die vermutlich ein Versuch war, die Lücke zwischen numerischer und geometrischer Algebra schließen zu wollen. Wörtlich hieß es dort:

ومن ظنّ من الناس أنّ الجبر حيلة في استخراج الأعداد المجهولة، فقد ظن
محالاً. فلا تلتفت إلى الظاهريين المختلفين. بل الجبر والمقابلة أمور هندسية
برهن عليها في مقالة بَ من الأصول في شكلي هـ ووَ منه.

»Wer Algebra für einen *Trick* hält, um Unbekanntes zu erlangen, hat es vergeblich gedacht. Es sollte nicht darauf geachtet werden, dass Algebra und *Geometrie* unterschiedlich aussehen. Algebren sind geometrische Tatsachen, die bewiesen werden.«

In seiner zweiten Abhandlung über Algebra erörterte Khayyam alle möglichen algebraischen Gleichungen 1., 2. und 3. Grades und unterteilte sie in Untergruppen. Sein besonderes Interesse galt jedoch den kubischen Gleichungen. Dabei hatte er zwei verschiedene Möglichkeiten in Betracht gezogen, diese zu lösen: algebraische und geometrische.

Mit algebraischen Lösungen meinte er ganze positive Zahlen als Wurzeln von Gleichungen 3. Grades. Mit geometrischen Lösungen meinte er hingegen messbare Strecken als Wurzeln von Gleichungen 3. Grades.

Es gibt eine Stelle in der Abhandlung, die deutlich macht, dass Khayyam zunächst den Versuch unternommen hatte, algebraische

[329] „*L'Algèbre d'Omar Alkhayyami*", op. cit., S. 41.

Lösungen für die von ihm betrachteten kubischen Gleichungen zu finden, allerdings ohne Erfolg. Dort heißt es:

»Wir haben versucht, diese [algebraische] Lösungen mithilfe der Algebra ausfindig zu machen, sind aber damit gescheitert. Es könnte jedoch sein, dass dies Männern gelingen wird, die nach uns kommen.«

Khayyams Klassifizierung von Gleichungen 3. Grades

Nach seinem Misserfolg, algebraische Lösungen für kubische Gleichungen zu finden, wandte sich Khayyam geometrischen Lösungsansätzen zu, die er seit Längerem ins Auge gefasst hatte. Dabei übernahm er das von seinem Vorgänger al-Khwārizmī eingeführte algebraische Vokabular und verwendete es konsequent:

Al-Khwārizmīs Vokabular	Wörtliche Bedeutung	Algebraische Bedeutung	Moderne Bezeichnung
schay (شيء)	Ding, Sache	Seite, Kante, Wurzel	x^1
māl (مال)	Vermögen	Quadrat	x^2
k'ab (كعب)	Würfel	Kubus	x^3

Dementsprechend stellte Khayyam x^1 durch eine gerade Linie, x^2 durch ein Quadrat und x^3 durch einen Würfel (Kubus) dar (Abb. 141).

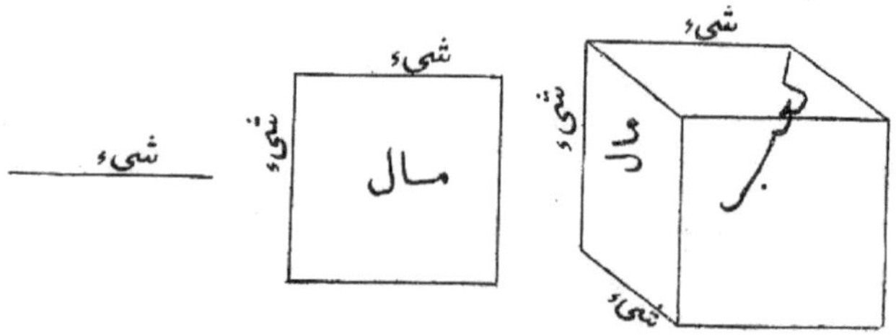

Abb. 141: Khayyams graphische Darstellung von x^1, x^2 und x^3

Khayyam hielt sich also an eine dimensional homogene Notation, indem er einen einzelnen Faktor durch eine Gerade, das Produkt aus zwei Faktoren durch eine Fläche und das Produkt aus drei Faktoren durch ein Volumen darstellte. Im letzten Fall sprach er auch von *Körpern*. Noch höhere Potenzen der Unbekannten x, beispielsweise x^4, x^5 und x^6 bezeichnete er folgerichtig als *māl*×*māl*, *māl*×*k'ab* und *k'ab*×*k'ab*. Die einzigen mathematischen Symbole, die Khayyam benutzte, waren arabische bzw. persische Buchstaben, um Punkte in seinen geometrischen Figuren kenntlich zu machen.

Tabelle 1: Klassifizierung von Gleichungen 3. Grades und ihren Lösungen mit Kegelschnitten

	Khayyams Terminologie	**Gleichungstyp***	**Kegelschnitte**
	Binome		
1.	Kubus gleich Zahl	$x^3 = c$*	Zwei Parabeln
	Trinome		
2.	Kubus und Wurzel gleich Zahl	$x^3 + bx = c$*	Parabel und Kreis
3.	Kubus und Zahl gleich Wurzel	$x^3 + c = bx$*	Parabel und Hyperbel
4.	Kubus gleich Wurzel und Zahl	$x^3 = bx + c$*	Parabel und Hyperbel
5.	Kubus und Quadrat gleich Zahl	$x^3 + ax^2 = c$	Parabel und Hyperbel
6.	Kubus und Zahl gleich Quadrat	$x^3 + c = ax^2$	Parabel und Hyperbel
7.	Kubus gleich Quadrat und Zahl	$x^3 = ax^2 + c$	Parabel und Hyperbel
	Quadrinome		
8.	Kubus und Quadrat und Wurzel gleich Zahl	$x^3 + ax^2 + bx = c$*	Hyperbel und Kreis
9.	Kubus und Quadrat und Zahl gleich Wurzel	$x^3 + ax^2 + c = bx$	Zwei Hyperbeln
10.	Kubus und Wurzel und Zahl gleich Quadrat	$x^3 + bx + c = ax^2$*	Hyperbel und Kreis
11.	Kubus und Quadrat gleich Wurzel und Zahl	$x^3 + ax^2 = bx + c$	Zwei Hyperbeln
12.	Kubus und Quadrat gleich Wurzel und Zahl	$x^3 + ax^2 = bx + c$	Zwei Hyperbeln
13.	Kubus und Wurzel gleich Quadrat und Zahl	$x^3 + bx = ax^2 + c$	Hyperbel und Kreis
14.	Kubus und Zahl gleich Quadrat und Wurzel	$x^3 + c = ax^2 + bx$	Zwei Hyperbeln

Nach sorgfältigem Studium hatte Khayyam herausgefunden, dass es 14 verschiedene Gattungen von kubischen Gleichungen gibt, die nicht weiter auf einfacheren Formen reduziert werden konnten. Diese unterteilte er nach der Anzahl ihrer Terme in drei Untergruppen, die in Tabelle 1 zusammengestellt sind (die drei Untergruppen bezeichnet man heute als Binome, Trinome und Quadrinome). Die Tabelle enthält neben den wörtlichen Beschreibungen Khayyams noch die moderne Schreibweise der kubischen Gleichungen ($a, b, c > 0$) und die von ihm vorgeschriebenen Kegelschnitte zu ihrer Lösung. In seinen Beschreibungen meint Khayyam mit *Kubus* den kubischen Term x^3, mit *Quadrat* den quadratischen Term x^2, mit *Wurzel* den linearen Term x und mit *Zahl* das absolutes Glied.

Beim näheren Hinsehen des Tabelleninhalts fallen folgende Sachverhalte ins Auge:

1. Der Koeffizient von x^3 ist in allen 14 Fällen gleich 1.
2. Nur Gleichungen mit positiven Koeffizienten werden in Betracht gezogen. Das liegt daran, dass Khayyam beispielsweise die beiden Gleichungen $x^3-3x+8=0$ und $x^3+3x-8=0$, die vom gleichen Typ sind, als zwei verschiedene Typen ansieht. Im ersten Fall spricht er von „*Kubus und Zahl gleich Wurzeln* ($x^3+8=3x$)“, im zweiten Fall von „*Kubus und Wurzeln gleich Zahl* ($x^3+3x=8$)“.
3. Mit Hyperbel ist nur ein Hyperbelast gemeint.
4. Unter den vorgeschriebenen Kegelschnitten kommt die Ellipse nicht vor.

Hinweis: Am Beispiel der sechs in Tabelle 1 mit * gekennzeichneten kubischen Gleichungen wird später demonstriert, wie Khayyam die 14 Gleichungen 3. Grades mithilfe von Kreisen, Parabeln und Hyperbeln lösen konnte.

Warum Khayyam bei seiner Klassifizierung der kubischen Gleichungen nur die Grundtypen berücksichtigt hatte, begründete er wie folgt:

»Wenn ich gewollt hätte, hätte ich leicht Beispiele für jede dieser Arten und ihre Fälle nennen können. Aber aus Angst, weitschweifig zu sein, beschränkte ich mich darauf, diese allgemeinen Theoreme vorzuschlagen und auf die Intelligenz des Schülers zu vertrauen, denn derjenige, dessen Verstand die Idee dieser Arbeit bereits durchdrungen hat, wird sicherlich nicht durch ein so spezielles Problem gestoppt.«

Diese kurze und knappe Begründung ist typisch für Khayyam, der schon zu Lebzeiten für seine Wortkargheit bekannt war und weshalb er auch gelegentlich kritisiert wurde. Seine übelgesinnten Widersacher gingen sogar so weit, dass sie ihm Obskurantismus unterstellten.

Khayyam zeigte, dass die Wurzeln (Lösungen) von kubischen Gleichungen durch gerade Strecken dargestellt werden können, die sich ergeben, wenn sich zwei Kegelschnitte schneiden. Zur Verdeutlichung zeigt Abb. 142 beispielhaft die Schnittgeraden zwischen einem Kreis und einer Ellipse (links), einem Kreis und einer Parabel (Mitte) oder einem Kreis und einer Hyperbel (rechts).

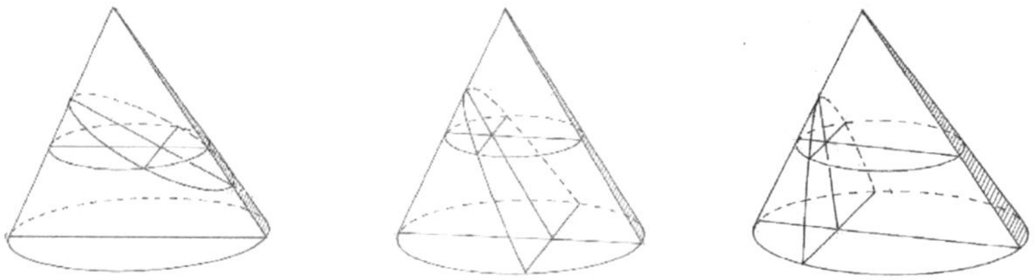

Abb. 142: Schnittgeraden Kreis/Ellipse, Kreis/Parabel, Kreis/Hyperbel

Hieraus geht hervor, dass die Schnittgeraden von Kegelschnitten Verbindungslinien von Schnittpunkten der jeweiligen Kurven sind. Dies wird noch deutlicher in Abb. 141 am Beispiel von zwei Kreisen bzw. zwei Parabeln demonstriert.

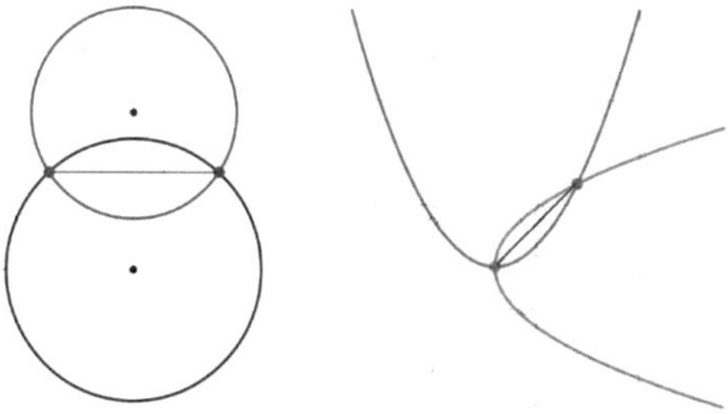

Abb. 143: Schnittgeraden von zwei Kreisen bzw. Parabeln

Khayyams Lösungen

Im Folgenden wird am Beispiel der kubischen Gleichungen

1.	Kubus gleich Zahl	$x^3 = c$	Zwei Parabeln
2.	Kubus und Wurzel gleich Zahl	$x^3 + bx = c$	Parabel und Kreis
3.	Kubus und Zahl gleich Wurzel	$x^3 + c = bx$	Parabel und Hyperbel
4.	Kubus gleich Wurzel und Zahl	$x^3 = bx + c$	Parabel und Hyperbel
8.	Kubus und Quadrat und Wurzel gleich Zahl	$x^3 + ax^2 + bx = c$	Hyperbel und Kreis
10.	Kubus und Wurzeln und Zahl gleich Quadrat	$x^3 + bx + c = ax^2$	Hyperbel und Kreis

die Vorgehensweise Khayyams erläutert.[330] Dabei werden die Sprache und die Symbole der modernen Mathematik herangezogen, da die Verwendung der Terminologie Khayyams große Verständnisprobleme bereiten würde. Zuvor sei darauf hingewiesen, dass Khayyam bei der Lösung kubischer Gleichungen mithilfe von Kreisen, Parabeln und Hyperbeln die gegenseitige Lage dieser Kegelschnitte durch geeignete Rechtecke, Quadrate, Würfel oder Quader kennzeichnete, da ihm damals kein Koordinatensystem bekannt war. Er verwies auch immer wieder darauf, dass in bestimmten Fällen mehr als eine (positive reelle), oder aber auch keine Lösung gefunden werden kann. Dies hänge, so Khayyam, davon ab, ob die Kegelschnitte, die zur Lösung von kubischen Gleichungen verwendet werden, sich in einem oder zwei Punkten, oder in gar keinem Punkt schneiden.

Lösung der kubischen Gleichung $x^3 = c$

Der Diskussion des Lösungsansatzes Khayyams soll ein kurzer historischer Abriss vorangestellt werden. Die kubische Gleichung $x^3 = c$ ist, wie bereits erwähnt, die algebraische Formulierung des Delischen Problems oder der Würfelverdopplung (s. Abb. 103). Menaichmos führte das Problem auf die so genannte mittlere Proportionale von zwei Strecken zurück. Unter der mittleren Proportionale von zwei positiven Zahlen a und b versteht man den Mittelwert, den man als Wurzel aus dem Produkt $a \times b$, also $\sqrt{a \times b}$, erhält.[331] Ist die Kantenlänge des ursprünglichen Würfels gleich a, dann muss die Kantenlänge

---

330 Khayyams Lösungen für alle von ihm klassifizierten 14 kubischen Gleichungen findet man u.a. in den folgenden Arbeiten: Dauod S. Kasir: „*The Algebra of Omar Khayyam*", Teacher College, Columbia University, No. 385, New York City, 1931.
R. Rashed et B. Vahabzadeh: „*Al-Khayyām Mathématicien*", Paris: Librairie Scientifique et Technique, Albert Blanchard, 1999.
Nicolas Farès: „*Note Sur Le Choix Des Courbes Fait Par Al-Khayyam Dans Sa Resolution Des Equations Cubiques Et Comparaison Avec la Methode De Descartes*", Lebanese Science Journal 6, 1 (2005), p. 95–117.
Massimo Galuzzi, Luigi Maierù, Nadia Santoro: „*La nascita dell'algebra e la riflessione dei mathematici arabi*", 1 edizione, Aracne editirce S. r. l., Roma, 2010.
Sebastian Linden: „*Die Algebra des Omar Chayyam*", 1. Auflage, Edition Avicenna, München, 2012.

331 Heute spricht man von geometrischem Mittel zweier Zahlen. Das geometrische Mittel von n Zahlen x_1, x_2, x_3, ... x_n ermittelt man, indem man die n-te Wurzel aus dem Produkt der Zahlen: $\overline{x}_{geom} = \sqrt[n]{x_1 \cdot x_2 \cdot x_3 \cdot \ldots \cdot x_n}$.

des neuen Würfels $a \times \sqrt[3]{2}$ betragen. Die Konstruktion dieser Strecke ist gleichbedeutend damit, dass man zu den zwei gegebenen Strecken a und b zwei mittlere Proportionale, das heißt zwei Strecken x und y dergestalt findet, dass

$$a:x=x:y=y:b$$

Denn setzt man $b=2a$, dann ist $x=a \times \sqrt[3]{2}$.

Aus $a:x=x:y=y:b$ lassen sich nun sowohl die Gleichung einer Parabel $ay=x^2$ (oder $y = x^2/a$) als auch die Gleichung einer Hyperbel $xy = ab$ (oder $y=ab/x$) ableiten. Stellt man die beiden Kegelschnitte im rechtwinkligen Koordinatensystem dar, erhält man die gesuchte Unbekannte x als die Abszisse ihres Schnittpunktes. Nimmt man beispielsweise an $a=1$ und $b=2$, dann ist die gesuchte Lösung $x= \sqrt[3]{2}$ (Abb. 144, links).

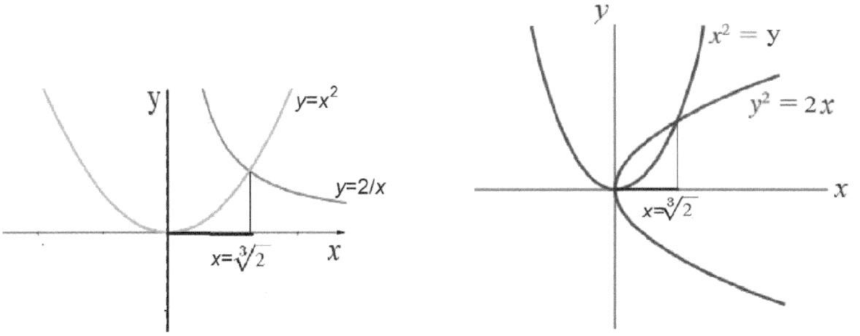

Abb. 144: Parabel/Hyperbel bzw. Parabel/Parabel zur Lösung für die Gleichung $x^3 = c$

Aus $a:x=x:y = y:b$ lassen sich aber auch die Gleichungen von zwei Parabeln ableiten, nämlich $ay=x^2$ (oder $y=x^2/a$) und $bx=y^2$. Das heißt, die kubische Gleichung $x^3=c$ kann auch mithilfe von zwei Parabeln gelöst werden. Auch in diesem Fall lässt sich die gesuchte Unbekannte x im rechtwinkligen Koordinatensystem bestimmen. Mit $a=1$ und $b=2$ erhält man $x= \sqrt[3]{2}$ (Abb. 144, rechts).

Wie in Tabelle 1 angegeben, löste Khayyam die kubische Gleichung $x^3=c$ zwar mit zwei Parabeln, seine Vorgehensweise war jedoch völlig anders. Er zeichnete zuerst das Einheitsquadrat ABDF mit AB=BD=DF=FA=1 ein (Abb. 143, links). Danach errichtete er im Punkt B die Senkrechte BC mit der Länge c auf der Fläche ABDF. Durch die Vervollständigung des Körpers erhielt er das Quader ABCHDFEG (Abb. 145, rechts), dessen Fläche $1 \times 1 \times c=x^3$ ist.

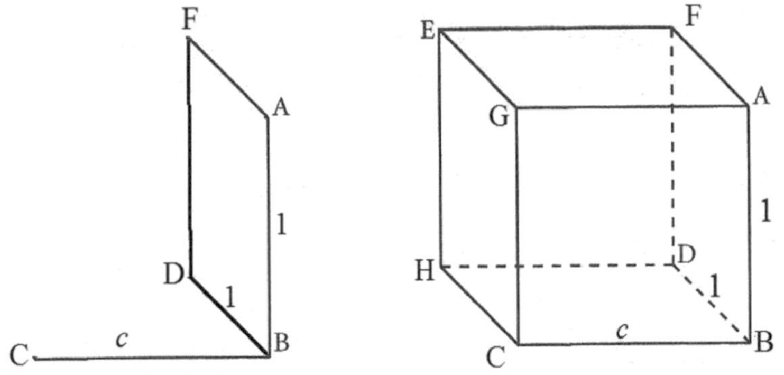

Abb. 145: Zur Lösung der kubischen Gleichung $x^3 = c$

Anmerkung: Khayyam diskutierte an dieser Stelle das Lemma, wie man zwischen zwei Geraden zwei andere dergestalt finden kann, dass die vier Geraden in kontinuierlichem Verhältnis zueinanderstehen. Das heißt, sind die beiden Strecken a und b gegeben, dann sollen die beiden Strecken x und y in der Weise gesucht werden, dass $a:x=x:y=y:b$. Aus $a:x=x:y$ ergibt sich $x^2=ay$ und aus $x:y=y:b$ erhält man $y^2=bx$. Beide stellen zwar Parabeln dar, aber aus $a:x=y:b$ ergibt sich auch die Gleichung $xy=ab$, deren graphische Darstellung zu einer gleichseitigen Hyperbel führt. Ferner erhält man die beiden Beziehungen $x^3=a^2b$ und $y^3=ab^2$, die zwei kubische Gleichungen darstellen.

Khayyams weiteres Vorgehen war wie folgt: Die beiden gegebenen Geraden BA und BC (Abb. 146) werden als gegeben angenommen und so eingezeichnet, dass sie in B einen rechten Winkel einschließen.

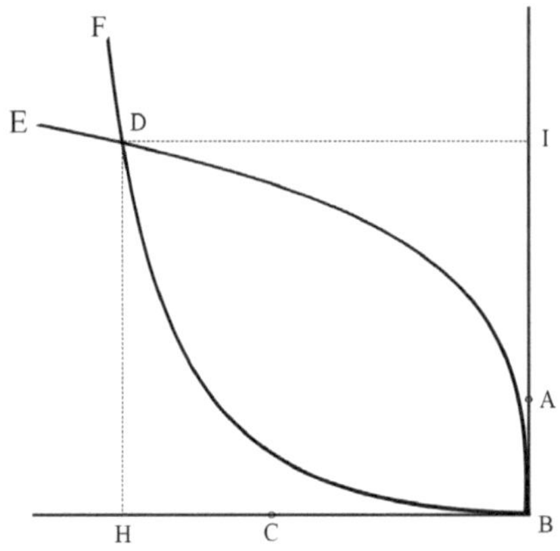

Abb. 146: Konstruktion der beiden Parabeln BDE und BDF

Nun wird die Parabel BDE mit B als Scheitelpunkt und BC als Symmetrieachse eingezeichnet. Sie verläuft tangential zur Geraden BA, da der Winkel in B ein rechter Winkel und gleich dem Koordinatenwinkel ist. Anschließend wird die Parabel BDF mit B als Scheitelpunkt, aber AB als Symmetrieachse konstruiert. Sie ist tangential zur Geraden BC.

Die beiden Parabeln schneiden sich notwendigerweise in einem Punkt, nämlich in D. Von D werden nun die beiden Lote DH und DI auf BC und BA gefällt. Jetzt kann behauptet werden, dass die vier Geraden BA, BC, BH und BI in kontinuierlichem Verhältnis zueinanderstehen. Die Behauptung lässt sich wie folgt beweisen:

$HD^2 (= BI^2) = BH \times BC$, da die Gerade DH eine Ordinate der Parabel BDE ist. Ergo:

$$BC : HD = HD : BH \text{ bzw. } BC : BI = BI : BH$$

Es gilt DI^2 $(= BH^2) = BA \times BI$, da die Gerade DI eine Ordinate der Parabel BDF ist. Daraus ergibt sich

$$BI : DI = DI : BA \text{ bzw. } BI : BH = BH : BA.$$

Dies bedeutet, dass $BA : BH = BH : BI = BI : BC$, das heißt die vier Geraden stehen in einem kontinuierlich zueinander Verhältnis, was zu beweisen war.

Lösung der kubischen Gleichung $x^3 + bx = c$

Khayyams Vorgehensweise bei der Lösung der kubischen Gleichung $x^3 + bx = c$ mittels der beiden Kegelschnitte Kreis und Parabel lässt sich wie folgt zusammenfassen[332]:

AB sei die Seite eines Quadrats, dessen Fläche gleich der Anzahl der Wurzeln ist, das heißt $AB^2 = b$. Man zeichne nun BC senkrecht auf AB so (Abb. 147), dass BC gleich der gegebenen Zahl c ist ($BC = c$).

---

[332] Der hier zu diskutierende Fall wird auch in den folgenden beiden Büchern behandelt: J. Lennart Berggren: „*Mathematik im mittelalterlichen Islam*“, Springer-Verlag Berlin Heidelberg, 2011, S. 132–135.
David M. Burton: „*The History of Mathematics. An Introduction*“, Seventh Edition, McGraw-Hill, New York, 2011, pp. 248–249.
Heinz Klaus Strick: „*Mathematik – einfach genial!*“, Springer-Verlag GmbH Deutschland, 2020, S. 102.

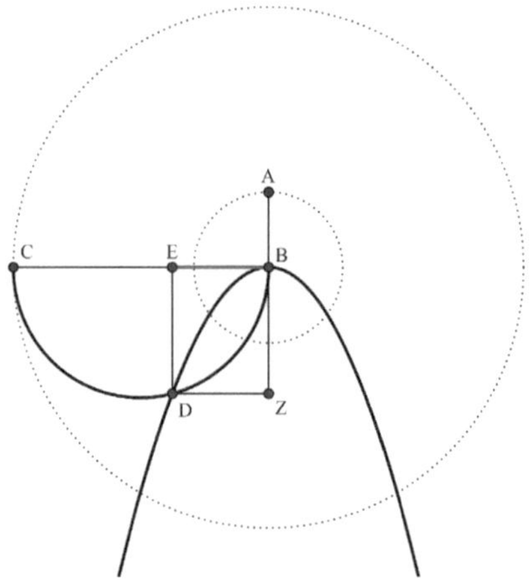

Abb. 147: Lösung der Gleichung $x^3 + bx = c$ mittels Parabel und Kreises

Nun wird ein Quader mit der Grundfläche AB^2 und Höhe BC ($AB^2 \times BC$) konstruiert. Die Gerade AB wird bis Z verlängert, und anschließend wird eine Parabel mit dem Scheitelpunkt B und BZ als Parabelachse sowie AB als Parabelparameter konstruiert. Dies ist die Parabel HBD, die tangential an der Geraden BC liegt. Jetzt konstruiert man einen Halbkreis mit dem Durchmesser BC. Der Halbkreis schneidet die Parabel im Punkt D. Wenn man nun vom Punkt D die Senkrechte DZ auf BG und die Senkrechte DE auf BC zieht, kann man behaupten, dass BE gleich der gesuchten Unbekannten x ist. Die Beweisführung für diese Behauptung lautet wie folgt:

Die Gerade DZ ist eine Ordinate des Kegelschnitts. Ergo ist

$$DZ^2 = BZ \times AB, \text{ oder } AB : DZ = DZ : BZ.$$

Da aber

$$DZ = BE \text{ und } BZ = ED$$

ist, ergibt sich

$$AB : BE = BE : ED.$$

Dies führt wiederum zu der Beziehung:

$$BE^2 = AB \times ED.$$

Im Halbkreis BDC, das heißt eigentlich im gedachten, rechtwinkligen Dreieck BDC gilt gemäß dem (bereits diskutierten) Höhensatz

$$ED^2 = EC \times EB \text{ oder } BE : ED = ED : EC.$$

Somit stehen die vier Geraden AB, BE, ED und EC in einem kontinuierlichen Verhältnis zueinander. Infolgedessen gilt

$$AB^2 : BE^2 = BE : EC.$$

Das oben erwähnte Verhältnis AB : BE = BE : ED lässt sich auch als

$$AB^2 : BE^2 = BE^2 : ED^2$$

wiedergeben. Durch Einsetzen von $ED^2 = CE \times EB$ ergibt sich

$$AB^2 : BE^2 = BE : EC \text{ bzw. } BE^3 = AB^2 \times EC.$$

Das ist gleich dem Volumen des Quaders, welches vorhin mit der Grundfläche AB^2 und der Höhe EC konstruiert wurde. Fügt man den beiden Seiten dieser Gleichung den Term $AB^2 \times EB$ zu, erhält man:

$$BE^3 + AB^2 \times EB = AB^2 \times EC + AB^2 \times EB = AB^2(EC + EB) = AB^2 \times BC$$

bzw.

$$BE^3 + AB^2 \times EB = c.$$

Aufgrund der ursprünglichen Annahme $AB^2 = b$ und der Behauptung $EB = x$ ist die obige Beziehung nichts anderes als eben $x^3 + bx = c$.

Die Behauptung Khayyams, dass die Strecke EB die Lösung (die Wurzel) der kubischen Gleichung $x^3 + bx = c$ sei, lässt sich verkürzt auch wie folgt verifizieren:

$$DZ^2 = EB^2 = BZ \times AB \text{ und } ED^2 = BZ^2 = EC \times EB.$$

Hieraus ergibt sich

$$EB^2 \times BZ^2 = EB^2 \times EC = BZ \times AB \times EC.$$

Demzufolge ist

$$AB \times EC = EB \times BZ$$

und

$$EB^3 = EB \times (BZ \times AB) = (AB \times EC)\, AB = AB^2 \times EC.$$

Daraus folgt

$$EB^3 + b \times EB = AB^2 \times EC + AB^2 \times EB = AB^2 \times CB = c$$

Das heißt EB ist eine Wurzel der kubischen Gleichung $x^3 + bx = c$, wie von Khayyam vorausgesagt.

Lösung der kubischen Gleichung $x^3 + c = bx$

Khayyams Lösung der kubischen Gleichung $x^3 + c = bx$ mittels einer Parabel und einer Hyperbel lässt sich anhand von Abb. 148 wie folgt zusammenfassen:

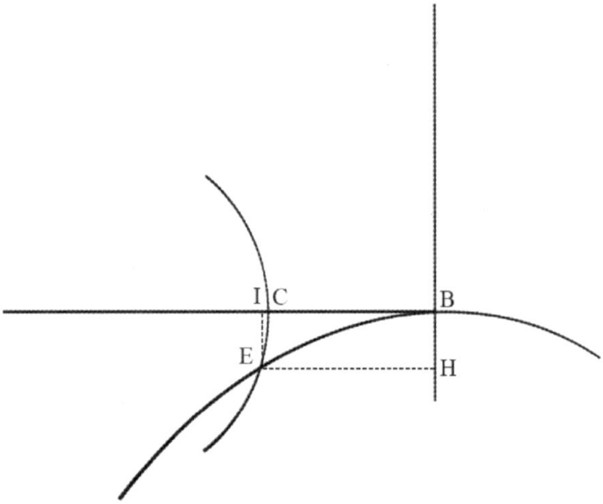

Abb. 148: Lösung der Gleichung $x^3 + c = bx$ mittels Parabel und Hyperbel[333]

AB sei die Seite eines Quadrats, dessen der Anzahl der Wurzeln b entspricht. Nun wird ein Parallelepiped mit der Basis AB^2 und der Höhe BC konstruiert, dessen Volumen der angegebenen Zahl c entspricht. BC sei, wie im vorigen Fall, senkrecht zu AB.

Anmerkung: Unter einem Parallelepiped versteht man einen geometrischen Körper, der von sechs paarweise deckungsgleichen, in parallelen Ebenen liegenden Parallelogrammen begrenzt wird (149).

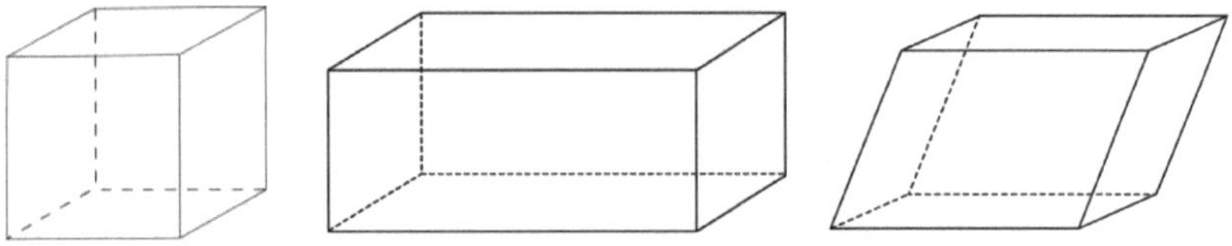

Abb. 149: Verschiedene Typen von Parallelepipeden

[333] „*La nascita dell'algebra ...*“, op. cit., p. 93–94.

Nun wird die Parabel DBE mit dem Scheitelpunkt B so konstruiert, dass AB als ihr Parameter, und die Verlängerung von AB als ihre Symmetrieachse fungieren. Anschließend wird die Hyperbel ECG mit dem Scheitelpunkt C, der Verlängerung von BC als Achse und BC als Parameter konstruiert.

Wenn sich die Parabel DBE und die Hyperbel ECG nicht schneiden, dann ist die Gleichung unlösbar. Wenn sie sich aber in einem Schnittpunkt schneiden, dann sei E dieser Schnittpunkt. Von E aus werden nun die beiden Senkrechten EI und EH auf die beiden Geraden BI und BH gefällt. Es gilt:

$$EI = HB \text{ und } EH = IB.$$

EI ist eine Ordinate, und das Verhältnis von EI^2 zum Produkt $IB \times IC$ ist nach Apollonias, so Khayyam, gleich dem Verhältnis des Parameters zum Durchmesser, der in diesem Fall gleich dem Parameter ist. Das heißt, das Quadrat von EI ist gleich dem Produkt $IB \times IC$:

$$EI^2 = IB \times IC$$

Ferner gilt es

$$IB : IE = IE : IC \text{ und } EH : EI = EI : IC.$$

Nach Apollonius, wie Khayyam betont, gilt

$$EH^2 = IB^2 = BH \times AB,$$

$$AB : IB = IB : BH = BH : CI.$$

Das heißt die vier Geraden BA, IB, BH und CI stehen in einem kontinuierlichen Verhältnis zueinander. Das bedeutet wiederum:

$$AB^2 : IB^2 = IB : CI,$$

$$IB^3 = AB^2 \times CI.$$

Das heißt, der Würfel mit der Seite IB ist gleich dem Parallelepiped mit der Basisfläche AB^2 und der Höhe CI. Hieraus ergibt sich

$$IB^3 + AB^2 \times BC = AB^2 \times CI + AB^2 \times BC = AB^2 \times (CI + BC) = AB^2 \times IB,$$

wobei $AB^2 \times BC$ gleich der angegebenen Zahl ist. Daher ist der zu der gegebenen Zahl addierte Würfel IB gleich dem Parallelepiped mit der Basisfläche AB^2 und der Höhe IB, was gleich der Anzahl der Seiten des Würfels ist, das heißt $x^3 + c = bx$.

Lösung der kubischen Gleichung $x^3 + bx = c$

Khayyams Lösung der kubischen Gleichung $x^3 + bx = c$ mittels einer Parabel und einer Hyperbel lässt sich anhand von Abb. 150 wie folgt zusammenfassen:

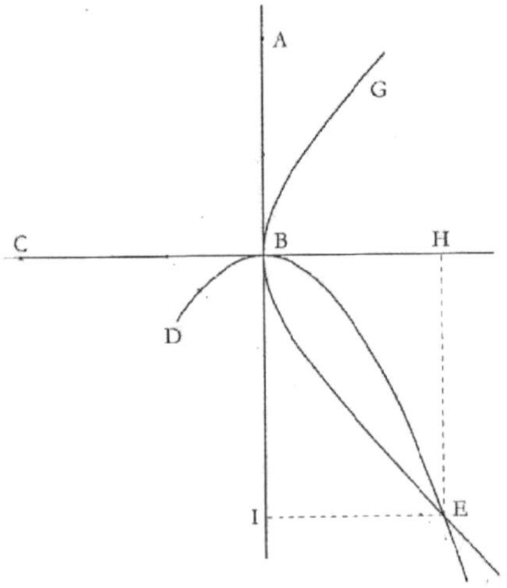

Abb. 150: Lösung der Gleichung $x^3 + c = bx$ mittels Parabel und Hyperbel[334]

AB sei die Seite eines Quadrats, das der Anzahl der Wurzeln b entspricht. Nun wird ein Parallelepiped konstruiert, dessen Grundfläche das Quadrat von AB, also AB^2 ist und dessen Höhe gleich der Strecke BC, die senkrecht auf AB steht. Das Volumen Parallelepipeds ist dann gleich der durch c gegebenen Zahl. Jetzt verlängert man AB und BC und konstruiert die Parabel DBE mit dem Scheitelpunkt B, der Verlängerung von AB als ihre Symmetrieachse und AB als ihr Parameter. Gemäß Apollonius, so Khayyam, verläuft die Parabel tangential an die Gerade BC.

Nun wird die Hyperbel GBE mit dem Scheitelpunkt B und der Verlängerung von BC als Achse auf und BC als deren Parameter konstruiert. Die Hyperbel verläuft gemäß tangential an die Gerade AB.

[334] Ebenda, p. 95.

Die Parabel und die Hyperbel schneiden sich notwendigerweise im Punkt E. Von E wird EI und EH senkrecht zu AB und BC gezeichnet; es gilt:

$$EH = IB \text{ und } EI = HB.$$

Da die Senkrechte EH eine Ordinate der Hyperbel ist, folgt daraus

$$EH^2 = CH \times BH$$

und

$$CH : EH = EH : BH.$$

Da die Senkrechte EI eine Ordinate der Parabel ist, folgt, dass

$$EI^2 = BI \times AB$$

und

$$AB : EI = EI : BI \text{ bzw. } AB : BH = BH : BI.$$

Das heißt

$$CH : EH = EH : BH = BH : BI.$$

Dies bedeutet, dass die vier Geraden CH, EH, BH und BI im kontinuierlichen Verhältnis stehen. Hieraus ergibt sich

$$AB^2 : BH^2 = BH : CH \text{ bzw. } BH^3 = AB^2 \times CH.$$

Der Würfel von BH ist demnach gleich dem Parallelepiped, dessen Grundfläche AB^2 und dessen Höhe CH ist, weil ihre Grundflächen umgekehrt proportional zu ihren Höhen sind. Dieses Parallelogramm ist wiederum die Summe zweier Parallelogramme: das erste mit der Basis AB^2 und der Höhe BC, dessen Volumen der angegebenen Zahl entspricht, und das zweite mit der Basis AB^2 und der Höhe BH, dessen Volumen der angegebenen Anzahl der Seiten des Würfels entspricht. Daher ist der Würfel mit der Seite BH gleich der gegebenen Zahl und einer bestimmten Anzahl von Seiten des Würfels ($b\mathrm{x}+c$). Ergo $x^3+bx=c$.

Lösung der kubischen Gleichung $x^3 + ax^2 + bx = c$

Khayyams Lösung der kubischen Gleichung $x^3+ax^2+bx=c$ mittels einer Hyperbel und eines Kreises lässt sich anhand von Abb. 151 wie folgt zusammenfassen:

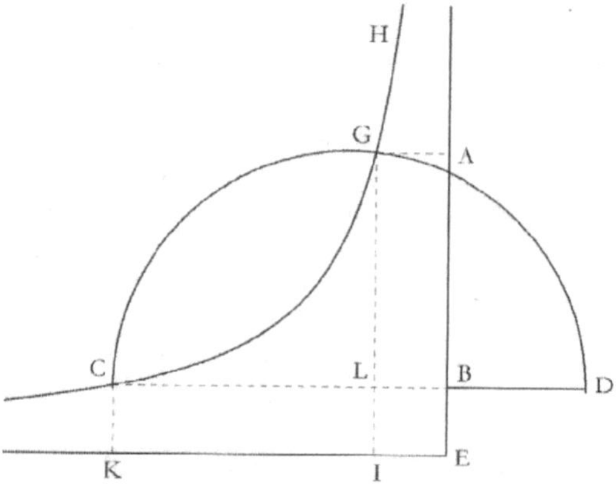

Abb. 151: Lösung der Gleichung $x^3 + ax^2 + bx = c$ mittels Hyperbel und Kreises[335]

AB sei die Seite eines Quadrats, das der gegebenen Wurzel b entspricht, also $BE^2 = b$. Man konstruiert einen Körper mit der Grundfläche BE^2 und der Höhe BC senkrecht zu BE, dessen Volumen der gegebenen Zahl c entspricht.

Nun wird BD gleich der gegebenen Anzahl von Quadraten a auf der Verlängerung von BC bestimmt, wobei BC = c/b. Jetzt zeichnet man den Halbkreis DGC mit dem Durchmesser CD und vervollständigt das Rechteck BEKC. Anschließend wird die durch C verlaufende Hyperbel CGH mit dem Scheitelpunkt C so konstruiert, dass die die Geraden BE und BK zu ihren Asymptoten werden. Die Hyperbel schneidet den Halbkreis in den Punkten C und G. Zeichnet man von G die beiden Senkrechten GI und GA auf EK und EA, dann gilt:

$$GAEI = BEKC,$$

und

$$GABL = GAEI - BEIL = BEKC - BEIL = LIKC,$$

Ergo

$$GL : LC = EB : BL = EB : IL$$

Dasselbe gilt für die Quadrate

$$GL^2 : LC^2 : IL^2,$$

[335] Ebenda, p. 102.

das heißt

$$GL^2 : LC^2 = DL : LC,$$

weil D und C auf dem Halbkreis liegen.

Der Körper, dessen Grundfläche EB^2 und dessen Höhe LC ist, ist gleich dem Körper, dessen Grundfläche BL^2 und dessen Höhe DL ist. Dieser Körper ist aber gleich dem Würfel mit der Seite BL plus der Körper mit der Grundfläche BL^2 und der Höhe DB, der wiederum gleich der gegebenen Anzahl von Quadraten ax^2 ist. Ergo

$$BL^2 \times DL = BL^2 \times (BL + DB) = BL^3 + BL^2 \times DB,$$

Wegen $BE^2 \times BL$ gleich der Wurzel bx und $BL^3 + BL^2 \times DB + BE^2 \times BL$ ist der Würfel mit der Seite BLx^3 dem Quadrat ax^2, und die Wurzel bx muss gleich der gegebenen Zahl c sein, also der Körper aus Basis BE^2 und Höhe BC. Die kubische Gleichung $x^3 + ax^2 + bx = c$ konnte also mithilfe einer Hyperbel und einem Kreis gelöst werden.

Lösung der kubischen Gleichung $x^3 + bx + c = ax^2$

Khayyams Lösung der kubischen Gleichung $x^3 + bx + c = ax^2$ mittels einer Hyperbel und eines Kreises lässt sich anhand von Abb. 152 wie folgt zusammenfassen:

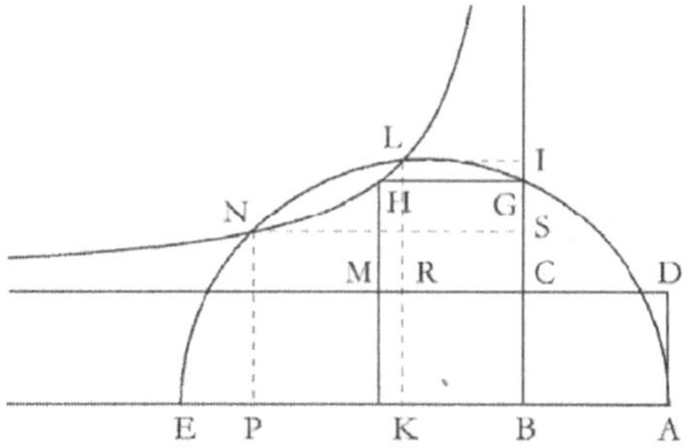

Abb. 152: Lösung der Gleichung $x^3 + bx + c = ax^2$ mittels Hyperbel und Kreis[336]

BE sei gleich der gegebenen Anzahl a der Quadrate, und BC, senkrecht zu BE, sei die Seite eines Quadrats, das gleich der Anzahl d der Seiten. Nun wird ein Körper konstruiert, dessen Grundfläche BC^2 und dessen Höhe AB (auf der Verlängerung von BE) ist. Das Volumen des Körpers ist gleich der gegebenen Zahl c.

[336] Ebenda, p. 105.

Wenn man jetzt den Halbkreis AGE mit dem Durchmesser AE errichtet, dann kann der Punkt C entweder innerhalb oder außerhalb des Halbkreises zu liegen kommen, oder aber auf seinem Umfang liegen.

Für den Fall, dass C innerhalb des Halbkreises liegt, wird BC bis G, dem Schnittpunkt mit dem Umfang des Halbkreises, verlängert und danach das Rechteck ABCD vervollständigt. Nun konstruiert man auf GC das Rechteck CGHM dergestalt, dass es gleich dem Rechteck ABCD ist. Der Punkt H kann entweder innerhalb oder außerhalb des Halbkreises bzw. auf seinem Umfang liegen. Es sei zunächst angenommen, dass er im Innern des Halbkreises ist.

Jetzt wird durch H die Hyperbel NHL mit Asymptoten CG und CM konstruiert. Sie schneidet den Halbkreis notwendigerweise in den beiden Punkten L und N. Nun werden die beiden Senkrechten LK und NP auf AE und die Senkrechte LI auf BG eingezeichnet. Die Vierecke LICR, CMHG und ABCD sind gleich. Addiert man ihnen das Rechteck ABCD, erhält man die gleichen Rechtecke AKRD und ILKB, deren Seiten wie ihre Quadrate umgekehrt proportional sind. Aufgrund der Verhältnisse auf dem Halbkreis gilt:

$$LK^2 : KA^2 = EK : KA$$

und

$$BC^2 : BK^2 = EK : KA,$$

das heißt

$$BC^2 \times KA = BK^2 \times EK.$$

Der Körper, dessen Grundfläche gleich BC^2 und dessen Höhe KA ist, ist also gleich dem Körper mit der Basisfläche BK^2 und Höhe EK. Der erstgenannte Körper ist aber gleich der Summe der Anzahl der Seiten des Kubus von BK (*bx*) und der gegebenen Zahl *d*:

$$BC^2 \times KA = BC^2 \times (KB + AB) = BC^2 \times KB + BC^2 \times AB.$$

Nun fügt man zu beiden Körpern den Kubus BK^3, so dass

$$BC^2 \times KA + BK^3 = BC^2 \times KB + BC^2 \times AB + BK^3$$

Der Körper mit der Basisfläche BK^2 und der Höhe BE ist gleich der gegebenen Anzahl der Quadrate der Seiten des Kubus von BK, also gleich der Summe des Kubus von BK und der gegebenen Anzahl der Seiten plus die gegebene Zahl.

Wenn der Punkt H außerhalb des Halbkreises liegt, wird die Hyperbel entweder den Halbkreis berühren, oder dessen Umfang in zwei

Punkten schneiden kann. In diesem Fall geht man wie oben dargelegt vor. Wenn aber die Hyperbel den Halbkreis nicht schneidet, konstruiert man das Rechteck je nach Fall auf einem kürzeren oder längeren Abschnitt von GC. Man muss aber zu der Schlussfolgerung kommen, dass das Problem in diesem Fall unlösbar ist.

Wenn der Punkt C auf dem Umfang oder außerhalb des Halbkreises liegt, verlängert man GC und konstruiert das Rechteck mit einem Scheitelpunkt bei C so, dass die Hyperbel, wenn sie durch den Scheitelpunkt gegenüber von C geht, den Halbkreis berührt oder schneidet. Auch in diesem Fall geht man wie zuvor vor.

Khayyam diskutiert hier die beiden Fälle, ob es möglich oder unmöglich ist, für die infrage stehende kubische Gleichung eine Lösung zu finden. Er stellt fest, dass eine Lösung nur dann existiert, wenn die Seite des Kubus kleiner als EB ist, die die gegebene Anzahl der Quadrate ist. Wäre sie gleich der gegebenen Anzahl der Quadrate, wäre der Kubus gleich der Anzahl seiner Quadrate. Falls die Seite des Kubus größer als EB ist, wäre er größer als die angegebene Anzahl von Quadraten. In diesem Fall muss nichts hinzugefügt werden.

Des Weiteren weist Khayyam darauf hin, dass die Konstruktion des Rechtecks auf der Erweiterung von BC erfolgen muss, da C einer seiner Eckpunkte ist, und dieses Rechteck gleich dem Rechteck ABCD und nach Lage und Größe gegeben ist. Die Hyperbel, deren Asymptoten die Verlängerung von GC und CM sind, geht durch den Scheitelpunkt gegenüber von C. Wenn sie den Halbkreis berührt oder ihn schneidet, ist das Problem möglich, andernfalls nicht.

Die Bedeutung von Khayyams Lösungsansätzen

Über die Bedeutung der Vorgehensweise Khayyams bei der Behandlung der kubischen Gleichungen mithilfe von Kegelschnitten findet man zahlreiche Kommentare in der Fachliteratur. Die folgenden Zitate stellen eine kleine Auswahl dar:

1901 würdigte der bereits genannte deutsche Mathematikhistoriker Moritz Cantor die Errungenschaften Khayyams auf dem Gebiet der Algebra wie folgt:

»'Omar Alchaijâmi rechtfertigt durch seine Algebra vollständig den Ruhm, welcher bei seinen Landsleuten ihm nachblieb. Er war der erste, welcher die Unterscheidung der Fälle, die dadurch, daß nur positive Glieder in den Gleichungen vorkommen dürfen, sich ergeben, auch für die kubische Gleichung durchführte, und sodann, nicht, wie es die Griechen schon mehrfach getan hatten, diese oder jene geometrische Aufgabe löste, sondern mit diesen Gleichungen als solchen sich vollbewußt beschäftigte. Es ist wahr, er blieb hinter dem Erreichbaren in manchen Beziehungen zurück. Er sah nicht, daß es kubische Gleichungen von der Form $x^3 + bx = ax^2 + c$ gibt, welche durch drei positive Wurzeln erfüllt, eine Ähnlichkeit mit jenem Falle $ax^2 + c = bx$ der quadratischen Gleichung an den Tag legen, welcher zwei positive Wurzeln zuläßt! Er glaubte, die kubischen Gleichungen könnten überhaupt nicht durch Rechnung gelöst werden, sondern man müsse mit der Konstruktion von einander durchschneidenden Kegelschnitten sich begnügen. Ihm entgingen manche Wurzelwerte, welche durch Zeichnung sich eigentlich hätten kundgeben müssen, dadurch, daß er von den Kegelschnitten, die er zur Konstruktion verwandte, immer nur einen Arm zu zeichnen pflegte? Er nahm es auch nicht sehr genau mit dem Diorismus[337] der einzelnen Fälle, d.h. mit der Untersuchung der Zahlenwerte, welche die einzelnen in den Gleichungen vorkommenden Koeffizienten annehmen müssen, um die Möglichkeit einer Konstruktion, wir würden sagen um eine positive Gleichungswurzel hervorzubringen. Er hielt biquadratische Gleichungen auf geometrischem Wege für unlösbar? Aber diese Mängel sind doch nur geringfügige gegen den ungemein großen Fortschritt, überhaupt Gleichungen von höherem als dem zweiten Grade systematisch bearbeitet und in Gruppen zerlegt zu haben. Fragen wir, welcher Mathematiker irgend eines Volkes noch vor dem Jahre 1100 trinome kubische Gleichungen von quadrinomen unterschied, unter jeden wieder zwei Gruppen bildend, je nachdem dort das Glied 2. oder 1. Grades fehlte, hier die Summe von drei Gliedern einem, oder die Summe von zwei Gliedern der der beiden anderen gleichgesetzt war, so wird man uns sicherlich nur den einzigen Namen 'Omar Alchaijämi als Antwort zu nennen wissen, und das genügt, dem Manne seine hervorragende Stellung in der Geschichte der Algebra zuzuweisen.«[338]

1949 würdigte der bereits genannte amerikanische Mathematiker und Mathematikhistoriker Julian Lowell Coolidge die Leistungen Khayyams auf dem Gebiet der Algebra mit folgenden Worten:

»Seine große Aufgabe besteht darin, eine systematische Untersuchung aller linearen, quadratischen und kubischen Gleichungen durchzuführen, die mindestens eine positive Wurzel haben. Seine Methode besteht darin, nicht nur das zu verwenden, was die Griechen ebene Geometrie nannten, also gerade Linien und Kreise, sondern Raumkörper und Kegelschnitte.«[339]

1958 bemerkte der amerikanische Mathematiker und Mathematikhistoriker Howard Whitley Eves (1911–2004):

---

[337] Begriffsabgrenzung.

[338] „*Vorlesungen über Geschichte der Mathematik*", op. cit, S. 776–777.

[339] „*The Mathematics of Great Amateurs*", op. cit., p. 20–21.

»Omar Khayyam war der Erster, der alle Typen von kubischen Gleichungen, sofern sie positive Wurzeln hatten, auf geometrischem Wege löste.«[340]

1992 schrieb der deutsche Mathematiker und Mathematikhistoriker Helmuth Gericke (1909–2007):

»Nach Erfolgen Einzelner in Einzelfällen gelang ʿOmar Ḫayyām die Lösung aller kubischen Gleichungen mit Hilfe von Kegelschnitten (übrigens ohne Benutzung der Ellipse). Analog zu den quadratischen Gleichungen stellte er alle Typen kubischer Gleichungen zusammen. ... Für jeden diesen Typen hat ʿOmar Ḫayyām Lösungskonstruktionen angegeben. Trotz sorgfältiger Untersuchungen darüber, wann keine oder zwei (positive reelle) Lösungen auftreten, ist ihm der Fall, daß drei positive reelle Lösungen auftreten können, entgangen.«[341]

2011 bemerkte der amerikanische Mathematiker und Mathematikhistoriker David M. Burton (1930–2016) in seinem Buch "*The History of Mathematics*":

»Khayyam war der erste Mathematiker, der alle Typen von kubischen Gleichungen lösen konnte. Da er negative Zahlen nicht als Lösungen erkannte, war es notwendig, 14 verschiedene Arten von kubischen Gleichungen zu berücksichtigen, die nicht auf lineare (x) oder quadratische (x^2) Gleichungen reduziert werden können. Für jeden der 14 Fälle konnte er eine geometrische Lösung demonstrieren.«[342]

2020 bemerkte der deutsche Mathematiker Heinz Klaus Strick (* 1945):

»Wenn man [Khayyams] Erläuterungen zu den jeweils verwendeten Konstruktionen mithilfe von Kegelschnitten anschaut, wird man staunen, welche algebraischen Fähigkeiten er bereits beherrscht haben muss, um jeweils eine geeignete Wahl von Kreisen, Parabeln oder Hyperbeln zu treffen.«[343]

Im Beitrag „*Mathematik in der Blütezeit des Islam*" der freien Enzyklopädie Wikipedia ist zu lesen:

»Auf dem Gebiet des Lösens algebraischer Gleichungen griff der persische Wissenschaftler und Dichter Omar Chayyam (1048–1131) al-Chwarizmis Klassifikation der quadratischen Gleichungen auf und erweiterte sie auf kubi-

---

340 Hoesrd Eves: "*Omar Khayyam's solution of cubic equations*", The Mathematics Teacher, April 1958, p. 285.

341 Helmuth Gericke: „*Mathematik in Antike und Oreint. Mathematik im Abendland von den römischen Feldmessern bis zu Descartes*", Fourier Verlag Wiesbaden, 1992, S. 202.

342 David M. Burton: „*The History of Mathematics. An Introduction*", Seventh Edition, McGraw-Hill, New York, 2011, p. 248.

343 Heinz Klaus Strick: „*Mathematik – einfach genial. Bemerkenswerte Ideen und Geschichten von Pythagoras bis Cantor*", Springer-Verlag GmbH Deutschland, 2020, S. 98.

sche Gleichungen, also auf Gleichungen, die die dritte Potenz der Unbekannten enthalten. Er zeigte, dass sich diese auf eine von 25 Standardformen bringen lassen, von denen 11 auf quadratische Gleichungen zurückgeführt werden können. Für die übrigen 14 Typen gab Omar Chayyam Verfahren an, mit denen sich die Lösungen geometrisch als Schnittpunkte von Kegelschnitten konstruieren lassen.«[344]

Khayyams Lösungsansätze und die heutige Mathematik

In der modernen Mathematik von heute werden die Schnittpunkte verschiedener geometrischer Figuren, wie Geraden und Kurven aufgrund anderer Überlegungen ermittelt. Im Folgenden soll anhand einfacher Beispiele erläutert werden, wie die Koordinaten der Schnittpunkte zweier Geraden, einer Geraden mit einem Kreis, einer Geraden mit einer Parabel, zweier Parabeln und einer Parabel mit einem Kreis im rechtwinkligen Koordinatensystem bestimmt werden können. Diese Beispiele sollen demonstrieren, dass die Abszissen der Schnittpunkte den Betrag der Unbekannten *x* im Sinne von Khayyam darstellen.

Schnittpunkte zweier Geraden

Gegeben sind die beiden Geraden $y_1 = 2x$ und $y_2 = -x + 6$; gesucht werden die Koordinaten des gemeinsamen Schnittpunktes (Abb. 153).

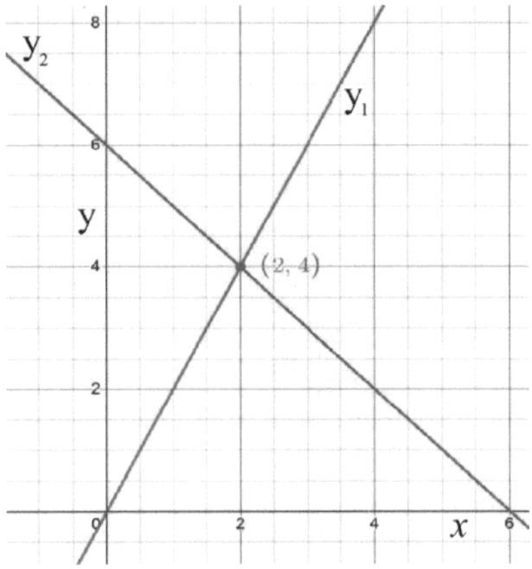

Abb. 153: Schnittpunkt zweier Geraden

[344] https://de.wikipedia.org/wiki/Mathematik_in_der_Bl%C3%BCtezeit_des_Islam

Da der gesuchte Schnittpunkt auf beiden Geraden liegt, lassen sich seine Koordination dadurch bestimmen, dass man die beiden Gleichungen gleichsetzt, das heißt $2x = -x + 6$. Hieraus ergibt sich für $x = 2$. Setzt man nun die Zahl 2 in eine der beiden Gleichung ein, erhält man $y = 4$. Die Koordinaten des Schnittpunktes lauten also 2 und 4.

Schnittpunkte einer Geraden mit einem Kreis

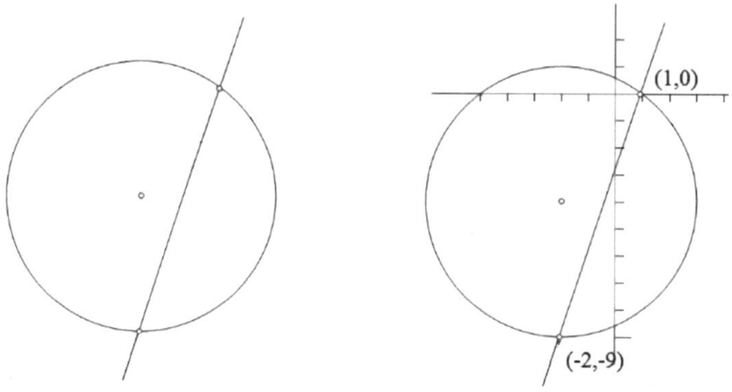

Abb. 154: Bestimmung der Schnittpunkte einer Geraden mit einem Kreis

Die Gerade $y = 3x - 3$ schneidet den Kreis $(y+4)^2 + (x+2)^2 = 25$ an zwei Stellen (Abb. 154, links). Gesucht werden die Koordinaten der beiden Schnittpunkte.

Da die gesuchten Schnittpunkte sowohl auf der Geraden als auch auf dem Kreis liegen, können ihre Koordinaten dadurch ermittelt werden, dass man die Gleichung der Geraden in die des Kreises einsetzt (oder umgekehrt):

$$(3x - 3 + 4)^2 + (x+2)^2 = 25$$

Durch Vereinfachen, Ausmultiplizieren und Zusammenfassen erhält man schließlich:

$$\begin{aligned}
&(3x+1)^2 + (x+2)^2 = 25\\
&9x^2 + 6x + 1 + x^2 + 4x + 4 = 25\\
&10x^2 + 10x + 5 - 25 = 0\\
&x^2 + x - 2 = 0
\end{aligned}$$

Die quadratische Gleichung $x^2 + x - 2 = 0$ entspricht der Normalform $ax^2 + bx + c = 0$ und kann daher mithilfe der Quadratischen Formel gelöst werden:

$$x = \frac{-b \pm \sqrt{b^2 - 4ac}}{2a} = -\frac{1}{2} \pm \frac{3}{2},$$

$$x_1 = 1;\ x_2 = -2.$$

Setzt man diese Werte für x_1 und x_2 in die Gleichung der Geraden oder in die des Kreises ein, dann erhält man $y_1 = 0$ bzw. $y_2 = -9$. Die zwei Schnittpunkte haben demnach die Koordinaten (1, 0) und (–2, –9). Ihre Lage ist in Abb. 154 (rechts) kenntlich gemacht worden.

Schnittpunkte einer Geraden mit einer Parabel

Die Bestimmung der Schnittpunkte einer Geraden mit einer Parabel soll hier anhand von zwei Beispielen demonstriert werden. In ersten Fall schneidet die Gerade eine nach oben geöffnete Parabel, im zweiten Fall eine nach rechts geöffnete Parabel.

Fall I: Gegeben sind die Gerade $y = 2x - 3$ und die nach oben geöffnete Parabel $y = x^2 - 2x - 8$ (Abb. 155, links)

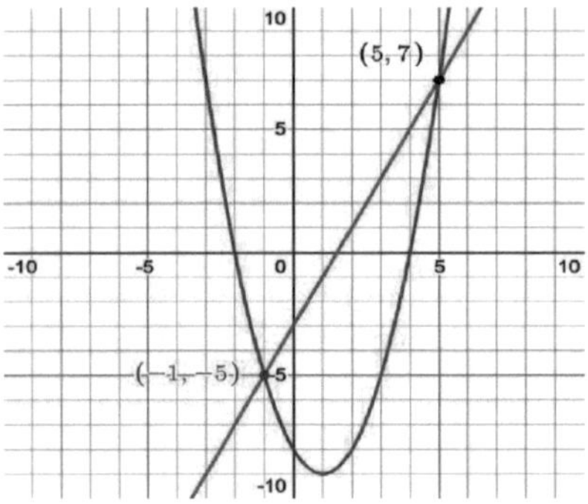

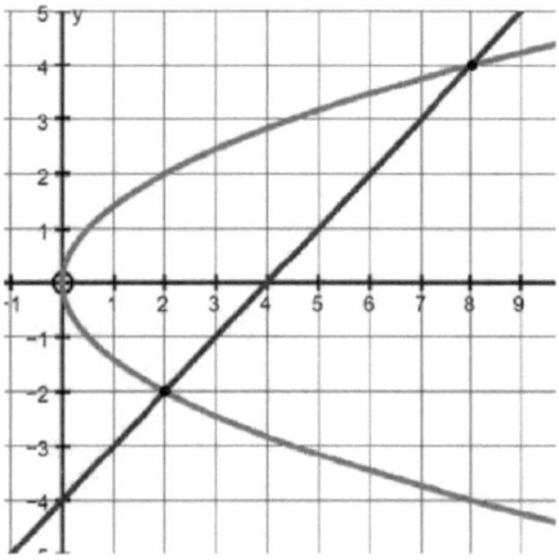

Abb. 155: Schnittpunkte einer Geraden mit einer Parabel

Da die gesuchten Schnittpunkte sowohl auf der Geraden als auch auf der Parabel liegen, können ihre Koordinaten durch das Gleichsetzen der beiden Gleichungen ermittelt werden:

$$2x - 3 = x^2 - 2x - 8$$

$$x^2 - 4x - 5 = 0$$

Diese Gleichung lässt sich mithilfe der Quadratischen Formel lösen:

$$\tfrac{1}{2}[4 \pm \sqrt{(16 + 20)}] = \tfrac{1}{2}(4 \pm \sqrt{36}) = \tfrac{1}{2}(4 \pm 6)$$

Hieraus erhält man für die Koordinaten der beiden Schnittpunkte die Werte

$$x_1 = 5 \text{ und } y_1 = 7$$

bzw.

$$x^2 = -1 \text{ und } y_2 = -5$$

Man kann die quadratische Gleichung $x^2 - 4x - 5 = 0$ auch wie folgt umformen, um zu denselben Lösungen zu gelangen:

$$(x-5) \times (x+1) = 0$$
$$x_1 = 5 \text{ und } x_2 = -1$$

bzw.

$$y_1 = 7 \text{ und } y_2 = -5$$

Die Schnittpunkte haben also die Koordinaten (5, 7) und (–1, – 5).

Fall II: Gegeben sind die Gerade $y = x - 4$ und die nach rechts geöffnete Parabel $y^2 = 2x$ (Abb. 153, rechts).

Die gesuchten Schnittpunkte lassen sich bestimmen, indem man die Gleichung der Geraden $y = x - 4$ in die der Parabel einsetzt. So erhält man die quadratische Gleichung

$$x^2 - 8x + 16 = 2x \text{ bzw. } x^2 - 10x + 16 = 0.$$

Das Umformen dieser Gleichung führt zu $(x-2) \times (x-8)$. Demnach gilt

$$x_1 = 2 \text{ und } x_2 = 8.$$

Dieser Werte ergeben wiederum

$$y_1 = -2 \text{ und } y_2 = 4.$$

Die Koordinaten der gesuchten Schnittpunkte lauten in diesem Fall (+2, –2) und (+8, +4).

Schnittpunkte zweier Parabeln

Zwei Parabeln, die sich schneiden, stellen ein einfaches und anschauliches Beispiel für zwei sich schneidende Kegelschnitte im Sinne Khayyams dar. Hierbei sollen zwei Fälle diskutiert werden.

Fall I: Die Gleichungen der beiden Parabeln lauten: $y^2 = 4x$ und $x^2 = 64y$. Wie aus Abb. 156 ersichtlich, gehen die beiden Parabel durch den Ursprung des Koordinatensystems. Infolgedessen können die Koordinaten des einen Schnittpunkts als (0, 0) angegeben werden.

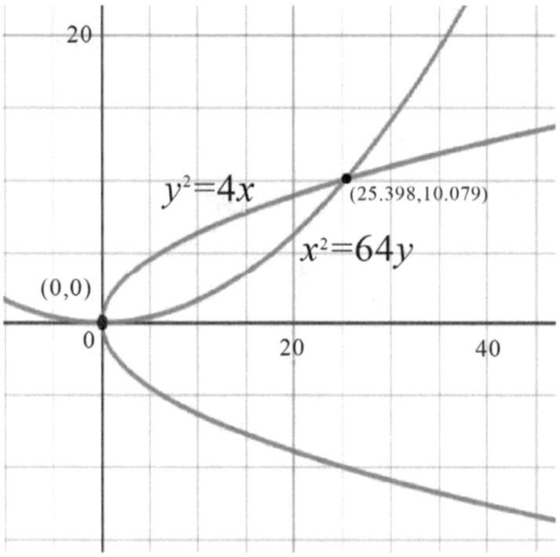

Abb. 156: Schnittpunkte zweier Parabeln (Fall I)

Die Koordinaten des zweiten Schnittpunktes erhält man wie folgt:

Aus $y^2=4x$ ergibt sich $x^2=y^4/16$. Unter der Berücksichtigung, dass $x^2=64y$ ist, ergibt sich $y^{14}=1024y$ bzw. $y^3=1024$. Das heißt $y\approx 10.0793684$ und $x\approx 25.39841683$.

Fall II: Die Gleichungen der beiden Parabeln lauten $y=x^2$ und $y=2-x^2$. Durch das Gleichsetzen der beiden Gleichungen erhält man $x^2=1$ oder $x=\pm 1$, also zwei Lösungen, eine positive und eine negative (Abb. 157).

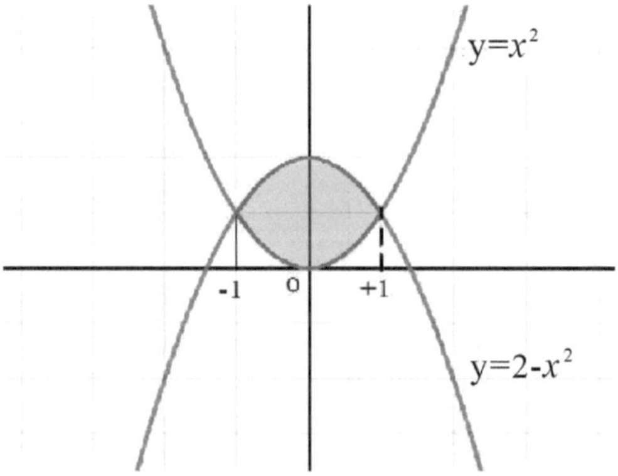

Abb. 157: Schnittpunkte zweier Parabeln (Fall II)

In einem solchen Fall hätte Khayyam nur die positive Wurzel als den gesuchten Wert für die Unbekannte x in Betracht gezogen. Mit anderen Worten, er hätte nur den Absolutbetrag der Wurzel $\sqrt{x^2}=|x|$ berücksichtigt.[345]

Schnittpunkte einer Parabel mit einem Kreis

Die Gleichung des Kreises sei $y^2+x^2=8ax$ und die der Parabel $y^2=2ax$ (Abb. 158). Setzt man die beiden Gleichungen gleich, erhält man $x^2=6ax$ oder $x=6a$. Wird in einer der beiden Gleichungen x durch $6a$ ersetzt, ergibt sich $y^2=12a^2$, das heißt $y=\pm 2a\sqrt{3}$. Demnach lauten die Koordinaten der beiden Schnittpunkte:

$$(6a, +2a\sqrt{3}) \text{ und } (6a, -2a\sqrt{3}).$$

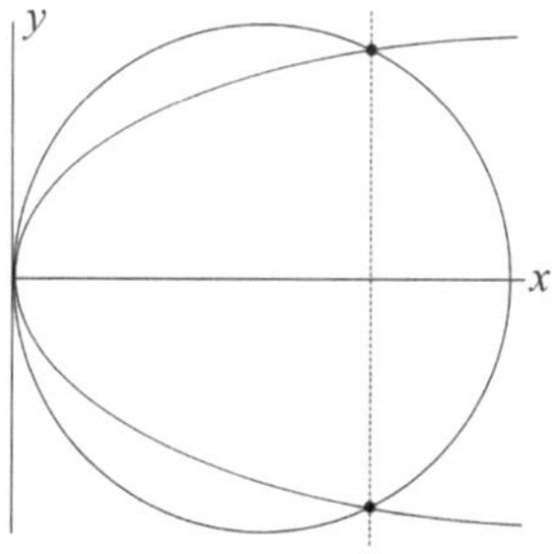

Abb. 158: Schnittpunkte eines Kreises und einer Parabel

Algebraische Begründung

Die geometrische Vorgehensweise Khayyams zur Lösung kubischer Gleichungen mithilfe von Kegelschnitten lässt sich algebraisch wie folgt begründen:

Gegeben sei die kubische Gleichung

$$x^3+ax^2+b^2x+c=0.$$

Gesucht wird der Betrag der Unbekannten x.

Bedenkt man, dass $x^3=x^2\times x$ ist, und ersetzt man x^2 durch $2py$, dann nimmt die kubische Gleichung folgende Gestalt an:

$$2pxy+2apy+b^2x+c=0.$$

---

345 Der Absolutbetrag einer reellen Zahl x wird als $|x|$ geschrieben.

Dies ist die Gleichung einer Hyperbel, und die verwendete Substitution $x^2=2py$ stellt eine nach oben geöffnete Parabel dar. Stellt man nun die Hyperbel und die Parabel in einem rechtwinkligen Koordinatensystem graphisch dar, wie in Abb. 159 geschehen, dann ist die Abszisse des Schnittpunktes P der beiden Kegelschnitte der gesuchte Betrag von x, weil er sowohl auf der Hyperbel als auch auf der Parabel liegt.

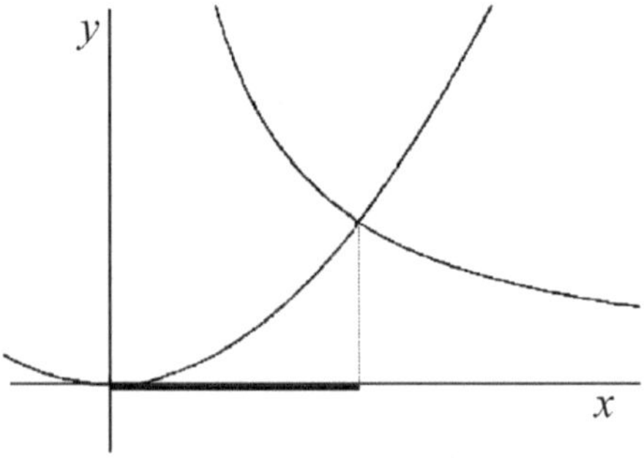

Abb. 159: Lösung einer kubischen Gleichung mittels Hyperbel und Parabel

Damit ist die Lösung (Wurzel) der kubischen Gleichung im Sinne von Khayyam gefunden.

Als konkretes Beispiel[346] kann man die Hyperbel mit der Gleichung $y+\sqrt{b}=\frac{c}{\sqrt{bx}}$ und den Kreis mit der Gleichung $y^2=(x+a)\left(\frac{c}{b}-x\right)$ in Betracht ziehen. Durch Umformen der Hyperbelgleichung erhält man

$$\left(y+\sqrt{b}\right)x=\frac{c}{\sqrt{b}}=\sqrt{b}\frac{c}{b} \;\Rightarrow\; yx=\sqrt{b}\left(\frac{c}{b}-x\right) \;\Rightarrow\; \frac{y}{\frac{c}{b}-x}=\frac{\sqrt{b}}{x}.$$

Das Dividieren der Kreisgleichung durch $\left(\frac{c}{b}-x\right)^2$ ergibt

$$\left(\frac{y}{\frac{c}{b}-x}\right)^2=\frac{x+a}{\frac{c}{b}-x}$$

Durch Einsetzen erhält man

$$\left(\frac{\sqrt{b}}{x}\right)^2=\frac{x+a}{\frac{c}{b}-x} \;\Rightarrow\; b\left(\frac{c}{b}-x\right)=x^2(x+a) \;\Rightarrow\; x^3+ax^2+bx=c$$

[346] Dieter Herrmann: „*Mathematik im Mittelalter. Die Geschichte der Mathematik des Abendlands mit ihren Quellen in China, Indien und im Islam*“, Springer Spektrum, Spriger-Verlag Berlin Heidelberg, 2016, S. 214.

Das heißt, der Schnitt der beiden Kegelschnitte führt zu der kubischen Gleichung $x^3+ax^2+bx=c$. Umgekehrt kann geschlussfolgert werden, dass diese kubische Gleichung mittels der Hyperbel $y+\sqrt{b}=\frac{c}{\sqrt{bx}}$ und des Kreises $y^2=(x+a)\left(\frac{c}{b}-x\right)$ gelöst werden kann. Sie ist exakt die Gleichung Nr. 8 in der Klassifizierung Khayyams!

Khayyams Prophezeiung

Wie bereits erwähnt, war Khayyams Misserfolg, kubische Gleichungen algebraisch zu lösen, der Grund dafür, dass er versuchte, sie geometrisch und mithilfe von Kegelschnitten zu lösen. Nichtsdestoweniger wünschte er sich, dass eines Tages es Anderen gelingen möge, für solche Gleichungen algebraische Lösungen zu finden. Seine *Prophezeiung* bewahrheitete sich in seiner Heimat viel früher als er vielleicht gedacht oder gehofft hatte. Es war ein Landsmann von ihm namens Scharif al-Din Tutsi (1135–1213), ein großartiger Mathematiker und Astronom[347], der sich ebenfalls mit kubischen Gleichungen beschäftigte. Tutsi betrachtete die kubische Gleichung $x^3+d=bx^2$ und überführte sie in $x^2(b-x)=d$. Anschließend stellte er fest, dass die linke Seite des Ausdrucks mindestens dem Wert von d entsprechen muss, damit die Gleichung eine Lösung hat. Das bedeutete wiederum, dass ein Wert kleiner als d keine positive Lösung ergeben würde, und ein Wert größer als d zu zwei Lösungen führen würde. Seine Analyse war eine bemerkenswerte Entwicklung in der Mathematik; leider wurde sie in der muslimischen Welt nicht weiterverfolgt, und die Europäer bekamen keine Kenntnis davon.

Etwa 500 Jahre nach Khayyams Tod, um das Jahr 1545, machte der italienische Gelehrte Girolamo Cardin (1501–1576) seine Lösungsformeln für Gleichungen 3. Grades publik. Genauer gesagt waren es zwei italienische Mathematiker, der bereits genannte Nicolo Battaglia und Spione del Ferro (1465–1517), die unabhängig voneinander eine allgemeine Methode zur Lösung von kubischen Gleichungen entdeckt hatten. Battaglia teilte seine Methode um 1541 vertraulich seinen beiden Landsleuten Girolamo Cardin und Ludovico Ferrari (1522–1565) mit, die dann die Details ohne seine Zustimmung veröffentlichten. Die Chronologie dieser historisch bedeutsamen Ereignisse, die sich fast wie ein Kriminalroman anhören, ist wie folgt:

[347] Am 14. November 2016 wurde ein Astroid, das am 16. September 1990 vom US-amerikanischen Astronomen Henry H, Holt entdeckt worden war, zu Ehren Scharaf al-Din Tūsī nach ihm benannt.

1494: Luca Piccoli gab in seinem Buch „*Summa de Arithmetik*“ bekannt, dass die allgemeine kubische Gleichung $ax^3+bx^2+cx+d=0$ nach dem damaligen Stand der Mathematik unlösbar sei.

1500: Spione del Ferro löste die drei kubischen Gleichungen $x^3+bx=q$, $x^3+q=bx$ und $x^3=bx+q$ (mit p und $q > 0$), veröffentlichte jedoch seine Ergebnisse nicht.

1535: Scipione del Ferro verriet seine Ergebnisse seinem ehemaligen Studenten und späteren Kollegen Antonio Maria del Fiore (?–?).

1535: Antonio del Fiore forderte Niccolò Tartaglia zu einem Rechen-Duell heraus, bei dem jeder dem anderen 30 mathematische Probleme stellte. Alle Probleme betrafen die oben genannten drei Gleichungen. Der Verlierer musste für 30 Personen das Abendessen bezahlen (Solche Wettbewerbe waren damals gängige Praxis in Italien.)

1535: In der Nacht vom 12. auf den 13. Februar löste Tartaglia alle dreißig Probleme. Er konnte dieses Glanzstück vollbringen, da er schon längst Wege zur Lösung kubischer Gleichungen gefunden, das Geheimnis jedoch für sich behalten hatte![348] Trotzdem bezahlte er großzügig das Abendessen.

1539: Girolamo Cardano fragte Tartaglia, wie seine Lösungen für die kubischen Gleichungen aussahen. Tartaglia verweigerte ihm aber die Antwort. Daraufhin lud ihn Cardano als seinen Gast nach Mailand ein und bot ihm die Gelegenheit, dem Kommandanten von Mailand seine militärischen Erfindungen mitzuteilen. Er lud Tartaglia sogar zum Abendessen ein.

1539: Am 29. März dieses Jahres verlangte Tartaglia von Cardano erst einen feierlichen Eid auf Geheimhaltung und anschließen enthüllte er ihm seine Lösung für die kubische Gleichung $x^3+px=q$ verschlüsselt in Form eines Worträtsels.[349] Cardano leistete den Eid, konnte aber

---

[348] Tartaglia hatte sogar in seiner Mathematikenzyklopädie „*General trattato di numeri et misure*“ (Allgemeine Abhandlung der Zahlen und Maße), in der er die linearen und quadratischen Gleichungen ausführlich diskutiert hatte, kein einziges Wort über die kubischen Gleichungen verloren!

[349] Die Verschlüsselung lautete etwa so:
»Wenn der Würfel mit den Dingen darunter [x^3+px]
Einer diskreten Zahl entspricht [$=q$]
Findest du darin zwei weitere unterschiedliche. [$u-v=q$]

bald Tartaglias umständliche und komplizierte Umschreibung enträtseln.

1545: Cardano erweiterte Tartaglias Lösung auf allgemeine kubische Gleichungen und veröffentlichte das Ergebnis zusammen mit seinem Schützling Ludovico Ferrari. Er zitierte in seiner Abhandlung Scipione del Ferro und Tartaglia. Del Ferro hatte zudem auch gezeigt, wie man die reduzierte kubische Gleichung zur Lösung von Gleichungen 4. Grades verwenden kann.

1548: Tartaglia erhob Klage gegen Cardano. Der Fall wurde am 10. August desselben Jahres vor einem Mailänder Gericht verhandelt. Tartaglia verließ aber den Gerichtssaal, bevor ein Urteil gesprochen wurde, und verlor damit den Prozess. Daraufhin behauptete Cardano, Scipione del Ferro sei der Urheber der Lösungsformeln.

Zusammenarbeit mit Baumeistern

Viele Bauwerke, die während der Herrschaftszeit der Seldschuken und zu Lebzeiten Khayyams in Isfahan errichtet oder restauriert wurden, zeichnen sich durch betörende Schönheit der Mosaikarbeiten und jene Ornamente aus, die zur Verzierung von Wänden, Gewölben und Fußböden verwendet wurden. Was dabei besonders ins Auge fällt, ist die außerordentliche Komplexität der geometrischen Portalverzierungen. Ein Paradebeispiel hierfür ist die berühmte Freitagsmoschee (auch Antike Moschee genannt)[350], die zu den ältesten Gotteshäusern der Stadt gehört (Abb. 160). Sie wurde um 770 errichtet[351] und in den Jahren 1086–87 grundlegend restauriert und rekonstruiert.[352]

Diese behältst du wie gewohnt bei
Möge das Produkt immer das gleiche sein [uv=]
Beim dritten Würfel der Dinge netto, [$(p/3)^3$]
Der Rückstand dann sein General [$u^3 - v^3$]
Von ihren kubischen Seiten gut subtrahiert
Das wird deine Hauptsache sein.« [=x]

350 مسجد جمعه، مسجد جامع یا مسجد عتیق

351 Federica Duva: „*New Perspectives on the First Abbasid Masjid-I Jum'a of Isfahān*“, Vicino Oriente XXI (2017), pp. 97–109.

352 2012 wurde die Freitagsmoschee von Isfahen in die Liste des UNESCO-Welterbes aufgenommen.

Abb. 160: Das Portal der Freitagsmoschee von Isfahan[353]

Die mit den Restaurations- und Rekonstruktionsarbeiten beauftragten Baumeister, die zu den besten ihrer Zeit zählten, modifizierten die relativ einheitliche und egalitäre Form des alten Säulengebäudes und setzten zudem auf der Südseite der Moschee eine neue große Kuppel auf den Mihrāb[354]. Sie war zu dieser Zeit die größte gemauerte Kuppel in der islamischen Welt. Das ganze Unterfangen vollzog sich unter der Schirmherrschaft von Nizām al-Mulk, dem Großwesir des seldschukischen Sultans Malik Schah, weshalb die Kuppel später als Nizām-al-Mulk-Kuppel bezeichnet wurde. Abb. 161 zeigt den Gesamtüberblick über die Moschee.

In den Jahren 1088/89 bis 1101 wurde eine weitere, etwas kleinere Kuppel auf der Nordseite der Moschee errichtet, die schon damals ein Meisterwerk mittelalterlicher persischer Architektur darstellte (Abb. 162).

Die neue Kuppel, die sich genau gegenüber der Nizām-al-Mulk-Kuppel befand, wurde im Auftrag eines anderen Wesirs Malik Schahs namens Tādj al-Mulk Fārsī gebaut und wurde deshalb Tādj-al-Mulk-Kuppel genannt (gelegentlich sprach man auch von Turkān-Khātūn[355]-

[353] https://www.pinterest.com/pin/574209021216933690/

[354] Ein *miḥrāb* ist eine nach Mekka weisende Gebetsnische in der Moschee und besteht aus einem von zwei oder mehr Säulen getragenen Bogen oder Gewölbe.

[355] Turkan oder Terken Khātūn (1053–1094) war die erste Ehefrau und die Hauptgemahlin von Malik Schah, und Tāj al-Mulk war ihr persönlicher Verwalter.

Kuppel). Tādj al-Mulk galt als einer der schärfsten Rivalen Nizām al-Mulks und wurde nach dessen Tod sein Nachfolger. Wenige Monate nach seiner Amtseinführung wurde er jedoch von den Anhängern Nizām al-Mulks ermordet, die ihn für dessen Ermordung verantwortlich machten.

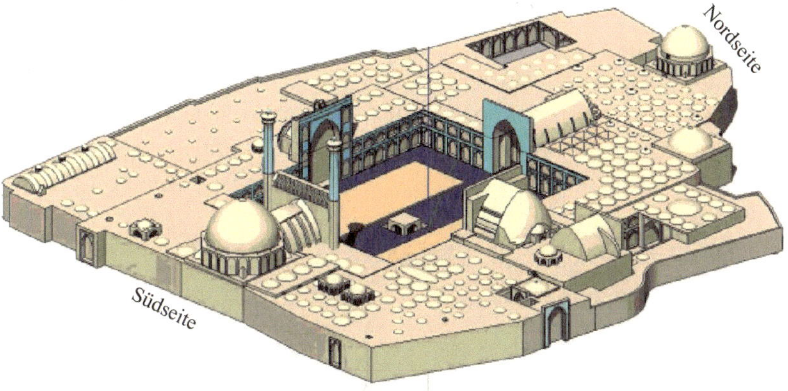

Abb. 161: Übersichtsmodell[356] der Freitagsmoschee von Isfahan

Abb. 162: Kuppel an der Nordseite der Freitagsmoschee von Isfahan[357]

356 https://cad.sellfile.ir/prod-434043-
357 https://arasbaran.org/news.cfm?id=115

Im Gegensatz zu der einfacheren achtrippigen alten Kuppel wies die neue Kuppel mit einem Durchmesser von 10,5 Metern und einer Höhe von 19,5 Metern ineinander verschlungene Rippen in Form von Fünfecken und fünfzackigen Sternmustern [↓] auf. Auf dem Dachinnenausbau entwickelte sich eine quadratische Fläche zunächst zu einer 8-seitigen und danach zu einer 16-seitigen Fläche und wurde von einer zylindrischen Grundmauer gestützt. (Abb. 163).

Für den Übergang der Kuppel zur quadratischen Kammer wurden Strukturen verwendet, die in der persischen Baukunst als *Muqarnas*[358] und *Latschaki*[359] bekannt sind. Als Muqarnas bezeichnet man eine zelluläre Struktur von verzierten Gewölben (Wabengewölbe), die in der islamischen Baukunst häufig zu beobachten ist (Abb. 164).

Abb. 163: Dachinnenausbau der Nordkuppel[360]

Latschaki oder Trompe (Gewölbezwickel) ist eine nach unten geöffnete trichterförmige Bauweise in der persischen Baukunst, mit der ein quadratischer Raum in einen achteckigen übergeführt wird.

---

358 مقرنس

359 لچکی

360 https://es.wikipedia.org/wiki/Arquitectura_sely%C3%BAcida#.

Abb. 164: Muqarnas im Eingangstor zur Moscheeanlage[361]

Angesichts der überaus komplexen Innenarchitektur der Nordkuppel (regelmäßige Siebenecke, unregelmäßige Sechsecke sowie Fünf- und Sechsecke kombiniert mit spitzen Sternformen), die einen bedeutenden technischen und ästhetischen Fortschritt in der damaligen persischen Baukunst darstellte, drängt sich die Frage auf, ob die Erbauer der neuen Kuppel über die notwendigen geometrischen Kenntnisse verfügten, oder vielleicht sich von Omar Khayyam, dem größten Mathematiker ihrer Zeit beraten ließen (zur Erinnerung: Malik Schah hatte im Jahr 1074 – einem Vorschlag seines Großwesirs folgend – Khayyam nach Isfahan eingeladen und ihn mit der Errichtung und Leitung eines Observatoriums beauftragt).[362]

Die baukünstlerische Perfektion der Nordkuppel veranlasste manche Autoren[363,364], die Anwesenheit eines besonders erfinderischen

---

361 https://de.wikipedia.org/wiki/Muqarnas.

362 Mit der Rolle der Mathematik und Geometrie in der persischen Baukunst haben sich zwei iranische Architekten ausführlich in folgendem Artikel beschäftigt: Ahad Nejad Ebrahimi & Morteza Aliabad: „*The Role of Mathematics and Geometry in Formation of Persian Architecture*“, Asian Culture and History; Vol. 7, No. 1, 2015, pp. 220–239.

363 Eric Schroeder: „*Saljuq architecture*“, in „*A Survey of Persian Art*“ edited by Arthur U. Pope and Phyllis Ackermann, 2nd Editon (Tehran, 1977), 3:1005.

364 Oleg Graber: „*The Great Mosque of Isfahan*“ (New York and London, 1990), pp. 64–65.

Designers in Isfahan anzunehmen. Und da die Proportionen der Kuppel vom Goldenen Schnitt[365] abgeleitet waren und Omar Khayyam die Eigenschaften des Fünfecks identifiziert hatte, wurde angenommen, dass er dieser erfinderische Designer sein könnte.

Die Möglichkeit eines Gedankenaustauschs zwischen Omar Khayyam und den Baumeistern von Isfahan ist in der jüngsten Vergangenheit von einigen Historikern intensiv untersucht worden. Sebastian Linden bemerkt hierzu zu Recht:

»Die bemerkenswerte geometrische Harmonie der [Nord-]Kuppel hatte schon lange Zeit die Neugierde der Wissenschaftler angeregt und sie auf einen geometrisch versierten Gestalter schließen lassen.«[366]

Alpay Özdural

Die Frage, ob Khayyam den Baumeistern der Nordkuppel mit Rat und Tat helfend zur Seite stand, wurde auch von dem türkischen Architekten und Gelehrten Alpay Özdural (2003 gestorben) aufgegriffen. Er nahm diese Möglichkeit unter die Lupe und erörterte sie eingehend in vier bemerkenswerten Artikeln mit den Titeln:

- „*Omar Khayyam, Mathematiker und Gespräche mit Handwerkern*“[367]
- „*Über das Ineinandergreifen ähnlicher oder entsprechender Figuren und ornamentale Muster kubischer Gleichungen*“[368]

---

[365] Vom Goldenen Schnitt spricht man dann, wenn eine Linie in zwei Teile geteilt wird und der längere Teil a geteilt durch den kürzeren Teil b gleich der Summe von $(a+b)$ geteilt durch a is $(\frac{a}{b}=\frac{a+b}{a})$ und 1,618 beträgt. Die Verwendung dieses Verhältnises verleiht jedem Design eine ausgesprochen natürliche und ästhetische Schönheit.

[366] „*Die Algebra des Omar Chayyam*“, op. cit., 2. Auflage, S. 167.

[367] „*Omar Khayyam, Mathematicians, and Conversazioni with Artisans*“, Journal of the Society of Architectural Historians 54(1) (1995), 54–71.
Anmerkung: Dieser Artikel wurde vom Verfasser des vorliegenden Buches ins Persische übersetzt und mit Erläuterungen in Teheran veröffentlicht: siehe:
“عمر خیام و معماری” نوشته آلپای اوزدورال، ترجمه ناصر کنعانی، فرهنگ ویژه بزرگداشت خیام، پائیز و زمستان ۱۳۸۰، شماره ۳۹ و ٤۰ (٦٤ صفحه - از ۱۸۹ تا ۲۵۲)

[368] „*On Interlocking similar or corresponding figures and ornamental patterns of cubic equations*“, Muqarnas 13 (1996), 191–211.

– *„Eine mathematische Sonate für Architektur: Omar Khayyam und die Freitagsmoschee von Isfahan*“[369]
– *„Mathematik und Kunst: Verbindungen zwischen Theorie und Praxis in der mittelalterlichen islamischen Welt*“[370]

Das Hauptanliegen Özdurals im ersten Artikel bestand darin, die These zu untermauern, dass sich Mathematiker und die Baumeister/Handwerker in Isfahan zusammentrafen, um die Anwendung der Geometrie auf die Architektur zu diskutieren. Ein Treffen dieser Art, an dem – Berichten zufolge – Omar Khayyam teilnahm, lieferte überzeugende Beweise für Özdurals These. Es wurde nämlich über eine Abhandlung berichtet, die Khayyam als Antwort auf eine ihm gestellte Frage verfasst hatte. Darin ging es um ein Problem, das ein Ornamentmuster betraf. Özdural diskutierte ausführlich die umfassenden Auswirkungen, die diese Zusammenarbeit auf dem Gebiet der Baukunst zur Folge hatte. Er vertrat die Ansicht, dass Khayyam zum Entwurf des fünfeckigen Sternmusters (Abb. 165) beigetragen hatte, das die Innenfläche der Nordkuppel in Isfahan schmückte.

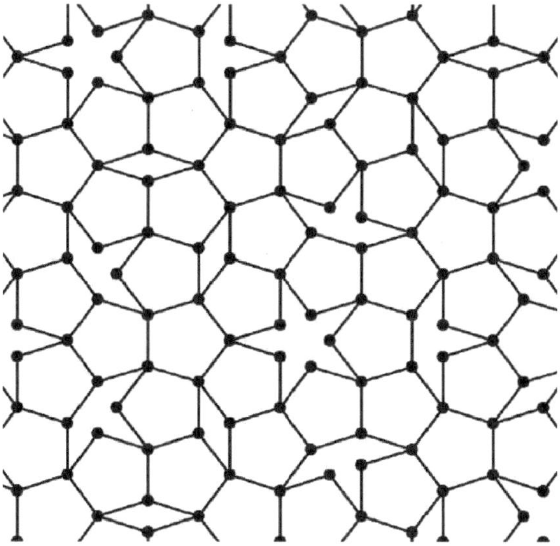

Abb. 165: Das von Khayyam entworfene fünfeckige Sternmusters

369 *„A mathematical sonata for architecture: Omar Khayyam and the Friday Mosque of Isfahan*“, Technology and Culture 39(4) (1998), 699–751.
370 *„Mathematics and art: Connections between theory and practice in the Medieval Islamic world*“, Historia Mathematica 27 (2000), 171–201.

Özdural identifizierte das spezielle rechtwinklige Dreieck, das aus einem zentralen Fünfeck hervorging und dieses Sternmuster erzeugte, als dasjenige, über das Khayyam die besagte Abhandlung geschrieben hatte.[371]

Über die Architektur der Nordkuppel bemerkte er:

»Am nördlichen Ende der Hauptachse der Freitagsmoschee von Isfahan steht die elegante Nordkuppelkammer von Terkan Khatun, die 1088–89 erbaut wurde. Sie entspricht der majestätischen, etwas älteren Kuppel von Nizam al-Mulk im Süden. Obwohl die Kuppelkammer relativ bescheiden in der Größe und schlicht in den Materialien ist, ist sie nach Ansicht des Kunsthistorikers Eric Schroeder eine elegantere Verbindung von Genie und Tradition als viele andere berühmte Kuppelbauten. Die Identität des Designers dieses bemerkenswerten Gebäudes ist ein Rätsel, das viele Architekturhistoriker fasziniert.«[372]

Jan Hogendijk

Die Frage nach der möglichen Zusammenarbeit zwischen Khayyam und Isfahani Baumeistern wurde später in einem umfangreichen, von Gülru Necipoğlu veröffentlichten Werk mit dem Titel „*Die Künste der ornamentalen Geometrie: Ein persisches Kompendium über ähnliche und komplementäre ineinandergreifende Figuren*“ weiter vertieft.[373] Dieses Werk wurde zum Gedenken an Alpay Özdural herausgebracht.

Anmerkung: Bei dem hier erwähnten Persischen Kompendium[374] handelt es sich um eine anonyme Primärquelle in persischer Sprache, die unvermittelt mit der arabischen Überschrift „*Fī tadākhul al-ashkāl al-mutashābiha aw al-mutawafiqa*“[375] (Über Ähnliches und Gemeinsames ergänzende ineinandergreifende Figuren) beginnt. Seit seiner Entdeckung in den 1970er Jahren durch den russischen Architekturhistoriker Mitkhat S. Bulatov (1907–2004) und den amerikanisch-iraki-

371 „*Omar Khayyam, Mathematicians, and Conversazioni with Artisans*“, op. cit., pp. 60–63.

372 „*A mathematical sonata for architecture: Omar Khayyam and the Friday Mosque of Isfahan*“, op. cit., p. 699.

373 „*The Arts of Ornamental Geometry: A Persian Compendium on Similar and Complementary Interlocking Figures. A Volume Commemorating Alpay Özdural*“, Brill, Leiden Bosten, 2017.

374 Bibliothèque nationale de France, Ms. Persan 169, fols. 180r–199r.

375 “في تداخل الأشكال المتشابهة أو المتوافقة”

schen Künstler Wasma'a K. Chorbachi (* 1944) fasziniert dieses Kompendium die Historiker der islamischen Kunst und Mathematik in höchstem Maße.

In einem der Artikel in der oben erwähnten Gedenkschrift, der von dem niederländischen Mathematikhistoriker Jan Pieter Hogendijk (* 1955) unter dem Titel „*Eine mathematische Klassifizierung des Inhalts eines anonymen persischen Kompendiums über dekorative Muster*"[376] verfasst worden war, wurde das anonyme persische Manuskript ausführlich diskutiert. Hogendijk, der sich vor allem mit islamischer Mathematik des Mittelalters beschäftigt, behandelte den Inhalt des Manuskripts eingehend und schrieb an einer Stelle seines wohlbegründeten Aufsatzes sinngemäß:

»In Isfahan sieht man oft Dekorationen wie das Muster in der Hakim-Moschee[377], wo ein großes Quadrat in vier deckungsgleiche Drachen und ein kleines Quadrat unterteilt ist. Ein solches Ornament wird *Vier Drachen* (persisch: *Tschahār Toranj*[378]) genannt.«

Abb. 166 zeigt das von Hogendijk erwähnte Muster.

Weiter hieß es bei Hogendijk:

»Die kleinen Quadrate und die vier Drachen sind manchmal mit Kalligraphie beschriftet. Die Größe des Quadrats in der Mitte des Tschahār Toranj hängt von der Form des Drachens ab, die wiederum vollständig durch seinen kleinsten Winkel bestimmt wird. Die Drachentypen lassen sich nicht wie Euklids Elemente mit Lineal und Zirkel konstruieren. Mathematisch entspricht die Konstruktion der beiden Drachentypen der Lösung einer kubischen Gleichung. Es gibt auch andere Drachentypen, die in diesen Mustern vorkommen und die man als *Zwölf-Drachen* bezeichnet (Abb. 167). Sie wurden von Ibn al-Haytham und von Khayyam untersucht.«[379]

---

376 Jan P. Hogendijk: „*A Mathematical Classification of the Contents of an Anonymous Persian Compendium on Decorative Patterns*", in „*The Arts of Ornamental Geometry*", op. cit., pp. 145–162.

377 مسجد حکیم

Anmerkung: Die Hakim-Moschee wurde im Jahre 1654 während der Safawidenzeit und unter der Herrschaft des von Schah Abbas II (1648–66) in Isfahan errichtet. Sie zu den ältesten Moscheen der Stadt und ist banannt nach dem Hofarzt Moḥammad-Dāvud Khan Ḥakim, der den Bau finanzierte.

378 چهار ترنج

Anmerkung: Toranj (deutsch: Bergamotte) ist die Frucht einer Zitruspflanze

379 „*A Matehmatical Classification of the Contents ...*", op. cit., 145.

Abb. 166: Das persische Ornament *Vier-Drachen* (*Tschahār Toranj*)[380]

Abb. 167: Das persische Ornament *Zwölf-Drachen*

[380] https://www.yjc.ir/fa/news/7455674/.

P. Jeanam und P. Mingu

In ihrem 2019 veröffentlichten Artikel behandelten die beiden Mathematiker Park Jeanam und Park Mingu die Frage, warum ein spezielles, rechtwinkliges Dreieck von Khayyam in einem Ring von vier Mandeln [*Tschahār Toranj*?] wegen seines einzigartigen Musters für Kunsthandwerker unverzichtbar war. Wörtlich hieß es dort:

»Wir gehen davon aus, dass bei einem Treffen zwischen Handwerkern und Mathematikern in Isfahan die Handwerker die Frage aufwarfen, wie man das Dreieck von Omar Khayyam konstruieren könne. Die Konstruktion des Dreiecks von Omar Khayyam erfordert nämlich die Lösung eines irreduziblen [unzerlegbaren] kubischen Polynoms [Gleichung]. Omar Khayyam war der erste, der Gleichungen ganzzahliger Polynome bis zum dritten Grad klassifizierte und dann alle Arten kubischer Gleichungen mithilfe von Schnittpunkten von Kegelschnitten löste. Das Dreieck von Omar Khayyam gab der Art der kubischen Gleichung $x^3 + bx = cx^2 + a$ praktische Bedeutung.«[381]

Um einen Ring aus solchen Dreiecken zu konstruieren, so die Autoren des besagten Artikels, schlug Khayyam vor, den Punkt R auf dem Kreis AB mit dem Mittelpunkt E (Abb. 168) so zu wählen, dass es gilt

$$AE : RH = EH : HB.$$

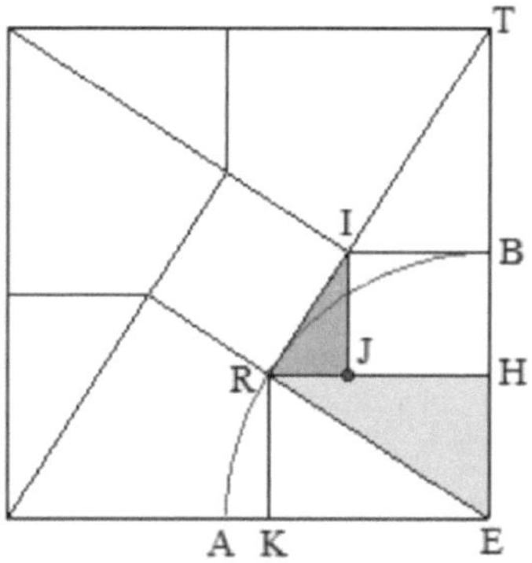

Abb. 168: Khayyams Dreieck in einem Ring aus punktsymmetrischer Figur[382]

Der Punkt R steht im Zusammenhang mit der Konstruktion eines rechtwinkligen Dreiecks, bei dem die Hypotenuse gleich der Summe der kurzen Seite und der Senkrechten zur Hypotenuse ist. Ein solches

[381] „*Ring of Four Almonds and the Omar Khayyam's ...*“, op. cit., p. 159.
[382] Ebenda, S. 169.

rechtwinkliges Dreieck wird als Khayyam-Dreieck bezeichnet.[383] Khayyam argumentierte:

Wenn R ein Punkt auf dem Kreis AB ist mit AE:RH = EH:HB, dann erhält man

1. RI = IB = RK,
2. RE + RH = ET,
3. ER + EH = RT,

Sei EH = 10 and RH = x, dann ergibt sich

$$x^3 + 200x = 20x^2 + 2000.$$

Um dies zu beweisen, so Khayyam, verfahre man wie folgt:

Man wähle den Punkt J auf dem RH so, dass IJ und RH aufeinander senkrecht stehen. Da die beiden Dreiecke $\triangle$ERH und $\triangle$RIJ ähnlich sind, gilt

$$\mathrm{ER} : \mathrm{RH} = \mathrm{RI} : \mathrm{IJ} = \mathrm{EH} : \mathrm{B} = \mathrm{EH} : \mathrm{IJ}.$$

Hieraus ergibt sich

$$\mathrm{RI} = \mathrm{EH} \text{ und } \mathrm{RI} = \mathrm{IB} = \mathrm{RK}.$$

Da $\triangle$ERT und $\triangle$EHR ebenfalls ähnlich sind, erhält man

$$\mathrm{ET} : \mathrm{ER} = \mathrm{ER} : \mathrm{EH},$$

und

$$\mathrm{ER}^2 = x^2 + 100.$$

Aus 2. ergibt sich

$$x^2/10 + 10 = \sqrt{(x^2 + 100)} + x.$$

Das heißt

$$(x^2/10 - x + 10)^2 = x^2 + 100,$$

oder

$$x^3 + 200x = 20x^2 + 2000.$$

Khayyam löste diese kubische Gleichung, wie bereits dargelegt, mithilfe einer Hyperbel und eines Halbkreises.

383 Dieses spezielle, rechtwicklige Dreieck von Khayyam wird von Sebastian Linden ausführlich besprochen. Siehe: Sebastian Linden: „*Die Algebra des Omar Khayyam*“, op. cit., 2. Auflage, S. 164–169.

Würdigung der Leistungen Khayyams

Die folgenden Zitate stellen nur einige Beispiele aus der Vielzahl der Lobesworte dar, die Khayyam wegen seiner bahnbrechenden Arbeiten im Bereich der Geometrie und Mathematik zuteilgeworden sind.

1918 brachte der bereits zitierte amerikanische Mathematiker William Edward Story seine Anerkennung für die Errungenschaften Khayyams im Bereich Algebra wie folgt in seinem Essay *„Omar Khayyam als Mathematiker“* zum Ausdruck:

»Omars größter Originalbeitrag zur Algebra ist die vollständige Klassifikation der kubischen Gleichungen, eine Klassifikation die er als anwendbar auf Gleichungen jeden Grades erkannte. Er glaubte, dass kubische Gleichungen nicht rechnerisch gelöst werden könnten, weshalb man mit der Konstruktion ihrer Lösungen mithilfe sich schneidender Kegelschnitte zufrieden sein musste. [In diesem Sinne] machte Omar einen bemerkenswerten, großen Fortschritt in der Algebra, indem er Gleichungen mit Potenzen höher als zwei klassifizierte. Er war der einziger Mathematiker von allen Nationen, die vor 1100 Jahren existierten, der die trinomiale kubische Gleichungen von den tetranomialen kubischen Gleichungen unterschied und sie in zwei Gruppen unterteilte.«[384]

1927 rühmte der US-amerikanische Naturwissenschaftshistoriker George Sarton die Leistungen Khayyams auf dem Gebiet der Mathematik mit folgenden Worten:

»Khayyam war der erste Mathematiker, der systematische und wissenschaftliche Untersuchungen zu Gleichungen ersten, zweiten und dritten Grades durchführte. Seine Abhandlung über Algebra, die seine Forschungsarbeiten auf diesem Gebiet beinhaltet, manifestiert seine wissenschaftliche Denkweise. Sie zählt zu den bekanntesten wissenschaftlichen Werken des Mittelalters und ist wahrscheinlich das prominenteste von ihnen.«[385]

2009 belobigte John Freely (1926–2017), ein US-amerikanischer Physiker und Wissenschaftshistoriker, die mathematischen Errungenschaften Khayyams mit folgenden Worten:

»Die berühmteste Figur in der Geschichte der islamischen Mathematik ist Abu'l Fath Umar ibn Ibrahim al-Khayyami, im Westen bekannt als Omar Khayyam, der Zeltmacher. Khayyams Hauptwerk in der Mathematik ist seine Algebra, die allgemein als Höhepunkt der islamischen Forschung auf diesem Gebiet angesehen wird, da sie über die von al-Khwārizmīs hinausgeht und

---

384 *„Omar Khayyam as a mathematician“*, op. cit., p. 11.

385 George Sarton: *„Introduction to the History of Science (Volume I: From Homer to Omar Khayyam)“*, The Williams & Wilkie Company for the Carnegie Institution of Washington, 1927, 759–760.

auch kubische Gleichungen einbezieht. Khayyam nutzte sowohl arithmetische als auch geometrische Methoden zur Lösung quadratischer Gleichungen und nutzte das Schema der sich schneidenden Kegelschnitte zur Lösung kubischer Gleichungen. Er war auch der Erste, der die Äquivalenz zwischen Algebra und Geometrie erkannte, die schließlich im 17. Jahrhundert von Descartes festgestellt wurde.«[386]

2010 würdigten die deutschstämmige US-amerikanische Mathematikhistorikerin Uta Caecilia Merzbach (1933–2017) und der US-amerikanische Mathematikhistoriker Carl Benjamin Boyer (1906–1976) die mathematischen Leistungen Khayyams wie folgt:

»Omar Khayyam (ca. 1050–1123), der „Zeltmacher“, schrieb eine Algebra, die über die von al-Khwārizmīs hinausging und Gleichungen dritten Grades enthielt. Wie seine arabischen Vorgänger lieferte Omar Khayyam sowohl arithmetische als auch geometrische Lösungen für quadratische Gleichungen. Für allgemeine kubische Gleichungen glaubte er aber, dass arithmetische Lösungen unmöglich seien, und gab daher nur geometrische Lösungen an. Das Konzept, die Kegelschnitte zur Lösung von kubischen Gleichungen zu verwenden, wurde bereits von Menaechmus, Archimedes und Alhazen verwendet, aber Omar Khayyam unternahm den lobenswerten Schritt, die Methode zu verallgemeinern, um alle Gleichungen dritten Grades (mit positiven Wurzeln) abzudecken. Immer wenn er in einer früheren Arbeit auf eine kubische Gleichung stieß, bemerkte er ausdrücklich: „Dies kann nicht durch ebene Geometrie gelöst werden [d.h. nur mit Lineal und Zirkel], da sie einen Würfel enthält. Für die Lösung brauchen wir Kegelschnitte.“«[387]

An einer anderen Stelle hieß es bei ihnen:

»Unsere Darstellung von Omar Khayyams Werk wird seinem Genie nicht gerecht, da er das Problem mangels des Konzepts der negativen Koeffizienten in viele verschiedene Fälle aufteilen musste, denn die Parameter *a*, *b*, *c* können positiv, negativ oder null sein. Darüber hinaus musste er seine Kegelschnitte für jeden Fall spezifisch identifizieren, weil das Konzept eines allgemeinen Parameters zu seiner Zeit nicht zur Hand war. Es wurden nicht alle Wurzeln einer gegebenen kubischen Gleichung angegeben, da er die Angemessenheit negativer Wurzeln nicht akzeptierte und nicht alle Schnittpunkte der Kegelschnitte notierte. Es sollte auch erwähnt werden, dass in den früheren griechischen geometrischen Lösungen kubischer Gleichungen die Koeffizienten Liniensegmente waren, während sie in der Arbeit von Omar Khayyam spezifische Zahlen waren.«[388]

---

386 John Freely: „*Aladdin's Lamp. How Greek Science Came to Europe Through the Islamic World.*“, Alfred A. Knopf New York, 2009, p. 91.

387 Uta C. Merzbach and Carl B. Boyer: „*A History of Mathematics*“, Third Edition, John Wiley & Sons, Inc, Hoboken, New Jersey, 2010, S. 218–219.

388 Ebenda, S. 219.

2011 bemerkten die beiden malaysischen Wissenschaftler Abdi O. Shuriye und Jamal I. Daoud in ihrem Beitrag „*Islamische mathematische Wissenschaften*“:

»Umars Beitrag zur Algebra ist wahrscheinlich einer der bedeutendsten in der Entwicklungsgeschichte der Mathematik. Umars größter ursprünglicher Beitrag zur Algebra war sein systematischer Versuch, alle Typen von kubischen Gleichungen durch die Schnittpunkte der Kegelschnitte zu lösen, nachdem er diese vollständig klassifiziert hatte. Nach Sarton ist diese Leistung, die Umar zu verdanken ist, einer der höchsten Gipfel – vielleicht der allerhöchste – der Mathematik des Mittelalters. Dieses Werk findet sich in seiner Algebra, die er in Samarkand fertigstellte und seinem Gönner widmete, dem obersten Richter der Stadt, Abu Tahir, im Jahre 1070. Das Studium kubischer Gleichungen begann zunächst mit Archimedes' Problem des Schnitts einer gegebenen Kugel durch eine Ebene in zwei Segmente[389], sodass deren Volumina in einem gegebenen Verhältnis stehen.«[390]

2016 würdigte der kanadische Wissenschafts- und Mathematikhistoriker John Lennart Berggren (* 1941) Khayyams Leistungen im Bereich Mathematik wie folgt:

»Das andere Thema, das ʿUmar in seiner Diskussion über die Schwierigkeiten bei Euklid behandelte, ist das der Verhältnisse. Hier hat al-Khayyāmī zweierlei Erfolge zu verzeichnen. Der eine ist seine Demonstration, dass eine Definition von Proportionen, die in der islamischen Mathematik ausgearbeitet wurde, seiner Meinung nach eher der intuitiven Idee des „Verhältnisses“ entspricht als die von Euklid verwendete Definition. Der andere ist sein Vorschlag, wonach die Vorstellung von Zahlen um eine neue Art von Zahlen erweitert werden muss, nämlich Verhältnisse von Größenordnungen. Zum Beispiel sollte aus ʿUmars Sicht das Verhältnis der Diagonalen eines Quadrats zu seiner Kante ($\sqrt{2}$), oder das Verhältnis des Umfangs eines Kreises zu seinem Durchmesser (π), als eine neue Art von Zahlen betrachtet werden. Diese wichtige Idee, die die Einführung positiver reeller Zahlen in der Mathematik zur Folge hatte, genauso wie der Fall des Parallelenpostulats, wurde durch die Schriften des Pseudo-Naṣīr al-Dīn al-Ṭūsī [eigentlich muss es heißen: Sadr al-Dīn Ꜥ̀Ali Tūsī] den europäischen Mathematikern mitgeteilt.«[391]

---

389 Mit dem hier angesprochenen Archimedes' Problem hat es folgende Bewandtnis: Archimedes stellte die Aufgabe, eine Kugel durch Ebenen erstens nach einem gegebenen Verhältnis der Oberflächen und zweitens nach einem gegebenen Verhältnis der Segmente zu schneiden. Der erste Teil dieser Aufgabe führt zu einer quadratischen, der zweite zu einer kubischen Gleichung.

390 Abdi Omar Shuriye and Jamal I. Daoud: „*Islamic Mathematical Sciences*“, Australian Journal of Basic and Applied Sciences, 5(3): 51–59, 2011, p. 57.

391 J.L. Berggren: „*Episodes in the Mathematics of Medieval Islam*“. Second Edition, Springer-Verlag Berlin Heidelberg, 2016, p. 16.

Kapitel 3

Der Astronom

Als Astronom machte sich Omar Khayyam in zweierlei Hinsicht unsterblich:

Zum einen führte er vor mehr als tausend Jahren im Auftrag des Großwesirs Nizām al-Mulk eine Kalenderreform[392] durch und schuf mit einem neuen Sonnenkalender[393] die genaueste Zeitrechnung, die es bis dato gegeben hat.

Zum anderen sorgte er mit der Wiedereinführung des altpersischen[394] Sonnenkalenders, dessen Verwendung nach der Eroberung Persiens im 7. Jahrhundert durch die muslimischen Araber untersagt worden war, dafür, dass fortan das uralte und traditionsreiche Neujahrsfest im gesamten iranischen Kulturraum wie einstmals wieder am ersten Tag des Frühlings zelebriert werden konnte.

Um die Gründe für die Kalenderreform und die Wiedereinführung des altpersischen Sonnenkalenders nachvollziehen und ihre folgenreichen Auswirkungen gebührend würdigen zu können, ist ein Rückblick in die ferne Geschichte des Landes notwendig.

---

392 Ein Kalender hat die Aufgabe, den Beginn der Jahreszeiten Jahr für Jahr auf das gleiche Datum fallenzulassen, um den Zeitpunkt von Festen oder wiederkehrenden Ereignissen bestimmen zu können. Der Zweck einer Kalenderreform besteht beispielsweise darin, durch Änderung der Einteilung und Zählung von Zeiträumen eine höhere Genauigkeit bei der Planung der Aussaat in der Landwirtschaft zu erreichen.

393 Unter dem Sonnenkalender (oder Solarkalender) versteht man jene Art der Zeitrechnung, die die Umlaufzeit der Erde um die Sonne als Basis für die Zeiteinteilung nimmt. Die Basisgröße des Sonnenkalenders ist das so genannte Sonnenjahr (oder Solarjahr), das heißt der Zeitraum, innerhalb dessen die Erde alle vier Jahreszeiten durchläuft. Ein solches Jahr hat etwa 365 ¼ Tage.

394 »Der früheste Beweis iranischer kalendarischer Traditionen stammt aus dem zweiten Jahrtausend v.Chr. und geht möglicherweise sogar dem Erscheinen des iranischen Propheten Zoroaster [Zarathustra] voraus. Der erste vollständig erhaltene Kalender ist der der Achämeniden, einer königlichen Dynastie des 5. Jahrhunderts v.Chr., die den Zoroastrismus hervorrief. Im Laufe der aufgezeichneten Geschichte waren die Perser sehr auf die Idee und die Wichtigkeit eines Kalenders bedacht. Sie gehörten zu den ersten Kulturen, die einen Sonnenkalender nutzten.« (Wikipedia. Die freie Enzyklopädie)

Nowruz, der Neue Tag

Seit Menschengedenken pflegten die Menschen im antiken Iran zu allen möglichen Anlässen Feste zu feiern, zu denen vier besonders populäre und traditionsreiche Feierlichkeiten gehörten. Diese, die sich größter Beliebtheit erfreuten, waren:

Das Nowruz-Fest, das am ersten Tag des Frühlings zelebriert wurde und den Beginn eines neuen Jahres einläutete (Nowruz bedeutet der Neue Tag).

Das Tirgan-Fest, das im Hochsommer und anlässlich des längsten Tages des Jahres begangen wurde.

Das Mehrgan-Fest, das jedes Jahr anfangs Herbst als eine Art Erntefest gefeiert wurde.

Das Yalda-Fest, das im Hochwinter als die längste und dunkelste Nacht des Jahres bedacht wurde. Der Legende nach war die altiranische Gottheit Mitra[395] in dieser Nacht aus einem Felsen geboren (Yalda = Geburt).

Die astronomischen Hintergründe dieser vier Volksfeste lassen sich am einfachsten anhand des so genannten geozentrischen Weltbilds erläutern, das von der Vorstellung ausgeht, dass die Erde im Zentrum des Universums verankert ist (Abb. 169, links) und von der Sonne umkreist wird (Abb. 169, rechts).

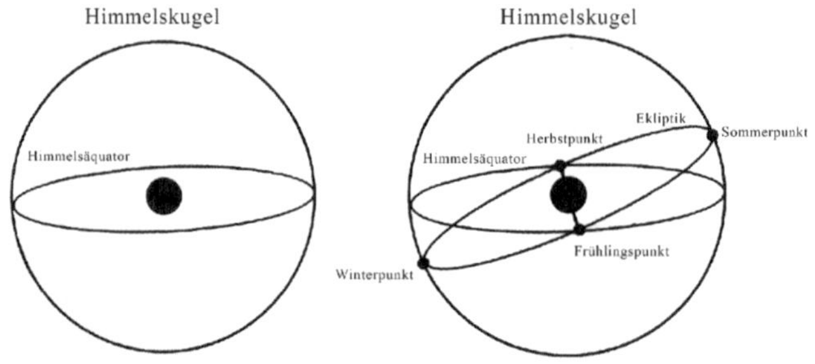

Abb. 169: Geozentrisches Weltbild (links); Umlaufbahn der Sonne um die Erde (rechts)

Gemäß diesem Weltmodell bewegt sich die Sonne auf einer Umlaufbahn (Ekliptik genannt), die gegenüber dem Himmelsäquator etwas

[395] Gemäß altiranischer Mythologie ist Mitra die Gottheit des Bündnisses, des Lichts und des Eides sowie der Sonne, der Gerechtigkeit, der Verträge und der Freundschaft. Überdies ist er auch eine richterliche Figur, ein allsehender Beschützer der Wahrheit und Hüter des Viehs, der Ernte und des Wassers.

geneigt ist. Als Folge davon durchläuft sie bei der Umkreisung der Erde durch vier markante Positionen, die als *Frühlingspunkt*, *Sommerpunkt*, *Herbstpunkt* und *Winterpunkt* bezeichnet werden.

Der Frühlingspunkt zeichnet sich dadurch aus, dass der Tag und die Nacht zu diesem Zeitpunkt gleich lang sind (Frühlingstagundnachtgleiche). Kalendarisch entspricht er dem ersten Tag des Frühlings (21./22. März). Die Menschen im antiken Iran zelebrierten diesen Tag als Nowruz und den Beginn des neuen Jahres. Diese Tradition hat sich bis zum heutigen Tage als lebendiges Jahresübergangsritual erhalten.

Je mehr sich nun die Sonne vom Frühlingspunkt aus gegen den Uhrzeigersinn weiterbewegt, umso länger werden die Tage, bis die Sonne beim Erreichen des Sommerpunkts die größte Mittagshöhe über dem Horizont erreicht hat, und der Tag zum längsten Tag des Jahres wird. Dieser Tag, der kalendarisch dem 21. Juni entspricht und als Sommersonnenwende bezeichnet wird, wurde im alten Iran als Tirgan[396] gefeiert.

Nach dem Tirgan werden die Tage zunehmend wieder kürzer und die Nächte immer länger, bis sie beim Erreichen des Herbstpunktes (am 23. September) erneut gleich lang sind (der Herbsttagundnachtgleiche). Dieses Ereignis war in der Vergangenheit, und ist noch heute, der Anlass für das vielbeachtete Mehrgan-Fest. Im vorislamischen Persien wurde der Mehrgan mit der gleichen Pracht gefeiert wie der Nowruz.

Die Weiterbewegung der Sonne hat dann zur Folge, dass nun die Tage kürzer und dafür die Nächte länger werden, bis schließlich beim Erreichen des Winterpunktes (am 21./22. Dezember) die Yalda-Nacht, das heißt die längste Nacht des Jahres erreicht ist. Nun hat die Sonne die geringste Höhe über dem Horizont. Diese Nacht, die den Beginn der Wintersonnenwende markiert, wurde im alten Iran zugleich als die Geburtsnacht Mirtas gefeiert. Sie wird auch heute mehrheitlich von den Völkern des iranischen Kulturkreises zelebriert.

Die Hauptaufgabe der Astronomen im alten Iran bestand also darin, den genauen Zeitpunkt des Eintretens dieser vier großen Ereignisse, insbesondere des Nowruz, im Voraus zu bestimmen und bekanntzugeben.

---

[396] Nach altiranischer Mythologie erschien an diesem Tag der Engel *Tīr*, um nach einer langen Dürre den langersehnten Regen durch Donner und Blitz herbeizuführen. Das Wort *Tīr*, der moderne persische Name für den zoroastrischen Gott *Tishtrya*, ist gleichbedeutend mit dem Wort *Pfeil* und symbolisiert die wohlwollende Göttlichkeit des Regens und der Fruchtbarkeit.

Persepolis als Austragungsort

Dareios I, auch Dareios der Große genannt, herrschte von 522 v.Chr. bis zu seinem Tod im Jahre 486 v.Chr. als Großkönig der Achämeniden über das altpersische Großreich, das unter seiner Regentschaft nicht nur seine größte geographische Ausdehnung (Abb. 170), sondern auch seinen Höhepunkt in zivilisatorischer und kultureller Hinsicht erreichte.

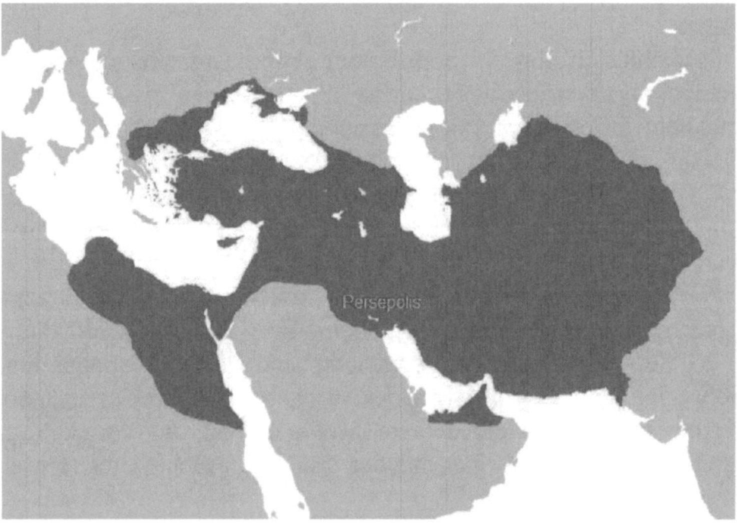

Abb. 170: Altpersisches Reich in seiner größten Ausdehnung um 500 v.Chr.

Das Imperium Dareios' umfasste neben Persien als Kernland noch die Gebiete der heutigen Staaten Usbekistan, Tadschikistan, Turkmenistan, Afghanistan und Pakistan sowie Bulgarien, Türkei, Irak, Libanon, Syrien, Israel, Palästina, Griechenland, Zypern und Ägypten.

Auf Geheiß Dareios' wurde im Jahre 520 v.Chr. mit der Gründung einer Residenzstadt namens *Parse* begonnen, die bald als *Persepolis* in die Geschichte einging und deren imposante Überreste noch heute zu bestaunen sind.

Die neue Anlage war in erster Linie als Austragungsort für Festlichkeiten aller Art, insbesondere aber das Nowruz-Fest gedacht, das fortan jedes Jahr am ersten Tag des Frühlings in Anwesenheit des Großkönigs und seiner Entourage prachtvoll zelebriert wurde. Abb. 171

zeigt die Frontalansicht des Treppenaufgangs, der zum großen königlichen Audienzsaal Apadana[397] führte.

In Persepolis dürften auch die Delegationen aus allen Teilen des Herrschaftsgebiets des Großkönigs an den Feierlichkeiten anlässlich des Nowruz teilnehmen, dem Herrscher ihre Reverenz erweisen und ihm ihre kostbaren Geschenke überreichen.

Abb. 171: Treppenaufgang von Apadana in Persepolis

Was am Treppenaufgang sofort ins Auge sticht, sind die zwei rechts und links symmetrisch angeordneten Reliefs, auf denen ein Löwe beim Reißen eines Stiers herausgearbeitet ist. Diese Szene ist in Abb. 172 vergrößert wiedergegeben.

»Der Stier ist so dargestellt, wie er von dem Löwen auf dem Rücken angegriffen wird, während die Vorderbeine an die Wand gelehnt sind. Der Kampf des Löwen und des Stiers ist sehr realistisch dargestellt, als ob der Betrachter ihn tatsächlich miterleben würde. Der Ausdruck von grobem Schock, Wut und Angst ist auf dem Gesicht des Stiers deutlich zu erkennen. Trotz der Hilflosigkeit des vom Löwen festgehaltenen Stiers zeugen die Muskelver-

[397] Als Apadana wurden ursprünglich die großen Audienzhallen der persischen Großkönige in Persepolis und Susa bezeichnet. Der Begriff tauchte erstmals in der altpersischen Inschrift A2Sa (A: Artaxerxes II, S: Susa und a als Index) auf, die auf Fragmenten von vier Säulenbasen im Apadana von Susa gefunden wurde.

spannungen deutlich von der enormen Kraft des Tieres. Beide Feinde sind gleich. Es kann nur ein wilder Bulle sein.«[398]

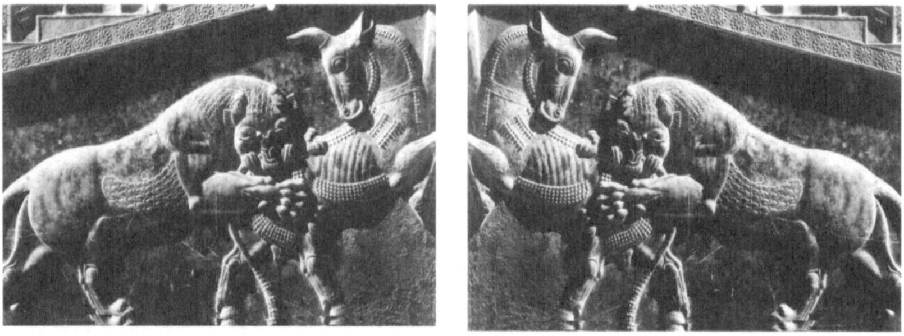

Abb. 172: Löwe beim Reißen des Stiers

Wie die folgenden Ausführungen zeigen, sind diese aus Stein gemeißelten Figuren ein eindeutiger Beweis dafür, dass die Astronomen des Großkönigs durchaus in der Lage waren, den königlichen Auftrag zu erfüllen und den Zeitpunkt des Eintretens von Nowruz genau im Voraus zu bestimmen. Es sei auch darauf hingewiesen, dass der Löwe und der Stier zu den ältesten Symbolen der altiranischen Mythologie zählen, besondere Berühmtheit aber in der Reliefsdarstellung von Persepolis erlangt haben:

Jahrhunderte lang blieb das Geheimnis hinter den beiden Reliefs den Archäologen und Historikern verborgen, bis 1964 Willy Hartner[399] und Richard Ettinghausen[400] erstmals in einem Artikel die Möglichkeit einer astronomischen Deutung in Betracht zogen.[401] Ein Jahr später konnte Hartner in einem längeren und vielbeachteten Aufsatz[402] die lang gesuchte Lösung des Rätsels vorlegen. Zum besseren Verständnis seiner Interpretation sei Folgendes vorausgeschickt:

---

[398] Vijay Sathe: „*The Lion-Bull Motifs of Persepolis: The Zoogeographic Context*", Iranian Journal of Archaeological Studies 2:1 (2012), pp. 75–85.

[399] Willy Hartner (1905–1981) war ein deutscher Astronom und Naturwissenschaftshistoriker, der wegen seiner Gegnerschaft zu den Nationalsozialisten nach dem 2. Weltkrieg von den Amerikanern zum Neuaufbau der Universität Frankfurt herangezogen wurde.

[400] Richard Ettinghausen (1906–1979) war ein deutsch-amerikanischer Kunsthistoriker und Spezialist auf dem Gebiet der islamischen Kunst. 1934 emigrierte er als Jude über Großbritannien in die USA.

[401] Willy Hartner and Richard Ettinghausen: „*The Conquering Lion, the Life Cycle of a Symbol*", Oriens Vol. 17 (Dec. 31, 1964), pp. 161–171.

[402] Willy Hartner: „*The Earliest History of the Constellations in the Near East and the Motif of the Lion-Bull Combat*", Journal of Near Eastern Studies Vol. 24, No. 1/2 (Jan.-Apr., 1965), pp. 1–16.

Offensichtlich waren der Phantasie der Menschen in der antiken Welt keine Grenzen gesetzt. Sie glaubten in einigen Gruppierungen hellerer Sterne Tier- und Menschengestalten erblicken zu können und gaben solchen *Sternbildern* bestimmte Namen. Die alten Perser übernahmen diese Sternbilder von den Babyloniern und sprachen beispielsweise vom Sternbild Stier (Abb. 173a, links) und Sternbild Löwe (Abb. 173a, rechts).

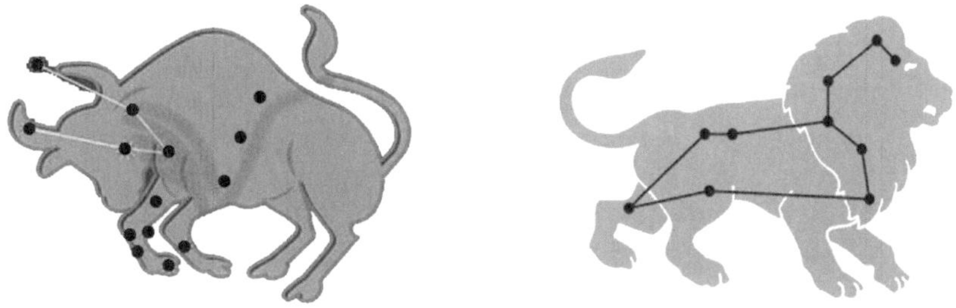

Abb. 173a: Sternbilder Stier (links) und Löwe (rechts)

Hartners astronomische Berechnungen zeigten, dass um die Zeit der Grundsteinlegung von Persepolis (520 v.Chr.) kurz vor dem Nowruz das Sternbild Stier am nächtlichen Himmel zu sehen war (Abb. 173b, links), das jedoch kurz nach dem Nowruz verschwand, und an seiner Stelle das Sternbild Löwe (Abb. 173b, rechts) auftauchte.

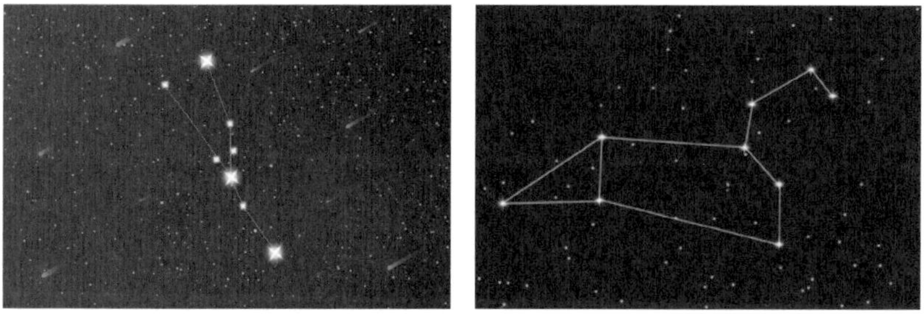

Abb. 173b: Sternbild Stier (links) vor und Löwe (rechts) nach dem Nowruz

Diese Beobachtung am Nachthimmel muss die Phantasie der altpersischen Astronomen zu der Annahme beflügelt haben, der Löwe hätte den Stier gerissen. Deshalb beauftragten sie die königlichen Bildhauer, dieses himmlische Ereignis in den Stein einzumeißeln, um es der Nachwelt zu überliefern. So wurden der Löwe und der Stier als ein einziges Symbol miteinander verbunden. Die Reliefsdarstellung kann somit zum einen als Symbol eines saisonalen Wandels angesehen werden, bei dem der Sommer (Löwe) den Winter (Stier) besiegt, oder anders ausgedrückt: die Niederlage des Winters durch die Frühlingstagundnachtgleiche. Diese Interpretation wird vor allem durch die Tatsache gestützt, dass Persepolis als Zentrum für die Neujahrsfeierlichkeiten auserkoren war, die nur im Frühling stattfanden. Die Reliefsdarstellung kann aber auch als ein mögliches Szenario für eine Änderung der Bedeutung des Motivs vom astronomischen Symbol zum Symbol königlicher Macht erachtet werden.

Der altpersische Sonnenkalender

Die altpersischen Astronomen gingen davon aus, dass die Sonne die Erde in 365 Tagen umkreist, das heißt, nachdem sie zu Beginn des Jahres den Frühlingspunkt verlassen hat, erreicht sie ihn wieder genau nach 365 Tagen (Abb. 174).

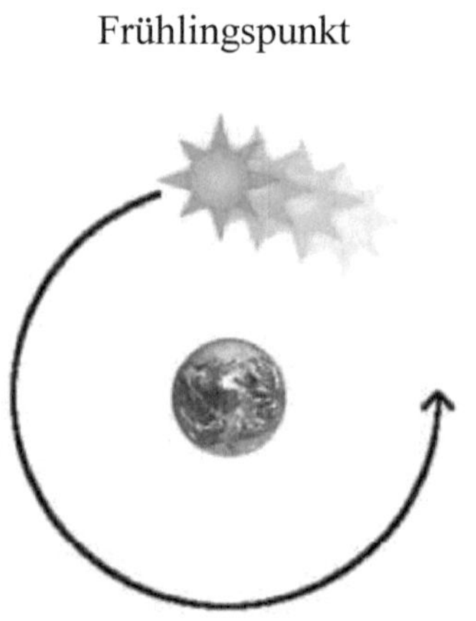

Abb. 174: Drehung der Sonne um die Erde in 365 Tagen

Da aber die Länge des Sonnenjahres in Wirklichkeit 365 Tage und etwa 6 Stunden beträgt, bleibt die Sonne bei der ersten Umkreisung 6, bei der zweiten 12, bei der dritten 18 und bei der vierten 24 Stunden entfernt von dem Frühlingspunkt. Das bedeutet, dass die Sonne nach vier Jahren einen ganzen Tag von dem Frühlingspunkt zurückbleibt. Aus diesem Grunde berechneten die altpersischen Astronomen in ihrem Kalender das vierte Jahre nicht mit 365, sondern mit 366 Tagen (Schaltjahr). Diese Maßnahme war notwendig, damit der Nowruz stets mit dem astronomischen Frühlingspunkt übereinstimmte, und der Beginn des neuen Jahres am ersten Tag des Frühlings gefeiert werden konnte. Damit wurde gleichzeitig auch verhindert, dass die Jahreszeiten den Kalender *durchwandern.*[403]

Diese Art der Zeitrechnung wurde – mit geringfügigen Änderungen – auch von den Arsakiden (auch Parther genannt) beibehalten, die Persien fast fünfhundert Jahre (von 247 v.Chr. bis 224 n.Chr.) beherrschten.

Die alte persische Zeitrechnung erfuhr aber unter den Sassaniden, die die Geschicke Persiens von 224 n.Chr. bis zu ihrem endgültigen Niedergang im Jahre 642 n.Chr. prägten, eine kleine Umstellung. Diese bestand darin, dass sie das Jahr statt mit 365 Tagen mit 360 Tagen und 12 Monaten á 30 Tage zählten. Die fehlenden fünf Tage, die sie als *Gestohlene Fünf*[404] bezeichneten, wurden dann dem letzten (dem zwölften) Monat des Jahres hinzugefügt, so dass das Jahr letztendlich wieder 365 Tage beinhaltete. Die hinzugefügten fünf Tage zelebrierte die Bevölkerung als den *kleinen Nowruz*. Alle vier Jahre wurden dem letzten Monat nicht fünf, sondern sechs Tage hinzugezählt.

Mit welchen Rechentricks auch die Astronomen im präislamischen Persien arbeiteten, sie sorgten stets dafür, dass der Beginn jedes neuen Jahres, das heißt der Nowruz, mit dem ersten Tag des Frühlings zusammenfiel. Diese Tradition wurde von Generation zu Generation weitergegeben, bis das Land schließlich von den muslimischen Arabern besiegt wurde.

Der muslimische Mondkalender

Gegen die Mitte des siebten Jahrhunderts christlicher Zeit gelang es einem bis dahin unbedeutenden Volk, machtvoll die Bühne des Weltgeschehens zu betreten und innerhalb einer relativ kurzen Zeit die Geschichte der Menschheit in eine völlig neue Richtung zu lenken. Es waren arabische Stämme auf der in weiten Teilen unbewohnbaren Arabischen Halbinsel, die sich unter der Führerschaft des Propheten Mohammed zu einer muslimischen Volksgemeinschaft zusammenschlossen und innerhalb eines Jahrhunderts nach seinem Tod ein Terri-

---

403 Das tropische Jahr, das heißt der Zeitraum zwischen zwei Frühlingstagundnachtgleichen, dauert etwa 365 Tage und 6 Stunden. Deshalb ist eine einfache Zeitrechnung, die jedem Jahr die gleiche Anzahl von Tagen zuordnet, nicht möglich, und infolgedessen verschiebt sich der Beginn der Jahreszeiten. Die Einschaltung eines zusätzlichen Tages dient dazu, um die jeweilige Dauer des Jahres dem tropischen Jahr anzunähern.

404 “پنجوه بهیزک” (پنجه دزدیده و یا بعدها به عربی خمسه مُستَرَّقه)

torium riesigen Ausmaßes eroberten, das sich von Spanien bis nach Indien erstreckte (Abb. 175).

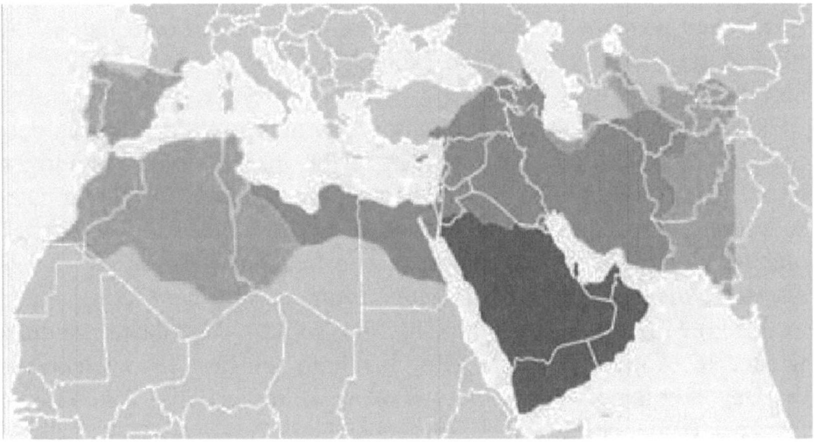

Ausbreitung bis zum Tode Mohammeds, 622–632
Ausbreitung unter den vier rechtgeleiteten Kalifen, 632–661
Ausbreitung unter den Umayyāden, 661–750

Abb. 175: Die islamische Expansion[405]

Die unglaublich rasche Ausbreitung des Islam war nicht zuletzt einer Folge der Wehrlosigkeit des Sassanidenreichs und des Byzantinischen Imperiums, in dem sich das römische Kaisertum gehalten hatte. Die beiden Großmächte waren durch lange und verhängnisvolle Abnützungskriege gegeneinander stark geschwächt worden und waren nicht mehr in der Lage, den muslimischen Invasionen Einhalt zu gebieten.

Nach dem endgültigen Sieg der muslimischen Araber über den letzten Großkönig der Sassaniden im Jahre 642 n.Chr. und der Islamisierung Persiens wurden die Gesetze des Islam im gesamten Herrschaftsgebiet mit aller Härte geltend gemacht. Iranerinnen und Iranern wurde strengstens untersagt, ihre alten Traditionen weiterzupflegen; sie wurden gezwungen, ihr kulturelles Erbe größtenteils aufzugeben und auf das Zelebrieren ihrer zahlreichen traditionellen Feste, insbesondere des Nowruz, zu verzichten.[406]. Um dieses Verbot in der Praxis

[405] Klaus Wolschner: „*Die Zeitalter des Islam und die Kraft des Glaubens*" (http://www.medien-gesellschaft.de/html/zeitalter_des_islam.html)

[406] »Der Islam kennt nur zwei religiöse Feste, nämlich das dreitägige Ramadanfest am Ende des Fastenmonats Ramadan und das viertägige Opferfest am Ende der Pilgerfahrt. Diese Festlichkeiten beginnen mit dem gemeinsamen

auch wirksam durchsetzen zu können, schafften die neuen Machthaber den altpersischen Sonnenkalender ab und ersetzten ihn durch den so genannten Mondkalender, der von dem Propheten Mohammed in der Arabischen Halbinsel verordnet worden war.

Der muslimische Mondkalender ist Kalender, der sich ausschließlich an den Mondphasen[407], das heißt an den wechselnden Lichtgestalten des Mondes orientiert.[408] Ein neuer Monat beginnt mit der Beobachtung des Neulichts, dem Augenblick, in dem man zum ersten Mal nach abendlichen Sonnenuntergang die Konturen der zunehmenden Mondsichel wahrnimmt. Da aber der Eintritt des Neulichts schwankend und schwer zu beobachten ist, beinhaltet der Mondkalender abwechselnd 29 und 30 Tage lange Monate. Daraus ergibt sich ein 354 oder 355 Tage langes Gemeinjahr. Das heißt, ein Mondjahr ist 10 bis 12, in der Regel 11 Tage kürzer als ein Sonnenjahr. Zur Anpassung an die astronomisch genaue Länge eines Mondjahrs mit 354,3671 Tagen ist das kalendarische Mondjahr etwa alle drei Jahre um einen Tag länger.

Der Grund, warum der Prophet Mohammed die Einführung des Mondkalenders als notwendig erachtet hatte, bestand darin, dass zu jener Zeit bereits zwei verschiedene Kalender in der Arabischen Halbinsel in Gebrauch waren: der jüdische Lunisolarkalender[409] (12 Mond-Monate + alle drei Jahre ein dreizehnter Mondmonat mit 384 Tagen) und der julianische Solarkalender (drei Gemeinjahre mit 365 Tagen und ein viertes Schaltjahr mit dem 29. Februar als zusätzlichem Tag).

Die auf dem Mondkalender basierende islamische Zeitrechnung beginnt mit dem Jahr der Auswanderung des Propheten im Jahre 622

Festtagsgebet in der Moschee.« Siehe: Islamische Feste – ein Überblick (https://www.islamiq.de/2022/04/27/muslime-islamische-feste-ein-ueberblick/)

407 Die Zeit von einem Vollmond zum nächsten Vollmond wird als synodischer Monat bezeichnet.

408 Der Mond umrundet die Erde in 27,3, oder genauer gesagt in 27 Tagen, 7 Stunden und 43 Minuten. In der gleichen Zeit dreht er sich auch einmal um seine Achse, weshalb die Erdbewohner immer die gleiche Seite des Mondes zu sehen bekommen.

409 Der Lunisolarkalender richtet sich sowohl nach dem Lauf des Mondes als auch nach dem Lauf der Sonne. Die Monate sind wie bei einfachen Mondkalendern an den Mondphasen ausgerichtet, es gibt aber gleichzeitig eine Schaltregel zum Angleich an das Sonnenjahr. Das lunisolare Kalenderjahr enthalt meistens 12 oder 13 lunare Monate in bestimmtem Wechsel, so dass sein langfristiger Durchschnitt mit dem Sonnenjahr zu 365,24219 Tagen identisch ist.

n.Chr. von Mekka nach Medina[410], weshalb man in westlichen Welt das Kürzel A.H. (= *Anno Hegirae*) zur Kennzeichnung von islamischen Jahreszahlen verwendet. Dem islamischen Jahr 0 entspricht somit das gregorianische Jahr 622.[411] Ergänzend sei erwähnt, dass Der Beginn der islamischen Zeitrechnung wurde erst 17 Jahre nach der Auswanderung des Propheten durch den zweiten Kalifen ʿUmar eingeführt.

Die Kalenderreform

Der muslimische Mondkalender hatte auch im Riesenreich der Seldschuken (Abb. 3) seine Gültigkeit. Die Wiedereinführung des altpersischen Sonnenkalenders war jedoch eine Herzensangelegenheit des Großwesirs Nizām al-Mulk, der faktisch Schwert und Hirtenstab des Imperiums in seinen Händen hielt und für alle Regierungsgeschäfte zuständig war. Seine Beweggründe waren offensichtlich die folgenden:

Erstens: Das islamische Mondjahr beginnt im Herbst (Mitte bis Ende September) und umfasst zwölf Mondmonate, 6 Monate mit 29 Tagen und 6 Monate mit 30 Tagen im Wechsel. Sie ist, wie bereits ausgeführt, 11 Tage kürzer als der Sonnenkalender. Ein schwerwiegender Nachteil des Mondkalenders bestand somit darin, dass er für die damals herrschende Wirtschaftsordnung, die auf einer von Jahreszeiten abhängigen Landwirtschaft beruhte, unpraktikabel war.[412] Das heißt, Steuern, die früher nach der Ernte erhoben wurden, mussten jetzt vor der Ernte entrichtet werden. Anders ausgedrückt erwies sich die Festsetzung von Terminen für die jährlichen Abgaben seitens der Großgrundbesitzer und der Bauernschaft sowie Steuereintreibungen durch die Regierungsbeamten als sehr schwierig.[413] Hinzu kam, dass genau aus diesem Grund in verschiedenen Regionen des Reiches lokale, auf altpersischer Zeitrechnung beruhende Sonnenkalender verwendet wur-

---

[410] Medina hieß in vorislamischer Zeit Yathrib. Erst nachdem der Prophet dort Zuflucht gefunden hatte, wurde sie Medīnat al-Nabī („Stadt des Propheten") oder einfach Medina genannt.

[411] Für die Umrechnung von der gregorianischen (G) zur islamischen Zeitrechnung (I) und andersherum gibt es zwei mathematische Formeln: $G = I \times (32/33) + 622$ und $I = (33/32) \times (G - 622)$. Da der Mondkalender rund 11 Tage kürzer ist als der Sonnenkalender, entsprechen 33 Mondjahre genau 32 Sonnenjahren.

[412] Der Mondkalender eignet sich durchaus für Wüstenregionen, wie beispielsweise die Arabische Halbinsel, wo die Landwirtschaft kaum eine Rolle spielt.

[413] Es wird behauptet, dass genau aus diesem Grund der Kalif ʿUmar auf den persischen Sonnenkalender zurückgriff um die Steuererhebung zu erleichtern.

den, um solchen Schwierigkeiten aus dem Weg zu gehen. Dies verursachte wiederum zusätzliches Durcheinander in der Verwaltung.

Zweitens: Mit dem Mondkalender war es nicht möglich, den Zeitpunkt altiranischer Volksfeste, insbesondere des Nowruz und des Mehrgan zu bestimmen, sodass diese langtradierten und populären Gebräuche allmählich in Vergessenheit geraten waren. Selbst wenn die Landesbevölkerung die Absicht hegte, diese Feste heimlich und in privater Atmosphäre zu zelebrieren, wäre es kaum möglich gewesen, da der persische Sonnenkalender aufgrund der fehlenden offiziellen Aufsicht und regelmäßigen Korrektur durch Schaltjahre aus den Fugen geraten war.

Der einzige Ausweg aus dieser misslichen Situation war nach Nizām al-Mulks Überzeugung die Wiedereinführung des altpersischen Sonnenkalenders. Auf der Suche nach einer geeigneten Person, der er diese Aufgabe übertragen konnte, fand er keinen Geringeren und Besseren als Omar Khayyam, der gerade ein Jahr zuvor eine Kostprobe seiner wissenschaftlichen Fähigkeit zum Besten gegeben hatte, indem er in einer Abhandlung über Algebra zum ersten Mal in der Geschichte der Mathematik die kubischen Gleichungen systematisch untersucht und geometrische Methoden zur ihrer Lösung vorgeschlagen hatte. Außerdem, ihm eilte ihm der Ruf voraus, ein ausgewiesener Astronom zu sein. Ein weiterer Aspekt, der aus Sicht des streng gläubigen Großwesirs ebenfalls von großer Bedeutung war, war die Tatsache, dass der junge Mathematiker einen tadellosen Ruf genoss und von seinen Ebenbürtigen mit großem Respekt behandelt wurde.

Nachdem Nizām al-Mulk Malik Schah über seine Absicht hinsichtlich einer Kalenderreform informiert und seine formelle Genehmigung eingeholt hatte, lud er im Jahre 1074 den berühmten Gelehrten in die Hauptstadt Isfahan ein und beauftragte ihn mit dem Bau einer Sternwarte[414] und der Erstellung eines neuen Kalenders. Er stellte ihm auch die notwendigen finanziellen Mittel zur Verfügung und gab ihm die Erlaubnis, andere Fachkollegen nach Isfahan zu holen und zu Rate zu ziehen. Khayyam gegenüber machte er auch keinen Hehl daraus, dass sein eigentlicher und heimlicher Wunsch an diesem epochalen Großprojekt die Wiedereinführung des altiranischen Sonnenkalenders war.

---

[414] Früher gingen die Historiker von der Annahme aus, der Standort des Observatoriums sei in der Nähe von Nischabur, Rey oder Merv gewesen. Neuere Forschungen haben jedoch ergeben, dass das Observatorium in der Tat in der Nähe von Isfahan errichtet wurde. Siehe: Stephen Blake: „*Astronomy and Astrology in the Islamic World*", (*Chapter Three: The observatory in Isfahan*), Edinburgh University Press, 2016.

Khayyam machte sich unverzüglich an die Arbeit und stellte eine Mannschaft zusammen bestehend aus ausgewiesenen Astronomen seiner Zeit, die er ohne Rücksicht auf Herkunft und Glauben ausgewählt hatte. Mehrere persische und arabische Quellen haben einstimmig die Namen folgender Personen erwähnt und darauf hingewiesen, dass sie diejenigen Astronomen waren, die im Observatorium von Isfahan unter der Leitung Omar Khayyams an der Kalenderreform mitwirkten:

(1) Abū Ḥātim al-Muẓaffar al-Isfizārī (ابوحاتِم المُظفّر اِسفِزاری)
(2) Abū al-'Abbās al-Lawkarī (ابو العباس لوگری)
(3) Maymūn ibn Najīb al-Wāsitī (میمون بن نَجیب الواسِطی)
(4) Muḥammad ibn Aḥmad al Ma'mūrī al-Bayhaqī (محمد ابن احمد مَعموری بیهقی)
(5) Abū al-Fath ibn Kūschk al-Bayhaqī Mubāhī (ابو الفتح ابن کوشك بیهقی مُباحی)
(6) Abū al-Fath 'Abd al-Raḥmān al-Khāzinī (ابو الفتح عبدالرحمن منصور خازِنی)

Es sei angemerkt, dass al-Khāzinī eigentlich ein freigelassener Sklave byzantinischer Herkunft und als solcher ohne allzu große Schulausbildung war. Als Autodidakt hatte er sich jedoch so intensiv mit der Astronomie beschäftigt, dass er wesentliche Beiträge zu der geplanten Kalenderreform leisten konnte.[415]

Auch wenn wenige Einzelheiten über das Zustandekommen der Kalenderreform bekannt sind, sprechen viele Indizien dafür, dass sie auf der Grundlage des geozentrischen Weltbilds (Geozentrismus) entwickelt wurde.

Geozentrismus

Der Geozentrismus, ein Erbe aus der antiken Welt, ist – stark vereinfacht – eine besondere Vorstellung des Universums, die im Wesentlichen auf zwei Grundannahmen beruht:

Erstens: Die Erdkugel befindet sich ruhend im Zentrum des Universums, und die anderen Himmelskörper (Mond, Merkur, Venus, Sonne, Mars, Jupiter und Saturn) drehen sich auf bestimmten Umlaufbahnen um sie herum, während die Sterne fest am Himmel verankert sind und stets dieselbe Stellung zueinander einnehmen (Abb. 176).

---

[415] Al-Khāzinīs widmete sein astronomisches Hauptwerk الزیج السطانی السنجری المعتبر (*al-Zīj al-mu'tabar al-Sanjarī al-sulṭānī* = Astronomische Tafeln für Sultan Sandschar), das zwischen etwa 1118 bis 1131 entstanden war, dem letzten großen Seldschukenkönig Sandschar, der von 1118 bis 1157 regierte. Siehe: Robert E. Hall: „*Al-Khāzinī, Abu'l-Fath 'Abd Al-Raḥmān*", in „*Dictionary of Scientific Biography*", Vol. 7, pp. 335–351.

Abb. 176: Geozentrisches Weltbild

Zweites: Die Sonne umkreist die Erde im entgegengesetzten Uhrzeigersinn auf einer Umlaufbahn (Ekliptik), die um einen kleinen Winkel[416] gegen den Himmelsäquator geneigt ist (s. Abb. 169). Dabei durchläuft sie zwölf scheinbare Ansammlungen von hellen Sternen, die dem Beobachter bestimmte Figuren suggerieren, nämlich die Sternbilder Widder, Stier, Zwillinge, Krebs, Löwe, Jungfrau, Waage, Skorpion, Schütze, Steinbock Wassermann und Fische (Abb. 177).

Es bedarf keiner besonderen Betonung, dass die Sternbilder in Wirklichkeit optische Enttäuschungen darstellen. Denn die einzelnen Sterne befinden sich in unterschiedlichen Entfernungen vom irdischen Beobachter, der sie aber so wahrnimmt, als ob sie nebeneinanderstünden (Abb. 178).

---

[416] Die Ebene der Ekliptik ist um einen Winkel von ca. 23,5° gegen den Himmels- bzw. Erdäquator verkippt. Diese so genannte Schiefe der Ekliptik wurde möglicherweise schon 1100 v.Chr. in Indien und China einigermaßen genau gemessen. Die alten Griechen verfügten um etwa 300 v.Chr. über gute Messungen der Neigung. So konnte der griechische Astronom Eratosthenes um das Jahr 226 vor Chr. den Wert 23°50′ für die Schiefe der Ekliptik bestimmen. Um 830 n.Chr. wies der Kalif Al-Mʿamūn (813–833) seine Astronomen in Bagdad an, die Schiefe der Ekliptik neu zu messen, und das Ergebnis wurde lange Zeit in der islamischen Welt verwendet.

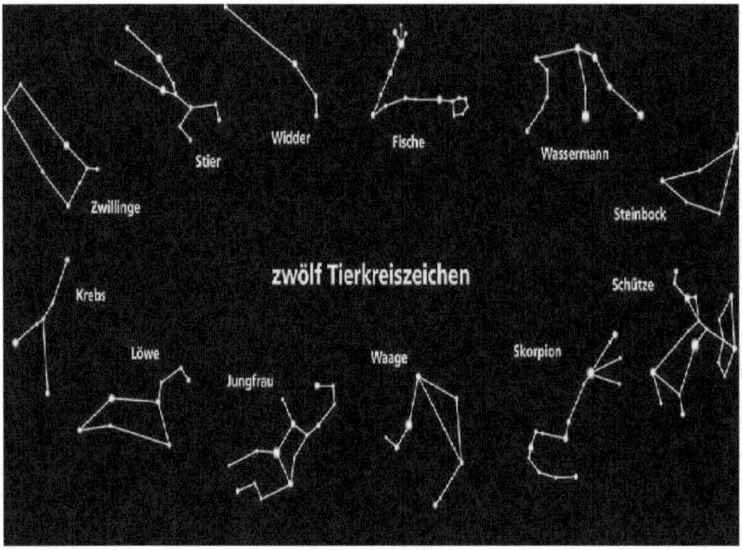

Abb. 177: Zwölf Sternbilder entlang der Umlaufbahn der Sonne

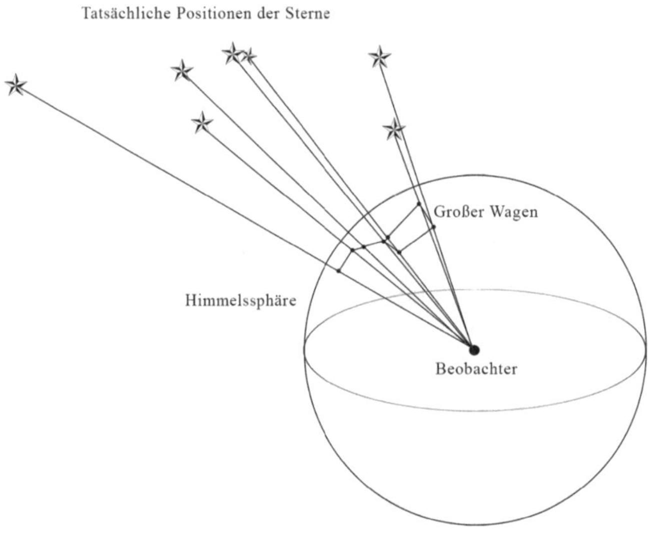

Abb. 178: Tatsächliche Positionen der Sterne und deren Wahrnehmung

Historische Quellen deuten darauf hin, dass einige der Sternenbilder bereits vor 4000 Jahren im mesopotamischen Kulturkreis bekannt waren. Die Babylonier benannten um diese Zeit die Sternbilder *Waage* und *Skorpion*, die auch auf sumerischen Keilschrifttafeln – entstanden vor 2200 v.Chr. – dokumentiert sind. Die frühesten astrologischen

Aufzeichnungen über den so genannten Tierkreiszeichen stammen aus Babylon, um 1645 v.Chr. Das vollständige Tierkreiszeichen mit den zwölf Sternbildern wurde schließlich im 5. Jahrhundert v.Chr. im Altpersischen Reich[417] in Mesopotamien entwickelt.

Die babylonischen Astronomen teilten um 500 v.Chr. die jährliche kreisförmige Umlaufbahn der Sonne um die Erde in zwölf gleich große Abschnitte zu je 30° auf. Zufällig lag damals in jedem dieser Abschnitte ein Sternbild, weshalb sie die einzelnen Abschnitte nach dem zugehörigen Sternbild benannten. Die Zählung der Abschnitte begann, und beginnt immer noch, beim Sternbild Widder (am Frühlingspunkt).[418]

Die muslimischen Astronomen und Astrologen übernahem die zwölf Sternbilder der Babylonier und übersetzten ihre Namen ins Arabische bzw. Persische. Zahlreiche Kunstwerke und Miniaturen bezeugen dieses Unterfangen, von denen hier zwei Beispiele präsentiert werden.

In Abb. 179 ist eine mit Tierkreiszeichen verzierte Schale aus der Seldschukenzeit zu sehen, die im frühen 13. Jahrhundert aus Steinpaste mit Glanz über Glasur in der persischen Stadt Kāschān der Provinz Isfahan hergestellt wurde.

Abb. 179: Schale mit Tierkreiszeichen aus Kāschān, Persien[419]

[417] Als Eckdaten für die Entstehung des Altpersischen Reichs gelten 490 bzw. 480 v.Chr. und die Jahre 334 bis 330 v.Chr. für seinen Niedergang, das heißt dessen Eroberung durch Alexander den Großen.

[418] Damals lag der Frühlingspunkt im Sternbild Widder. Seitdem ist aber die Position des Frühlingspunkts auf dem Tierkreiszeichen aufgrund der Präzession, das heißt der Richtungsänderung der Rotationsachse der Erde, ins Sternbild Fische gewandert.

[419] Ashmolean Museum of Art and Archaeology an der Universität Oxford.

Abb. 180: Miniaturdarstellung der zwölf Sternbilder

Almagest

Der aus Alexandria stammende griechische Mathematiker und Astronom Claudius Ptolemäus (* um 100 n.Chr., † um 165 n.Chr.) trug um 150 n.Chr. seine astronomischen Berechnungen unter Berücksichtigung der Daten der Babylonier in einem Buch mit dem Titel „*Megíste Sýntaxis*“ (Größte Zusammenstellung) zusammen. Dieses bahnbrechende Meisterwerk wurde im 9. Jahrhundert zum ersten Mal durch al-Haddschādsch ibn Yūsuf ibn Matar ins Arabische übersetzt. Später wurde es noch einige Male ins Arabische übertragen und kommentiert, wobei die um 879 bis 890 von Ishāq ibn Hunayn[420] angefertigte und von Thābit ibn Qurra überarbeitete Übersetzung als die beste arabische Version unter dem Namen „*al-maǧisṭī*"[421] in die Geschichte eingegangen ist. Fortan wurde sie als mathematische und geometrische Grundlage des geozentrischen Weltbilds in der gesamten islamischen Welt zur astronomischen Beobachtungen und Berechnungen herangezogen. Dies bedeutet jedoch nicht, dass die muslimischen Astronomen das Ptolemäische System kritiklos übernahmen. Vielmehr versuchten sie sein Weltbild durch eigene, noch genauere Beobachtungen der Himmelskörper, Entdeckung neuer Sterne und Erstellung aktueller Sternkatalogen zu optimieren. Ebenso waren sie bestrebt, durch Weiterentwicklung der astronomischen Messinstrumente die Vermessung der Schiefe der Ekliptik zu verbessern.[422] Von den vielen bekannten Namen sollen hier nur drei genannt werden:

Der bereits mehrfach erwähnte persische Mathematiker und Astronom Muhammad ibn Mūsā al-Khwārizmī erstellte der als Erster – und unabhängig vom Ptolemäischen System – umfangreiche astronomische Tabellen zur Berechnung der Positionen von Sternen und Planeten. Zu diesem Zweck wählte er den Meridian[423], der durch Sīstān (eine historische Region im Südwesten des heutigen Iran) verläuft, als

---

420 اسحاق بن حُنَين

421 المجسطى

Anmerkung: Die arabischen Handschriften von „*al-maǧisṭī*" gelangten im Mittelalter ins muslimische Spanien. Der italienische Gelehrte Gerhard von Cremona (1114–1167) begann erst mit der Übersetzung der Version von Haddschādsch ins Lateinische unter dem Namen *Almagest*, bald aber nahm er die von Hunain und Thabit in Angriff. So erreichte schließlich die Astronomie der Griechen und damit auch das geozentrische Weltbild Ptolemäus' als *Almagest* auch die Universitäten und Bildungseinrichtungen Europas.

422 Eine Sammlung von etwa 1340 islamischen wissenschaftlichen Manuskripten zur Astronomie, Asrologie und anderen wissenschaftlichen Themen in drei Sprachen, (395 in Arabisch, 100 in Persisch und 845 in Türkisch) werden in der Bibliothek des Kandilli-Observatoriums und des Erdbebenforschungsinstituts der Bogaziçi-Universität in Istanbul aufbewahrt. Die Einteilung dieser Manuskripte nach Fachgebieten ergibt folgende Verteilung: 887 in der Astronomie, 277 in der Astrologie, 81 in der Mathematik, 18 in der Geographie und 75 in verschiedenen anderen Fächern.

423 Als Meridian bezeichnet man den Halbkreis auf der Erdoberfläche, der den Nord- und Südpol miteinander verbindet und somit orthogonal zum Äquator verläuft. Er ist die Verbindungslinie aller Orte auf der Erde, an denen gleichzeitig Mittag ist.

Nullmeridian[424], während Ptolemäus um 150 n.Chr. den Nullmeridian an den westlichsten Teil der ihm bekannten Welt, nämlich der *Inseln der Seligen* (heute: Kanarische Inseln) verlegt hatte. Al-Khwārizmīs astronomische Tabellen, die den frühesten islamischen Beitrag zur Astronomie darstellen, wurden durch den Benediktinermönch Peter Abelard (1079–1142) ins Lateinische übersetzt. Sie wurde 1914 in Kopenhagen (Dänemark) veröffentlicht.[425]

Mohammed ibn Jābir al-Battānī[426] (850–929), im Westen bekannt unter seinem latinisierten Namen *Albatanius*, korrigierte und überprüfte die Zahlenwerte von Ptolemäus anhand eigener Beobachtungen. Die von ihm erstellten astronomischen Tafeln wurden unter dem Titel *Scientia Stellarum* erstmals im Jahr 1537 in Nürnberg gedruckt.

ȦAbd al-Raḥmān Ṣūfī[427](903–986), im Westen besser bekannt als *Azophi*, wird aufgrund seiner umfangreichen Darstellung des Sternenhimmels zu den einflussreichsten persisch-islamischen Astronomen des Mittelalters gerechnet.[428] Er, der sich zeitlebens in Persien aufhielt, beschrieb in seinem Hauptwerk „*Buch der Fixsterne*“ alle bekannten Sternbilder, berechnete die Position der Fixsterne und gab ihnen arabische Namen und war der Erste, der sie auch als Bilder darstellte. Es war ebenfalls Ṣūfī, der die Andromeda Galaxie als Erster beschrieb und als die *Kleine Wolke*[429] bezeichnete. Einige astronomische Fachbegriffe wie *Zenit* (der höchste Punkt des Himmelsgewölbes senkrecht über dem Betrachter) und *Nadir* (dem Zenit gegenüberliegender Punkt des Himmelsgewölbes) stammen ebenfalls von ihm.

---

424 Der Nullmeridian ist derjenige Meridian, von dem aus die geographische Läange nach Osten und Westen gezählt wird. Der heute weltweit gebräuchliche Nullmeridian wurde 1884 in die Meridianebene der Londoner Sternwarte Greenwich gelegt, weshalb er auch als Greenwich-Meridian bezeichnet wird. Tatsächlich verläuft der Nullmeridian 102,5 Meter östlich des historischen Meridians durch den Greenwich-Park.

425 Heinrich Suter: „*Die astronomischen Tafeln des Muhammed ibn Mūsā al-Khwārizmī in der Bearbeitung des Maslama ibn Ahmed al-Madjrītī und der lateinischen Übersetzung des Adelhard von Bath.* Copenhagen: Kongelige Danske Videnskabernes Selskab, 1914; bzw. „*Beiträge zur Geschichte der Mathematik und Astronomie im Islam*“ Vol. 1, Frankfurt am Main, 1986, pp. 473–751.

426 أبو عبدالله محمد بن جابر البتانى

427 عبدالرحمن صوفى

428 كتاب صور الكواكب

429 السَحَابَة الصَغِيرَة

Und Heliozentrismus?

Das geozentrische Weltbild war ohne Wenn und Aber einleuchtend für die Menschen, da sie selbst in aller Klarheit beobachten könnten, wie sich die Sonne und der Mond um die Erde drehten. Dies bedeutete jedoch nicht, dass es keine Gegenstimmen gab. Bereits im 3. Jahrhundert vor Chr. verkündete der griechische Astronom und Mathematiker Aristarchos von Samos[430] (310-230 v.Chr.) die Ansicht, dass in Wirklichkeit die Erde sich um die Sonne drehe und nicht umgekehrt. Es war aber der griechische Mathematiker und Ingenieur Archimedes (287–212 v.Chr.), der in seiner Abhandlung „*Sandrechnung*" auf Aristarchos' Hypothese des heliozentrischen Weltbildes hinwies. Dort hieß es:

»Seine Thesen sind, dass die Fixsterne und die Sonne unbeweglich sind, dass die Erde sich um die Sonne auf der Umfangslinie eines Kreises bewegt, wobei sich die Sonne in der Mitte dieser Umlaufbahn befindet, und dass die Sphäre der Fixsterne, deren Mitte diese Sonne ist und innerhalb derer sich die Erde bewegt, eine so große Ausdehnung besitzt, dass der Abstand von der Erde zu dieser Sphäre dem Abstand dieser Sphäre zu ihrem Mittelpunkt gleichkommt.«[431]

Aristarchos' revolutionäre Idee fand jedoch keine Anerkennung, da die Menschen sie als sehr fragwürdig und zweifelhaft empfanden. Etwa hundert Jahre später wagte es der babylonische Astronom namens Seleukos (* um 190 v.Chr.) aus Seleukia-Ktesiphon[432], das heliozentrische Weltbild Aristarchos' aufzugreifen und zu verteidigen.[433] Aber auch seine Stimme fand keinen Widerhall. Niemand dachte daran, die sinnfällige Vorstellung des geozentrischen Weltbilds aufzugeben.

In der mittelalterlichen islamischen Zivilisation akzeptierten die meisten muslimischen Astronomen aufgrund der Dominanz des Ptolemäischen Systems das geozentrische Weltbild. Einige von ihnen diskutierten dennoch die Möglichkeit, dass die Erde vielleicht doch

---

[430] Eine Insel unweit der kleinasiatischen Küste.

[431] Wikipedia.Die freie Enzyklopädia (Aristarchos von Samos).

[432] Seleukeia-Ktesiphon war eine Doppelstadt in Mesopotamien bestehend aus der griechischen Stadt Seleukeia am Tigris und der parthischen Stadt Ktesiphon.

[433] Ein Fragment von Seleukos' Werkes ist nur in einer arabischen Übersetzung erhalten, auf die sich später der persische Philosoph Muhammad ibn Zakariyā Rāzī (865–925) bezog.

sich bewegte, und versuchten herauszufinden, wie dies der Fall sein könnte.[434]

Ein besonders nennenswerter Gelehrte im Zusammenhang mit dem Heliozentrismus ist der persische Astrologe und Astronom Abū Ma'aschar[435] (787–886), im Westen bekannt als *Albumasar*, der im 9. Jahrhundert ein Planetenmodell entwickelte, das als heliozentrisches Modell interpretiert werden konnte. Der Grund hierfür lag in der Tatsache, dass er die Umlaufbahnen der Planeten als heliozentrische und nicht geozentrische Umdrehungen angegeben hatte.[436]

Im 10. Jahrhundert veröffentlichten die Lauteren Brüder[437] in ihrer Enzyklopädie einen Abschnitt über Kosmologie und brachten ihre heliozentrische Sicht auf das Universum zum Ausdruck. Darin hieß es:

»Gott hat die Sonne in die Mitte des Universums gestellt, so wie die Hauptstadt eines Landes in dessen Mitte und der Palast des Herrschers in die Mitte der Stadt gestellt wird.«

1028 übte der bereits genannte Ibn al-Haitham (Alhazen) in seiner Abhandlung „*Al-Schukūk 'alā Baṭlamiūs*“[438] (Zweifel an Ptolemäus) eine vernichtende Kritik an Ptolemäus' geozentrischem Modell indem er bemerkte:

»Ptolemäus nahm eine Anordnung an, die nicht existieren kann, und die Tatsache, dass diese Anordnung in seiner Vorstellung die Bewegungen erzeugt, die zu den Planeten gehören, befreien ihn nicht von dem Fehler, den er in seiner angenommenen Anordnung begangen hat, denn die bestehenden Bewegungen der Planeten können nicht das Ergebnis einer Anordnung sein, die nicht existieren kann.«

1030 stimmte der persische Wissenschaftler und Astronom Abū Rayhān Bīrūnī[439] (973–1048), der 95 Abhandlungen und Bücher über die Astronomie verfasst hatte, der These zu, dass die Erde um ihre eigene

---

434 Bartel Leendert van der Waerden: "*The heliocentric system in Greek, Hindu and Persian Astronomy*", Annals of the New York Academy of Sciences, vol. 500, 1987, pp. 525–545.

435 ابومعشر جعفر بن محمد بن عمر بلخی

436 Abū Ma'aschars Arbeiten zur Planetentheorie sind nicht erhalten, aber seine astronomischen Daten wurden später von Abū Rayhān Bīrūnī aufgezeichnet.

437 Die Lauteren Brüder (إخوان الصفاء) waren eine Gruppe von renommierten muslimischen Gelehrten (die meisten von ihnen Iraner), die sich in der 2. Hälfte des 10. Jahrhunderts (ca. 970) in Basra versammelten, um mit ihren philosophischen, wissenschaftlichen und politischen Schriften, anonym zur allgemeinen Bildung beizutragen.

438 "الشُکوک علی بطلمیوس"

439 ابوریحان بیرونی

Achse und um die Sonne dreht, da seine astronomischen Parameter dies zuließen. Er betrachtete aber diese Art der Rotation eher als ein philosophisches Problem als ein mathematisches. Wörtlich hieß es bei ihm:

»Die Rotation der Erde beeinträchtigt in keiner Weise den Wert der Astronomie, da alle Erscheinungen astronomischen Charakters ebenso gut nach dieser Theorie erklärt werden können wie nach der anderen. Es gibt jedoch noch andere Gründe, die dies unmöglich machen. Diese Frage ist am schwierigsten zu lösen. Die bedeutendsten modernen und antiken Astronomen haben sich eingehend mit der Frage der Bewegung der Erde befasst und versucht, sie zu widerlegen. Auch wir haben zu diesem Thema ein Buch mit dem Titel *Schlüssel zur Astronomie* verfasst, in dem wir unserer Meinung nach unsere Vorgänger in dieser Angelegenheit, wenn auch nicht in den Worten, auf jeden Fall übertroffen haben.«[440]

An dieser Stelle sei auf einen interessanten Aspekt hingewiesen, der den beiden Weltbildern eigen ist. Er besteht darin, dass in jedem Fall – ob die Sonne sich um die Erde dreht (Geozentrismus) oder umgekehrt (Heliozentrismus, Abb. 181) –, der Erdbewohner stets glaubt, dass die Sonne ein Sternbild nach dem anderen durchwandert.[441]

---

440 Wikipedia.The Free Encyclopedia
Anmerkung: Das geozentrische Weltbild bildete zweitausend Jahre die Grundlage der Astrologie und Astronomie im christlichen Europa, bis es schließlich im 16. Jahrhundert durch das heliozentrische Weltbild abgelöst wurde, das vom polnischen Domherrn Nikolaus Kopernikus (1473–1543) unter ausdrücklicher Bezugnahme auf Aristarchos detailliert und umfassend in seinem Werk „*De revolutionibus orbium caelestium*" (Über die Umlaufbahnen der Himmelssphären,1543) ausgearbeitet worden. Das Kopernikanische Weltsystem wurde wiederum später von Johannes Kepler (1571–1630) und Isaac Newton (1643–1727) entscheidend verbessert. Interessanterweise ergibt die Verknüpfung der Keplerschen und Newtonschen Gesetze eine Formel, mit deren Hilfe die Länge des Sonnenjahres theoretisch ermittelt werden kann:

$$T = \sqrt{\frac{a^3 4\pi^2}{G(M+m)}} \approx \sqrt{\frac{(1{,}496 \cdot 10^{11}\ \mathrm{m})^3 \cdot 4 \cdot \pi^2}{6{,}67 \cdot 10^{-11}\ \frac{\mathrm{m}^3}{\mathrm{kg\ s}^2} \cdot 1{,}99 \cdot 10^{30}\ \mathrm{kg}}} \approx 3{,}156 \cdot 10^7\ \mathrm{s} \approx \mathbf{365{,}2\ Tage}$$

Die katholische Kirche war bis 1822 nicht gewillt, dem heliozentrischen Weltbild zuzustimmen. Erst in diesem Jahr erlaubte sie das Drucken von Büchern, die das heliozentrische Weltbild vertraten.

441 In seinem „*Nicolaus Copernicus: An Essay on his Life and Work*" (Heinemann Educational: London, May 1973, p. 78) bemerkte der britische Astronom und Mathematiker Fred Hoyle (1915–2001):
»Die Beziehung der beiden Weltbilder [Geozentrismus und Heliozentrismus] wird auf eine bloße Koordinatentransformation reduziert, und es ist der Hauptgrundsatz der Einstein-Theorie, dass zwei beliebige Sichtweisen auf die Welt, die durch eine

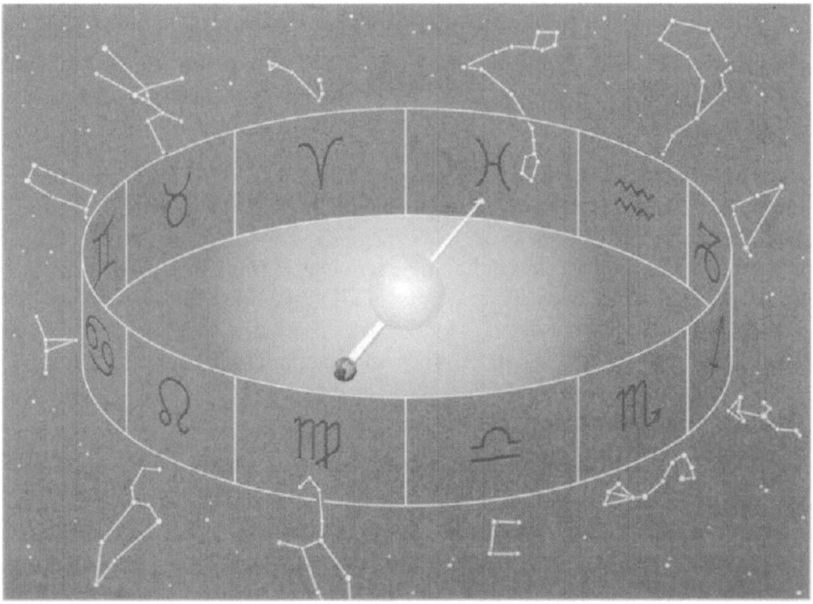

Abb. 181: Der scheinbare Durchgang der Sonn durch die zwölf Sternbilder

Einiges spricht dafür, dass auch Khayyam im Gedanken mit der Idee des Heliozentrismus spielte, wie einige andere muslimische Astronomen vor ihm. In einem Vierzeiler (den er wie seine übrigen Vierzeiler zeitlebens für sich behielt) verriet er diesen heimlichen Gedanken, wie folgt:

این چرخ فلک که ما درو گردانیم
فانوس خیال ازو مثالی دانیم
خورشید چراغ دان و عالم فانوس
ما چون صوریم کاندرو حیرانیم[442]

Die folgenden vier Übersetzungen sollen helfen, den Sinn dieses Vierzeilers besser zu verstehen:

Koordinatentransformation miteinander in Beziehung stehen, aus physikalischer Sicht völlig gleichwertig sind.«

442 **Anmerkung:** Im Mai 1919 schrieb der britische Astronom Sir Arthur Eddington einen Brief an Albert Einstein, um ihn anlässlich der Richtigkeit seiner Allgemeinen Relativitätstheorie zu beglückwünschen. Den Brief leitete er mit einer Parodie über diesen Vierzeiler ein. (für Näheres hierüber siehe Anhang 6).

Für eine magische Laterne[443] ist diese ganze Welt zu halten,
In welcher wir voll Schwindel leben;
Die Sonne hängt darin als Lampe; die Bilder aber und Gestalten
Sind wir, die dran vorüberschweben.[444]

Dieses Weltall, mit dem wir uns schwindelnd drehen,
Ist wie eine Laterne anzusehen,
Darin die Sonne als Licht brennt, in bunten Reigen,
Uns Trugbilder – unseresgleichen – zu zeigen.[445]

Oben und Unten, Innen, Aussen, sieh!
ist nur ein Zerrbild der Phantasie!
Wie eine Kerze steht darin die Sonne,
als Schattenbilder schweben wir um sie[446].

Der Himmelsdom, das tiefste Rätsel der Natur,
Deucht uns wie eine magische Laterne nur;
Die Sonne ist die Kerze und die Welt die Ampel,
Und jeder Mensch wie eine Schattenspielfigur.[447]

Khayyam versuchte, das schwindelerregende Herumirren und die ewige Ausweglosigkeit des Menschen während seines kurzen Lebens mit

---

443 Khayyam hat in seinem Vierzeiler die Metapher *Laterne der Imagination* (فانوس خيال) verwendet. Die Wahl des Terminus Technikums *magische Laterne* als Übersetzung für diese Metapher ist insofern nicht richtig, als er ein Gerät kennzeichnet, das im 17. Jahrhundert in Europa erfunden wurde. Dieses Gerät, das als Vorbild für den modernen Diaprojektor angesehen werden kann, bestand in ihrer einfachsten Form aus vier Teilen: einer Lichtquelle, einem Objektiv, um das Licht zu konzentrieren, einem Dia aus Glas und einem Objektiv, um das Bild auf eine Leinwand zu vergrößern. Als Lichtquelle dienten Kerzen oder Öllampen. Es ist allgemein anerkannt, dass die Erfinder der *magischen Laterne* der deutsche Universalgelehrter Athanasius Kircher (1602–1680) und der niederländischer Physiker Christiaan Huygens (1629–1695) waren. Der Erste demonstrierte das Prinzip in 1646, und der Zweite fertigte eines davon im Jahre 1659 an. Kurz danach begannen viele damit, Ausstellungen zu veranstalten. Der dänische Mathematiker Thomas Walgensten (1627–1681), der um 1664 die ersten öffentlichen Veranstaltungen in Paris durchführte, prägte den Begriff *Laterna magica*, der seitdem zur Beschreibung des Gerätes verwendet wird.

444 „*Strophen des Omar Chijam*“, Deutsch von Adolf Grafen v. Schack. Verlag der J.G. Cotta'schen Buchhandlung Stuttgart, 1878, Nr. 1.

445 „*Die Lieder und Sprüche des Omar Chajjâm*“, verdeutscht durch Friedrich Bodenstedt. Schletter'sche Buchhandlung, Breslau, 1881, X. 39.

446 „*Omar Khayyam: die Sprüche der Weisheit*“ Deutsch von Hector G. Preconi. Rascher Verlag Zürich, 1911, CIV.

447 „*Die Vierzeiler des Omar Chajjâm*“, übersetzt nach der Bodley'schen Handschrift von Walter von der Porten, L. Friedrichsen & Co., Hamburg, 1927, 108.

der Metapher *Laterne der Imagination* zu illustrieren.[448] Diese, ein beliebtes Spielzeug im damaligen Persien, bestand aus einem geraden Zylinder aus dünnem, durchsichtigem Papier. Auf der Grundfläche des Zylinders wurde eine brennende Kerze angebracht; um sie herum hingen Papierfiguren, die mit Fäden an der Deckfläche des Zylinders befestigt waren. Infolge der aufsteigenden warmen Luft drehten sich die Papierfiguren spiralförmig um die Kerze und warfen Schatten auf die Zylinderwand. Die Schattenbilder drehten sich umherirrend auf und ab.

Khayyam setzte in seinem Vierzeiler die Sonne in den Mittelpunkt des Universums – wie die Kerze in der *Laterne der Imagination* – und ließ zu, dass sich alles Andere um sie dreht, wie dies im heliozentrischen Weltbild der Fall ist.

Die Frage, die sich nun aufdrängt, lautet: Wollte Khayyam etwa den exklusiven Status der Erde und damit die Exklusivität des Menschen infrage stellen? Wenn ja, war er sich darüber im Klaren, wie schmerzlich ein solcher Umdenkprozess für die Menschheit wäre?

Übrigens, die freie Übersetzung eines Vierzeilers Khayyams (welches?) durch Edward FitzGeralds, die als erste in seiner Ausgabe von 1859 erschien, wurde von den englischen Bewunderern Khayyams oft dahingehend interpretiert, dass er Verfechter des Heliozentrismus gewesen sei. Es handelt sich dabei um die folgende Übersetzung:

Awake! for Morning in the Bowl of Night
Has flung the Stone that puts the Stars to Flight:
And Lo! the Hunter of the East has caught
The Sultán's Turret in a Noose of Light.[449]

Erwachet! Der Morgen hat in die Schale der Nacht
den Stein geworfen, der die Sterne in die Flucht schlägt:
Und siehe! Der Jäger des Ostens hat den Turm des Sultans
eingefangen mit einer Schlinge aus Licht.

---

[448] Stephen R. Wilk: „*The Magic Lantern of Omar Khayyám*", OPN Optics & Photonics News, 2012, pp. 16–17.

[449] *Rubáiyát of Omar Khayyám* Rendered into English Verse by Edward Fitzgerald, No. 1.

Der Jalālī-Kalender

Die Durchführung der geplanten Kalenderreform unter der Leitung von Omar Khayyam setzte natürlich das Vorhandensein geeigneter astronomischer Instrumente voraus, mit deren Hilfe die notwendigen Vermessungen durchgeführt werden konnten. Die erforderlichen finanziellen Mittel für die Beschaffung solcher Instrumente, die seit Langem in der islamischen Welt bekannt und im Gebrauch waren, wurden von Nizām al-Mulk zur Verfügung gestellt. Abb. 182 zeigt zwei Seiten aus dem Buch „*Majmu'a-i Hay'a*“ (Kompendium über Astronomie) eines unbekannten Autors, auf denen eine Palette von astronomischen Messgeräten zu sehen ist, die in der damaligen islamischen Welt von Astronomen und Astrologen benutzt wurden.

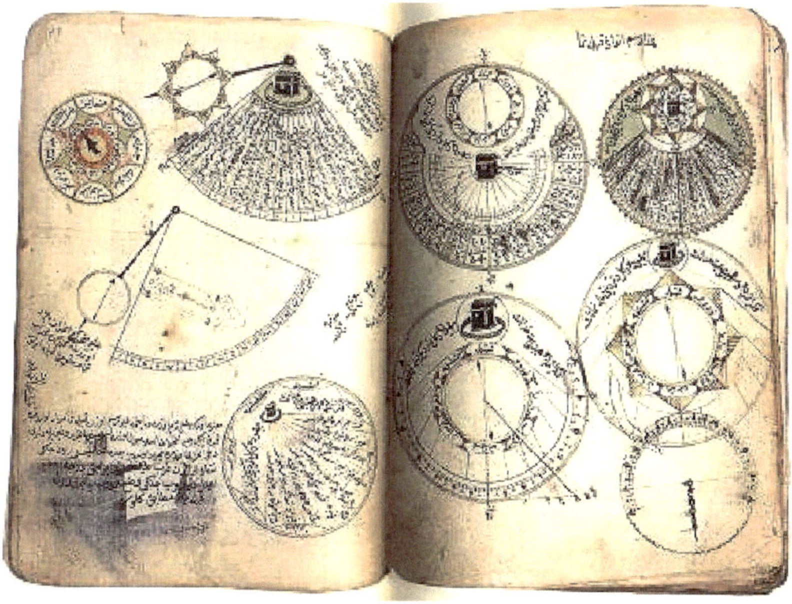

Abb. 182: Astronomische Messgeräte nach einem unbekannten Autor[450]

Zu den wichtigsten astronomischen Messinstrumenten gehörten in erster Linie das Astrolabium und die Armillarsphäre[451].

Das Astrolabium, eines der nützlichsten Werkzeuge im Bereich der Astronomie und Astrologie, war ein scheibenförmiges Rechen- und Messinstrument, das dazu diente, den sich drehenden Himmel nachzu-

---

450 Kandilli Library, Istanbul, MS 198/1, fol. 35b–36a

451 ذاتُ الحِلَق

bilden und so die Positionen der Sterne zu bestimmen und zu berechnen. Umgekehrt ließen sich damit aus den Positionen der Sterne und der Sonne die Uhrzeit oder die Himmelsrichtungen bestimmen. Abb. 183 zeigt die Vorderseite eines Astrolabiums, das um 1178–1191 von dem persischen Instrumentenbauer Sahl Nischābūri angefertigt wurde.

Abb. 183: Persisches Astrolabium aus dem 12. Jahrhundert[452]

Der persische Philologe und Historiker Hamza Isfahāni (893–961), der als glühender Nationalist paradoxerweise seine Schriften auf Arabisch verfasste, behauptete, das arabische Wort الأسطرلاب für Astrolabium sei eigentlich eine Übersetzung des persischen Ausdrucks ستاره یاب, was so viel bedeutet wie *Sternfinder*.[453]

Bei der Armillarsphäre (Abb. 184) handelte es sich um ein astronomisches Gerät komplexen Aufbaus, mit dessen Hilfe die Bewegungen von Himmelskörpern simuliert werden konnten.

[452] Germanisches Nationalmuseum in Nürnberg (Wikipedia.Die freie Enzyklopädie).

[453] David. A. King: „*The Origin of the Astrolabe According to the Medieval Islamic Sources*", Journal for the History of Arabic Science, **5** (1981), p. 44.

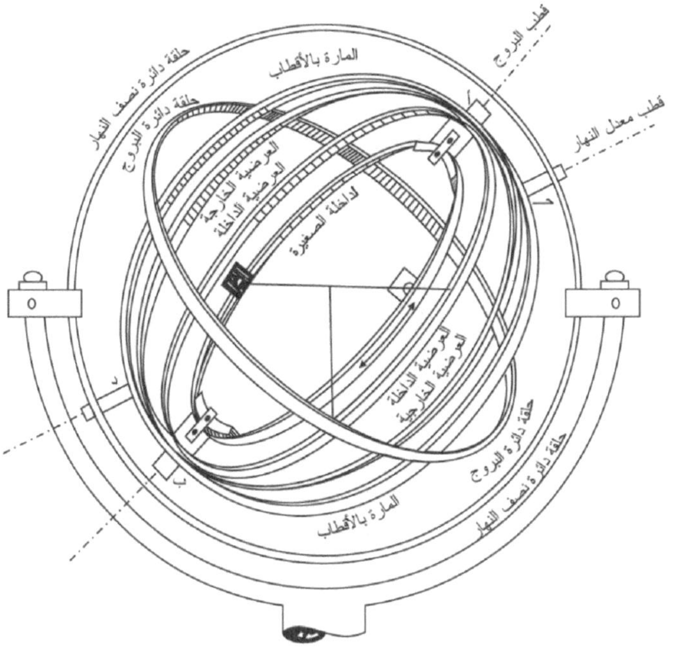

Abb. 184: Armillarsphäre nach ʿAbbas ibn Firnas[454]

Sie bestand aus mehreren Ringen (Armillarsphären), die wichtige Himmelskreise darstellten und mit der Erde im Zentrum einen Käfig bildeten. Das kugelförmige Ringgerüst saß auf einem Sockel und konnte sich frei um seine Achse drehen. Abhängig von der Position des Betrachters konnte das Gerüst in einem präzisen Winkel so platziert werden, dass es zu jeder Jahreszeit die scheinbare Bewegung der Sonne über die Himmelssphäre veranschaulichte.[455] Die Miniatur in Abb. 185 stellt persische Astronomen beim Aufbau einer riesigen Armillarsphäre dar. Das kleine persische Gedicht im oberen Teil der Miniatur weist auf ihre Vorgehensweise bei der Konstruktion der Armillarsphäre hin.

Die Darstellung in Abb. 186 soll einen Eindruck über die Arbeit muslimischer Astrologen und Astronomen mit verschiedenen astronomischen Instrumenten vermitteln.

[454] Abu al-Qasim ʿAbbas ibn Firnas (810–888) war ein Gelehrter berberischer Abstammung aus Andalusien (https://arab-ency.com.sy/ency/details/5933/12).

[455] Es ist zu beachten, dass die Armillarsphäre zwar das Skelett der Himmelssphäre bildet, sich aber von einem Himmelsglobus unterschiedet.

Abb. 185: Persische Astronomen beim Aufbau einer Armillarsphäre[456]

Abb. 186: Astronomische Instrumente der muslimischen Astronomen[457]

[456] https://www.pinterest.com/pin/289989663516414170/

[457] https://www.pinterest.com/pin/492649937125413

Die Länge des Sonnenjahres

Das wichtigste Anliegen Khayyams und seiner Kollegen bei der Durchführung der Kalenderreform bestand darin, die Dauer eines vollständigen Umlaufs der Sonne um die Erde, das heißt die Länge eines Sonnenjahres genauestens zu bestimmen und zahlenmäßig zu erfassen. Zu diesem Zweck bedienten sie sich des geozentrischen Weltbilds, da diese Sichtweise des Universums auf jahrhundertelange Erfahrungen unzähliger Astrologen und Astronomen blicken konnte.[458]

Sie nahmen ihre Arbeit im Jahre 1074 auf und legten als Erstes den durch Isfahan verlaufenden Meridian als Nullmeridian fest. Ferner setzten sie den Beginn des Jahres bei der Frühlingstagundnachtgleiche im Sternbild Widder fest. Ausgehend davon, dass die Sonne bei ihrer jährlichen Umdrehung um die Erde auf ihrer Umlaufbahn beginnend mit dem Sternbild Widder alle zwölf Sternbilder eins nach dem anderen durchläuft (Abb. 187), bestimmten sie die Zeiten, die die Sonne benötigte, um von einem Sternbild in das nächste einzutreten.

Abb. 187: Die Sonne bei ihrer jährlichen Umkreisung der Erde

[458] Selbst Aristarchos, der als Erster die Hypothese des heliozentrischen Weltbildes aufstellte, berechnete in seinem einzigen Werk, das erhalten geblieben ist und den Titel „*Über die Größen und Abstände von Sonne und Mond*“ trägt, die Entfernungen zwischen Sonne, Mond und Erde auf der Grundlage des geozentrischen Weltbildes.

Tabelle 2 enthält die Ergebnisse ihrer Messungen und die daraus errechneten Tage. Darin sind auch die persischen Namen der Sternbilder angegeben.

Tabelle 2: Die Dauer des Durchgangs der Sonne durch die einzelnen Sternbilder

Tierzeichen	**Persisch**	**Aufenthaltsdauer der Sonne**	**Tage**
Widder	برّه	30 Tage und 11:00 Stunden	30 Tage
Stier	گاونَر	30 Tage und 23:15 Stunden	31 Tage
Zwillinge	دوپیکر	31 Tage und 08:00 Stunden	32 Tage
Krebs	خرچنگ	31 Tage und 11:00 Stunden	31 Tage
Löwe	شیر	31 Tage und 07:00 Stunden	31 Tage
Jungfrau	خوشه	30 Tage und 21:35 Stunden	31 Tage
Waage	ترازو	30 Tage und 09:20 Stunden	30 Tage
Skorpion	کژدُم	29 Tage und 21:30 Stunden	30 Tage
Schütze	کمان	29 Tage und 13:20 Stunden	30 Tage
Steinbock	بُز	29 Tage und 10:40 Stunden	29 Tage
Wassermann	آبرز	29 Tage und 14:15 Stunden	30 Tage
Fische	ماهی	29 Tage und 23:05 Stunden	30 Tage

Wie aus Tabelle 3 hervorgeht, sorgten Khayyam und seine Kollegen dafür, dass die Dauer des Durchgangs der Sonnte durch die einzelnen Sternbilder des Tierzeichenkreises mit der Länge der einzelnen Monate des Sonnenjahres übereinstimmte. Sie nannten die zwölf Monate nach ihren altpersischen Namen und ordneten den ersten sechs Monaten jeweils 31 Tage, den darauffolgenden fünf Monaten jeweils 30 Tage und dem letzten Monat des Jahres 29 bzw. 30 Tage zu.

Im Gegensatz zu der einfachen Regel von Khayyam und seinen Kollegen für die Anzahl der Monatstage muss man sich in der christlichen Welt gelegentlich die Anzahl der Tage der einzelnen Monate dadurch in Erinnerung rufen, dass man die Knöchel der Faust für die Monate mit 31 Tagen und die Zwischenräume zwischen ihnen für die Monate mit 30 Tagen nimmt (Abb. 188).

Tabelle 3: Die Länge der persischen Monate nach Khayyam

Sternbild	**Monatsname**	**Tage**	**Zeitraum**	**Jahreszeit**[459]
Widder	Farwardīn	31	21. März bis 20. April	
Stier	Ordībehescht	31	21. April bis 21. Mai	Frühling
Zwillinge	Khordād	31	22. Mai bis 21. Juni	
Krebs	Tīr	31	22. Juni bis 22. Juli	
Löwe	Mordād	31	23. Juli bis 22. August	Sommer
Jungfrau	Schahrīwar	31	23. August bis 22. September	
Waage	Mehr	30	23. September bis 22. Oktober	
Skorpion	Ābān	30	23. Oktober bis 21. November	Herbst
Schütze	Āzar	30	22. November bis 21. Dezember	
Steinbock	Dey	30	22. Dezember bis 20. Januar	
Wassermann	Bahman	30	21. Januar bis 19. Februar	Winter
Fische	Esfand	29/30	20. Februar bis 20. März	

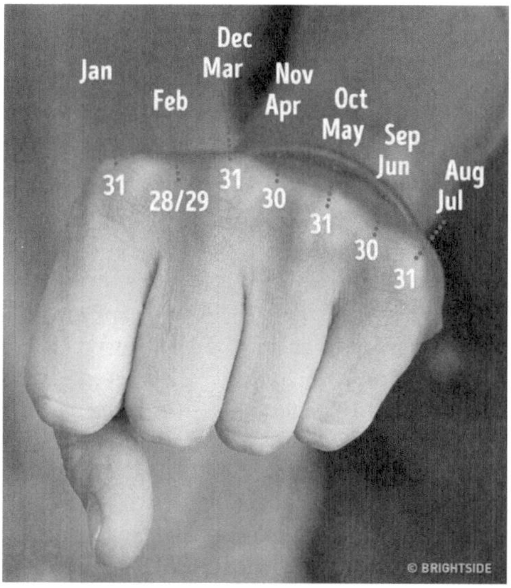

Abb. 188: Eselsbrücke für die Tage der einzelnen Monate

[459] Der astronomische Beginn der Jahreszeiten sind die Zeitpunkte, an denen die Sonne im Märzäquinoktium, Junisolstitium, Septemberäquinoktium und Dezembersolstitium steht, das heißt die Zeiten, zu denen die scheinbare geozentrische Länge der Sonne ein Vielfaches von 90° erreicht.

Nachdem Khayyam die ihm übertragene Kalenderreform nach fünf Jahren mühevoller und akribischer Arbeit im vollen Umfang bewerkstelligt hatte, präsentierte er die Ergebnisse am 9. Ramadan des Jahres A.H. 471 (dem 21. März 1079 gregorianischer Zeit) Malik Schah und dem Großwesir Nizām al-Mulk. Die Präsentation fand möglicherweise deshalb an diesem Tag statt, weil der Überlieferung nach auch der Koran in der Nacht des 9. Ramadan herabgesendet worden war. Er überreichte dem Sultan ein Tabellenwerk, in dem er die Daten über die Bewegungen der Himmelskörper und die dazugehörigen Berechnungen zusammengetragen hatte. Es wurde zu Ehren des Sultans als „*Zīj*[460] *Malik Schahī*" (Astronomisches Handbuch mit Tabellen für Malik Schah) bezeichnet.[461] Auch der neue Sonnenkalender wurde zu Ehren Malik Schahs *Jalālī-Kalender*[462] genannt, da der Sultan mit Vornamen Jalāl (Dschalāl) hieß; der Kalender wurde bald darauf in die Praxis umgesetzt.

Als Khayyam den neuen Sonnenkalender vorstellte, war der alte und traditionsreiche Nowruz um zwanzig Tage abgerutscht, weil er wegen fehlender Schaltjahre kein fester Tag mehr war und konnte jedes Jahr im späten Winter oder frühen Frühling fallen. Deshalb hatten Khayyam und seine Kollegen im neuen Kalender die ersten zwanzig Tage des ersten Monats (Frawardīn) wiederholt, um den Jahresanfang auf den Zeitpunkt des Eintritts der Sonne in das Sternbild Widder, also auf die astronomische Frühlingstagundnachtgleiche (den 21. März) festzulegen.[463] Mit dieser Vorkehrung hatten sie den ersten Tag des Frühlings, an dem die Sonne vor Mittag in den ersten Grad des Widders eintritt, als Nowruz markiert. So sprach man von nun an

---

460 Unter dem arabischen Begriff Zīj زيج (abgeleitet vom Persischen *Zeh*) versteht man ein Tabellenwerk, in dem der lokale Himmel kartiert und der Ort und die Zeit der aufgehenden Sterne anzeigt und die entsprechenden astronomischen Berechnungen eingetragen sind. Solche Tabellenwerke waren in der Vergangenheit von entscheidender Bedeutung für Astrologen und Astronomen.

461 Dieses einmalige Werk gilt seit Langem als verschollen. Siehe: E.S. Kennedy: „*A Survey of Islamic Astronomical Tables*", Transactions of the American Philosophical Society, New Series, Vol. 46, No. 2 (1956), p. 128.

462 Hamid-Reza Giahi Yazdi: „*The Jalālī Calendar: the enigma of its radix date*", Archive for History of Exact Sciences Vol. 74, No. 2 (March 2020), pp. 165–182

463 Etwa 500 Jahre später ging man in Europa bei der gregorianischen Kalenderreform im Jahre 1582 ähnlich vor. Der 21. März hatte sich im Laufe der Jahrhunderte bis zum Jahr 1582 um zehn Tage verschoben. In diesem Jahr wurden in der Tageszählung des Kalenders die zwischen dem 4. Oktober und dem 15. Oktober liegenden Tage ausgelassen. Im Kalender des Jahres 1582 folgte also auf Donnerstag, den 4. Oktober, Freitag, der 15. Oktober.

auch vom *Jalālī-Nowruz*. Hierzu bemerkte der deutsche Gelehrte und Übersetzer der Vierzeiler Khayyams:

»Die Festsetzung des Jahresanfangs, des bekannten Nourūzfests, auf den Zeitpunkt des Eintritts der Sonne in das Sternbild des Widders (21. März) ist Omar zu verdanken.«[464]

Da im Jalālī-Kalender die Monate auf der Grundlage präziser Zeiten des Sonnentransits zwischen den Sternbildern berechnet worden waren, überschritt die saisonale Drift nie einen Tag. Deshalb bestand auch keine Notwendigkeit, in dem neuen Kalender Schaltjahre vorzusehen. Angaben al-Khāzinīs zufolge hatte Khayyam trotzdem ein Einschaltungssystem im Kalender implementiert, das auf vierjährigen und fünfjährigen Schaltjahren basierte. Der Kalender bestand aus 25 gewöhnlichen Jahren mit 365 Tagen und 8 Schaltjahren mit 366 Tagen.

Genauigkeit

Khayyam und seine Kollegen hatten die Dauer des Sonnenjahres bzw. tropischen Jahres, das heißt die Zeitspanne zwischen zwei aufeinanderfolgenden Durchgängen der Sonne durch den Frühlingspunkt (Sternbild Widder) als 365,24219856 Tage, oder anders ausgedrückt 365 Tage, 5 Stunden, 49 Minuten und 5 Sekunden bestimmt. Zieht man die Länge des mittleren tropischen Jahres in Betracht, die heute mit 365,2421987 Tagen, oder 365 Tagen, 5 Stunden, 48 Minuten und 45,9747 Sekunden angegeben wird, dann wird einem klar, mit welcher Genauigkeit Khayyam und seine Kollegen die Länge des tropischen Jahres ermittelt hatten. Der von Khayyam entwickelte Sonnenkalender ist somit genauer als der etwa 500 Jahre später etablierte gregorianische Kalender, bei dem die Länge der Sonnenjahres 365,2425 Tage beträgt. Der bereits zitierte Historiker Will Durant bemerkte hierzu:

»Das Ergebnis [der Kalenderreform] war ein Kalender, der alle 3770 Jahre eine Korrektur von einem Tag erfordert – etwas genauer als unser Kalender, der alle 3330 Jahre eine Korrektur um einen Tag erfordert.«[465]

---

464 „*Die Sinnsprüche Omars des Zeltmachers ...*“, op. cit., S. 48.
465 „*The Story of Civilization IV. The Age of Faith*“, op, cit. p. 321.

Lobgesang auf Nowruz

Die Erstellung des Jalālī-Kalenders unter der Leitung und Federführung Khayyams war wahrhaft eine glanzvolle Leistung auf dem Gebiert der Astronomie. Khayyam fühlte sich daher sehr glücklich, dass dank seiner Kalenderreform seine Landsleute endlich wieder nach Jahrhunderten ihren geliebten und traditionsreichen Nowruz am ersten Tag des Frühlings feiern können. Diese Freude brachte er in einigen Vierzeilern zum Lobe des Nowruz-Fests[466] zum Ausdruck, von denen die Nachwelt lang nach seinem Tod erfuhr. Zwei von ihnen werden mit ihren deutschen Übersetzungen hier wiedergegeben:

بر چهرهٔ گل نسیم نوروز خوشست
در صحن چمن روی دلفروز خوشست
از دی که گذشت هر چه گوئی خوش نیست
خوش باش و ز دی مگو که امروز خوشست

Ach, wie schön, wenn Neujahrslüfte Rosen wehn um's Angesicht,
Ach wie schön, wenn Süße Wangen des Jasmines Bluth' umflicht!
Doch gefallen will mir's nimmer, sprichst du von Vergangnem mir,
Fröhlich sei und laß das Gestern – strahlt das Heut doch hell und licht![467]

Im Frühlingshauch die Rose sanft sich neigt,
Herzliebchen mir ihr sanftes Lächeln zeigt.
Das Gestern, weil vergangen, ist heut' bitter,
Nur Heut' ist süß, drum von dem Gestern schweigt![468]

Die Rose schaukelt sich im Frühlingswind,
im Garten kost mein Lieb mich zart und lind ...
Herb ist des toten *Gestern* Mär, so schweig
von ihm und sei des süßen *Heute* Kind![469]

Schön ist die Blume, wenn der Wind über sie weht;
Schön ist die Holde, wenn sie über die Wiesen geht.

---

[466] Die persische Poesie ist mit dem Thema Nowruz und den damit verbundenen Traditionen überschwemmt. Die Erwachung der Natur, die ihren Anfang in den Nowruz nimmt, hat die persische Literatur und Kunst tiefgreifend beeinflusst und auch Eingang in die mystischen Werke der großen Sufidichter gefunden. Viele mystische Dichter haben sich auf sie bezogen, wenn sie Gottes Erhabenheit, Vollkommenmheit und Schönheit besingen wollten.

[467] „*Die mystische, didaktische und lyrische Poesie und das spätere Schrifttum der Perser*" von Hermann Ethé, Verlag von T.F. Richter, Hamburg, 1888, S. 12/13.

[468] „*Die Vierzeiler des Omar Chajjâm*", übersetzt nach der Bodley'schen Handschrift von Walter von der Porten, L. Friedrichsen & Co., Hamburg, 1927, 17.

[469] „*Omar Chajjám und seine Vierzeiler; nach den ältesten Handschriften aus dem Persischen*", op. cit., 164.

Sprich nicht von gestern, denn das macht nicht froh,
Sei fröhlich, lass das Gestern, nur das Heute zählt.[470]

چون لاله به نوروز قدح گیر بدست
با لاله رخی اگر تو را فرصت هست
می نوش به خرمی که این چرخ کهن
ناگاه تو را چو خاک گرداند پست

Lenztulpengleich greif' zum Pokal geschwind,
Kredenzt ihn Dir ein tulpenwangig Kind;
Trink fröhlich Wein! denn dieser blaue Himmel
Kann plötzlich Dich hinschmettern, wie ein Wind.[471]

Der Tulpe gleich, sei Kelch in Grases Schoße!
Trink, Freund, und küß! Mit schönem Liebchen Kose.
Wer weiß, wie bald hat's blaue Rad da droben
Dich umgestülpt mit eines Windes Stoße.[472]

Nimm einen Kelch in die Hand wie die Tulpe zur Neujahrszeit;
Wenn dir das Glück lacht, trinke fröhlich Wein
Mit den Tulpenwangigen, denn dieses blaue Rad:
Wirft dich jäh nieder in den Staub.[473]

Nimm zur Hand den Kelch wie die Tulpe zu Norus,
So du kannst, entbiete der Holden deinen Gruß,
Trunke Wein mit ihr, denn dieses alte Rad,
Dich plötzlich erniedrigt wie Staub unter'm Fuß.[474]

„Nowruz Nameh"

1929 tauchte im Iran ein persisches Manuskript über das Nowruz-Fest auf, das – so wurde vermutet – um das Jahr 1102 niedergeschrieben worden war. Der jüdische Orientalist Gotthold Eljakim Weil (1882–

---

470 „*Hakim Omar Khayyam Robaïyat (Vierzeiler)*", übertragen aus dem Persischen von Purandocht Pirayech, Yassavoli Publications, Teheran, 1997, XXIII.

471 „*Siebzehn Vierzeiler*" in: „*Die Nationalliteratur sämtlicher Völker des Orients: Eine prosaische und poetische Anthologie aus den besten Schriftstellern des gesamten Orients mit erläuternden, kritischen und biographischen Notizen*". Herausgegeben von A.E. Wollheim, Chevalier da Fonseca. Zweiter Band, Verlag von Gustav Hempel, Berlin, 1873, 16.

472 „*Sprüche des Omar Chajjam. Aus dem Persischen übertragen von Maximilian Rudolph Schenck. Mit einer Vorbemerkung des Übersetzers*" Verlag von Otto Hendel, Halle a.d.S., 1897, 40.

473 „*Wie Wasser strömen wir. Die Rubaijat des Omar Chajjam*". Ins Deutsche übertragen von Cyrus Atabay. Mit Graphiken von Josua Reichert. Im Verlag Eremiten-Presse, Düsseldorf, 1984, 109.

474 „*Hakim Omar Khayyam Robaïyat (Vierzeiler)*", op. cit., XXX.

1960), der 1918 zum Leiter der Orientalischen Abteilung der Staatsbibliothek zu Berlin ernannt worden war, hatte 1928 dieses Manuskript für die Staatsbibliothek besorgt.[475] 1933 gab der iranische Gelehrte Mojtaba Minovi (1903–1977) das Manuskript unter dem Titel „*Nowruz Nameh Khayyams*“ heraus, da eine solche Abhandlung seit längerer Zeit ihm zugeschrieben wurde. Bei dem Manuskript handelte es sich um den ersten und einzigen klassischen Text in persischer Sprache über das alte Nowruz-Fest. Im Vorwort hatte der Autor, also Khayyam, mitgeteilt, dass er das es auf die Bitte eines Freundes verfasst hatte. Sinngemäß hieß es dort:

»Ein Freund, der bezüglich Freundschaft unvergleichlich war und das Recht besaß, von mir etwas zu verlangen, wünschte sich inständig zu erfahren, was der Anlass des Nowruz sei und welcher König ihn eingeführt hätte. Ich folgte seinem Wunsch und verfasste diese Zusammenfassung.«[476]

Darin wurde über den mythologischen Ursprung des Nowruz und seine Entstehungsgeschichte sowie die damit verbundenen Traditionen berichtet. Auch eine Fülle von Informationen über Pferdenamen und allerlei Weinsorten verpackt in den Kontext faszinierender Geschichten und Fabeln war darin zu finden; Schilderungen, die dieser Abhandlung einen besonderen literarischen Wert verliehen. Hie und da war der Autor auch damit bemüht, die Könige und die Fürsten zur Ausübung von Gerechtigkeit gegenüber ihren Untertanen zu ermahnen, die er als die notwendige Voraussetzung für das Wohlbefinden der Menschen erachtete. Der Schreibstill, das heißt die einfachen kurzen Sätze und die wenigen arabischen Wörter, entsprach durchaus der literarischen Schreibweise der Autoren des späten 11. Jahrhunderts.

In Laufe der Zeit haben jedoch mehrere persische und europäische Gelehrte unter Erwähnung einiger Unzulänglichkeiten im Text die Authentizität dieses Manuskriptes in Frage gestellt. Andere wiederum haben auf dessen historische Bedeutung hingewiesen und hervorgehoben, dass sie weitaus größer sei als die aufgezeigten Mängel.

---

475 Gotthold Weil wurde im Zuge der nationalsozialistischen Säuberungen als jüdischer Dozent in den Zwangsruhestand versetzt und emigrierte 1935 nach Palästina.

476 «دوستی که بر من حقّ صحبت داشت و در نیک عهدی یگانه بود، از من التماس کرد که سبب نهادنِ نوروز چه بوده است و کدام پاشاه نهاده است التماس او را مبذول داشتم و این مختصر جمع کرده آمد» (“نوروزنامه” حکیم عمر بن ابراهیم خیّام نیشابوری، تصحیح مجتبی مینوی، تهران، نشر اساطیر ۱۳۹۲، ص ۱)

Tristes Ende

Über die Gestirnbeobachtungen und astronomischen Messungen Khayyams und seiner Kollegen in der Sternwarte von Isfahan sowie ihre individuellen Beiträge zum Gesamtergebnis ist nur wenig Konkretes überliefert worden.[477] Vielleicht sind folgende Ereignisse die Ursache dieses bedauerlichen Tatbestands:

Unmittelbar nach der Ermordung Nizām al-Mulks im Jahre 1092 und dem mysteriösen Tod Malik Schahs im selben Jahr wurden die Arbeiten im Observatorium auf Geheiß der neuen Machthaber eingestellt, Khayyam und die anderen Astronomen wurden aufgefordert, die Hauptstadt Isfahan zu verlassen; schlimmer noch, auf Drängen der religiösen Eiferer wurde der gerade eingeführte Jalālī-Kalender zurückgezogen und durch den alten islamischen Mondkalender ersetzt. Bald darauf wurden auch die vorgesehenen finanziellen Mittel für die Instandhaltung des Observatoriums annulliert, und das imposante Bauwerk wurde dem Verfall freigegeben. Was von der einstigen Sternwarte noch übrigblieb, wurde später von den mongolischen Invasoren dem Boden gleichgemacht.

Rezeption in Ost und West

In seinem monumentalen Geschichtswerk „*Die vollständige Geschichte*“[478] berichtete Ibn al-Athīr (1160–1233), der bedeutendste muslimische Historiker des Hochmittelalters, unter den Ereignissen des Jahres 1074 (= A.H. 467) folgendermaßen über die Initiative Nizām al-Mulks und das Schicksal der Sternwarte:

---

477 Einer Verlautbarung der sowjetischen Nachrichtenagentur vom 9. Januar 1969 zufolge wurde ein Manuskript der Abhandlung Khayyams „*Kanon der astronomischen Gesetze*“ (مجمع القوانين نجوم) nach mehr als neun Jahrhunderten nach seinem Tod von einer Mathematikerin namens Lurya Hubert Dinova aus Usbekistan im einem Istanbuler Museum entdeckt. Das Manuskript sei, so die Verlautbarung, im Jahre 1235, das heißt 100 Jahre nach Khayyams Tod angefertigt worden. Seitdem hat man aber nichts mehr über diese Entdeckung erfahren.

478 “الکامل فی التاریخ” نوشته ابن الاثیر

Anmerkung: Dieses Werk wurde in den Jahren 1851 und 1876 in Leiden von C.J. Tornberg erstmalig unter dem Titel „*Ibn al-Athiri Chronicon quod perfectissium inscribitur*“ in eine europäische Sprache übersetzt und in 14 Bänden herausgegeben.

«و فيها جمع نظام الملک و السّلطان ملکشاه جماعة من اعيان
المنجّمين و جعلوا النيروز اوّل نقطة من الحَمَل و کان النيروز قبل ذلک
عند حلول الشمس نصف الحوت و صار ما فعله السّلطان مبدأ التقاويم
و فيها ايضاً عمل الرّصد للسلطان ملکشاه و اجتمع جماعة من اعيان
المنجّمين فی عمله منهم عُمَر بن ابراهيم الخيّامی و ابوالمظفّر
الاسفزاری و ميمون بن النّجيب الواسطی و غيرهم، و خرج عليه من
الاموال شیء عظيم و بقی الرّصد دائراً الی ان مات السّلطان سنة خمس
و ثمانين و اربعمائة، فبطل بعد موته».

»In diesem Jahr [1074 n.Chr.] versammelten Nizām al-Mulk und Sultan Malik Schah eine Gruppe führender Astronomen und setzten den Nowruz auf den ersten Punkt des Widders fest. [In der Zeit] davor war der Nowruz mit dem Augenblick zusammengefallen, in dem die Sonne ins Sternbild Fische eingetreten und die Hälfte davon durchlaufen hatte. Und diese Tat des Sultans wurde danach zum Anfang aller Zeitrechnungen. [Und auch] in diesem Jahr wurde eine Sternwarte für Gestirnbeobachtungen für Sultan Malik Schah errichtet, und eine Gruppe edler Astronomen versammelte sich, um es zu bauen, darunter ʻOmar bin Ibrāhim al-Khayyāmī, Abū al-Muẓaffar al-Isfizārī, Maymūn ibn Najīb al-Wāsitī und andere. Und es wurden riesige Geldsummen für diese Arbeit ausgegeben, und die Gestirnbeobachtungen wurden bis zum Tod des Sultans im Jahr vierhundertfünfundachtzig [A.H. 485 = 1092 n.Chr.] fortgeführt und hörten nach seinem Tode auf.«

Einer der ersten Europäer, der über die Kalenderreform in Persien berichtete, war der bereits erwähnte englische Gelehrte Thomas Hyde, der 1700 in seiner Religionsgeschichte der alten Perser persische Quellen in Originalsprache (mit lateinischen Übersetzungen) zitierte, die über die Erstellung des Jalālī-Kalenders umfassend berichtet hatten. Hier soll nur die Stelle aus seinem Buch wiedergegeben werden, an der er die von Khayyam eingeführten persischen Monatsnamen zitiert hat.[479]

1848 schrieb der deutsche Architekt und Vermessungsingenieur Heinrich von Gerstenbergk (1814–1887) in seinem Buch „*Geschichte der Mathematik in übersichtlichen Umrissen*“:

»In Persien ließ Dschelal-Eddin mit dem Zunamen Malekschah durch den Astronomen Omar (um das Jahr 1079) den Kalender verbessern, wobei eine merkwürdige und sehr genaue Einschaltungsmethode eingeführt wurde.«[480]

---

479 Thomas Hyde, op. cit., p. 191.

480 Georg Heinrich Carl Jakob Victor von Gerstenbergk: „*Geschichte der Mathematik in übersichtlichen Umrissen*“, 1848, S. 35.

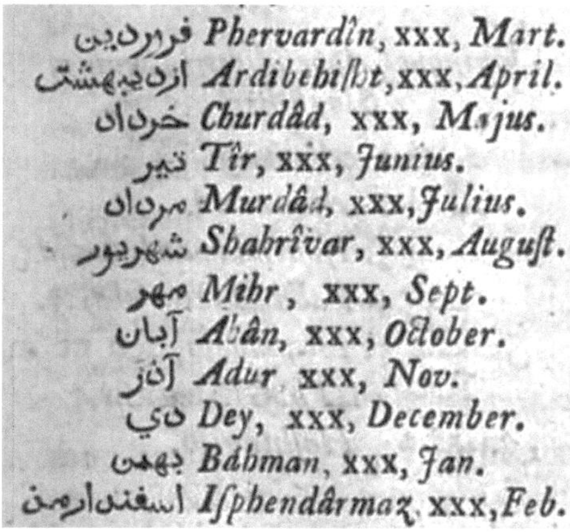

فروردين Phervardîn, xxx, Mart.
اردبهشت Ardibehiſht, xxx, April.
خرداد Churdâd, xxx, Majus.
تير Tîr, xxx, Junius.
مرداد Murdâd, xxx, Julius.
شهريور Shahrîvar, xxx, Auguſt.
مهر Mihr, xxx, Sept.
آبان Abân, xxx, October.
آذر Adur, xxx, Nov.
دي Dey, xxx, December.
بهمن Bahman, xxx, Jan.
اسفندارمذ Iſphendârmaz, xxx, Feb.

1862 diskutierte der deutsche Ägyptologe Heinrich Ferdinand Karl Brugsch (1827–1894) – auch Heinrich Brugsch-Pascha genannt –, den Jalālī-Kalender ausführlich (auf 27 Seiten) im Anhang des ersten Bandes seines Reiseberichts[481] nach Persien. Dort hieß es u.a.:

»Die mohammedanischen Perser haben ihr altüberliefertes Sonnenjahr zu Hülfe genommen, um dasselbe nicht allein im astronomischen Sinne zu benutzen, sondern auch mit Hinweis auf dasselbe in besonders feierlichen Schriftstücken zu datiren [sic]. Der Anfang desselben, welcher als eines der Hauptfeste des ganzen persischen Jahres mit besonderem Glanze und unter Entfaltung eines ceremoniellen Pompes in altherkömmlicher Weise alljährlich gefeiert wird, fällt auf die Zeit des Frühlings-Aequinoctiums, wenn die Sonne in das Thierkreiszeichen des Widders tritt. Dieser Tag, der wichtigste des ganzen Jahres, welcher von den persischen Astronomen genau berechnet wird, führt den Namen Nauruz oder „Neu(Jahrs)tag". Das so bestimmte astronomische Jahr führt in den Kalendern und im gewöhnlichen Sprachgebrauch die Benennung *Dschelâli*, nach seinem Stifter *Dschelâl-ed-din-Malek-Schah*, dritten Sultan der Seldschuken-Dynastie, welcher im Jahre 468 oder 471 der *Hidschert* [Auswanderung Mohammeds von Medina nach Mekka] den seiner Zeit bestehenden Kalender einer Reform unterwarf, die ihn auf die altpersische Gestalt zurückführte.«[482]

1901 würdigte Moritz Cantor (1829–1920), der erste Professor für die Geschichte der Mathematik in Deutschland die astronomischen Leistungen Khayyams wie folgt:

[481] Heinrich Brugsch hatte in amtlicher Eigenschaft als königlich Preußischer Vizekonsul eine preußische Gesandtschaft nach Persien begleitet und das Land von Mai 1860 bis Juni 1861 bereist.

[482] *„Reise der königlich preußischen Gesandtschaft nach Persien 1860 und 1861 geschildert von Dr. Heinrich Brugsch"*, Leipzig, J.C. Heinrichs'sche Buchhandlung, 1862.

»Alchaijâmis Leben war weniger stürmisch. Eine eigentliche Hofstellung scheint er ausgeschlagen zu haben und nur als Astronom für Melikschâh tätig gewesen zu sein, in welcher Eigenschaft er 1079 eine Kalenderreform zuwege brachte. Sie bestand darin, daß man zum persischen Sonnenjahre von 365 Tagen zurückkehrte und alle vier Jahre ein Schaltjahr von 366 Tagen eintreten ließ, zum 8. Schaltjahre aber nicht das 4., sondern das 5. Jahr nach dem letzten Schaltjahre wählte. So bekam man für 33 Jahre die Dauer von $25 \times 365 + 8 \times 366$ Tagen und mithin 1 Jahr $= 365^d\ 5^h\ 49^m\ 5^s{,}45$ in einer Übereinstimmung mit der Wirklichkeit, welche großer ist als bei allen sonstigen Kalendereinrichtungen. Auch Alchaijâmi scheint in die religiösen Zwiespalte zwischen Schiʿiten und Sunniten etwas verwickelt gewesen zu sein. Wenigstens berichtet eine ihm freilich nicht freundliche Feder, er habe, nicht aus Frömmigkeit, sondern durch ein fast zufälliges Zusammentreffen, die jedem Moslim gebotene große Pilgerfahrt gemacht, sich aber bei der Wiederkehr nach Bagdad gegen allen wissenschaftlichen Verkehr abgeschlossen und habe dann in die Heimat nach Chorasan sich zurückgezogen. Sein Ruhm als großer Mathematiker blieb unbeeinträchtigt, und noch in der Mitte des XVII. S. hat Hadschi Chalfa[483], welcher sich sonst begnügt, den Titel der Bücher nur anzugeben, welche er in seinem umfassenden bibliographischen Werke aufzählt, ein nicht unbedeutendes Stück der Algebra Alchaijâmis zum Abdrucke gebracht.«[484]

1903 erschien eine Buchausgabe in London, die zwar den Titel „*Omar Khayyam Calendar*“ (Abb. 189) trug, in Wirklichkeit jedoch die englischen Übersetzungen der Vierzeiler Khayyams enthielt. Darin waren zwölf Farbzeichnungen von Blanche McManus (1869–1935), einer amerikanischen Schriftstellerin und Künstlerin, enthalten.

Auf dem Einband des Kalenders war die freie englische Übersetzung Edward FitzGeralds von einem Vierzeiler Khayyams über das das Neue Jahr gedruckt, deren deutsche Wiedergabe etwa wie folgt lauten würde:

Das Neue Jahr lässt alte Sehnsüchte wiederaufleben,
Und die nachdenkliche Seele zieht sich in die Einsamkeit zurück,
Wo die weiße Hand Moses'[485] auf dem Ast
Ausstreckt und Jesus aus der Erde aufsteigt.

---

483 Muṣṭafa ibn ʿAbd Allāh Hâcci Halfa (1609–1657), bekannt als Kâtib Çelebi, war ein osmanisch-türkischer Universalgelehrter, der in Arabisch und Türkisch schrieb.

484 Moritz Cantor: „*Vorlesungen über Geshichte der Mathematik*“, Leipzig B.G. Teubner, 1901, S. 775.

485 Die *Weiße Hand* war eines der Neun Wunder Moses' (2. Buch Mosed, Exodus: 4:6–7). Sie brachte alles zum Leuchten, wenn Moses sie aus seinem Gewand hervorholte. Dieses Wunder (arabisch: اليَد البَيضاء) wird in fünf Versen des Koran erwähnt.

Abb. 189: Khayyam-Kalender mit Farbzeichnungen von B. McManus

Bei dem besagten Vierzeiler muss sich um den folgenden gehandelt haben, da dieser der einzige Vierzeiler ist, in dem Khayyam die beiden Propheten Moses und Jesus namentlich genannt hat (Schriftschnitt im Persischen Original: Fettkursiv):

اکنون که جهان را به خوشی دسترسی ست
هر زنده دلی را سوی صحرا هوسی ست
بر هر شاخی طلوع ***موسی*** دستی ست
در هر نفسی خروش ***عیسی*** نفسی ست

Walter Fränzel [↓] übersetzte 1913 diesen Vierzeiler aus dem Englischen wiederum frei ins Deutsche wie folgt:

Neu Jahr erneut nur alte Traurigkeit
Drum sucht das müde Herz die Empfindsamkeit
Wo Blüten schimmern weiß wie Moses Hand
Und Baum und Strauch von Jesu Hauch gedeiht.[486]

---

[486] „*Omar Chaijam Rubaijat*“, aus dem Englischen Edward FitzGeralds übertragen von Walter Fränzel, Verlag E. Diederichs, Jena 1913, S. 4.

Weder die englische noch die deutsche Übersetzung geben den Wortlaut und den Sinn des Originalvierzeilers wieder. Dies gilt auch für die von Friedrich Bodenstedt [↓] 18 vorgelegte deutsche Übertragung:

Dies ist die Zeit, wo die Welt sich schmückt mit Grün,
Wo, wie Mosis Hand, alle Zweige von Knospen glühn,
Wo die Pflanzen sprossen wie von Jesu Odem belebt,
Und die Wolke weinend sich selbst begräbt.[487]

Die folgende Übersetzung ist ein Versuch, den Wortlaut und den Sinn des Vierzeilers in etwa wiederzugeben:

Nun, da die Welt der Fröhlichkeit zugewandt,
Fühlt jedes lebende Herz die Sehnsucht nach dem Land.
Jeden Zweig lässt die Moses' Hand erblühen,
Und jeder Atemzug ist belebt durch Jesus' Odem.

Ergänzend sei angemerkt, der Stab, der auf dem Berg Sinai von Gott Moses anvertraut wurde, um Wunder zu vollbringen – u.a. die Teilung des Meeres auf dem Weg in die Befreiung der Juden aus Ägypten –, wird im Koran als *der Stab Moses* erwähnt und in der persischen Literatur häufig *der weiße Arm Moses* genannt. Der Hauch Jesu, der auf das Johannes-Evangelium 20,22 zurückgeht, wo es heißt: »Nachdem er [Jesus] das gesagt hatte, hauchte sie an und sprach zu ihnen: „Empfangt den Heiligen Geist."«, wird in der klassischen persischen Poesie oft als ein äußerst wirkmächtiges Mittel gegen menschliches Leid erwähnt, da er sogar Tote zum Leben erwecken kann.

Der heutige iranische Kalender

Der Jālāli-Kalender wurde vom 11. bis zum 20. Jahrhundert im gesamten Großiran verwendet. Im Jahr 1911 wurde er zum offiziellen nationalen Kalender der Qadscharendynastie, die von 1779 bis 1925 über Iran herrschte. Am 31. März 1925 wurde der heutige iranische Sonnenkalender (im Prinzip identisch mit dem Jālāli-Kalender) gesetzlich eingeführt. Als Ursprung des Kalenders wurde die Auswanderung Mohammeds von Mekka nach Medina im Jahr 622 n.Chr. festgelegt, wohl ein Zugeständnis an die islamische Geistlichkeit. Das Gesetz besagte, dass der erste Tag des Jahres der erste Tag des Frühlings sein sollte, wie es immer der Fall gewesen ist. Demnach ist der 1. Farvardin ist der Tag, dessen Beginn um Mitternacht dem Zeitpunkt des Frühlingsäquinok-

---

[487] „*Die Lieder und Sprüche des Omar Chajjâm*", verdeutscht durch Friedrich Bodenstedt. Schletter'sche Buchhandlung, Breslau, 1881, Sechstes Buch, 2.

tiums am nächsten liegt. Das Gesetz legte auch die Anzahl der Tage in jedem Monat fest (die ersten sechs Monate 31 Tage, die nächsten fünf 30 Tage, und der zwölfte Monat 29 Tage bzw. in Schaltjahren 30 Tage), wie einst von Khayyam vorgeschlagen. Auch die alten persischen Namen wurden wiederbelebt und werden seitdem verwendet.

1976 änderte Schah Mohammad Reza Pahlavi den Ursprung des Kalenders, indem er den Beginn der Herrschaft von Kyros dem Großen als erstes Jahr festlegte und nicht die Auswanderung Mohammeds. Über Nacht änderte sich das Jahr von 1355 auf 2535. Diese Änderung dauerte nur drei Jahre bis zur islamischen Revolution im Jahr 1979, als die Zeitrechnung wieder auf Sonnenkalender von 1925 zurückgeführt wurde.

Ehrungen

Khayyams beachtliche Errungenschaften im Bereich der Mathematik und Astronomie (aber auch Dichtkunst) brachten ihm nicht nur Ruhm und Respekt zu Lebzeiten in Persien, sondern auch posthum zahlreiche Ehrungen weltweit ein, wie Sonderbriefmarken, Denkmäler und Statuen sowie allerlei Benennungen. Im Folgenden werden einige der wichtigsten von ihnen kurz erwähnt.

Sonderbriefmarken

Bisher sind nicht nur im Persien (Iran), dem Heimatland Khayyams, sondern auch in vielen anderen Ländern ihm zu Ehren Sonderbriefmarken herausgegeben worden. Es wären zu viele wollte man sie hier alle benennen. Erwähnenswert wären aber diejenigen aus der Islamischen Republik Iran und dem Emirat Dubai insofern, als die offiziellen Organe beider Staaten zwar dem großen Mathematiker und Astronomen Khayyam Achtung und Anerkennung zollen, dem weltberühmten Dichter Khayyam wegen seiner angeblich ketzerischen und unmoralischen Versen jedoch nicht.

Am 18. Mai (dem Nationalen Khayyam-Tag) des Jahres 2018 wurde in der Islamischen Republik Iran erstmals das tausendjährige Jubiläum des Geburtstages Khayyams begangen. Aus diesem Anlass gab die Regierung eine Sonderbriefmarke heraus, die in Abb. 190 wiedergegeben ist.

Abb. 190: Khayyam-Sonderbriefmarken
der Islamischen Republik Iran (2018)

Abb. 191: Khayyam-Sonderbriefmarken des Emirats Dubai (2016)[488]

Die meisten und vielfältigsten Khayyam-Sonderbriefmarken sind bisher in Emirat Dubai veröffentlicht worden, von denen ein Satz von sechs Briefmarken in Abb. 191 zu sehen ist, der am 1. März 2016 publiziert wurde. Darin stellt jede einzelne Briefmarke einen Vierzeiler von Khayyam dar gemäß der freien englischen Übersetzung von Edward Fitzgerald aus dem Jahre 1859.

[488] https://omarkhayyamrubaiyat.files.wordpress.com/2021/06/fig1–1.jpg

Besonders interessant ist die in der Mitte der oberen Reihe. Es handelt sich dabei um einen Vierzeiler – mit höchst fragwürdiger Authentizität – dessen Übersetzung durch FitzGerald Weltruhm erlangt hat:

Here with a Loaf of Bread beneath the Bough,
A Flask of Wine, a Book of Verse – and Thou
Beside me singing in the Wilderness –
And Wilderness is Paradise enow.

Ein Fläschchen Wein, ein Buch in sel'gem Schweigen;
Ein Laiblein Brot, und dich, als süßes Eigen;
Weltfern in Trümmern hausend! – Welch ein Glück:
Was ist ein Sultan da samt seinen Reichen![489]

Denkmäler und Statuen

In vielen iranischen Städten findet man aller Art Khayyam-Denkmäler. Hier sollen aber nur einige Statuen gezeigt werden (Abb. 192 bis 196), die zu Ehren Khayyams in Europa und den USA aufgestellt worden sind.

Abb. 192: Astrakhan, Russland[490]

[489] „*Sprüche des Omar Chajjam. Aus dem Persischen übertragen von Maximilian Rudolph Schenck. Mit einer Vorbemerkung des Übersetzers*" Verlag von Otto Hendel, Halle a.d.S., 1897, Nr. 415.

[490] https://stock.adobe.com/de/images/omar-khayyam-monument-in-astrakhan-russia/387558017

Abb. 193: Bukarest, Rumänien[491]

Abb. 194: Madrid, Cuidad Universitaria, Spanien[492]

Abb. 195: UNO-City Wien, Österreich[493]

Abb. 196: University of Oklahoma, USA[494]

---

[491] https://es.wikipedia.org/wiki/Omar_Jayam

[492] https://stock.adobe.com/at/images/monumento-al-matematico-omar-jayan/137632913

[493] https://de.m.wikipedia.org/wiki/Datei:Persian_Scholar_pavilion_in_Viena_UN_%28Omar_Khayyam%29.jpg

Benennungen

1970 wurde ein Krater auf der Mondoberfläche mit einem Durchmesser von etwa 69 Kilometern nach Omar Khayyam benannt (Abb. 197a).

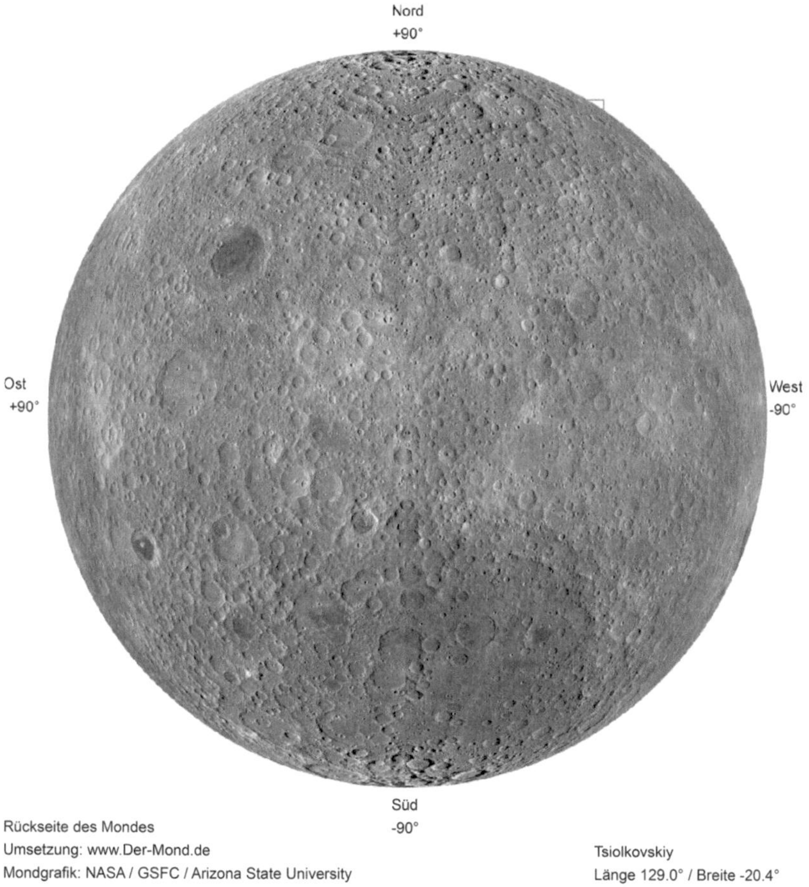

Abb. 197a: Al-Khayyāmī-Krater auf dem Mond[495]

[494] https://www.dreamstime.com/omar-khayy-hossein-fakhimi-university-oklahoma-campus-norman-pictured-white-marble-statue-titled-was-image244763062.

[495] https://www.der-mond.de/mondkarte/formation/mondkrater/omar-khayyam/

Der in Abb. 197b gezeigte Bildausschnitt zeigt die Position des Kraters auf der Mondoberfläche.

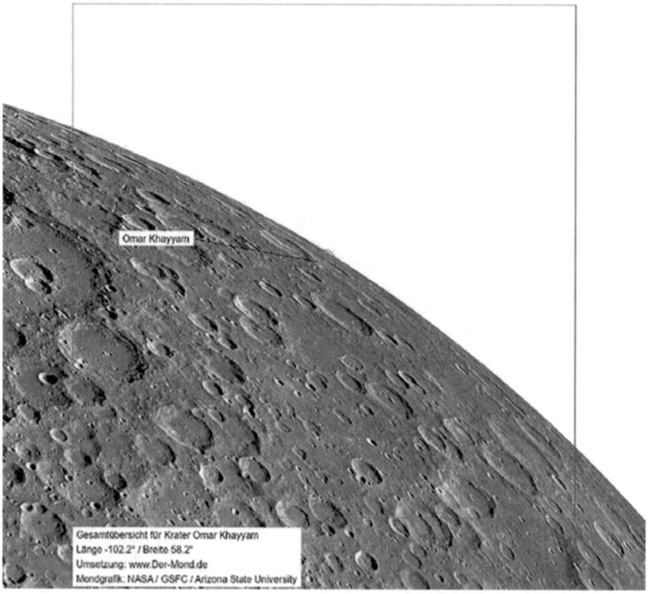

Abb. 197b: Geozentrisches Weltbild[496]

Khayyam-Jahr

Die Organisation der Vereinten Nationen für Bildung, Wissenschaft und Kultur (UNESCO) benannte das Jahr 1999 nach Omar Khayyam und veranstaltete im September desselben Jahres ein dreitägiges Seminar zu seinem Gedenken im UNESCO-Hauptquartier in Paris. An diesem Seminar nahmen etwa 20 geladene Persönlichkeiten aus Kultur und Wissenschaft aus Frankreich und anderen europäischen Ländern sowie aus einigen arabischen Ländern mit Vorträgen über das Leben und Wirken des großen Mathematikers, Astronomen und Dichter-Philosophen teil. Unter den geladenen Rednern war auch der Verfasser des vorliegenden Buches, dessen Vortrag sich mit Khayyams Behandlung des Parallelenpostulats beschäftigte.[497]

---

[496] https://www.sterngucker.de/weltbilder/.

[497] Nasser Kanani: „*Khayyam and the Parallel Postulate*", Colloque International „*Omar Khayyam. Mathématicien, Philosophe et Poéte*", 20, 21 et 22 septembre 1999, UNESCO, Paris.

Planetarium in Nischabur

Abb. 198: Omar-Khayyam-Planetarium in Nischabur[498]

Im Jahre 2000 wurde die Generalabteilung für Islamische Kultur und Führung in Khorasan mit der Realisierung eines Projekts namens Khayyam-Planetarium in der Geburtsstadt Omar Khayyams beauftragt. Geplant war ein Kulturareal mit einer Grundfläche von 2.889 Quadratmetern, einem geschlossenen Dach von 2.800 Quadratmetern, einer Seitenveranda von 37 Quadratmetern und einer Gebäude-Vorderseite von 52 Quadratmetern sowie einem auf drei Säulen gebautes Eingangstor. Der Entwurf der Gesamtanlage stammte von dem iranischen Architekten Khalil Sohrabian. (Abb. 198).

Internationaler Nowruz-Tag

In Anbetracht der Tatsache, dass der Nowruz seit etwa 3 000 Jahren als Volksfest zum Beginn eines jeden Jahres bekannt ist und gegenwärtig von mehr als 300 Millionen Menschen auf der ganzen Welt gefeiert wird, wurde er am 30. September 2009 von der UNESCO in die Liste

---

[498] https://commons.wikimedia.org/wiki/File:Planetarium_of_Omar_Khayyam_-_Nishapur.jpg

der Meisterwerke des mündlichen und immateriellen Erbes der Menschheit[499] aufgenommen und am 10. Mai 2010 auf Beschluss der 64. Generalversammlung der Vereinten Nationen als *Internationaler Nowruz-Tag* anerkannt.

[499] Proclamation of the *Masterpieces of the Oral and Intangible Heritage of Humanity*.

Kapitel 4

Der Dichter

»Omar Khayyam ist der einzige mir bekannte Mann, der sowohl Dichter als auch Mathematiker war.«[500]

Bertrand Russel (1872–1970)
Britischer Mathematiker

»ʿUmar al-Khayyāmī wird wohl der einzige berühmte Mathematiker sein, in dessen Namen Vereine gegründet wurden. Dies sind jedoch keine Vereine, in denen man seine zahlreichen Beiträge zu den Wissenschaften untersucht, sondern in denen man die berühmten Verse liest und bespricht, die ihm unter dem Namen *Die Rubʿāyāt* (*Vierzeiler*) zugeschrieben werden und die in viele Sprachen der Welt übersetzt worden sind. Tatsächlich wird ʿUmar außerhalb der islamischen Welt eher als Dichter denn als Mathematiker verehrt. Und doch sind seine Beiträge zu den Wissenschaften der Mathematik und der Astronomie hochrangig.«[501]

John L. Berggren (1941–)
Kanadischer Mathematikhistoriker

»Die Sammlung seiner Vierzeiler stellt heute eines der berühmtesten Bücher der Welt dar und ist in fast alle zivilisierten Sprachen einschließlich vieler Dialekte Pakistans und Indiens übersetzt worden.«[502]

Mian Mohammad Sharif (1893–1965)
Pakistanischer Philosoph

---

500 Bertrand Russel: „*History of Western Philosophy*“, Simon and Schuster, New York, 1945 S. 423.

501 J.L. Berggren: „*Episodes in the Mathematics of Medieval Islam*“. Second Edition, Springer-Verlag Berlin Heidelberg, 2016, pp. 13–14.

502 „*A History of Muslim Philosophy*“, Volume 2, edited and introduced by M.M. Sharif, Otto Harrassowitz, Wiesbaden, 1966, p. 1051.

Seit langem besteht Gewissheit darüber, dass Omar Khayyam neben seiner intensiven und vielseitigen Beschäftigung mit den Wissenschaften seiner Epoche sich auch mit der Dichtkunst befasste und gelegentlich in Stunden der Trübsal Verse in Form von Vierzeilern verfasste. Er war also im Sinne Karl Weierstraß[503] ein vollkommener Mathematiker. Ein eindeutiger Hinweis auf seine dichterische Tätigkeit sind jene Vierzeiler oder *Rūbā'ijāt*[504], die lange Zeit nach seinem Tod in verschiedenen persischen und arabischen Dichterlexika – ungeachtet ihrer Authentizität – ihm zugeschrieben worden sind.

In seinen Rūbā'ijāt hatte Khayyam sein Weltbild und seine Lebensphilosophie knapp und prägnant dargelegt. In ihnen beklagte er die Vergänglichkeit des irdischen Lebens und versuchte, die Menschen zu ermutigen, ihr kurzes Dasein auf Erden so sinnvoll wie möglich zu gestalten. Es waren diese Rūbā'ijāt, die ihm Jahrhunderte später einen solchen Weltruhm als Dichter einbrachten, dass sein Ruf als der größte Mathematiker und Naturwissenschaftler seiner Zeit allmählich in Vergessenheit geriet.

Es ist an dieser Stelle hervorzuheben, dass fast alle persischen Dichterinnen und Dichter, die vor oder nach Khayyam gelebt haben, auch Rūbā'ijāt verfasst haben. Genannt seien hier als Beispiel insbesondere drei der bedeutendsten persischen Sufi-Dichter und Mystiker, nämlich Abū Sa'īd Abūl-Khair[505] (967–1049), Hakīm Sanāī Ghaznavī[506] (1080–1141) und Farid ad-Dīn 'Attār[507] (1136–1220), die mit ihren 726, 421 bzw. 2000 Rūbā'is zu den berühmtesten Vertretern dieses poetischen Genres der persischen Poesie gezählt werden. Dennoch ist es Khayyam, der nicht nur im gesamten persischen Sprachraum, sondern auch weltweit als der bekannteste und beliebteste Verfasser von Rūbā'ijāt gilt. Sein Name ist zum Synonym für Rūbā'ijāt geworden, und er selbst wird heute als *der* Urtypus des Vierzeilerdichters angesehen. Er war es, der das persische Rūbā'i zu einer Höhe und Vollkommenheit führte, die kaum noch zu übertreffen ist. Er verstand es, das Rūbā'i auf den Gipfel seiner formalen und gedanklichen Konzentration zu heben, und dies tat er

---

503 Karl Weierstraß (1815–1897) war ein deutscher Mathematiker und einer der Begründer der mathematisch strengen Beweisführung in der Analysis. Am 27. August 1883 schrieb er in einem Brief an seine berühmte Schülerin Sofja Wassiljewna Kowalewskaja (1850–1891): »Ein Mathematiker, der nicht auch etwas Poet ist, wird nie ein vollkommener Mathematiker sein.«

504 Ein *Rūbā'i* ist ein kurzes Gedicht, das aus nur vier Zeilen besteht.

505 ابوسعید ابوالخیر

506 حکیم سنائی غزنوی

507 فریدالدین عطّار

»... in einer schönen, wohlklingenden Sprache, die damals ihre beste Zeit hatte und die er so meisterhaft beherrschte, daß seine Verse noch heute mustergültig sind.«[508]

Khayyams Rūbāʿijāt sind im Laufe der Zeit in fast alle Sprachen der Welt übertragen worden, so dass heute unzählige Übersetzungen unterschiedlichster Qualität existieren.[509] Was diese Übertragungen bisher bewirkt haben, geht aus den folgenden zwei Zitaten hervor:

»Es ist schwierig ein Heim zu finden, das die heutige Zivilisation lebendig verkörpert und in dem der Namen Omar Khaiyams nicht **sprichwörtliche Bedeutung** erlangt hätte.«[510]

»Die Sinnsprüche des Omar Hayyam sind für immer in die Weltliteratur eingegangen. Von früheren Jahrhunderten geschmäht und von der Orthodoxie geächtet, haben sie sich trotz allem einen dauernden Platz in der Welt des menschlichen Denkens erobert.«[511]

Es wäre vielleicht nicht uninteressant, an dieser Stelle der Frage nachzugehen, wann und welches Rūbāʿi von Khayyam zum ersten Mal in eine europäische Sprache übertragen wurde. Die Antwort findet man in dem Hauptwerk des bereits mehrfach erwähnten englischen Orientalisten und Sprachwissenschaftlers Thomas Hyde namens „*Die Religionsgeschichte der alten Perser*" aus dem Jahre 1770. Darin bezeichnete er Khayyam als *König der Weisen* und *Wunder seines Zeitalters.* Das Rūbāʿi, das Hyde in seinem Monumentalwerk aus dem Persischen ins Lateinische übertrug, ist hier im Original[512] wiedergegeben:

---

508 „*Die Lieder und Sprüche des Omar Chajjâm*", verdeutscht durch Friedrich Bodenstedt. Schletter'sche Buchhandlung, Breslau, 1881, S. X.

509 1969 erwähnte Henry Waldemar Nordmeyer (1891–1981), ein amerikanischer Philologe, Germanist und Hochschullehrer deutscher Abstammung, 31 deutsche Übersetzungen der Rūbāʿijāt Khayyams, die zwischen 1881 bis 1963 erschienen waren. Siehe: „*Rubaijat. Omar Chajjam. Rendered into English verse by Edward Fitz-Gerald. Versübertragung mit Einführung von Henry W. Nordmeyer. Nachwort von Heinrich Meyer*", 2. Auflage, Lang, Bern 1969, S. 102–104.

510 „*Omar Khaiyam in seinen Rubaiyat. Mit einem Abriß der Geschichte und Lebensbeschreibung des persischen Dichters, Astronomen und Staatsmannes*" von Otoman Zar-Adusht Hanish. Ins Deutsche übertragen und herausgegeben von Otto Rauth. Mazdaznan Verlag und Versandhaus GmbH, Leipzig, 1934, S. 12.

511 „*Omar Hayyam: Zelte der Weisheit*". Deutsche Nachdichtung von Dieter Bellmann, Greifenverlag Rudolstadt, 1958, S. 25.

512 „*Historia religionis veterum*", op. cit., p. 498.

O combuſtus combuſtus combuſtione!
Væ, à te eſt Ignis Gebennæ accenſio!
Quouſque dices, Omaro miſericors eſto?
Quouſque Deum Caput miſericordiæ *docebis?*

ای سوختهٔ سوختهٔ سوختنی
وی آتش دوزخ ار تو افروختنی
تا کی گویی بر عمر رحمت کن
حق را تو کیی آیتی رحمت آموختنی

Eine etwas freie deutsche Übersetzung dieses Rūbāʿis klingt wie folgt:

O Du, der Du verdammt, in der Hölle zu brennen,
Wie magst Du Dich als Fürbitter Omar's bekennen!
Wie magst Du Gott bitten, sich sein zu erbarmen!
Was hat der Allmächt'ge zu thun mit Dir Armen![513]

Der große englische Gelehrte übertrug als Erster das besagte Rūbāʿi ins Lateinische im guten Glauben, dass es tatsächlich von Khayyam sei. Er konnte nicht ahnen, dass dieses banale und oberflächlich klingende Rūbāʿi nicht von dem großen Gelehrten stammte, sondern lange Zeit nach seinem Tod von seinen Widersachern zusammen mit einer fiktiven Geschichte in die Welt gesetzt wurde, um ihn herabzuwürdigen. Nach dieser Geschichte soll Khayyams Mutter nach seinem Tode ständig und inbrünstig Gott um Vergebung für ihren irregeleiteten Sohn gebeten haben. Eines Nachts wäre Khayyams Geist in ihrem Traum erschienen und hätte sie mit diesem vorwurfsvollen Rūbāʿi getadelt, weil sie sich angemaßt hatte, Gott zu bitten, sich ihres sündigen Sohnes zu erbarmen.

Deutsche Übersetzungen der Rūbāʿijāt

Khayyams Rūbāʿijāt werden wahrscheinlich den meisten Leserinnen und Leser des vorliegenden Buches nicht im persischen Original, sondern in ihren deutschen Versionen verständlich sein. Im Anhang 5 sind daher die zahlreichen deutschen Übersetzungen und Nachdichtungen chronologisch aufgelistet und können gegebenenfalls zu Rate gezogen werden. Die wichtigen von ihnen werden im Folgenden kurz erörtert.[514]

---

513 „*Die Lieder und Sprüche des Omar Chajjâm*", op. cit., X. Buch, Nr. 33.

514 1971 diskutierte der deutsche Literaturwissenschaftler Joachim Wohlleben (1936–2004) in einem längeren Artikel die Rezeption der Rūbāʿijāt Khayyams in Deutschland anhand der damals bekannten deutschen Übersetzungen. Siehe: Joachim Wohlleben: „*Die Rubajat des Omar Chaijam und die deutsche Literatur. Eine glücklose Begegnung*", in: Literaturwissenschaftliches Jahrbuch, Neue Folge/Zwölfter Band, Berlin, 1971, S. 43–96.

Joseph von Hammer

Dem österreichischen Gelehrten, Philologen und Orientalisten Joseph von Hammer (1774–1856) gebührt die Ehre, als Erster 25 Rūbāʿijāt von Khayyam im Jahre 1818 ins Deutsche übertragen und in seinem Buch „*Geschichte der schönen Redekünste Persiens*“[515] veröffentlicht zu haben. Über seine Auswahl der Rūbāʿijāt machte er folgende Anmerkung:

»Wir bedauern, daß die Grenzen dieses Werkes nicht gestatten, alle dreyhundert in unserem Manuscripte befindliche Strophen zu übersetzen, in dem dieselben fast durchaus von demselben Werthe sind.«[516]

Bei dem Manuskript, das er hier erwähnte, handelte es sich um das berühmte Dichterlexikon „*Zum Gedenken an die Dichter*“[517] des persischen Literaturhistorikers Dawlat Schah Samarqandi[518] (1438–1495/1507), das die Biographien von 141 persischen Dichtern darunter auch die von Omar Khayyam enthielt. Es ist das zweitfrühste erhaltene Werk dieser Art.

Über den Dichter Khayyam urteilte von Hammer wie folgt:

»Er ist der Dichter der Freygeister und Religionspötter und darf in dieser Hinsicht füglich der Voltaire[519] persischer Dichtkunst geheißen werden.«[520]

Die deutsche Version des folgenden Rūbāʿis ist ein Beispiel für die Hammersche Übersetzungskunst:

پیری دیدم به خانهٔ خماری
گفتم نکنی ز رفتگان اخباری
گفتا مِی خور که همچو ما بسیاری
رفتند و کسی باز نیامد باری

Zu einem Greis, den ich sah in der Schenke,
Sprach ich: Der Abgeschiedenen gedenke,
Der sprach: O trinke Wein auf gutes Glück!
Sie gingen all', doch keiner kam zurück.[521]

---

515 „*Geschichte der schönen Redekünste Persiens, mit einer Blüthenlese aus zweyhundert persischen Dichtern von Joseph von Hammer*“. Bey Heubner und Volke, Buchhändler, Wien, 1818.

516 Ebenda, S. 80.

517 “تذكرة الشعراء”

518 دولتشاه سمرقندی

519 François-Marie Arouet (1694–1778), bekannt unter seinem Pseudonym *Voltaire*, war einer der einflussreichsten Denker Frankreichs.

520 „*Geschichte der schönen Redekünste Persiens* ...“, op. cit., S. 80.

521 Ebenda, S. 82.

Friedrich Rückert

1827 fertigte der deutsche Dichter, Sprachgelehrter und Übersetzer Friedrich Rückert (1788–1866) die Übersetzungen von zwei Rūbāʿis an, die er als *herrliche Rubâʿīs des 'Omar Chajjâm* bezeichnete. Die Übersetzungen erschienen im gleichen Jahr in den *Jahrbüchern der Literatur* (S. 209) und viele Jahre später in seinem Buch „*Grammatik, Poetik und Rhetorik der Perser*"[522]. Das erste von ihm übersetzte Rūbāʿi lautete:

از باد صبا دلم چو بوی تو گرفت
بگذاشت مرا و جستجوی تو گرفت
اکنون ز منش خسته نمی آرد یاد
بوی تو گرفته بود خوی تو گرفت

Da vom Morgenwind mein Herz hatte deinen Duft ergriffen,
Hat es mich verlassen, und hat das Suchen nach dir ergriffen.
Nun mag es meiner des Kranken, nicht weiter denken;
Es hatte deinen Duft ergriffen, so hat es nun auch deine Art ergriffen.[523]

Die überwiegende Mehrheit der iranischen Sachkenner ist heute jedoch der Ansicht, dass dieses Rūbāʿi nicht von Khayyam, sondern von dem bereits genannten Sufi-Dichter Abū Saʿīd Abūl-Khair verfasst wurde.

Mit Hinweis darauf, dass das obige Rūbāʿi Khayyam zugeschrieben worden sei, übersetzte es auch Adolf von Schack [↓] als Vierzeiler Nr. 261 wie folgt:

Einen Duft von dir erhaschte heut mein Herz im Morgenwinde;
Mich alsbald verlassen hat es, das es dich, Geliebte, finde;
Nicht gedenkt es nun des Kranken weiter, der es einst besessen;
Deiner Art in Allem folgend, hat es mich wie du vergessen.

Das zweite von Rückert gewählte und übersetzte Rūbāʿi war das folgende, das in der Vergangenheit Khayyam zugeschrieben wurde. Ob es tatsächlich von ihm ist, wird jedoch vielfach bezweifelt.

بی باده مباش تا توانی یکدم
کز باده شود عقل و دل و دین محکم
ابلیس اگر باده بخوردی یکدم
کردی دو هزار سجده پیش آدم

Ohne Wein bleibe, so sehr du vermagst, keinen Augenblick;
Denn durch Wein wird Verstand und Herz und Glauben befestigt.

---

522 „*Grammatik, Poetik und Rhetorik der Perser. Nach dem siebenten Bande des Heft Kolzum. Dargestellt von Friedrich Rückert.*" Gotha. Friedrich Andreas Perthes, 1874.

523 Ebenda, S. 66.

Iblis, wenn er Wein getrunken hätte einen Zug,
Würde er zweitausend Fussfülle vor Adam gemacht haben.[524]

Es sei angemerkt, dass mit Iblis (arabisch: der Teufel) jener abtrünnige Engel gemeint ist, der sich nach muslimischem Glauben weigerte, dem von Gott geschaffenen Menschen seine Verehrung zu bezeugen und deshalb von seiner himmlischen Stelle verstoßen wurde.[525]

Anton Wollheim

Etwa 60 Jahre nach dem Erscheinen der deutschen Übersetzungen von Khayyams Rūbāʿijāt durch Joseph von Hammer übertrug der deutsche Diplomat und Schriftsteller Anton Eduard Wollheim da Fonseca (1810–1884) weitere 17 Rūbāʿis ins Deutsche und veröffentlichte sie 1873 im zweiten Band seines Monumentalwerks „*Die Nationalliteratur sämtlicher Völker des Orients*"[526]. Dabei brachte er seinen Unmut über die Qualität der Hammerschen Übersetzung zum Ausdruck und notierte:

»Ich bemerkte, daß diese Hammer'sche Uebertragung die Strophen Omar's nicht nur außerhalb ihrer Reihefolge auf Gerathewohl herausgegriffen hat, sondern auch sehr frei ist, ja oft nicht einmal den Sinn wiedergiebt, und dem persischen Dichter seine poetische Eigenthümlichkeit oder Deutlichkeit raubt.«[527]

Ein Beispiel aus den siebzehn Übertragungen von Wollheim ist das folgende Rūbāʿi:

در راهِ نیاز هر دلی را دریاب
در کُویِ حضور مُقبِلی را دریاب
صد کعبهٔ آب و گل به یک دل نرسد
کعبه چه روی برو دلی را دریاب

Erstrebst Du etwas, suche einen Nützer,
Bist im Besitz Du, suche einen Schützer

---

524 „*Grammatik, Poetik und Rhetorik der Perse ...*", op. cit., S. 67.

525 Siehe: „*Der Engelfall und die Verführung der Menschen*" im Koran in der Übersetzung von Friedrich Rückert.

526 „*Siebzehn Vierzeiler*" in: „*Die Nationalliteratur sämtlicher Völker des Orients: Eine prosaische und poetische Anthologie aus den besten Schriftstellern des gesamten Orients mit erläuternden, kritischen und biographischen Notizen*". Herausgegeben von A.E. Wollheim, Chevalier da Fonseca. Zweiter Band, Verlag von Gustav Hempel, Berlin, 1873.

527 Ebenda, S. 207.

Ein Herz wiegt hundert Lehm – und Wasserkâba's,
Was soll die Kâba? such' ein Herz als Stützer![528]

Mit Kâba ist hier die Kaaba, jenes würfelförmige schwarze Bauwerk in der Mitte der großen Moschee von Mekka gemeint, die das älteste Gotteshaus der Muslime ist.[529]

Adolf von Schack

1878 übersetzte der deutsche Dichter und Kunsthistoriker Adolf Friedrich Graf von Schack (1815–1894) eine große Zahl (336) Rūbā'is von Khayyam mit wechselndem Versmaß und veröffentliche sie unter dem Titel „*Strophen des Omar Chijam*"[530]. In seinem Nachwort bemerkte er:

»Ich lernte den Omar Chijam schon vor vielen Jahren in einer, 1836 zu gedruckten, sehr seltenen Ausgabe kennen und übertrug die Mehrzahl der darin enthaltenen Strophen.«[531]

Die ‚sehr seltene Ausgabe' der Rūbā'ijāt von Khayyam, wovon hier die Rede ist, war das so genannte 'Kalkutta Manuskript', das 1864 in Kalkutta entdeckt worden war und 511 Rūbā'is enthielt. Die Lektüre dieses Manuskriptes veranlasste Adolf von Schack zu der folgenden Bemerkung:

»Wenn in vielen und den meisten Strophen Omars Wein und sinnlicher Lebensgenuß in ausgelassener Weise verherrlicht werden, wenn in anderen der Spott über die Theologen vorherrscht, so finden sich in seiner Sammlung doch auch manche von tieferem und ernstem Gehalt.«[532]

Weiter hieß es:

»Hier und da wird ein sanfterer Ton der Klage über die Vergänglichkeit und Hinfälligkeit alles Irdischen angeschlagen; auch fehlt nicht einzelnes Gemüth- und Seelenvolles, wie wir es von dem Dichter, den wir erst eben wild mit dem Weltgeschicke hadern oder in bacchantischem Taumel den Becher heben sahen, kaum erwarteten, und einige seiner Strophen gehören zu den Reizendsten und Seelenvollsten in der ganzen morgenländischen Poesie.«[533]

---

[528] Ebenda, S. 209.

[529] Die jährlich stattfindende Pilgerfahrt der Muslime nach Mekka zur Verrichtung religiöser Rituale um die Kaaba herum gilt als die fünfte Säule der Fünf Säulen des Islams.

[530] „*Strophen des Omar Chijam*", Deutsch von Adolf Friedrich Grafen v. Schack. Verlag der J. G. Cotta'schen Buchhandlung, Stuttgart und Berlin, 1878.

[531] Ebenda, S 118.

[532] Ebenda, S. 116.

[533] Ebenda, S. 116.

Die Übersetzung des folgenden Rūbāʿis ist ein Beispiel aus der Gedichtsammlung Schacks:

دنیا دیدی و هرچه دیدی هیچ است
و آن نیز که گفتی و شنیدی هیچ است
سرتاسرِ آفاق دویدی هیچ است
و آن نیز که در خانه خزیدی هیچ است

Was irgend du hören und seh'n magst, es Alles, Alles ist nichts!
Wohin du auf Erden du geh'n magst, es Alles, Alles ist nichts!
Ob du das Weltall durchfliegst, es Alles, Alles ist nichts!
Ob im Winkel des Stübchens du liegest, es Alles, Alles ist nichts![534]

Friedrich Bodenstedt

Fünf Jahre nach dem Erscheinen der Übersetzungen von Adolf von Schack, das heißt im Jahre 1881, brachte der bekannte deutsche Dichter und Theaterintendant Friedrich Martin von Bodenstedt (1819–1892) die Übertragungen von 467 Rūbāʿis von Khayyam mit wechselnder Form und ungleichem Metrum unter dem Titel *„Die Lieder und Sprüche des Omar Chajjâm"*[535] heraus. Das Werk umfasste zehn Bücher, die römisch mit I bis X gekennzeichnet waren. Jedes Buch war einem bestimmten Thema gewidmet.

Bodenstedts eigenen Angaben zufolge standen ihm eine Handschrift von der herzoglichen Bibliothek in Gotha (Thüringen) und ein 1867 in Paris erschienenes Manuskript als Vorlage für seine Übertragungen. Das Pariser Manuskript, das 464 Rūbāʿis von Khayyam im persischen Urtext zusammen mit ihren französischen Übersetzungen beinhaltete, war von Jean Baptiste Nicolas (1814–1875) herausgegeben worden. Nicolas war Mitglied einer französischen Delegation, die 1839 in das damalige Persien entsandt worden war, und diente zunächst als Botschaftsübersetzer in der Hauptstadt Teheran, bevor er später zum französischen Konsul in Rescht, einer Stadt am Kaspischen Meer, ernannt wurde. Er hielt sich 30 Jahre im Lande auf und kehrte 1867 nach Frankreich zurück. Als erster Franzose, übersetzte er unter Mitwirkung von Hassan ʿAli Khān Garrūsi[536] (1822–1899), der sich von 1858 bis 1865 als persischer Botschafter in Paris aufhalten

---

534 Ebenda, Nr. 138.

535 *„Die Lieder und Sprüche des Omar Chajjâm"*, verdeutscht durch Friedrich Bodenstedt. Schletter'sche Buchhandlung, Breslau, 1881.

536 حسنعلی خان گروسی

hatte, die Rūbāʿijāt von Khayyam ins Französische und veröffentlichte sie 1867 in Paris.[537]

Bodenstedt begann seine vierzehnseitige Einleitung zu seinen Übersetzungen mit folgenden Bemerkungen:

»Ich habe guten Grund zu der Annahme, daß unter tausend Lesern kaum Einer etwas von dem merkwürdigen Manne weiß, dessen poetischer Nachlaß den Inhalt dieses Buches bildet; allein ebenso guten Grund hab' ich, anzunehmen, daß unter tausend Lesern auch kaum Einer den alten Omar Chajjam wieder vergessen wird, wenn er ihn auch nur einigermaßen in seiner Bedeutung kennen gelernt.«[538]

Er fuhr fort:

»... [Khayyam] lebte achthundert Jahre vor uns und stand doch schon damals auf einer Höhe der Weltanschauung und that so tiefe Blicke in die Natur, als ob er alle Resultate und Hypothesen unserer philosophischen Speculation und modernen Naturwissenschaften mit poetischem Geist vorausgekannt hätte.«[539]

Auch das folgende Zitat stammt von Bodenstedt:

»Dem Umfang nach schrieb er [Khayyam] nur wenig, aber er wußte in dem Wenigen soviel zu sagen, daß sein poetischer Nachlaß als die Quintessenz der ganzen orientalischen Poesie betrachtet werden kann, soweit sie sich um die tiefsten und höchsten Fragen dreht, welche die denkende Menschheit immer bewegt haben und immer bewegen werden.«[540]

Ein Beispiel aus der Vielzahl der Übersetzungen Bodenstedts ist das folgende Rūbāʿi:

تا چند حدیث پنج و چار ای ساقی
مشکل چه یکی چه صد هزار ای ساقی
خاکیم همه چنگ بساز ای ساقی
بادیم همه باده بیار ای ساقی

Wie lange noch braucht man als Argumente, unsere fünf Sinne und vier Elemente!
Eins zu begreifen, ist ganz so schwer, als ob es ein Hunderttausend wär'.
Wir Alle sind nur Staub, das bedenke und stimme die Harfe, o Schenke!
Ein Hauch ist unser ganzes Sein, das bedenke, o Schenke, und bring mir Wein![541]

---

537 „*Les quatrains de Khèyam traduits du persan*", Imprimerie Impériale, Paris, 1867.

538 „*Die Lieder und Sprüche des Omar Chajjâm*", op. cit, S. IX.

539 Ebenda, S. IX.

540 Ebenda, S. X.

541 Ebenda, IX. Buch, 97.

Hermann Ethé

1888 legte der deutsche Orientalist und Iranist Hermann Ethé (1844–1917) die Übersetzungen von 8 Rūbā'is von Khayyam in seinem Buch „*Die mystische, didaktische und lyrische Poesie der Perser*"[542] vor. Lobend erwähnte er die hervorragenden wissenschaftlichen Leistungen des berühmten Persers und fügte hinzu:

»Inmitten all dieser aufreibenden wissenschaftlichen Tätigkeit fand 'Omar noch Muße genug, auch dem poetischen Genius, der in ihm wohnte, vollauf genüge zu thun und sich in kurzer Frist einen Dichterruhm zu erringen, vor dem selbst sein Gelehrtenruf in den Hintergrund treten mußte. Etwa 500 Rūbā'is sind es, in denen er den ganzen aufgehäuften Schatz seiner Welt- und Menschenkenntniß niedergelegt hat.«[543]

Wie später zu zeigen sein wird, ist die Schilderung Ethés, wonach Khayyam 500 Rūbā'ijāt verfasst und zu Lebezeiten einen solchen Ruhm als *Dichter* erlangt hätte, der sogar seinen Gelehrtenruf überschattete, mit Vorsicht zu genießen.
Ethé führte weiter aus:

»Man hat ihn [Khayyam] oft als den Voltaire des Morgenlandes bezeichnet, und soweit es sich um glänzende Sprache, bestechenden Witz, beißende Ironie und ein warmes Mitgefühl mit der ganzen leidenden Menschheit handelt, ist der Vergleich auch wirklich zutreffend, weiter aber nicht. Voltaire hat nichts geschrieben, was sich mit 'Omar's glühenden Rhapsodien zum Preis des Weins, der Liebe und des Vollgenusses irdischer Freuden, oder mit seinen tiefsinnigen Herzensergüssen messen kann, in denen sich Zartheit des Gefühls, mit sinniger Gedankenmuth und kerniger Lebensweisheit paart.«[544]

Ein Beispiel aus den Übersetzungen Ethés ist das folgende Rūbā'i:

می لعل مذابست و صراحی کانست
جسمست پیاله و شرابش جانست

---

[542] „*Die mystische, didaktische und lyrische Poesie und das spätere Schrifttum der Perser*" von Hermann Ethé, Verlag von T.F. Richter, Hamburg, 1888, S. 12–13.

[543] Ebenda, S. 11.

[544] Ebenda, S. 12.
Anmerkung: Der deutsch-amerikanische Journalist Hannes Stein (* 1965) schrieb am 02.07.2009 in *Welt Print*:

»Man hat ihn [Khayyam] den Voltaire des Orients genannt. Das ist ungerecht: Omar Khayyam war besser, tiefer, dunkler, weiser. Er war ein Wein-Weib-und-Gesang-Lyriker, der gleichzeitig wusste: Diese Welt ist ein Höllenpfuhl. Seine Weisheit war im Wesentlichen die Weisheit des Predigers Salomo.«

آن جام بلورین که ز مِی خندانست
اشکیست که خون دل درو پنهانست

Wein – der flüssige Rubin ist's, und der Humpen ist sein Schacht,
Körper ist des Bechers Höhlung, drin sein Gast als Seele wacht;
Und das Glas dort, das krystall'ne, das vom Trunke rosig lacht,
Eine Thräne ist's, drin Herzblut niederträuselt heimlich lacht![545]

Maximilian Schenck

1879 veröffentlichte ein gewisser Maximilian Rudolph Schenck[546] (1851–1930) eine Gedichtsammlung unter dem Titel *„Sprüche des Omar Chajjam*"[547], welche die Übersetzungen von 468 Rūbā'is von Khayyam mit wechselndem Metrum beinhaltete. Als Vorlage hatte er nach eigenen Angaben das bereits erwähnte, von dem Franzosen J.B. Nicolas 1867 in Paris herausgegebene Manuskript verwendet. Über seine eigenen Übersetzungen schrieb er:

»Meine Absicht war, eine deutsche Ausgabe zu schaffen, deren Strophen, in der Form des Urtextes gleichmäßig fließend, sich, ohne Störung der Stimmung durch wechselndes Metrum, lesen lassen, und so die herrliche Gedankenwelt des großen Persers, des tiefsinnigen Omar-bin Chajjam, weiteren Kreisen zu erschließen.«[548]

Über den Inhalt der Rūbā'ijāt vermerkte er:

»Mit scharfer Logik und umfassender Gelehrsamkeit tritt er [Khayyam] für seine Überzeugung ein, und alles kleinliche Richten und Rechten, muß verstummen inmitten der großen Gedankenwelt dieses gewaltigen Geistes, inmitten der Lebensweisheiten, gegenüber den wunderbaren Bildern von unvergleichlichem Ideenreichtume, die in rascher Folge wechseln und die Sinne unwiderstehlich gefangen nehmen.«[549]

Ein Beispiel aus dieser Sammlung ist das folgende Rūbā'i:

عمرت تا کی به خودپرستی گذرد
یا در پی نیستی و هستی گذرد
می نوش که عمری که اجل در پی اوست
آن به که به خواب یا به مستی گذرد

---

545 *„Die mystische, didaktische und lyrische Poesie* ...", op. cit., S. 13.

546 Maximilian Rudolph Schenck wird in *„Kürschners Deutscher Literatur-Kalender – Nekrolog: 1901–1935*" herausgegeben von Gerhard Küdtke, Berlin und Leipzig, 1936, nur namentlich genannt.

547 *„Sprüche des Omar Chajjam.*", op. cit.

548 Ebenda, S. 6.

549 Ebenda, S. 4.

Wie lange noch bleibst du im Ich versunken,
Das Nicht erspürend und des Lebens Funken?
Trink Wein! Ein Leben, das, gefolgt vom Tod,
Lebest am besten schlafend oder trunken.[550]

Friedrich Rosen

1909 gab der deutsche Diplomat, Politiker und Orientalist Friedrich Felix Balduin Rosen (1856–1935) die Übersetzungen von 152 Rūbāʿis von Khayyam unter dem Titel „*Die Sinnsprüche Omars des Zeltmachers*“[551] heraus. Als Vorlage hatte er ein Manuskript [↓] verwendet, das 1460 in Schiras von einem berühmten Kalligraphen Namens Pīrbūdāqī herausgegeben war und zum ersten Mal 158 Vierzeiler von Khayyam enthielt. Über dieses Manuskript notierte Rosen in einem späteren Artikel:

»Die älteste bisher bekannte Handschrift der Vierzeiler befindet sich in der Bodleian Library in Oxford (Ouseley Collection Nr. 140). Sie trägt das Datum a. h. 865 = a.D. 1461. Diese Sammlung ist somit 348 Jahre nach Omar's Tode [1123 a.D.] entstanden. Sie ist in Schīrāz in voll ausgebildeter Nasta'līq-Schrift von Scheikh Mahmūd-i Yārbūdāqī [?] geschrieben. Sie wird als die editio priceps der Vierzeiler Omar's angesehen.«[552]

Rosen hatte die von ihm ausgewählten Rūbāʿis thematisch unter den Überschriften *Vergänglichkeit*, *Welträtsel*, *Lehre*, *Wein und Liebe* und *Schlussworte* sortiert. In der Einleitung zu seiner Übersetzung, die in den darauffolgenden Jahren mehrere Auflagen erlebte, rechtfertigte er seine Übertragungen der Rūbāʿijāt wie folgt:

»So fehlt es denn bisher an einer getreuen Wiedergabe der Rubaijat. Dieser Umstand ist es, der mich ermutigt hat, meine bescheidene Gabe der Leserwelt vorzusetzen, auch nachdem ich die schon bestehenden Übersetzungen kennen gelernt habe. Es war die Vertiefung in das Geistesleben und besonders die Philosophie eines Volkes, die mich zu meinen Verdeutschungen veranlaßte.«[553]

---

550 Ebenda, Nr. 165.

551 „*Die Sinnsprüche Omars des Zeltmachers. Rubaijat-i-Omar-i-Khajjam*“, aus dem Persischen übertragen von Friedrich Rosen, Deutsche Verlagsanstalt, Stuttgart und Leipzig, 1909.

552 „*Zur Textfrage der Vierzeiler Omar's des Zeltmachers*“ von Friedrich Rosen. Zeitschrift der Deutschen Morgenländischen Gesellschaft, Vol. 80 (n. F. 5), No. 4 (1926), S. 285.

553 Ebenda, S. 11.

Hier ein Beispiel aus den Übersetzungen Rosens:

تا کی ز چراغِ مسجد و دودِ کِنِشْت
تا کی ز زیانِ دوزخ و سودِ بهشت
رو بر سر لوح بین که استادِ قضا
اندر ازل آنچه بودنی بود نوشت

Wozu in den Kirchen und Moscheen die Plage?
Wozu nach Höll und Paradies[554] die Frage?
Wo auf der Tafel doch des Meisters Hand
Das, was geschehn soll, schrieb am ersten Tage![555]

Hector G. Preconi

1911 veröffentlichte der Schweizer Journalist Walther Weibel (1882–1972) unter dem Pseudonym Hector G. Preconi die Übersetzungen von 153 Rūbāʿis von Khayyam in einer Gedichtsammlung unter dem Titel „*Die Sprüche der Weisheit*“[556]. Phantasiereich notierte er:

»Wir wissen kaum, wie weit die Rubaiyat Omar Khayyams zu seinen Lebzeiten bekannt waren. [...] Es ist uns überliefert, dass Omar beim Trinkgelage Verse aus dem Stegreif in die blaue Luft dichtete. Wie viele aber von seinen Sprüchen so entstanden sind, werden wir nie mehr erfahre.«[557]

Das folgende Rūbāʿi ist ein Beispiel aus den Übersetzungen Preconis:

ای کاش که جای آرمیدن بودی
یا این ره دور را رسیدن بودی
کاش از پی صد هزار سال از دل خاک
چون سبزه امید بر دمیدن بودی

O, liess und Gott die rechte Strasse gehen
und uns zuletzt den Ort der Ruhe sehn!
O, könnten wir in hunderttausend Jahren
wie grünes Gras vom Boden auferstehn![558]

---

554 Das Wort *Paradies* geht auf das altpersische *pairi-daeza* (umwalltes Gehege, umfriedeter Garten) zurück.

555 „*Die Sinnsprüche Omars des Zeltmachers*“, op. cit., Nr. 102.

556 „*Omar Khayyam: die Sprüche der Weisheit*“. Deutsch von Hector G. Preconi. Rascher Verlag Zürich, 1911.

557 Ebenda, S. 10–11.

558 Ebenda, Nr. LXV.

Walter Fränzel

1913 übersetzte der deutsche Philologe und Autor von Theaterstücken Walter Fränzel (1889–1968) 152 Rūbāʿis von Khayyam aus dem Englischen und veröffentlichte sie unter dem Titel „*Omar Chaijam Rubaijat*“[559]. Aus dem ausführlichen Vorwort sei hier nur die folgende Passage zitiert:

»So stand Omar, von den Gern-Gläubigen unverstanden und von den Verständigen verraten und verlassen, er der Perser, der grübelnde Denker, in seinem Lande allein. Aus altem begabten Stamme, erscheint er zu seinem Unglück verschlagen in eine Welt, die verglichen mit ihm, gedankenlos und unfühlend dahinvegetiert. Und wie er da ohne andere Anleitung als seine ursprünglich mitgebrachte Anlage und ohne Hilfe und Entgegenkommen den ganzen langen Weg der Auseinandersetzung mit Gott und Menschen allein durchlaufen muß, durchläuft, schnell und in notwendiger, allgemein-gültiger Weise durchläuft, gleicht er jenem Schiffbrüchigen, der ausgerüstet mit den Traditionen seiner englischen Heimat, auf öder Insel den langen Gang der Menschheit zu zivilisierten Zuständen, typisch-abgekürzt, wiederholte.«[560]

Das folgende Rūbāʿi ist ein Beispiel aus Fränzels Übersetzungen:

ما لعبتکانیم و فلک لعبت باز
از روی حقیقتی نه از روی مجاز
یک چند در این بساط بازی کردیم
رفتیم به صندوق عدم یک یک باز

Welt ist ein Schachbrett tag-und-nacht geschrägt
Wo Schicksal Menschen hin und her bewegt
Sie durcheinander schiebt Schach bietet schlägt
Und nacheinander in die Schachtel legt.[561]

Walter von der Porten

1927 gab ein gewisser Walter von der Porten die Übersetzungen von 158 Rūbāʿis von Khayyam unter dem Titel „*Die Vierzeiler des Omar Chajjâm*“[562] heraus. In seinem Vorwort notierte er:

---

559 „*Omar Chaijam Rubaijat*“, aus dem Englischen Edward FitzGeralds übertragen von Walter Fränzel, Verlag E. Diederichs, Jena 1913.

560 Ebenda, Vorwort.

561 Ebenda, S. 50.

562 „*Die Vierzeiler des Omar Chajjâm*“, übersetzt nach der Bodley'schen Handschrift von Walter von der Porten, L. Friedrichsen & Co., Hamburg, 1927.

»Im Nachstehenden habe ich versucht, eine – fast – wortgetreue Übersetzung der Bodleyschen Handschrift [↓] zu geben; diese ist im Jahre 1461 n.Chr., also etwa 340 Jahre nach dem Tode Omar Chajjams, der auf ca. 1123 angesetzt wird, niedergeschrieben worden. Omars Vierzeiler sind bereits verschiedentlich ins Deutsche übertragen worden, bis jetzt aber immer nur in einer Auswahl aus verschiedenen Handschriften; hier dagegen wird zum erstenmal eine ganze Handschrift in der ursprünglichen Reihenfolge wiedergegeben.«[563]

Das folgende Rūbāʿi ist ein Beispiel aus dieser Sammlung:

چون حاصل آدمی در این شورستان
جز خوردن غصّه نیست یا کندن جان
خرّم دل آنکه زین جهان زود برفت
و آسوده کسی که خود نیامد به جهان

Der Menschheit Ernte aus dem salz'gen Sumpf
Ist Leiden, oder daß der Geist wird stumpf.
Ach! glücklich, wer der Erde schnell entflieht,
Doch überhaupt nicht kommen, wär' Triumph![564]

Christian Rempis

1935 brachte der deutsche Iranist und Islamwissenschaftler Christian Herrnhold Rempis (1901–1972) die Übersetzungen von 255 Rūbāʿis von Khayyam unter dem Titel „*Omar Chajjám und seine Vierzeiler*"[565] heraus, die er aus 50 der ältesten Handschriften und Auslesen ausgewählt hatte. In seinen ausführlichen Vorbemerkungen notierte er:

»Die uns bekannten Handschriften sind leider in Umfang und Auswahl so verschieden, daß dies zusammen mit der Tatsache, daß jede nur eine Auslese ist und eine gewisse Anzahl zweifelhafter und unechter Vierzeiler enthält, eigentlich von selbst verbietet, der Leserschaft e i n e Handschrift – und sei es die bis jetzt älteste – vollständig in ihrer Anordnung zu bieten. Es bleibt daher nur übrig, eine A u s w a h l unter den am besten überlieferten Sprüchen nach bestem Wissen und Gewissen zu treffen und sie dann in eine lesbare Anordnung zu bringen.«[566]

---

563 „*Die Vierzeiler des Omar Chajjâm*", op. cit., Vorwort.

564 Ebenda, Nr. 124.

565 „*Omar Chajjám und seine Vierzeiler; nach den ältesten Handschriften aus dem Persischen*", verdeutscht von Christian Herrnhold Rempis; mit 8 Bildern von Wilhelm Vogel. Verlag der Deutschen Chajjám-Gesellschaft Tübingen, 1935.

566 Ebenda, S. V.

Die Veröffentlichung der Übersetzungen Rempis' war die erste und wichtigste Errungenschaft der *Deutschen Chajjám-Gesellschaft*, die 1934 unter seiner Leitung in Tübingen (Baden-Württemberg) gegründet worden war. Der in diesen Jahren wachsender Nationalsozialismus betrachtete jedoch die Poesie Khayyams als Bedrohung für sein autoritäres Gedankengut, und so musste sich die Gesellschaft unter dem Druck der sich verschärfenden politischen Situation 1937 auflösen. Ein wichtiger Faktor dabei war auch der Umstand, dass viele jüdische Liebhaber von Khayyam sowie zahlreiche andere Intellektuelle aufgrund der Judenverfolgungen nicht mehr in der Lage waren, sich an der finanziellen Unterstützung der Gesellschaft zu beteiligen. Dass sich damals viele jüdische Intellektuelle für Khayyam interessierten, war allgemein bekannt. Bereits 1898 hatte sich der österreichische Zionist und Literaturhistoriker Leon Kellner (1859–1928), bekannt auch unter seinem Pseudonym *Leo Rafaels*, in seinem Artikel „*Ein Unsterblicher Müßiggänger*", den er in der deutschen Wochenzeitschrift *Die Nation* veröffentlicht hatte[567], darüber beklagt, dass man in Deutschland – im Gegensatz zu den USA – Khayyam wenig Aufmerksamkeit geschenkt hatte.

In einem Umfang von mehr als 60 Seiten schilderte Rempis akribisch, was bis dahin über Omar Khayyam gesagt und geschrieben worden war und zog daraus wichtige Schlüsse, auf die hier jedoch nicht eingegangen werden kann. Sodann ordnete er die von ihm sorgfältig ausgewählten Rūbāʿis in verschiedenen Sachgebieten an, die mit *Vergänglichkeit*, *Schicksal und Widerstreit*, *Mitmenschen*, *Töpferbuch*, *Genuß*, *Wein*, *Bitten und Lehren* überschrieben waren. Hier ein Beispiel aus seiner Sammlung:

خاکی که به زیر پای هر نادانی است
کفّ صنمیّ و چهرهٔ جانانی است
هر خشت که بر کنگرهٔ ایوانی ست
انگشت وزیر یا سر سلطانی است

Der Staub, den nun der Rasen überspannt,
war als ein holdes Liebchen einst bekannt:
den Ziegel auf des Schlosses Zinnen dort
hat man aus eines Sultāns Haupt gebrannt![568]

---

567 *Die Nation*, XVI (8. Oktober 1898), S. 24.
568 Ebenda, Nr. 6.

Cyrus Atabay

1984 veröffentlichte der deutsch-iranische Schriftsteller Atabay (1929–1996) die deutschen Übersetzungen von 121 Rūbāʿis von Khayyam unter dem Titel „*Wie Wasser strömen wir. Die Rubaijat des Omar Chajjam*“[569]. Dabei verzichtete er auf den Reim, um – wie er sagte – den Gehalt der Rūbāʿis nüchtern und ohne Beiwerk zu übermitteln. Als Vorlage hatte er die von dem iranischen Schriftsteller Sadeq Hedayat (1903–1951) editierte Ausgabe „*Tarane-haye Khayyam*“[570] benutzt, die 1934 erschienen war und 143 Rūbāʿis umfasste.

Über die lakonische Art der Ausdrucksweise Khayyams bemerkte Atabay:

»Das Spektrum seiner Vierzeiler umfaßt alle grundlegenden Gemeinsamkeiten der menschlichen Erfahrung, verdichtet in einem Lakonismus ohnegleichen.«[571]

Ein Beispiel aus Atabays Übersetzungen ist das folgende Rūbāʿi:

افسوس که سرمایه ز کف بیرون شد
وز دست اجل بسی جگرها خون شد
کس نآمد از آن جهان که پرسم از وی
کاحوال مسافران دنیا چون شد

Weh, daß wir unseren Vorrat verbrauchten,
so viele liegen zerschellt vor des Todes Füßen;
niemand kam von jener Welt zurück, daß ich frage,
wie es den Reisenden in jener Welt ergeht.[572]

Purandocht Pirayech

1997 brachte die deutsch-iranische Übersetzerin Purandocht Pirayech die deutschen Übersetzungen von 168 Rūbāʿis von Khayyam in einer mit persischen Miniaturen verzierten Ausgabe unter dem Titel „*Hakim Omar Khayyam Robaïyat*“[573] heraus. Die Ausgabe enthielt auch die deutsche Übersetzung eines längeren Aufsatzes des iranischen Litera-

569 „*Wie Wasser strömen wir. Die Rubaijat des Omar Chajjam*“. Ins Deutsche übertragen von Cyrus Atabay. Mit Graphiken von Josua Reichert. Im Verlag Eremiten-Presse, Düsseldorf, 1984.

570 صادق هدایت: **“ترانه های خیام”، تهران ۱۳۱۳.**

571 Ebenda, Nachwort.

572 Ebenda, Nr. 35.

573 „*Hakim Omar Khayyam Robaïyat (Vierzeiler)*“, übertragen aus dem Persischen von Purandocht Pirayech, Yassavoli Publications, Teheran, 1997.

turhistorikers Abdolhossein Zarrinkoob (1923–1999), in dem er ausführlich über das Leben und Wirken Khayyams berichtet hatte. Über ihre eigenen Übertragungen schrieb Frau Pirayech:

»Das hier soll keine Nachdichtung der Robaiyat von Omar Khayyam sein, sondern die Wiedergabe seiner Gedanken in seinen übertragenen Worten und seiner Musik.«[574]

Das folgende Rūbāʿi ist ein Beispiel aus dieser Sammlung:

آنکس که زمین و چرخ و افلاک نهاد
بس داغ که او بر دل غمناک نهاد
بسیار لب چو لعل و زلفین چو مشک
در طبل زمین و حقه خاک نهاد

Er, der Himmel, Erde und Sterne schuf,
Viel Trübsal aufs Herz voller Leiden lud.
Rubinrote Lippen, Locken, Moschus gleich,
In der Erde Trommel, dem Sandhügel grub.[575]

Würdigung

Die Lektüre der oben erwähnten Übersetzungen und die aufgeführten Übersetzungsbeispiele machen deutlich, dass es offensichtlich unmöglich ist, den Gedankeninhalt und die wahre Bedeutung der einzelnen Rūbāʿis von Khayyam unter gleichzeitiger Beibehaltung des persischen Metrums und Reimworts in der deutschen Übertragung vernehmbar *und* erfahrbar zu machen. Daraus folgt, dass jede noch so gut gemeinte und gelungene deutsche Übersetzung bestenfalls nur den Hauptgedanken eines Rūbāʿis von Khayyam wiedergeben kann.[576] Dies ist der Grund, warum von nun an für jedes Rūbāʿi – soweit wie möglich – bis zu vier deutsche Übersetzungen aus den folgenden Quellen zitiert werden. Möge es dadurch gelingen, der des Persischen nicht kundigen Leserschaft die ursprünglichen Absichten Khayyams möglichst genau nahe bringen zu können.

---

[574] Ebenda, Vorwort.

[575] Ebenda, Nr. LXV.

[576] Der iranische Literaturwissenschaftler Ali Radjaie (1964–) hat in seinem Aufsatz „*Literarische Übersetzung und Komparatistik*“ einige ausgewählte Übersetzungen der Rūbāʿis von F. Rosen, W. v.d Porten, C.H. Rempis, C. Atabay und P. Pirayech mit den persischen Urtexten kritisch untersucht. Siehe: Ali Radjaie: „*Literarische Übersetzung und Komparatistik: Analyse der deutschen Omar Khayyam-Übersetzungen*“, in: Tagungsheft „*Übersetzen im interkulturellen Kontext*“, Teheran, 2017.

1818 J. von Hammer: „*Omar Chiam*“[577], (25 Vierzeilen)
1873 A.E. Wollheim: „*Siebzehn Vierzeiler*“, (17 Vierzeilen)
1878 A. v. Schack: „*Strophen des Omar Chijam*“, (336 Vierzeiler)
1881 F. Bodenstedt: „*Die Lieder und Sprüche des Omar Chajjâm*“, (467 Vierzeiler)
1888 H. Ethé: „*Die mystische, didaktische und lyrische Poesie der Perser*“, (8 Vierzeiler)
1897 M.R. Schenck: „*Sprüche des Omar Chajjam*“, (468 Vierzeiler)
1909 F. Rosen: „*Die Sinnsprüche Omars des Zeltmachers*“, (152 Vierzeiler)
1911 H.G. Preconi: „*Omar Khayyam: die Sprüche der Weisheit*“, (153 Vierzeiler)
1913 W. Fränzel „*Omar Chaijam Rubaijat*“, (153 Vierzeiler)
1927 W. v.d. Porten: „*Die Vierzeiler des 'Omar Chajjâm*“, (158 Vierzeiler)
1935 C.H. Rempis: „*Omar Chajjám und seine Vierzeiler*“, (255 Vierzeiler)
1984 C. Atabay: „*Wie Wasser strömen wir*“, (121 Vierzeiler)
1997 P. Pirayech: „*Hakim Omar Khayyam Robaïyat*“, (168 Vierzeiler)

Aus der obigen Aufstellung geht übrigens hervor, dass die Anzahl der übersetzten Rūbāʿis je nach Übersetzer(in) stark variiert. Während beispielsweise H. Ethé nur 8 Rūbāʿi ins Deutsche übertragen hat, belaufen sich die von M.R. Schenck übersetzten Rūbāʿis auf 486.

Die Maxime für zukünftige Übersetzungen der Rūbāʿijāt könnte wie folgt lauten:

Jeder Übersetzer bzw. jede Übersetzerin muss sich zwischen zwei konträren Möglichkeiten entscheiden. Entweder versucht er/sie, durch die sorgfältige Auswahl geeigneter deutscher Entsprechungen für die von Khayyam benutzten Begriffe die Absichten des Dichters möglichst genau in der deutschen Übersetzung wiederzugeben und dabei verzichtet notwendigerweise auf das Metrum und das Reimwort, wodurch freilich die klangliche und rhythmische Mannigfaltigkeit des Urtexts verlorengeht, oder er/sie strebt an, durch die Berücksichtigung des Metrums und des Reimworts zwar die charakteristischen Merkmale der Rūbāʿijāt Khayyams in der deutschen Übersetzung abzubilden, nimmt aber dabei in Kauf, dass dadurch der Kerngedanke des persischen Originals in der deutschen Übertragung nicht voll zum Tragen kommt.

[577] Joseph v. Hammer gab Khayyams Namen als *Chiam* wieder, was zwar genau dem Schriftbild im Persischen entspricht, jedoch falsch ist. Er war nie in Persien und hatte auch nie einen Perser sprechen hören. Er konnte daher nicht wissen, dass der Name im Persischen zwar *Chiam* geschrieben, aber *Chaiiam* (mit Betonung) ausgesprochen wird.

Möge eines Tages einem/einer Dichter/Dichterin gelingen, nicht nur den Urtext der Rūbāʿijāt Khayyams ins Deutsche zu übersetzen, sondern auch seinen Geist und Genius in der Sprache des neuen Zeitalters zu Wort kommen zu lassen und die reizvolle Melodie seiner Verse vernehmbar zu machen.

Dichten im stillen Kämmerchen

Dass Khayyam neben seinen vielfältigen wissenschaftlichen Studien und Forschungen auch gelegentlich Kurzgedichte in Form von Vierzeilern (Rūbāʿis) verfasste, blieb, solange er noch lebte, seinen Landsleuten verborgen. Dies geht u.a. aus der Tatsache hervor, dass kein einziger Literaturhistoriker aus der Zeit ihn als Dichter genannt oder einen seiner Verse zitiert hat. Über andere, zweit- bis drittklassige Dichter wie Abu Hamed Kermani[578], Athir Akhsikti[579], Adib Saber[580], Iranschan Abelkheir[581] und Ȧbd al-Wāsʿe Jabalī[582], die als Panegyriker am Hofe der Seldschukenkönige verkehrten, ist jedoch vielfach berichtet worden.

Weder der Literaturhistoriker Nizāmī Ȧruzī noch der Astronom und Geschichtsschreiber Abul-Hassan Bayhaqī, die, wie im ersten Kapitel dargelegt, Khayyam persönlich begegneten und später über sein Leben und Wirken berichteten, haben in ihren Schilderungen seine poetischen Ambitionen erwähnt. Dies ist insbesondere im Falle von Nizāmī Ȧruzī überraschend, da er die zweite Abhandlung seiner berühmten Schrift „*Vier Abhandlungen*“[583] ausschließlich der Poesie und den persischen Dichtern gewidmet, jedoch mit keinem einzigen Wort Khayyam als Dichter erwähnt hat. Auch Khayyams berühmte Zeitgenossen wie der Mystiker Sanāī und der Astronom al-Khāzinī, die ihn persönlich kannten, sowie der eminente Koran-Kommentator Abul-Qāsim Maḥmūd ibn ʿUmar al-Zamakhshārī[584] (1075–1144), der ihm persönlich begegnet war, haben ein Wort über Khayyam als Dichter verloren.

---

578 ابوحامد كرمانى

579 اثير اخسيكتى

580 اديب صابر

581 ايرانشان بن ابى‌الخير

582 عبدالواسع جَبَلى

583 „*Revised Translation of Chahár Maqála of Niẓámi-i-'Aruḍi of Samarqand by Edward G. Browne*“, Cambridge University Press, London, 1921.

584 أبوالقاسم محمود بن عمر زَمَخشرى

Das schlagkräftigste Argument aber, dass Khayyam seine Rūbāʿijāt im stillen Kämmerchen und ausschließlich für sich selbst niederschrieb, ist der Fall der beiden Dichter Amīr Muʿezzī[585] und Anwarī[586] [↓], die als Hofdichter und Kollegen von Khayyam eine sagenhafte Karriere machten.

Amīr Muʿezzī

Der junge und unbekannte Dichter Muʿezzī (1048–1125), der wie Khayyam aus Nischabur stammte, war zufällig anlässlich einer Mondsichtung unter den Gefolgsmännern Malik Schahs. Spontan und aus dem Stegreif beschrieb er das außergewöhnliche Naturereignis in einem Rūbāʿi folgenden Inhalts:

ای ماه چو ابروان یاری گوئی
نی نی چو کمان شهریاری گوئی
نعلی زده از زر عیاری گوئی
در گوش سپهر وشواری گوئی

O du Mond, der du den Augenbrauen der Geliebten ähnelst,
Oh nein, es ist als ob du der Bogen des Sultans wärest.
Du bist wie ein Hufeisen aus purem Gold
Und hängst wie ein Ohrring am Ohr des Firmaments.

So lenkte er die Aufmerksamkeit des Sultans auf sich und dieser war so entzückt von dem improvisierten Gedicht, dass er den jungen Dichter zu sich nahm, ihn zu seinem privaten Bediensteten ernannte und mit dem Ehrentitel *Amīr al-Scho'arā*[587] (lorbeergekrönter Dichter; Dichterfürst) beehrte. Dank seiner großzügigen Gaben und Geschenke wurde Amīr Muʿezzī bald zu einem der reichsten Höflinge. Eine Miniatur (Abb. 199) aus jener Zeit dokumentiert die Begegnung zwischen Malik Schah und dem jungen Dichter. Sie zeigt den König und seine Entourage, wie sie dem jungen Dichter aufmerksam zu hören. Der Text darunter beschreibt die Reaktion des Königs und beinhaltet u.a. auch das zitierte Rūbāʿi.

---

585 ابو عبدالله عبدالملک مُعِزّی نیشابوری

586 اوحدالدین علی ابن محمد انوری

587 امیر الشعرا

Abb. 199: Begegnung zwischen Malik Schah
und dem jungen Dichter Amīr Muʿezzī

Bedenkt man, dass es für die damaligen höfischen Gepflogenheiten völlig unüblich, ja undenkbar war, einen jungen und unbekannten Dichter neben dem mächtigen Sultan bildlich darzustellen, dokumentiert diese Miniatur, welche Bedeutung Malik Schah der Poesie beimaß. Am Hofe Malik Schah glänzte Amīr Muʿezzī u.a. auch mit 175 Rūbāʿis (Vierzeilern), von denen heute kaum eines zitiert wird.

Anwarī

Anwarī (1126–1189), äußerst bewandert in den *Klassischen Disziplinen* (Literatur, Philosophie, Mathematik und Astrologie) und zugleich einer der größten Verfasser von Lobgedichten der persischen Sprache machte ebenfalls eine beachtliche Karriere als Hofdichter am Hofe des letzten großen Seldschukenkönigs Sultan Sandschar in Merw. Welche große Bedeutung ihm als Dichter beigemessen wird, geht aus den folgenden beiden Zitaten hervor. In seinen „*Noten und Abhandlungen zu besserem Verständnis des West-östlichen Divans*" zählt Goethe ihn zu den sieben Gestirnen der persischen Dichtkunst[588], und in "*The Cambridge History of Iran* wird er als *einer der größten Persönlichkeiten der persischen Literatur*[589] bezeichnet.

Auch Anwarī schrieb 444 Rūbā'is, die heute selten zitiert werden.

Drei große Männer am Hofe Sandschars

Als ob das Schicksal es so vorgesehen hätte, dass nicht nur Anwarī, sondern auch Amīr Mu'ezzī und Khayyam am Hofe Sultan Sandschars tätig waren, die beiden erstgenannten als Hofdichter, und der dritte diesmal Mal als Hofastrologe!

Obwohl Sultan Sandschar im Gegensatz zu seinem Vater Malik Schah kein großer Liebhaber der Dichtkunst war, beschenkte er seine beiden Hofdichter mit allerlei Gaben und Geschenken, offensichtlich für ihre übertriebenen Lobhudeleien. Aber weder er noch sein Vater Malik Schah schafften es jemals, Khayyam, jenem Schöpfer – wie sich Jahrhunderte später herausstellte – der schönsten und edelsten Rūbā'is der persischen Sprache, einen einzigen Vers als Lobpreisung oder sonstige Schmeicheleien ablocken können. Vater und Sohn hatten nicht die leiseste Ahnung von dem poetischen Genius ihres Hofastronomen, der ihnen auch noch als Berater zur Seite stand. Hätte Khayyam ihnen sein dichterisches Können offenbart, oder wäre den beiden eitlen Herrschern jemals zugetragen worden, dass er gelegentlich auch erlesene Gedichte zu schreiben pflegte, dann hätte sie ohne Zweifel darauf bestanden, dass sich ihr Hofastronom auch als Hofdichter betätigte, und früher oder später hätte sie auch Lobgedichte von ihm erwartet. Aber wie Friedrich Bodenstedt es einst treffend bemerkte:

»Mit der Schar von Poeten, welche den Herrscher [Malik Schah] umgaben, um dessen Thaten zu verherrlichen, und ihm, nach landesüblicher Sitte, bei jeder Gelegenheit Weihrauch in Versen zu streuen, hatte Omar nichts zu thun.«[590]

Es ist keine allzu große Herausforderung der Phantasie, sich auszumalen, welch ein Ansehen Khayyam am Hofe der beiden Seldschukenherrscher genossen hätte, wenn er es gewollt oder gewünscht hätte.

Aus heutiger Sicht zählen die beiden Poeten Amīr Mu'ezzī und Anwarī zwar nach wie vor zu den großen ihres Metiers, in künstleri-

588 „*West-oestlicher Divan von Goethe*", op. cit., S. 305–307.

589 *... one of the greatest figures in Persian literature.*

590 „*Die Lieder und Sprüche des Omar Chajjâm ...*", op. cit., S. X.

scher Hinsicht jedoch werden sie keineswegs mit Khayyam gemessen. Ihre zahlreichen Rūbāʿis sind auch in Vergessenheit geraten.

Qays Rāzī

An dieser Stelle sei eine merkwürdige Begebenheit erwähnt, die ein weiterer Beleg dafür ist, dass Khayyam zu Lebzeiten nicht als Dichter bekannt war.

Etwa hundert Jahre nach Khayyams Tod, das heißt zwischen 1217 und 1233, verfasste Schams al-Dīn Muhammad ibn Qays Rāzī[591] sein Monumentalwerk unter dem Titel „*Eine Abhandlung über die Prosodie und Dichtkunst der Perser*“[592]. Er, der auch heute als bei weitem der beste Kenner der persischen und arabischen Dichtkunst und der wichtigste Literaturkritiker gilt, konzipierte sein Werk zunächst in Arabisch und danach in Persisch. Darin nannte er nicht nur die beiden Staatsmänner Malik Schah und Nizām al-Mulk, sondern sowohl den Sufidichter Sanāī als auch die beiden Hofdichter Amīr Muʿezzī und Anwarī mehrmals und zitierte viele ihrer Gedichte. Bedenkt man, dass die zuletzt genannten drei Dichter nicht nur zur gleichen Zeit lebten wie Omar Khayyam, sondern auch mit ihm Umgang pflegten, dann fragt man sich, wie kann es denn sein, dass der eminente Autor den Dichter Khayyam mit keinem Wort erwähnte. Die Antwort ist denkbar einfach: Khayyam war ihm als Dichter nicht bekannt! Dass er ihn aber als Universalgelehrten wohl gut kannte, geht aus der Tatsache hervor, dass er den folgenden Vers des persischen Gelehrten und Dichters Khāqānī zum Lobe der Weisheit Khayyams in seinem Werk zitiert hat[593]:

زآن عقل بدو گفته که ای عمّر عثمان
هم عمّر خیامی و هم عمّر خطّاب

Der bereits genannte deutsche Iranist und Islamwissenschaftler Christian H. Rempis bemerkte hierzu:

»So findet auch Chāqānī in einem Loblied auf seinen Ohm und geistigen Führer ʿOmar-i ʿOtmān von Schirwān keinen höheren Ausdruck des Lobes, als daß er ihn mit Chajjām vergleicht und spricht:

---

591 شمس‌الدین محمد بن قیس رازی

592 "المعجم فی معاییر اشعار العجم" به تصحیح محمد قزوینی، مؤسسه خاور، تهران، ۱۳۱۴.

593 Ebenda, S. 226.

Darum sprach ich zu ihm: „O 'Omar-i 'Oṯmān!
du bist 'Omar Chajjām und 'Omar al Chaṭṭāb!

Mit anderen Worten: „Du bist nicht nur ein unerreichbares Vorbild in den Wissenschaften (wie Chayyam), sondern auch im Glauben und im Eifer für die Sache des Islam wie der zweite Chalif.«[594]

Ergänzend sei auch darauf hingewiesen, dass Qays Rāzī selbst dann nicht Khayyam erwähnt, wenn er die Merkmale der Gedichtform Rūbāʿi ausführlich diskutiert und Beispiele zitiert.

Wozu die Geheimniskrämerei?

Dass Khayyam zu Lebzeiten als Dichter seinen Zeitgenossen verborgen blieb, gilt als sicher. Vermutlich verfasste er seine Verse zum Zeitvertreib oder wenn ihn die innere Stimme dazu drängte. Friedrich Bodenstedt stellte sich dies wie folgt vor:

»Seine [Khayyams] Muse [?] war ihm eine treue Begleiterin durch's Leben, der er in guten wie in trüben Stunden alle Geheimnisse seines Geistes und Herzens anvertraute.«[595]

Fest steht, dass Khayyam Rūbāʿis nicht zusammentrug und sich auch nicht darum kümmerte, was aus ihnen später werden sollte. Angesichts der Tatsache, dass seine Rūbāʿijāt nach seinem Tode nach und nach auftauchten, muss man wohl annehmen, dass er sie einigen seiner engsten Vertrauten und Gleichgesinnten offenbart haben muss. Diese wiederum müssen die ihnen im trauten Freundeskreise vorgetragenen Verse zu eigener Erbauung notiert haben. Es waren vermutlich diese Notizen, die später in ihren Hinterlassenschaften entdeckt und von den Geschichtsschreibern erwähnt wurden. Nur so können Khayyams Rūbāʿijāt trotz strenger Geheimhaltung die Nachwelt erreicht haben.

Die Frage, die sich nun aufdrängt, richtet sich nach der wahren Ursache des Versteckspiels seitens des großen Gelehrten. Die Antwort auf diese Frage lautet: Khayyams Geheimniskrämerei war keineswegs ein Akt der Aufsässigkeit, sondern angesichts der brisanten Inhalte seiner Rūbāʿijāt durchaus gerechtfertigt, wie die folgenden Beispiele zeigen:

---

594 „*Omar Chajjám und seine Vierzeiler; nach den ältesten Handschriften aus dem Persischen*“, op. cit. S. 50.

595 „*Die Lieder und Sprüche des Omar Chajjâm ...*“, op. cit., S. X.

Anspielend auf die Heuchelei und Lügenhaftigkeit der Frömmler sprach er in einem Rūbāʿi zu Gott und sagte, er würde lieber ihm in der Schenke alles sagen, was er denke, als ohne ihn vor die Kanzel zu treten und gedankenlos zu beten:

با تو به خرابات اگر گویم راز
به زانکه به محراب کنم بی تو نماز
ای اول و ای آخر خلقان همه تو
خواهی تو مرا بسوز و خواهی بنواز

Im Gasthaus mit Dir dem Geheimnis nachzugehn,
Ist mehr, als ohne Dich vor dem Mihrâb[596] zu stehn.
Wirst Du, Du erster und Du letzter aller Schöpfung,
Für mich einst Feuer oder Gnade ausersehn?! (W. v. d. Porten, 1927, 2)

Die engen Fesseln des religiösen Dogmas sprengend, erklärte er die angeordneten täglichen Gebete und bindenden Rituale für überflüssig und sinnlos und empfahl stattdessen:

رو بر سر افلاک و جهان خاک انداز
مِی می خور و گِرد خوبرویان می تاز
چه جای عبادتست و چه جای نماز
کز جملهٔ رفتگان یکی نامد باز

Gen Himmel schleudert Staub, Verachtung ihm zu zeigen,
Trinkt Wein und jubelt laut in schöner Frauen Reigen,
Laßt jetzt das Beten, und das Allah! Allah! Rufen
Wir gehen all', doch wer kam je vom großen Schweigen?
(W. v. d. Porten, 1927, 97)

Er fand es viel klüger, dass man sich lieber in dieser Welt ein Paradies errichten sollte als vergeblich auf das versprochene Himmelreich zu hoffen:

ای دل تو به ادراک معما نرسی
در نکته زیرکان دانا نرسی
اینجا به مِی و جام بهشتی می ساز
کانجا که بهشت است رسی یا نرسی

Nie brichst, o Herz, du all der Rätsel Schweigen.
Der Weisheit Gipfel wirst du nie ersteigen.
Ergib dich drein! Hier schaff' dir's Paradies;
Denn wo ist's andere? Wirst du's je erreichen? (M.R. Schenck, 1897, 383)

In mehreren Rūbāʿis zelebrierte er überschwänglich den Genuss des Weines als ein wirksames Mittel, um die Vergänglichkeit des irdischen Lebens und die menschlichen Unzulänglichkeiten ertragen zu können:

---

[596] Als Mihrâb bezeichnet man die Gebetsnische in einer Moschee, die gen Mekka gerichtet ist. Darin verrichtet der Vorbeter das Gebet.

مِی خور که ز تو کثرت علّت ببرد
واندیشهٔ هفتاد و دو ملّت ببرد
پرهیز مکن ز کیمیائی که ازو
یک جرعه خوری هزار علّت ببرد

Trink Wein, um Deines Herzens Unruh zu bändigen.
Und den Streit der zwei und siebzig Secten[597] zu endigen.
Enthalte Dich nicht dieser Alchymie:
Mit einem Kruge tausend Gebrechen heilt sie. (F. Bodenstedt, 1881, IX. 80)

Khayyam ging so weit, dass er einen Schluck Wein wertvoller hinstellte als alles Materielle in der Welt und das Tuch zum Abwischen des Mundes nach dem Trinken mehr als die teuersten Textilien:

یک جرعهٔ مِی ملک جهان می ارزد
خشت سر خُم هزار جان می ارزد
آن پارچه ای که لب به آن پاک کنند
حقا که هزار طیلسان می ارزد

Ein Stückchen Wein gilt mehr als dieses Sein;
Vieltausend Wesen gilt der Bottich-Stein;
Und tausend Teilessans[598] ist wert das Linnen,
Das uns die Lippen wischt, die feucht vom Wein! (M.R. Schenck, 1897, 191)

Das Weintrinken wäre, so Khayyam, wie ewiges Leben in Mitten des vergänglichen Daseins:

مِی نوش که عمر جاودانی اینست
خود حاصلت از دور جوانی اینست
هنگام گل و باده و یاران سرمست
خوش باش دمی که زندگانی اینست

Da meiner Jugend noch das Heut geweiht ist,
Trink' Wein ich, weil das meine Seligkeit ist;

---

597 Gemäß einem Hadith (Gesamtheit der Überlieferungen, die dem Propheten Muhammad zugeschrieben werden) wird sich die islamische Ummah (die muslimische Gemeinschaft) nach dem Tode des Propheten in zwei und siebzig Sekten aufspalten, die sich gegenseitig bekämpfen werden, von denen aber nur eine Sekte die göttliche Gnade und Barmherzigkeit erfahren wird.

598 Ein rechteckiges Wollkleid, das über den Schultern getragen wird.
Anmerkung: Die Taleschan (persisch: تالشان) sind eine iranischsprachige Volksgruppe, die im Grenzgebiet zwischen Aserbaidschan und Iran ansässig ist. Das Gebiet und dessen Einwohner wurden erstmals von dem arabischer Geographen Yāqūt al-Ḥamawī ar-Rūmī (1179–1229) als Teilessan erwähnt, in Anspielung auf die dort üblichen, langen und farbenfrohen Wollkleider (Arabisch: طَیلسان).

Gut ist er, ob Ihr ihn gleich herbe schimpft.
„Herb“ nur, weil er wie meine Lebenszeit ist. (A.E. Wollheim, 1873, 14)

Er selbst bekannte sich zu seiner Vorliebe für Wein und gestand, dass er ohne ihn nicht imstande sei weiterzuleben:

من بی مِی ناب زیستن نتوانم
بی باده کشید بار تن نتوانم
من بندهٔ آن دمم که ساقی گوید
یک جام دگر بگیر و من نتوانم

Wie kann das Leben ohne Wein denn reifen!
Wie eine Last müßt’ ich den Körper schleifen.
Bin Sklave gern der Wonne, wenn der Schenke
Spricht: „Noch ein Glas!“ und ich kann’s nicht ergreifen.
(M.R. Schenck, 1897, 460)

Khayyam erblickte in der Schönheit der Geliebten die Befreiung von den Bedrängnissen des irdischen Lebens und wünschte sich mit ihr zusammen einen Krug guten Weines zu genießen, eher man aus ihrem Staub neue Weinkrüge herstellen würde.

برخیز بتا بیا ز بهر دل ما
حل کن به جمال خویشتن مشکل ما
یک کوزه شراب تا به هم نوش کنیم
زآن پیش که کوزه ها کنند از گل ما

Auf! komm! das Herz zu stillen, magst Du sagen
Die Lösung einer nur der Rätselfragen!
Sonst bring’ zum Trunk uns einen Krug mit Wein,
Eh Krüg’ aus unsern Staub zu drehn sie wagen. (A.E. Wollheim, 1873, 6)

Offensichtlich wollte Khayyam, der als Gelehrte und von Amts wegen verpflichtet war, eine bestimmte geistige und religiöse Haltung einzunehmen, seinem bedrängten Herzen durch das Verfassen solcher ketzerischen Verse Luft zu verschaffen. Er musste selbstverständlich damit rechnen, dass die orthodoxe Geistlichkeit solche Verse als ketzerisch, unmoralisch und anstößig auslegen und so den blinden Zorn fanatischer und gewaltbereiter Massen gegen ihn schüren würde. So ist nachvollziehbar, warum er so peinlich darauf achtete, dass seine Rūbāʿis nicht in das Licht der Öffentlichkeit rückten. In ihnen hatte er ja, wie die obigen Beispiele gezeigt haben, seine geheimsten Gedanken offengelegt, mit Gott gehadert, höchst ketzerische Ansichten geäußert, das scheinheilige Verhalten der religiösen Fanatiker für abscheulich erklärt und ihre niederträchtige Gesinnung scharf kritisiert. Obendrein hatte er seinen Mitmenschen zum Weingenuss ermutigt. Die Unduldsamkeit der Gläubigen war ihm also angesichts seiner blasphemischen Strophen gewiss, und er hielt es für klüger, Zunge und Schreibrohr im Zaum zu halten.

Hinzu kam seine besondere und hohe gesellschaftliche Stellung. Khayyam wurde nämlich zu Lebzeiten von Freund und Feind gleichermaßen als Universalgelehrter hochverehrt. In den Augen der meisten seiner Landsleute war er eine Autorität, ja eine Koryphäe auf allen Wissensgebieten. Ihm wurden viele Ehrentitel wie *Beweis der Wahrheit*, *Gebieter der Gelehrten*, *König der Weisen*, *Säule der Wissenschaften*, *Weltphilosoph* u.Ä. zuteil, mit denen er auch oft anredet oder angeschrieben wurde. Sein makelloses Verhalten bei religiösen Angelegenheiten und seine fundierten Kenntnisse im islamischen Recht sowie sein treffsicheres Urteilsvermögen bei der Exegese des Korans brachten ihm sogar den Ehrentitel *Imam von Khorasan*, ein Titel, der ausschließlich herausragenden muslimischen Gelehrten und Persönlichkeiten vorbehalten war.

Dank seiner Sittlichkeit war er auch zu einer Respektperson *par Excellence* geworden, so dass selbst der hochangesehene Mystiker Hakīm Sanāī, als er fälschlicherweise einer Missetat bezichtigt wurde, in einem Bittschreiben ihn um moralischen Beistand bat.[599] Es kann mit aller Gewissheit behauptet werden, dass ein so berühmter Sufi niemals Khayyam um Unterstützung gebeten hätte, wenn es bekannt gewesen wäre, dass er der Verfasser solch unmoralischer Gedichte war.

Hätte Khayyam jemals zugelassen, dass Verse, wie solche, die oben zitiert wurden und ihn als begeisterten Weingenießer und Gotteslästerer hinstellten, die Öffentlichkeit erreichen, hätten die religiösen Fanatiker keinen Augenblick gezögert, ihm zu Leibe zu rücken und nach seinem Leben zu trachten. Auch wahrhaftige Gläubiger hätten gegen ihn Stellung genommen. Hätten beispielsweise seine beiden großzügigen Mäzene, Abū Tāhir, der Oberste Richter von Samarkand, und Nizām al-Mulk, der mächtige Großwesir, den leisesten Verdacht gehegt, dass ihr Schützling verwerfliche Verse zu schreiben pflegte, hätten sie als strengst gläubigen Sunniten versucht, ihn mit allen Mitteln und für alle Zeiten mundtot zu machen, anstatt ihn hochherzig zu unterstützen. Nizām al-Mulk, der streng gläubige Muslim, der keine Gnade gegen religiöse Abtrünniger walten ließ, hätte den Dichter ohne Rücksicht auf seine wissenschaftlichen Leistungen auf das Härteste bestraft. Diesem großen Staatsmann eilte der Ruf voraus, dass er selbst religiöse Sekten, die im Widerspruch zu der offiziellen Sunna

[599] 1950 veröffentlichte der iranische Gelehrte Mojtaba Minawi (1903–1977) diesen Brief unter dem Titel „*Ein Brief von Sanai an Khayyam*“ in Teheran.
“نامه ای از سنائی به خیام”، نشریه یغما، سال ۱۳۲۹- شماره ۲۷

standen, der Blasphemie und des falschen Glaubens bezichtigte und sich keine Gelegenheit entgehen ließ, ihre Sympathisanten und Mitglieder gnadenlos zu verfolgen. So kann man sich leicht ausmalen, wie er gegen einen Häretiker und Weingenießer wie Khayyam (in seinen Rūbāʿis!) vorgegangen wäre.

Es bedarf also keiner weiteren Rechtfertigungsargumente, dass die einzige Möglichkeit für den dichtenden Gelehrten, sich selbst und seinen Ruf zu schützen, darin bestand, seine Rūbāʿijāt tunlichst geheim zu halten. Deshalb stellen sich die beiden folgenden Bemerkungen als unzutreffend heraus:

»Omar Chijam stand bei seinen Zeitgenossen im Rufe, ein Religionsspötter zu sein und war wegen des Inhalts seiner Gedichte den Verfolgungen der Rechtgläubigen bis zur Bedrohung seines Lebens ausgesetzt.«[600]

»Der Arzt Omar Khayyam entwickelt die Algebra und Binom-Geometrie, baut ein Observatorium und erstellt einen Sonnenkalender, der an Genauigkeit den Gregorianischen überragt. Nebenbei schreibt er Vierzeiler zum Thema Lebenssinn. Tausend Jahre später bringen ihm diese Vierzeiler Ruhm. Zu seiner Lebenszeit entgeht Omar Khayyam wegen eben dieser Verse knapp der Steinigung.«[601]

Die Entstehungszeit der Rūbāʿijāt

Eine Frage, die sich natürlich nicht eindeutig und mit Bestimmtheit beantworten lässt, lautet: Wann hat Khayyam seine Rūbāʿijāt verfasst?

Die Tatsache, dass diejenigen Rūbāʿis, in denen Khayyam maßlos und überschwänglich die Vorzüge des Weingenusses zelebriert hat, im krassen Widerspruch zu den anderen tiefsinnigen, schwermütigen und nachdenklichen Rūbāʿis stehen, wird gerne darauf zurückgeführt, dass sie zu verschiedenen Zeiten entstanden sind. Diesem Scheinargument zufolge dachte und handelte der junge Omar Khayyam anders als der ältere. Freilich lässt sich heute seine einstige geistige Entwicklung nicht genau und chronologisch nachzeichnen. Es ist aber schwer vorstellbar, dass jemand, der als Jugendlicher das Glück nur in ständiger Erfüllung physischer Lust und im Streben nach Sinnengenuss sah, in der Lage sein konnte, im Alter von etwa 25 Jahren ein Meisterwerk über die Algebra zu verfassen. Angesichts des philosophischen Tiefsinns, der rätselhaften

[600] „*Strophen des Omar Chijam*“, op. cit., S. 115.

[601] Alexander Swidsinski: „*Universum und wir. Eine nicht allzu kritische Lebensphilosophie*“, S. 126 (https://www.swidsinski.de/themen/buch/univers23.pdf).

Heiterkeit und der hintergründigen Bedeutungen seiner Verse ist eher anzunehmen, dass er sie eher im reiferen Alter niedergeschrieben hat.

Nach dem Tode seiner beiden Gönner, Nizām al-Mulk und Malik Schah im Jahre 1092, musste Khayyam aufgrund andauernder Anfeindungen durch seine Widersacher und Rivalen die Hauptstadt Isfahan schleunigst verlassen und in seiner Geburtsstadt Nischabur Zuflucht finden. Dort widmete er sich ausschließlich seinen wissenschaftlichen Arbeiten. Vier Jahre später begab er sich auf Einladung des letzten Seldschukenherrschers Sultans Sandschar als fast fünfzigjährige nach Merw, der neuen Hauptstadt. Es lässt sich vermuten, dass er den Großteil seiner Rūbāʿijāt dort niederschrieb.

Die ersten Rūbāʿis treten zutage!

Der libanesisch-französischer Schriftsteller Amin Maalouf (* 1949) hat seinen historischen Roman „*Samarkand*" über das Leben und Wirken Omar Khayyams mit einer phantasiereichen Geschichte begonnen, die sich – stark verkürz – wie folgt liest:

»1072 betrat der junge Philosoph Omar Khayyam die Stadt Samarkand. Eines Tages wurde er Zeuge einer Gewalttat. Ein junger Mann wurde von einem Mob überfallen und zusammengeschlagen. Khayyam erkannte in ihm einen Schüler des großen Philosophen Avicennas und intervenierte, um den Studenten zu retten. Da sein eigener Ruf als Philosoph und Dichter ketzerischer Verse ihm vorausgegangen war, wurde er von der fanatischen Menge auch erkannt, verprügelt und zu Abu Tāher, dem Großrichter von Samarkand, gebracht. Abu Tāher erkannte in ihm den großen Philosophen, der die orthodoxe islamische Theologie in Frage gestellt hatte. Statt ihn aber zu verurteilen, warnte ihn davor, seine kritische Poesie offen zu äußern und so die eigene Sicherheit zu gefährden. Er schenkte ihm ein schönes Notizbuch, in das er seine kritischen und zum Nachdenken anregenden Vierzeiler schreiben sollte. Es war dieses Notizbuch, das den Beginn der *Rubāʿiyāt* von Omar Khayyam markierte und ihm im 19. Jahrhundert Weltruhm einbrachte, ein Buch, das jahrzehntelang das meistgedruckte Buch – nach der Bibel – in der englischsprachigen Welt war.«[602]

Tatsache ist aber, dass Khayyams Rūbāʿijāt, die ihn Jahrhunderte später als Dichter entlarvten und weltberühmt machten, erst viele Jahrzehnte nach seinem Tod ans Tageslicht kamen. Je mehr Rūbāʿis im Laufe der Zeit in den persischen Dichterlexika auftauchten, die Khayyam zugeschrieben wurden, umso mehr stellte sich heraus, dass er

---

602 Amin Maalouf: „*Samarkand*", (Deutsch von Widulind Clerc-Erle), Droemersche Verlagsanstalt, München, 1990.

nicht nur ein hervorragender Mathematiker, Astronom und Naturwissenschaftler, sondern auch ein exzellenter Dichter war. Sein wohlbehütetes Geheimnis flog auf, nachdem seine Rūbāʿijāt im Laufe der Zeit in verschiedenen Handschriften erwähnt wurden.

Das älteste Buch, in dem Khayyam erstmals auch als Dichter erwähnt wurde, war das „*Kharidat al-Qasr*“[603] des persischen Geschichtsschreibers ʿImād al-Dīn Kātib Isfahānī, das fast 50 Jahre nach Khayyams Tod auf Arabisch geschrieben wurde.

Kurze Zeit danach verfasste der Schriftsteller Zahīrī Samarqandī sein „*Sindbād Nāmeh*“[604], in dem er vier Rūbāʿis zitierte – ohne einen Namen zu nennen –, die man nach dem heutigen Wissensstand Omar Khayyam zuschreibt.

Etwa 70 Jahre nach dem Tod Khayyams verfasste der persische Theologe Imām Fakhr al-Dīn Rāzī sein Monumetalwerk „*Mafātīh al-Ghayb*“[605], in dem er ein Rūbāʿi von Khayyam zitierte.

Fast 100 Jahre nach Khayyams Tod schrieb ein persischer Mystiker namens Nadschm al-Dīn Rāzī sein berühmtes „*Mersād al-'Ebād*“[606], in dem er ein Rūbāʿi Khayyam zuschrieb.

Es folgten dann weitere Werke, in denen Khayyam als Dichter identifiziert und einzelne oder mehrere Rūbāʿis von ihm zitiert wurden. Diese waren – chronologisch aufgeführt – „*Tārīkh-e Dschahāngoschāy*“[607] des persischen Gelehrten ʿAtā Malik Dschuwainī, „*Tārīkh-e Gozideh*“[608] des persischen Historikers Hamdallāh Mostaufī, „*Nozhat al-Majāles*“[609] des persischen Dichters Jamāl al-Dīn Khalīl Schīrvānī und „*Munes al-Ahrār*“[610] des persischen Dichters Muhammad ibn Badr al-Dīn Jājarmī. Im Folgenden werden diese Werke näher besprochen.

---

603 “خریدة القصر و جریدة العصر”، عمادالدین کاتب اصفهانی

604 “سندباد نامه”، علی بن محمد ظهیری سمرقندی

605 “مَفاتیح الغیب”، امام فخرالدین رازی

606 “مرصاد العباد من المبدأ الی المعاد”، نجم الدین رازی (معروف به دایه)

607 “تاریخ جَهانگُشای”، عطامَلِک جوینی

608 “تاریخ گزیده” حمدالله مستوفی

609 “نُزهَت المجالس”، جمال الدین خلیل شیروانی

610 “مونِس الأحرار فی دقایق‌الاشعار”، محمد بن بدرالدین جاجَرمی

ʿImād al-Dīn Isfahānī

Die früheste Anspielung auf Khayyam als Dichter, so wird berichtet, stammt von dem persischen Historiker ʿImād al-Dīn Kātib Isfahānī (1201–1125), der ein jüngerer Zeitgenosse Khayyams war. Er verfasste 1176/1177, das heißt 42 Jahre nach dem Tode des großen Gelehrten, seine 22 Bände (heute 1784 Druckseiten!) umfassende Enzyklopädie „*Die perlenartige Jungfrau des Schlosses und das Register der Menschen dieser Zeit*" in arabischer Sprache. Darin erwähnte er Omar Khayyam sowohl als Wissenschaftler als auch als Poet und zitierte von ihm vier Gedichte in arabischer Sprache. Er nannte ihn einen zu seiner Zeit unvergleichlichen Gelehrten, der im wahrsten Sinne des Wortes einen ausgezeichneten Ruf genoss. Weiter hieß dort: Zu seiner Zeit gab es niemanden wie ihn, und er war einzigartig in der Wissenschaft der Astronomie und Philosophie.

Zahīrī Samarqandī

Zahīrī Samarqandī, dessen Lebensdaten nicht bekannt sind (wahrscheinlich Ende des 11. und Anfang des 12. Jahrhunderts), verfasste einige literarische Schriften in persischer Sprache, von denen sein „*Sindbād Nāmeh*" oder „*Die Geschichte von sieben Wesiren*" die bekannteste ist. Die Geschichte, die er in diesem Werk erzählte, gehörte zu den ältesten und schönsten Erzählungen der persischen Literatur. Sie war ursprünglich aus dem Mittelpersischen[611] übersetzt und danach von mehreren persischen Dichtern in Versen wiedergegeben worden. Zahīrī erzählte sie in schwer verständlicher Prosa wieder und schmückte sie mit vielen Rūbāʿis aus, von denen vier mit ziemlicher Sicherheit von Khayyam stammen. Zu ihnen gehörte das folgende Rūbāʿi:

ای آنکه نتیجهٔ چهار و هفتی
وز هفت و چهار دائم اندر تفتی
می خور که هزار بار بیشت گفتم
باز آمدنت نیست چو رفتی رفتی

[611] »Mittelpersisch auch als Pahlavi(-Sprache) bezeichnet, war eine vom 1. Jahrhundert v.Chr. bis ins 11. Jahrhundert n.Chr. bezeugte mitteliranische Sprache, aus der sich, nach der arabischen Eroberung Persiens, neben anderen iranischen Sprachen die heutige neupersische Sprache entwickelt hat.« (Wikipedia.Die freie Enzyklpädia)

Du der dich viel geplagt mit Vier und Sieben[612],
Von Sieben und von Vier viel hast geschrieben.
Trink Wein, ich sag dirs tausendmahl und immer:
Wer fort ist, der ist fort, und kommet nimmer. (J. v. Hammer, 1818, 19)

Du, das Ergebnis zwischen vier und sieben,
Schön in die Enge seh' ich dich getrieben;
Trink! Mehr als viermal hab' ich dir's gesagt:
Wer fort hier ging, ist hübsch auch fortgeblieben. (M.R. Schenck, 1897)

Du, der durch Vier und Sieben fand Beginn
und stets von Vier und Sieben sucht den Sinn,
trink Wein, denn tausendmal schon riet ich dir:
du kommst kein zweites Mal, denn hin ist hin! (C.H. Rempis, 1935, 172)

O du, der die Folge der Vier und Sieben ist,
Und durch die Sieben und Vier immer glühend bist.
Tausendmal sagte ich dir, trink Wein, denn
Ein Zurück gibt's nicht, wenn du einst gegangen bist.
(P. Pirayech, 1997, CXXIX)

Imām Fakhr al-Dīn Rāzī

Die erste Erwähnung eines Rūbā'is von Khayyam in persischer Sprache findet sich in dem 32 Bände umfassenden Hauptwerk „*Die Schlüssel zum Verborgenen*" des bedeutenden persischen Gelehrten und sunnitischen Theologen Imām Fakhr al-Dīn Rāzī (1149–1209). Das dort wiedergegebene Rūbā'i lautete:

در دایره ای کامدن و رفتن ماست
آنرا نه بدایت نه نهایت پیداست
کس می نزند دمی در این معنی راست
کاین آمدن از کجا و رفتن بکجاست

Von diesem Kreis, in dem wir hier uns drehn,
Kann ich nicht Anfangspunkt, nicht Endpunkt sehn.
Noch keiner sagt mir, wo wir kamen her,
Und keiner weiß, wohin von hier wir gehen. (F. Rosen, 1909, 47)

Von diesem Kreis, in dem wir träumend stehn,
hat keiner Anfang oder End' gesehn.
Und keiner kam, uns wahrhaft zu berichten
woher wir stammen und wohin wir gehen. (H.G. Preconi, 1911, CXIV)

Von diesem Kreis, in dem wir Menschen stehn,
kann weder Anfang ich noch Ende sehn:

---

612 Vier: vier Elemente; Sieben: sieben Himmel.

niemand in dieser Welt tut es uns kund,
woher wir kommen und wohin wir gehn. (C.H. Rempis, 1935, 87)

Von dem Kreis, der unser Kommen und Gehen umschließt,
ist weder der Anfang bekannt noch das Ende offenbar.
Niemand kann Antwort geben auf die Frage:
Woher stammt dieses Kommen, und wohin führt dieses Gehen?
(D. Bellmann, 1958, 19)[613]

Nadschm al-Dīn Rāzī

Im Jahre 1223 verfasste der persische Mystiker Nadschm al-Dīn Rāzī (1177–1256), besser bekannt als Nadschm al-Dīn Dāya, sein wichtigstes Werk „Der Pfad der Gottesknechte: Vom Ursprung zur Rückkehr“. Darin erwähnte er zwei Rūbāʿis, die er einem Mann namens Omar Khayyam zuschrieb. Bei dem ersten Rūbāʿi handelte es sich um dasjenige, das vorhin zitierte wurde; das zweite Rūbāʿi war das folgende:

دارنده چو ترکیب طبایع آراست
باز از چه سبب فکندش اندر کم و کاست
گر زشت آمد این بنا عیب کراست
ور نیک آمد خرابی از بهر چه خواست

Als Du das Leben schufst, schufst Du das Sterben:
Uns, Deine Werke, weihst Du dem Verderben.
Wenn schlecht Dein Werk war, sprich, wen trifft die Schuld?
Und war es gut, warum schlägst Du’s in Scherben? (F. Rosen, 1909, 50)

Warum hat Er, als Er die ganze Welt
beschloss, sie dem Zerfall anheimgestellt?
Ward hässlich, was Er schuf, wen trifft die Schuld?
Und schön, so sagt, warum es dann zerfällt? (C.H. Rempis, 1935, 88)

Der Schöpfer, der den Bestand der Natur verschönert,
aus welchem Grund überlässt er ihn dem Verfall?
Wenn er sich gut erwies, warum ihn zerbrechen?
Wenn die Form sich schlecht erwies, wessen Fehler war’s?
(C. Atabay, 1984, 11)

Als Gott mit der Schöpfung des Menschen begann,
Warum har ER das so unvollkommen getan?
Wenn gut das Werk, warum vernichtet Er es?
Wenn es jedoch schlecht ist, wer ist schuld daran?
(P. Pirayech, 1997, XXXVI)

613 „*Omar Hayyam: Zelte der Weisheit*“. Deutsche Nachdichtung von Dieter Bellmann, Greifenverlag Rudolstadt, 1958, S. 19.

Nadschm al-Dīn war ein fanatischer Sufi und zögerte nicht, Khayyam wegen dieser Strophen der Blasphemie und Ketzerei zu bezichtigen.

ʿAtā al-Malik Dschuwainī

Der eminente persische Historiker ʿAtā al-Malik Dschuwainī (1226–1283) schloss seine berühmte „*Geschichte des Welteroberers*" im Jahre 1259 ab, in dem er die Eroberung Persiens durch die Mongolen detailliert beschrieb. In diesem Geschichtsbuch, das 128 Jahre nach dem Tod Khayyams entstand und ein wertvolles Werk persischer Literatur darstellt, erwähnte er das folgende Rūbāʿi von Khayyam:

ترکیب پیاله ای که در هم پیوست
بشکستن آن روا نمی دارد مست
چندین سر و پای نازنین از سر دست
از مهر که پیوست و به کین که شکست

Wer einem Becher schöne Form verlieh
Ihn zu zerbrechen wünschet er wol nie; –
So schöne Häupter, Beine, Füß' und Hände,
Weß Liebe schuf, weß Haß zerstörte sie? (A.E. Wollheim, 1873 16)

Läßt es denken sich? Derselbe, der des Bechers Schönheit schuf,
Wie, ihn wieder zu zerbrechen, sagt ihr mir, findet er Beruf?
Alle diese schönen Töpfe, alle diese zarten Glieder,
Welche Liebe hat erschaffen? welcher Haß zerstört sie wieder?
(A. v. Schack, 1878, 61)

Wie? Er zerschlug den Krug, von Wut bethört,
Den er gemacht? – Wer hat das je gehört?
Die schönen Köpfe, Arme, zarte Händchen –
Wes' Liebe schuf? wes' Haß hat sie zerstört? (M.R. Schenck, 1897, 38)

Er nahm die Elemente, und Er formt' den Becher,
Daß der zur Scherbe wieder werde, schmerzt den Zecher;
Der Hals, der schlanke Fuß! Was Er aus Liebe schuf
Mit Künstlerhand, zerstört Er wieder das als Rächer? (W. v.d. Porten, 1927, 19)

Hamdallāh Mostaufī

Der persische Historiker und Geograph Hamdallāh Mostaufī (1281–1344) verfasste sein bedeutendes Geschichtswerk „*Ausgewählte Geschichte*" um das Jahr 1330 (also 200 Jahre nach Khayyams Tod). Darin erwähnte er Khayyam als den Schöpfer des folgenden Rūbāʿis:

هر ذره که بر روی زمینی بودست
خورشید رخی زهره جبینی بودست
گرد از رخ نازنین به آرزم فشان
کان هم رخ و زلف نازنینی بودست

Und jedes Stäubchen, das die Erde schmückt,
hat venusgleich die Menschen einst berückt;
so hauch vom Ärmel ehrfurchtvoll den Staub,
der einst als Freundin einen Freund beglückt! (C.H. Rempis, 1935, 7)

Jedes Staubkorn, das auf der Erde lag,
war ein Sonnenantlitz oder die Stirne des Morgensterns;
wische das Staubkorn sanft von deinem Ärmel –
auch dieses war ein schönes, zartes Angesichts. (C. Atabay, 1984, 57)

Jedes Stäubchen, das auf der Erde liegt hier,
War eine Krone, ein Ring vor dir und mir.
Zart wisch den Staub von der Liebsten Stirn, auch er
War einer Liebsten Antlitz von dir und mir. (P. Pirayech, 1997, XXXII)

Muhammad ibn Badr al-Dīn Jājarmī

Ein weiteres Manuskript namens „*Der Gefährte des freien Menschen für die Feinheiten der Gedichte*", das 1341 (210 Jahre nach Khayyams Tod) von dem persischen Dichter Muhammad ibn Badr ad-Dīn Jājarmī verfasst worden war, enthielt 13 Rūbāʿis[614] von Khayyam, von denen nur eines hier wiedergegeben wird:

این بحر وجود آمده بیرون ز نهُفت
کس نیست که این گوهر تحقیق بسُفت
هر کس سخنی از سَر سودا گفتند
زآن روی که هست کس نمی داند گفت

Aus den Verborgnen quoll dies Weltmeer „sein",
doch keins durchbohrte noch der Wahrheit Stein:
Einbildung nur ist's, was man drüber hört!
In das, was wirklich ist, drang keins noch ein! (C.H. Rempis, 1935, 245)

Das Meer des Seins erschien aus dem Verborgenen,
keiner durchbohrte diese Perle der Wirklichkeit;
ein jeder sprach entsprechend seiner Laune,
das Wesen der Dinge weiß keiner zu bestimmen. (C. Atabay, 1984, 8)

614 Die dreizehn Rūbāʿis wurden von Friedrich Rosen als *Robāʿiyāt* übersetzt. Siehe: Friedrich Rosen: „*Zur Textfrage der Vierzeiler Omar's des Zeltmachers (Rubāʿīā-i-ʿUmar-i-Khayyām)*", Zeitschrift der Deutschen Morgenländischen Gesellschaft, Band 80, Heft 4 (1926), S. 285–313.

Aus verbogenen Tiefen stieg das Meer vom Sein,
Keiner durchbohrte dieser Weisheit Edelstein.
Jeder äußerte sich nach Belieben.
Aber das was ist, das fiel keinem ein. (P. Pirayech, 1997, CXIII)

Jamāl al-Dīn Khalil Schīrvānī

Etwa 230 Jahre nach dem Tode Khayyams tauchte ein weiteres Manuskript auf, das 4,139 persische Rūbāʿis von 300 Dichtern aus dem 11. bis 13. Jahrhunderts enthielt, deren gesammelte Werke nicht mehr vorhanden waren. Es war eine Anthologie, die um die Mitte des 13. Jahrhunderts von dem persischen Dichter Jamāl al-Dīn Khalil Schīrvānī unter dem Titel „*Freude der Versammlungen*" zusammengestellt worden war. Darin waren 33 Rūbāʿis Omar Khayyam zugeschrieben worden.[615] Eines von ihnen ist das Folgende:

هرگز دل من ز علم محروم نشد
کم ماند ز اسرار که معلوم نشد
هفتاد و دو سال فکر کردم شب و روز
معلومم شد که هیچ معلوم نشد

Ich sprach: mein Herz soll Wissenschaft verstehen,
Und wenig war, was ich nicht eingesehen:
Doch wenn ich's schaue reiferen Gesicht's:
Das Leben ist vorbei – und ich weiß nichts. (J. v. Hammer, 1818, 12)

Hinter den geheimnisvollen Vorhang drang noch nie ein Blick,
Keiner hob noch je den Schleier, der verhüllt das Weltgeschick;
Zweiundsiebzig Jahre hab' ich Tag und Nacht darob gesonnen,
Doch das Räthsel blieb mir dunkel und mein Leben ist verronnen.
(A. v. Schack, 1878, 117)

Ich meinte, alles meistre mein Verstand,
Er löse glatt des letzten Rätsels Band.
Doch nun im harten Licht der Wirklichkeit
Erkenne klar ich, dass ich nichts erkannt! (C.H. Rempis, 1935, 72)

Nie musste mein Herz Wissenswertes vermissen,
Kaum gab's Verborgenes, das ich nicht tat wissen,
Zweiundsiebzig Jahre grübelte ich Tag und Nacht,
Dann wurde mir klar, dass nichts ist bewiesen. (P. Pirayech, 1997, VIII)

---

[615] Schīrvānīs Manuskript wurde 1932 von dem deutschen Orientalisten Hellmut Ritter (1892–1971) in seiner Schrift „*Nachdichtungen persischer Poesie*" als „*Nozhat al-majales*" beschrieben. Drei Jahre später extrahierte Christian H. Rempis die darin enthaltenen Vierzeiler und veröffentlichte sie.

Anmerkung: Festzuhalten ist an dieser Stelle, dass 230 Jahre nach dem Tode Khayyams etwa 40 Rūbāʿis aufgetaucht waren, die ausdrücklich ihm zugeschrieben wurden.

Die ersten Diffamierungen

Kaum waren die ersten, Khayyam zugeschriebenen Rūbāʿis in älteren Biographien persischer Dichter aufgetaucht, da sahen sich einige Glaubenseiferer genötigt, ihn aufs Übelste zu verleumden. Zu ihnen gehörten auch der berühmte Mystiker Ꜥ̓Attār, der Sufidichter Dāya und der eminente Historiker al-Qifti.

Nach dem Erscheinen des ersten Rūbāʿis mit der Anfangszeile *„In dem Kreis, in den wir kommen und gehen"* [↑] sah sich Farid al-Dīn Ꜥ̓Attār veranlasst, Khayyam wegen Dummheit und Dreistigkeit tadeln zu müssen und des religiösen Irrglaubens zu überführen. An einer Stelle seiner berühmten, in Versen verfassten Schrift *„Buch des Göttlichen"*[616] erzählte er, wie ein weiser ‚Seher', der alle Weltgeheimnisse zu enträtseln wusste, eines Tages einen seiner Schüler zum Grabe Khayyams führte, um ihm den fragwürdigen Charakter des Verstorbenen zu schildern und dessen unsittsames Leben auf Gottes Erden zu entlarven.[617] Wörtlich hieß es bei ihm:

»Ein Meister prüfte einstmals seinen Jünger
und führte ihn zum Grab ʿOmar Chajjāms.
Da bat er ihn: „Was du in diesem Grab siehst,
tu mir nun kund, o reiner Wissender!"
Und jener Gnadenreiche gab zur Antwort:
„Sieh, dieser Mensch ist in der Nicht-Vollendung.
Am Ort, wohin sein Antlitz er gewandt hat,
wenn er auf Wissen Anspruch auch gemacht hat,
gießt nun, da seine Blödheit* sichtbar wurde,
vor Scham ihr Innres seine Seele aus:
inmitten Schmach und Scham ist er geblieben,
durch die Erwerbung jenes** in dem Mangel.
Sobald die Himmel jenes Tor*** einfingen,
kann man durchs Wissen dort noch Gnad' erregen."«[618]

* Der Zustand *vor* dem wahren Glauben.

---

616 "الهی نامه"

617 *„Ilahi-Name von Farīdaddīn Ꜥ̓Aṭṭār"* herausgegeben von Hellmut Ritter, Istanbul. Staatsdruckerei, 1940, S. 272.

618 *„Omar Chajjám und seine Vierzeiler; nach den ältesten Handschriften aus dem Persischen"*, op. cit., S. 51–52.

** d.h. des Wissens blieb er in mangelndem Glauben.
*** d.h. des Lebens nach dem Tode.

Nadschm al-Dīn Dāya, der als Schüler ʿAttārs zu den einflussreichsten Persönlichkeiten des islamischen Sufismus gehört, nahm die beiden Rūbāʿis, die er selbst zitiert und Khayyam zugeschrieben hatte [↑], zum Anlass, um ihn als unwissend und irregeleitet zu verdammen, der Gotteslästerei zu bezichtigen und für alle Zeiten als gottesleugnerisch zu brandmarken. Er vertrat die Ansicht, dass beiden Rūbāʿis die große Verwirrung und die Blindheit Khayyams offenbarten.

Auch der arabische Historiker Ibn al-Qifti[619] (1172–1248), der ein Zeitgenosse von Nadschm ad-Dīn Dāya war, bestätigte in seiner bekannten Schrift „*Geschichte der Gelehrten*“[620] die Ansichten Dāyas und warnte die Menschen vor den Versen Khayyams, die, wie er sagte, oberflächlich betrachtet zwar sufistisch angehaucht zu sein scheinen, in Wirklichkeit aber tödlicher seien als der Biss einer Giftschlange.

Vorwürfe dieser Art aus den Mündern von so berühmten und ehrwürdigen Männern wie ʿAttār, Dāya und al-Qifti ermutigten die religiösen Fanatiker, fortan Khayyam als gottlosen und genusssüchtigen Trunkenbold in Grund und Boden zu verdammen. Eine Tradition, die bis heute überdauert hat und von der großen Mehrheit der schiitischen Fundamentalisten weiter gepflegt wird.

Die Authentizität der Rūbāʿijāt

Die Tatsache, dass im Laufe der Jahrhunderte immer wieder neue Handschriften mit immer mehr Rūbāʿis auftauchten, die angeblich oder tatsächlich von Khayyam waren, rief schließlich im vergangenen Jahrhundert etliche Forscher weltweit auf den Plan, die sich zur Aufgabe machten, die Authentizität der entdeckten Rūbāʿis zu überprüfen. Sie hegten nämlich den Verdacht, dass möglicherweise andere persische Dichterinnen und Dichter ihre eigenen Verse, die Kritik an fanatisch aufgezwungene Verbote und Doktrinen enthielten, als Khayyam Rūbāʿis unter die Menschen gebracht hätten.

Besonders zu erwähnen seien hier der russische Dichter und Übersetzer Valentin Vasilij Žukovskij (1783–1852), der dänische Iranist Arthur Christensen (1875–1945), der deutsche Orientalist Hellmut Ritter (1892–1971), der iranische Schriftsteller Sadeq Hedayat (1903–

619 جمال الدین ابن القفطی
620 "تاریخ الحکما"

1951), der italienische Arabist Francesco Gabrielli (1904–1996) und der indische Yoga-Meister Paramahansa Yogananada (1893–1952), die sich bemühten, die Echtheit bzw. Unechtheit der aufgetauchten Rūbāʿis einer gründlichen Überprüfung zu unterziehen.

Žukovskij gab in einem Vortrag, die er 1895 an der Universität St. Petersburg hielt, bekannt, dass er 82 Rūbāʿis gefunden hätte, die auch bei anderen persischen Dichtern vorgekommen waren. Er bezeichnete sie als *wandernde Vierzeiler*.[621]

Arthur Christensen entdeckte 1904 in den ihm damals zugänglichen Handschriften 12 Rūbāʿis, die den Namen Khayyam enthielten und die er deshalb als echt erachtete (Die Echtheit fast aller dieser Rūbāʿis werden heute stark bezweifelt). In seinen „*Critical Studies*“[622] gab Christensen 1927 bekannt, insgesamt 121 echte Rūbāʿis von Khayyam entdeckt zu haben.

Hellmut Ritter, der sich auch mit der Problematik der Authentizität von Khayyams Rūbāʿis befasst hatte, gelangte 1929 zu der Ansicht, dass Khayyams Vierzeiler eigentlich als typische Volksüberlieferungen verstanden werden sollten.[623]

Sadeq Hedayat unternahm als erste Iraner den Versuch, eine Anthologie der echten Rūbāʿis von Khayyam zu erstellen. Seine Ergebnisse (143 Rūbāʿis) veröffentlichte er 1934 in Teheran in einem vielbeachteten Buch namens „*Taraneh-haye Khayyam*“ (Die Lieder Khayyams).

Francesco Gabrielli beschäftigte sich vor allem mit den so genannten sufistischen Rūbāʿis von Khayyam und verwies 1944 darauf, dass er keine Handschrift mit mehr als zehn Prozent an Rūbāʿis mystischen Inhalts gefunden hätte. Er schloss die Möglichkeit einer mystischen Interpretation der gesamten Dichtung Khayyams daher aus.

Im Gegensatz zu Gabrielli deutete Yogananada, der von seinen Jüngern als Guru verehrt wurde, in seinem in 1995 erschienen Buch „*Die spirituelle Lehre der Rubaijat von Omar Chajjam*“[624] 75 der

---

[621] Žukovskijs Vortragstext wurde später von Denison Ross ins Englische übersetzt und im Jahre 1898 im Journal Royal Asiatic Society veröffentlicht (vol. xxx, pp. 349–366).

[622] „*Critical studies in the Rubá'iyát of 'Umar-i-Khayyám, a revised text with English translation by Arthur Christensen*“; København, A.F. Høst & søn, 1927.

[623] Hellmut Ritter: „*Zur Frage der Echtheit der Vierzeiler 'Omar Chaijam*“, Orientalistische Literaturzeitung (OLZ) 32, 1929.

[624] „*Die spirituelle Lehre der Rubaijat von Omar Chajjam*“, von Paramahansa Yogananada, übersetzt von Sibylle Herzog, Sphinx Verlag, Basel, 1995.

Rūbāʿis als rein sufistisch. Er war ein Anhänger der These, dass Omar Khayyam ein Sufi war.

Zusammenfassend ist festzustellen, dass man in den letzten Jahrzehnten viel Zeit und Scharfsinn aufgewandt hat, um die Authentizität der Khayyam zugeschriebenen Rūbāʿijāt einer kritischen Überprüfung zu unterziehen, allerdings ohne allzu großen Erfolg. Ein Ende des Prozesses der Scheidung der echten von den vielen unechten[625] Rūbāʿijāt ist auch nicht abzusehen. Einer der Gründe für diese Ergebnislosigkeit ist das Fehlen eines hieb- und stichfesten Auswahlschlüssels, der die notwendige Voraussetzung zur Unterscheidung des Echten vom Unechten ist. Immerhin ist es gelungen, anhand semantischer und kulturhistorischer Kriterien viele Rūbāʿis als gefälscht zu entlarven. Ein treffliches Beispiel ist dieses geistlose Rūbāʿi:

گویند که ماه رمضان گشت پدید
ماهی که به گرد باده نتوان گردید
در آخر شعبان بخورم چندان مِی
که اندر رمضان مست بخوابم تا عید

Ihr sagt mir: „Morgen hebt er an, der heil'ge Mond der Fasten,
Und in der Schenke darfst du nicht hinfort beim Weine gasten;"
Wohlan denn! heut trink' ich so viel, daß, selig hingesunken,
Den ganzen Fastenmond hindurch ich lieg' am Boden trunken
(A. v. Schack, 1878, 56)

Man sagt, bald scheint der Mond des Ramasan
Und mit ihm hebt das strenge Fasten an.
Nun wohl, dann trinken wir vorher soviel,
Daß es noch vorhält bis zum Fastenziel. (F. Bodenstedt, 1881, IX. 78)

Man kündet an den Mond des Ramazan;
Daß nun der Wein verpönt und abgetan. –
So trink' ich denn, dass ich zum Fest noch trunken,
Das nöt'ge Quantum jetzt im Sche-eban[626]. (M.R. Schenck, 1897, 172)

Angesichts der Vielzahl der Rūbāʿis, die sich im Laufe der Zeit als unecht herausstellten, bezweifelte der deutsche Iranist und Religionshistoriker Hans Heinrich Schaeder (1896–1957) sogar, ob es über-

625 Im Laufe der Jahrhunderte sind zahlreiche Rūbāʿis aufgetaucht, die mit Sicherheit nicht von Khayyam selbst, sondern zum Teil von seinen Gleichgesinnten stammen. Die Verfasser waren natürlich aus verständlichen Gründen nicht bereit, ihre wahre Identität preiszugeben.

626 Schʿabān ist der Name des achten Monats des islamischen Kalenders. Ihm folgt der Fastenmonat Ramadan.

haupt jemals einen Vierzeilerdichter namens Omar Khayyam gegeben hätte.[627]

Die meisten iranischen Sachkenner, die sich seit langem mit der Frage nach der Anzahl der Rūbāʿis beschäftigt haben, die tatsächlich von Omar Khayyam stammen, sind der Ansicht, dass man höchstens etwa 200 Rūbāʿis mit großer Wahrscheinlichkeit Khayyam zuschreiben kann. Zu diesem Thema schrieb der bereits erwähnte tschechische Orientalist und Iranist Jan Rypka in seiner Schrift „*Wege zu Omar Chajjâm*“:

»Hinsichtlich der Authentizität (ob alle Vierzeiler, die uns in Handschriften und Buchausgaben mit Omar Chajjâms Namen begegnen, ihm auch wirklich zugeschrieben können) und der Interpretation stößt man auf äußerst mühselig zu durchdringende Probleme, die zu dem Schwierigsten gehören, was die persische Literatur dem Fachmann zu lösen aufgibt. Seit etwa achtzig Jahren ist Generation um Generation von Orientalisten bestrebet, Klärung zu schaffen. Dabei erging man sich in geradezu unerschöpflichen Mutmaßungen, denen zu folgen dem Leser zwar harte Geduldsproben abverlangen würde, deren Ergebnisse, die die Wissenschaft mit der Zeit sichern konnte, dennoch recht fesselnd sind. Selbst wenn wir trotz aufgewandten Schafsinn nicht immer eindeutig bis zu unserem Gegenstand vordringen können, nähern wir uns doch in einem Maße, daß wir ihn gleichsam mit ausgestreckter Hand abzutasten vermeinen.«[628]

Das Bodleian Manuskript

1460, also 329 Jahre nach Khayyams Tod (1131), tauchte in Schiras eine Handschrift auf, die zum ersten Mal 158 Rūbāʿis von ihm in voll ausgebildeter Nasta'liq-Schrift[629] enthielt. Sie sollte später als die berühmteste Anthologie von Khayyams Rūbāʿijāt in die Geschichte eingehen. Abb. 200 zeigt zwei Seiten aus dieser kunst- und geschmackvoll ausgearbeiteten Handschrift.

---

627 H.H. Schaeder: „*Der geschichtliche und mythische Omar Chajjam*“, Vortragsübersicht in der Zeitschrift der Deutschen Morgenländischen Gesellschaft (ZDMG), 1934, Band 88, S. 25–28.

628 „*Wege zu Omar Chajjâm*“, op. cit., S. 107.

629 Die Nasta'līq-Schrift ist als eine besondere Stilart der persischen Kalligraphie, die Berichten zufolge im 14./15. Jahrhundert in Täbris (Persien) entwickelt wurde.

Abb. 200: Das Bodleian Manuskript mit 158 Rūbāʿis von Khayyam

Abb. 201: Die Titelseite und zwei weitere Seiten aus der Anthologie aus dem Jahre 1460[630]

[630] MS. Ouseley 140, Bodleian Library, Oxford University.

In Abb. 201 sieht man neben der Titelseite der Handschrift zwei weitere Seiten, von denen jede ein vollständiges Rūbāʿi im mittleren Bereich beinhaltet. Aus der Titelseite (rechts) geht hervor, dass der Schreiber der Handschrift ein gewisser Scheich Mahmūd Pīr Budāqī[631] war, der als Hofsekretär und Kalligraph die Anthologie im Dezember des Jahres 1460 in Schiras fertig gestellt hatte.

Dieses einzigartige Manuskript geriet auf mysteriöse Weise in die Hände des britischen Orientalisten Sir William Ouseley (1767–1842), der 1810 als Sekretär seines jüngeren Bruders Sir Gore Ousley (1770–1844), der zum britischen Botschafter am persischen Hof berufen worden war, nach Persien gegangen und sich drei Jahre dort aufgehalten hatte. 1843 verkaufte er das Manuskript der Universität Oxford, wo es seitdem unter der Bezeichnung 'MS. Ouseley 140' in der Bodleian Library, der Hauptbibliothek der Universität, aufbewahrt wird.

Der britische Gelehrte und Übersetzer persischer Poesie, Edward Byles Cowell (1826–1903), der von 1850 bis 1856 mit der Katalogisierung der persischen Manuskripte in der Bodleian Library beauftragt war, überreichte eine Abschrift dieses Manuskripts seinem Freund und Schüler Edward FitzGerald als Abschiedsgeschenk, bevor er im Jahre 1856 eine akademische Stelle in Kalkutta (Indien) annahm und England verließ. FitzGerald, wie allgemein bekannt, fertigte eine freie Übersetzung von 75 Rūbāʿis aus dieser Anthologie an und druckte sie 1859 anonym (aus Angst, seine Nachdichtungen würden ihm im ‚tugendhaften' England Ärger einhandeln!) und privat in 250 Exemplaren.[632] Diese Erstausgabe musste jedoch bald wegen Absatzschwierigkeiten verramscht werden. Neun Jahre Später erschien die zweite Auflage mit 110 Rūbāʿis, die nach anfänglichen Misserfolgen dank ihrer brillanten Paraphrasen großen Absatz fand, und in den 1890er Jahren mehr als zwei Millionen Exemplare davon in zweihundert Auflagen verkauft wurden.[633] Es war dieses Büchlein, das dem persischen

---

631 شیخ محمود جعفری هروی مشهور به شیخ محمود پیربوداقی

632 FitzGerald offenbarte sich als der Übersetzer der Rūbāʿis erst 1876.

633 Es waren die beiden britischen Dichter Dante Gabriel Rossetti (1828–1882) und Algernon Swinburne (1837–1909), die 1861 zufällig eine Ausgabe des Gedichtbandes in einem Ramschladen entdeckten und auf der Stelle davon begeistert waren. Sie waren es, die das Büchlein auf den Weg zur Popularität in der westlichen Welt brachten. 1900 notierte die britische Literaturkritikerin Jessie Belle Rittenhouse (1869–1948) hierzu:

»Wäre Dante Gabriel Rossetti, der Künstler, Dichter und Mystiker, nicht eines Tages über die Bücherstände von Piccadilly geschlendert und hätte nicht auf der Suche nach Schätzen mal in den „Farthing" und mal in die „Penny Box" gegriffen, wäre die „Rubaiyat von Omar Khayyam" zweifellos noch tiefer unter den staubi-

Dichter Omar Khayyam und seinem Übersetzter den ewigen Weltruhm einbrachte. Das so genannte ‚Bodleian Manuscript' diente fortan vielen Übersetzerinnen und Übersetzern weltweit als Vorlage.

Das Kalkutta-Manuskript

1864 entdeckte Edward Byles Cowell, der von 1856 bis 1867 als Professor für Neuere Geschichte und Politische Ökonomie am Presidency College in Kalkutta tätig war, ein Manuskript, das als ‚Calcutta Manuscript' bekannt wurde. Es enthielt 511 Rūbāʿis, die alle Khayyam zugeschrieben wurden.

Im Gegensatz zum Manuskript ‚MS. Ouseley 140' wurde der Text des Kalkutta-Manuskripts nie vollständig ins Englische übersetzt, sondern nur Teile daraus wurden von dem englischen Schriftsteller und Sprachgelehrten Edward Heron-Allen (1861–1943) ins Englische übertragen und in "*Edward Fitzgerald's Rubâ'iyât of Omar Khayyâm*" (1899) veröffentlicht. Eine zweite Übersetzung aus diesem Manuskript war „*The Romance of the Rubáiyát*" des britischen Orientalisten Arthur J. Arberry (1905–1969) aus dem Jahre 1959. Darin befanden sich die Übersetzungen von 69 Rūbāʿis.

Zwei Handschriften aus den Jahren 1949/1950

Die Entdeckung einer Handschrift aus dem Jahre 1207 (also 76 Jahre nach Khayyams Tod) im Jahre 1949 und einer zweiten aus dem Jahre 1259 (das heißt 128 Jahre nach Khayyams Tod) im Jahre 1950 zog die Aufmerksamkeit der Fachwelt auf sich. Die erste Handschrift, verfasst von einem Schreiber namens Ghyāsseddīn Mohammad[634], die 251 Rūbāʿis enthielt, befindet sich heute in Cambridge.[635] Die zweite Handschrift, angefertigt von einem gewissen Mohammad Qawām

gen Stapeln unverkäuflicher alter Bücher versunken und hätte ein weiteres Jahrzehnt auf einen Entdecker gewartet.«
Siehe: Jessie B. Rittenhouse: „*The Rubaiyat of Omar Khayyam Comprising the Metrical* Translations by *Edward FitzGerald* and *E.H. Whinfield and the prose version of Justin Huntly McCarthy*". Boston. Little, Brown and Company, MDCCCC, p. vii.

634 غياث الدين محمد بن يوسف بن على

635 „*The Ruba'iyat of Omar Khayyam. Edited from a Newly Discovered Manuscript*", London, 1949.

Nīschaburī[636], enthielt 172 Rūbā'is und gehört heute zur Sammlung des US-amerikanischen Sammler Sir Alfred Chester Beatty (1875–1968) in Dublin.[637]

Arthur J. Arberry, der sich intensive mit den beiden Neuentdeckungen befasst hatte, kam aufgrund seiner Untersuchungen schließlich zu dem Ergebnis, dass Khayyam etwa 750 Rūbā'is verfasst haben muss. Die beiden Handschriften wurden jedoch bald als Fälschungen des 20. Jahrhunderts entlarvt!

Das persische Rūbā'i und seine Merkmale

Die Gedichtform Rūbā'i hat sich zu allen Zeiten und unter allen Bevölkerungsschichten Persiens stets großer Beliebtheit erfreut. Viele berühmte Dichterinnen und Dichter haben sich im Laufe der Jahrhunderte dieser poetischen Gattung bedient, weil sie in ihr ihre Gedanken und dichterischen Ambitionen kurz und prägnant zum Ausdruck bringen konnten. Auch junge Möchtegern-Dichter haben zum Zweck der Stegreifdichtung diese Versform herangezogen. Ebenso Gelehrte und Philosophen haben die Vierzeilerdichtung sehr zu schätzen gewusst und den anderen Gedichtsgattungen vorgezogen, da sie ihnen besonders geeignet erschien für epigrammatische Sinnsprüche. Sufis und Mystiker haben ebenfalls mit besonderer Vorliebe Rūbā'is gedichtet, die sie dann während ihres mystischen Reigens – begleitet von der persischen Längsflöte Ney und Rahmentrommel Daff – so lange vor sich murmelten, bis sie in Ekstase gerieten. Für die einfachen und ungebildeten Menschen waren Rūbā'is zu allen Zeiten die beliebteste Versform, weil sie leicht zu merken und zu imitieren sind. Mehr noch, mit dieser Dichtungsart konnten sie am leichtesten ihren angestauten Unmut über die erlittene Unterdrückung und erduldete Ungerechtigkeit bissig ausdrücken.

In dem bereits zitierten Werk von Ghays Rāzī „*Eine Abhandlung über die Prosodie und Dichtkunst der Perser*“ heißt es:

»Alles Volk war von dieser Art Dichtung [Rūbā'i] begeistert, Gelehrte sowie einfache Menschen, Fromme sowie Sünder, Gute sowie Böse waren von ihr entzückt. Diejenigen, die groben Gemüts waren, die Poesie nicht von Prosa

---

636 محمد قوام نیشابوری

637 „*The Rubaiyat of Omar Khayyâm: Edited from a newly discovered Manuscript dated 658 (1259–60) in the possession of A. Chester Beatty by A.J. Arberry with comparative English versions by Edward Fitzgerald, E.H. Whinfield*“, published by Emery Walker Limited, London, 1949.

unterscheiden konnten, und die von Dichtung und Vermaß keine Ahnung hatten, nahmen die Melodien zum Vorwand und ergaben sich dem Tanz hin. Diejenigen, die toten Gemüts waren und eines Esels Gebrüll nicht vom Gezwitscher des Märchenvogels Mussighar[638] unterscheiden konnten, waren von dem Robaī zugetan. Unberührte, reine Mädchen zerschlugen beim Erklingen dieser Weisen das Gebäude ihrer Unschuld, und so manches Mädchen zerriss aus Liebe zu den Robaīyat das Hemd ihrer Jungfräulichkeit. In der Tat steht seit Khalil [Abraham] kein Rhythmus dem Herzen näher als der des Robaī.«[639]

Aus den obigen Ausführungen geht hervor, dass die Vierzeilerdichtung auf eine lange Tradition in der Geschichte der persischen Dichtkunst zurückblickt.

Khayyam, der zweifellos alle poetischen Gattungen der persischen Dichtkunst beherrschte, entschied sich aber, seinem Naturell entsprechend, für die Vierzeilerdichtung. Er war von Natur aus einsilbig und wenig zum Reden aufgelegt. Mehr noch, er neigte dazu, seine Gedanken und Gefühle prägnant und treffend in logischer Reihenfolge auszudrücken. Die Vorliebe für tiefsinnige Sprüche in gedrängter Form war ihm besonders eigen. So konnte er seinen poetischen Genius am besten in Form von Rūbā'is unter Beweis stellen und darin sein geistiges Gebäude aufbauen. In diesem Sinne stellte der deutsche Philologe, Orientalist und Iranist Paul Horn (1863–1908) Folgendes fest:

»In Omar Chajjäm haben sich Wissenschaft und Poesie in der seltensten Weise vereinigt, er hat die Form des Rubäis auf die höchste Höhe gehoben, die dies je erreicht hat. Für kurzen Gedankenausdruck ist diese Versform geeignet wie keine zweite. Was Omar in ihr zu sagen wusste, waren die tiefsten, kühnsten Ideen, die gerade in der Prägnanz des Vierzeilers so gewaltig wirken mussten.«[640]

Khayyams Rūbā'ijāt lassen den inneren Zusammenhang seiner streng geordneten Gedankenfolge klar erkennen. Die ersten beiden Zeilen jedes seiner Rūbā'is sind durch gemeinsamen Reim (***a a***) miteinander verbunden und stellen die Einleitung zu der Problematik dar, deren Darlegung ihm am Herzen liegt. Die dritte Zeile, die meist nicht reimend ist (***b***), wirft einen neuen, überraschenden Gedanken, ja oft einen Gegensatz oder ein Paradoxon, zu den ersten beiden Zeilen auf. Die vierte Zeile – reimend mit den ersten beiden Zeilen (***a***) – hebt den

---

638 Mussighar (موسیقار): In der iranischen Mythologie der Name eines Singvogels, dessen Schnabel viele Löcher hatte, and denen verschiedene Melodien herauskamen.

639 Zitiert nach: „*Hakim Omar Khayyam Robaïyat (Vierzeiler)*", op. cit., S. 19.

640 „*Geschichte der persischen Litteratur*" von Paul Horn, Leipzig, C.F. Armelangs Verlag, 1901, S. 151.

durch die dritte Zeile eingebrachten Widerspruch wieder auf und liefert die ersehnte geistvolle Auflösung, sozusagen die Pointe oder die Moral der Geschichte. So verbinden sich in Khayyams Rūbāʿijāt Sinn und Form zu einem in sich abgeschlossenen, vollendeten Kunstwerk.

Neben dem eben erörterten Reimschema ***a a b a*** finden sich bei Khayyam auch Rūbāʿis, die die Reimfolge ***a a a a*** aufweisen.[641]

Reimschema *a a b a*

Das Reimschema lautet bei Khayyam häufig ***a a b a***, das heißt die erste, die zweite und die vierte Zeile haben dasselbe Reimwort, während die dritte Zeile außerhalb des Reimes steht. Aus einer Exposition, die sich über die ersten zwei gereimten Zeilen erstreckt, aus dem Widerspruch/Widersinn, der sich in der reimlosen dritten Zeile vernehmbar macht und der Steigerung des Ganzen dient, ergibt sich die Auflösung in der vierten Zeile, die den ursprünglichen Reim wiederaufnimmt. Anhand von zwei Rūbāʿis im persischen Original wird das Gesagte näher erläutert.

Im ersten Rūbāʿi lautet das Reimwort **باش** (sei), das mit fetten Buchstaben gekennzeichnet ist:

خیام اگر ز باده مستی خوش **باش**
با لاله رخی اگر نشستی خوش **باش**
چون عاقبت کار جهان نیستی است
انگار که نیستی چو هستی خوش **باش**

Die vier deutschen Übersetzungen dieses Rūbāʿis lassen ebenfalls die Reimfolge *a a b a* klar erkennen:

Chiam! bist trunken du, bist du verliebt, sey **froh**.
Hast ein paar Tage du den Wein verehrt, sey **froh**!
Wie lange wirst du dich noch kümmern ob ich bin,
Da du nicht bist, wie wohl du bist, so lebe **froh**. (J. v. Hammer, 1818, 11)

Wenn dir das Haupt von Wein benebelt ist, sei **froh**!
Wenn eine Schöne dir die Lippen küßt, sei **froh**!
Der Erdendinge Ziel und Endpunkt ist das Nichts,
Drum denk' an dieses Nichts, und, weil du bist, sei **froh**!
(A. v. Schack, 1878, 105)

---

[641] Das Reimschema des persischen Rūbāʿis ist in der deutschen Literatur beschrieben worden, beispielsweise in den folgenden zwei Artikeln:
Wilhelm Eilers: „*Vierzeilerdichtung, persisch und außerpersisch*", Wiener Zeitschrift für die Kunde des Morgenlandes, Vol. 62 (1969), S. 209–249.
Gernot L. Windfuhr: „*Die Struktur eines Robai*", Zeitschrift der Deutschen Morgenländischen Gesellschaft 118 (1969) 1, S. 75–78.

Chajjâm, solang' du trunken bist von Wein, sei **glücklich** –
Solang' im Schoße dir ein Mägdelein, sei **glücklich** –
Und da der Dinge Ende ist das Nichts,
So bilde, daß du nichts bist, stets dir ein! Sei **glücklich**!
(W. v.d. Porten, 1927, 102)

Chajjām, bist trunken du vom Wein, sei **froh**!
Ruht die im Schoß ein Mägdlein, sei **froh**!
Bedenk, du muß wie alles andere sterben,
darum: dieweil du *hier* darfst sein, sei **froh**! (C.H. Rempis, 1935, 153)

Das zweite Rūbāʿi weist ebenfalls das Reimfolge ***a a b a*** auf, das Reimwort lautet aber رفت (ging), das ebenfalls mit fetten Buchstaben gekennzeichnet ist:

دریاب که از روح جدا خواهی **رفت**
در پردهٔ اسرار خدا خواهی **رفت**
خوش باش ندانی از کجا آمده ای
می نوش ندانی که کجا خواهی **رفت**[642]

Hab' Acht! Deine Seele wird Dir entschweben
Und der Schleier der Ewigkeit, sich vor Dir heben.
Trink Wein, denn Du weißt nicht und kannst nicht verstehen,
Woher du gekommen, wohin wirst Du gehen. (F. Bodenstedt, 18881, IX. 62)

Dann erst, wenn des Athmens ledig, du beginnst die Wanderschaft,
Schaust du die Mysterien Gottes frei von jeders Schleiers Haft.
Nicht von wannen du gekommen, weißt du – sei drum frohgelaunt;

---

[642] Das hier reproduzierte Bild dient als ein Beispiel dafür, dass manche Strophen von Khayyam auch im Westen für kalligraphische Tätowierungen herangezogen werden. Auf diesem Bild sind die beiden letzten Zeilen des obigen Rūbāʿis zu sehen:

(https://www.pinterest.com/pin/523613894178519824/)

Nicht wohin du gehen wirst, weißt du – schürfe drum den Rebensaft!
(H. Ethé, 1888, S. 13)

Sei auf der Hut! Rasch trennt sich Leib und Geist,
Und „hinterm Vorhang!" bald mit dir es heißt.
Trink', trinke, Freund, denn nichts ist von dem Warum,
Nichts vom Woher, nichts vom Wohin du weißt! (M.R. Schenck, 1897, 85)

Bedenk, daß sich dein Geist vom Körper trennt
und *hintrem* Schleier dann erst Gott erkennt.
Trink Wein und freue dich, da uns kein Mensch
den Ursprung noch das Ziel der Reise nennt! (C.H. Rempis, 1935, 171)

Wie man sieht, kommt die Reimfolge ***a a b a*** in den deutschen Übersetzungen dieses Rūbāʿis nicht vor.

Reimschema *a a a a*

Während die Reimfolge *a a b a* häufig in den Rūbāʿis Khayyams vorkommt, beobachtet man gelegentlich auch die Reimfolge *a a a a*, das heißt alle vier Zeilen haben ein und dasselbe Reimwort. Auch dieser Fall soll durch zwei Beispiele demonstriert werden.

Im ersten Rūbāʿi lautet das Reimwort هیچ (nichts) und kommt in allen vier Zeilen vor:

بنگر ز جهان چه طرف بربستم **هیچ**
وز حاصل عمر چیست در دستم **هیچ**
شمع طربم ولی چو بنشستم **هیچ**
من جام جمم ولی چو بشکستم **هیچ**

In den entsprechenden deutschen Übersetzungen kommt das Reimwort (**nichts**) nur in der von Friedrich Bodenstedt vorgelegten Übertragung in allen vier Zeilen vor:

Was von allem Erdenreichtum hab' ich nun gewonnen? **nichts**.
Was bedeutet nun die Zeit mir, die dahingeronnen? **nichts**.
Lustig lodert meines Lebens Fackel, doch, wenn sie erlischt,
Bin ich selber und sind alle die genoss'nen Wonnen **nichts**.
(A. v. Schack, 1878, 34)

Was hab' ich von den Schätzen dieser Erde gewonnen? **Nichts**!
Was blieb in der Hand von der Zeit, die entronnen? **Nichts**!
Ich bin ein Freudenfeuer, doch kommt es zum Sterben – **Nichts**!
Ich bin ein Lebensbecher, doch bricht er in Scherben, – **Nichts**!
(F. Bodenstedt, 1881, X. 6)

Die Welt durchliefst du. Was du sahst, was **Nichts**.
Was du gesehn, gehörst – ist alles **Nichts**!
Du schweifst zum All, kehrst zu der Zelle Winkel;
Und alles das ist Nichts, – doch Nichts, – doch **Nichts**. (M.R. Schenck, 1897, 47)

Was hab ich denn von all des Lebens Plagen? – **Nichts**!
Von aller meiner Müh davongetragen? – **Nichts**!
Was nützt mirs, daß ein Licht ich war, wenn ich verbrannt?
Was nützt das Glas Dschemschids, wenns doch zerschlagen? – **Nichts**.
(F. Rosen, 1909, 13)

Übrigens, von allen vier genannten Übersetzern hat nur Friedrich Rosen den legendären persischen König Dschemschid und seine Glaskugel genauso erwähnt, wie es im persischen Urtext steht. Dschemschid, der mythische Herrscher des antiken Irans, war es, der den Iranern Kultur und Zivilisation brachte und dafür sorgte, dass sie lange Zeit unter paradiesischen Bedingungen leben konnten. Er besaß, so die Legende, eine Glaskugel, in der er alle Geschehnisse in der Welt beobachten und so die okkulten Geheimnisse enträtseln konnte. Auch die geheimen Absichten und Pläne seiner Widersacher und der Gegner seines Volkes konnte er darin verfolgen, was ihn in die Lage versetzte, sein Reich rechtzeitig vor allerlei Gefahren zu schützen. Seine Herrschaftszeit wird daher in der iranischen Mythologie als das goldene Zeitalter bezeichnet. Später wurde er jedoch übermütig und hielt sich selbst für Gott, weshalb sich die Iraner gegen ihn erhoben.

Im zweiten Rūbāʿi lautet das Reimwort دی (gestern) und kommt in allen vier Zeilen vor:

خوش باش که پخته اند سودای تو **دی**
ایمن شده از همه تمنای تو **دی**
تو شاد بزی که بی تقاضای تو **دی**
دادند قرار کار فردای تو **دی**

Getrost! Er hat dich schon geboren **gestern**,
er kannte keine deiner Sorgen.
Sei fröhlich! Dein Gebet ward nicht erhört,
er sorgte für dein Heut und Morgen – **gestern** (H.G. Preconi, 1911, XXXV)

Den Lohn empfingst du für dein Sorgen – **gestern**
Vor deinen Wünschen ist geborgen – **Gestern**.
Leb froh! denn ohne daß du dich bemühst,
Bestellt geschäftig dir dein Morgen – **Gestern**. (W. v. d. Porten, 1927, 152)

Ja, all dein Leid ward dir geborgen – **gestern**!
Er lachte aller deiner Sorgen – **gestern**!
Und ohne all dein müßig Sorgen – **gestern** –
beschloß dein Tun Er für das Morgen – **gestern**! (C.H. Rempis, 1935, 63)

Sei fröhlich, gestern wurde dein Los zubereitet,
Gestern wurde man von deinem Flehen befreit.
Was soll ich die erzählen, denn gestern hat man,
Ohne dein Bitten, dein Morgen vorbereitet. (P. Pirayech, 1997, XXIV)

Wie in den deutschen Übersetzungen zu erkennen ist, kommt das Reimwort (gestern) nur in der Übersetzung von Christian Rempis in allen vier Zeilen vor.

Khayyams Rūbā'ijāt: Erkenntnisse oder Bekenntnisse?

Die Lektüre der Rūbā'ijāt Khayyams zeigt, dass er sich – philosophisch betrachtet – mit verschiedenen Themen und Aspekten des menschlichen Lebens auseinandergesetzt hat, wie Sinn oder Unsinn des Daseins in allen seinen Manifestationen, Willensfreiheit oder Determinismus, Schuld und Sühne, insbesondere aber mit der Vergänglichkeit der irdischen Welt und den Gräueltaten des Schicksals. Im Mittelpunkt all seiner Überlegungen steht der aber das Unvermeidliche, der Tod, dem sich der Mensch nolens volens fügen muss.

Khayyams Rūbā'ijāt sind somit Ausdruck der Sehnsucht eines aufrechten Mannes nach Wahrheit, des Bestrebens eines Suchenden nach dem Sinn des Lebens, des Nachsinnens eines Denkenden über die Geheimnisse des Schicksals und der Grübeleien eines Naturwissenschaftlers und Philosophen, der über Gott und die Welt sinniert in der Hoffnung, hinter das Rätsel der Schöpfung zu kommen. Als er aber zu der Erkenntnis gelangte, dass sein Unterfangen nur eine trügerische Mutmaßung war und er eigentlich einer Illusion nachjagte, versuchte er, seine Zeitgenossen zu ermutigen, das kurze irdische Leben so sinnvoll wie nur möglich zu gestalten und sich an den natürlichen Gaben des Daseins zu ergötzen.

In der Tat zelebrieren manche seiner Rūbā'is euphorisch die Lebensfreude und besingen überschwänglich den Weingenuss, um die vermeintlich oder tatsächlich erlittenen Grausamkeiten des Schicksals zu vergessen. Es sind diese Verse voller Ausgelassenheit, Unbekümmertheit und überschäumender Fröhlichkeit, die seine epikureischen Botschaften überbringen und das Motto seines Handelns verkünden: „*Carpe diem*[643]: genieße den Augenblick."

[643] »Carpe diem (wörtlich: „Pflücke den Tag") ist eine Sentenz aus der um 23 v.Chr. entstandenen Ode „An Leukonoë" des römischen Dichters Horaz (* 65 v.Chr.; † 8 v.Chr.). Sie fordert in der Schlusszeile als Fazit des Gedichts dazu auf, die knappe Lebenszeit heute zu genießen und das nicht auf den nächsten Tag zu verschieben.« (Wikipedia.Die freie Enyzklopädie).

Khayyam betrachtet die Gegenwart als den kostbarsten Moment des irdischen Lebens und ist der Ansicht, dass nur wenn der Mensch begreift, jeden Augenblick der Gegenwart sinnvoll zu nutzen und maßvoll zu genießen, wird das Leben für ihn einen Sinn ergeben. Nur so kann er die höchste Daseinsstufe und Seinsqualität erreichen. Der Mensch muss begreifen, dass der Augenblick der einzige Moment ist, der wirklich ihm gehört und den er zur Selbstvervollkommnung wahrnehmen sollte.

Die Hauptmerkmale vieler seiner Rūbāʿijāt sind Verzweiflungsausbrüche und schwermütige Klagen über die Unzulänglichkeiten des Daseins. Sie enthalten Khayyams philosophische Gedanken über die Vergänglichkeit alles Irdischen und seine erbitterten Auflehnungen gegen den religiösen Fanatismus, aber auch wagemutige, ja hochgradig ketzerische Äußerungen, die ihresgleichen in der gesamten persischen Literatur suchen. Er hadert mit Gott und macht ihn verantwortlich für alle Missstände in der Welt, auch für die Ignoranz der Menschen, die er vehement anprangert. Was aber keineswegs in allen seinen Strophen überhört oder übersehen werden darf, ist die in ihnen mehr oder minder versteckte beißende Ironie.

Dass sich Khayyams Rūbāʿijāt wegen ihrer Originalität und unerhörter Freimütigkeit heutzutage größter Beliebtheit in seinem Heimatland erfreuen und von Mund zu Mund wandern, darf nicht darüber hinwegtäuschen, dass gerade er dort wegen seiner häretischen Gedanken, aber auch seiner sinnlichen Botschaften Jahrhunderte lang als Dichter verdammt, verleumdet und abgelehnt und nur als Mathematiker und Gelehrter akzeptiert wurde. Auch heute interpretieren seine Widersacher ungeniert und schamlos seine philosophischen Grübeleien dahingehend, dass sie behaupteten, Khayyam sei angesichts der Unlösbarkeit der Geheimnisse des Schicksals und des Daseins nichts Besseres eingefallen, als den Weinrausch und den sinnlichen Genuss des Augenblicks zu propagieren.

Khayyams Rūbāʿijāt, obwohl sie sprachlich frei von jedweder Künstelei und Geziertheit sind, lassen oft unterschiedliche Interpretationsmöglichkeiten zu. Der Grund hierfür liegt vor allem darin, dass er mit Worten und Begriffen wie *Vorsehung*, *Vorbestimmung*, *Schicksal*, *Los*, *Weltrad*, *Himmel*, *Firmament* und *Zeit* operiert, die je nach ihrer Stellung im Gefüge seiner Verse mehrdeutig sein und bestimmte Assoziationen erwecken können. So ist nachvollziehbar, dass Leserinnen und Leser seiner Rūbāʿijāt diese unterschiedlich deuten. Friedrich Bodenstedt formulierte dies so:

»Der Dichter [Khayyam] ist unerschöpflich an Gedanken von neuem Gepräge, schlagenden Gleichnissen, witzigen Einfällen und überraschenden Wendungen. Ein klares Forscherauge, das immer den Kern der Dinge sucht; ein erleuchteter Geist, der doch immer nach mehr Licht verlangt; ein scharfer Verstand, der die gewöhnlichen Schulausdrücke unzugänglich findet, um das Ungewöhnliche zu bezeichnen; tiefes Gefühl und Liebe zur Wahrheit vereinen sich in ihm mit einer so lebhaften wie reichen Phantasie, die ihn beschäftigt, die Klarheit seiner Gedanken im Spiegel des Bildes eindringlich anschaulich zu machen.«[644]

Khayyams Rūbāʿijāt liegen heute ohne jeden chronologischen Anhalt in der üblichen Anordnung der persischen Diwane[645] (Gedichtsammlungen) vor, das heißt alphabetisch nach ihrem letzten Buchstaben. Die Folge ist, dass sie der Leserin/dem Leser völlig zusammengewürfelt vorkommen.

Khayyam selbst, wie bereits erwähnt, verzichtete bewusst darauf, seine Rūbāʿijāt zusammenzutragen, geschweige denn sie nach thematischen Gesichtspunkten zu ordnen. Wenn dies jedoch hier geschieht, so nur deshalb, um das Verständnis seiner Gedankengänge zu erleichtern und besser zugänglich zu machen. Dabei erfolgt die Wiedergabe der einzelnen Rūbāʿis nach dem persischen Muster, das heißt, anders als im Deutschen werden die vier Zeilen nicht untereinander, sondern paarweise mit einem kleinen Zwischenraum nebeneinander geschrieben. Dadurch erscheint jedes Rūbāʿi als zwei Langzeilen, wie die folgenden Beispiele zeigen:

ای بی خبر این جسم مُجَسَّم هیچ است   وین طارَمِ[646] نُهْ سپهرِ اَرْقَم[647] هیچ است
خوش باش که در نشیمنِ کَوْن و فَساد   وابسته به یک دمیم و آن هم هیچ است

Unwissender Mensch! Dieser Leib, aus Staub gewoben, ist Nichts;
Auch jenes Glanzgewölbe mit seinen neun Himmeln[648] dort oben, ist Nichts.
Darum genieße die Freuden des flüchtigen Lebens,
Denn auch dies athmende Sein, schnell wie gekommen, zerstoben, ist Nichts.
(F. Bodenstedt, 1881, III. 7)

---

644 „*Die Lieder und Sprüche des Omar Chajjâm* ...“, op. cit., S. XVII.

645 »Der Begriff Diwan (arabisch, persisch, osmanisch: Gedichtsammlung, Ratsversammlung, Regierungsbüro, Gerichtshof, Kanzlei, Behörde, Büro; im Deutschen in der Bedeutung *Gedichtsammlung* seit Goethe, 1819, geläufig) steht für eine Sammlung von Poesie und Prosa in der Literatur der islamischen Welt.« (Wikipedia.Die freie Enyzklopädie).

646 طارم (تارم): خانه یا کلبه چوبین.

647 اَرْقَم: مارپیسه (مار سیاهی که نقطه های سفید بر پشت دارد).

648 Nach antiker Vorstellung kreisten die sieben ‚Wandelsterne‘ Mond, Sonne, Merkur, Venus, Mars, Jupiter und Saturn um die Erde und bildeten dabei die sieben Himmelssphären (Himmelsgewölbe). Die achte Himmelssphäre war den Fixsternen vorbehalten. Darüber befand sich noch die neunte und letzte Himmelssphäre, in der das Höchste Wesen residierte.

دل سِرّ حیات اگر کماهی[649] دانست   در مرگ هم اسرار الهی دانست
امروز که با خودی ندانستی هیچ   فردا که ز خود رَوی چه خواهی دانست

Könnt'st lebend du der Welt Geheimnis fassen,
Würd'st auch im Tod von diesem Hort nicht lassen.
Was lebend du nicht fass'st, wie willst du das
Erst fassen, wenn die Sinne dir erblassen? (F. Rosen, 1909, 56)

تا چند اسیر رنگ و بو خواهی شد   چند از پی هر زشت و نکو خواهی شد
گر چشمه زمزمی و گر آب حیات   آخر به دل خاک فرو خواهی شد

Wie lange wird noch Farb' und Duft dich necken,
Von gut und schlecht das Wahre zu entdecken?
Wärst du der Quell Zemzem[650], das Lebenswasser –
Einst wirst du doch tief in der Erde stecken. (M.R. Schenck, 1897, 132)

زین دهر که بود مدتی منزل ما   نامد به جز از بلا و غم حاصل ما
افسوس که حل نگشت یك مشكل ما   رفتیم و هزار حسرت اندر دل ما

Die Zeit ist nur ein kurz Karwânserai[651],
Versuchung sind und Kummer stets dabei;
Nicht ward der Rätsel Lösung uns gegeben;
Wir gehn – im Herzen Sorgen vielerlei. (A.E. Wollheim, 1873, 4)

چون بلبل مست راه در بُستان یافت   روی گل و جام و باده را خندان یافت
آمد به زبان حال در گوشم گفت   دریاب که عمر رفته را نتوان یافت

Im Garten selbst die trunkne Nachtigall,
Bei Rosenglut und schäumenden Pokal,
Raunt mir in's Ohr: „Hab' acht und nie vergiß,
Du lebst das Leben nur ein einz'ges Mal!" (M.R. Schenck, 1897, 79)

خوش باش که دهر بی کران خواهد بود   بر چرخ قران اختران خواهد بود
خشتی که ز پیکر تو خواهند زدن   ایوان سرای دگران خواهد بود

Leb' ganz der Lust, da endlos Leid und Last!
Gestirne fliehn und nahn sich ohne Rast.
Und Ziegel macht man bald aus deinem Staube,
Um draus zu bauen andern den Palast. (M.R. Schenck, 1897, 138)

---

649 آنگونه که هست و باید باشد.

650 Arabisch زَمزَم, Brunnen im Hof der großen Moschee in Mekka. Dem Wasser des Brunnens wird ein Ursprung im Paradies nachgesagt. Nach islamischer Überlieferung ließ ihn Gott an jener Stelle entspringen, wo Hager und ihr Sohn Ismail in der Wüste dem Verdursten nahe waren. Dem Wasser des Brunnens wird ein Ursprung im Paradies nachgesagt.

651 Eine Kārwānsarāi (persisch: کاروانسرای) war eine ummauerte Herberge, in der Durchreisende nächtigen, sich mit Lebensmitteln und ihren Tieren mit Viehfutter versorgen konnten.

Die Mysterien der Schöpfung

Als Mathematiker, Astronom, Naturforscher, Philosoph und Theologe gelangte Khayyam zu der Erkenntnis, dass weder die Wissenschaften noch die Philosophie und Theologie ihm einen Weg weisen, Antworten auf die drängenden Fragen nach den Mysterien der Schöpfung zu finden. Sein scharfer Verstand und analytischer Geist offenbarten ihm gnadenlos die in diesen Denksystemen herrschenden Widersprüche. So warf er den Wissenschaftlern, Philosophen und Theologen vor, sich mit vorschnellen Scheinlösungen zufrieden zu geben anstatt einzugestehen, dass sie nur im Dunklen tappen. Denn keiner weiß, was der Mensch ist, woher er kommt, wohin er geht und was aus ihm und seiner Seele wird, wenn er die Welt verlässt. Seine Überzeugung brachte er wie folgt zum Ausdruck:

اسرار اَزَل را نه تو دانی و نه من   وین خط مُقَرمَط[652] نه تو خوانی و نه من
هست از پس پرده گفت وگوی من و تو   چون پرده برافتد نه تو مانی و نه من

Das Rätsel dieser Welt löst weder du noch ich,
Jene geheime Schrift liest weder du noch ich.
Wir wüssten beide gern, was jener Schleier birgt,
Doch wenn der Schleier fällt, bist weder du noch ich. (F. Rosen, 1909, 54)

Das Urgeheimnis liest nicht du noch ich,
die Rätselschrift erschließt nicht du noch ich.
Hinter dem Vorhang klingt's von Ich und Du,
doch hebt sich dieser, bist nicht Du noch Ich. (C.H. Rempis, 1935, 79)

Die ewigen Rätsel im Leben sind uns beiden zu hoch zu hehr,
Der Sinn von jener geheimen Schrift ist mir und dir viel zu schwer.
Man hört hinterm Vorhang reden ein wenig von dir und mir,
Doch wird der Vorhang sich heben, dann sind wir beide nicht mehr.
(M. Sommer[653], 1974, 228)

Das Geheimnis der Ewigkeit kennst weder du noch ich,
weder du noch ich können dies Rätsel lesen,
wir beide reden diesseits des Schleiers,
wenn der Schleier fällt, bleibt nichts von dir und mir. (C. Atabay, 1984, –)

Als im Jahre 1551, während der osmanischen Herrschaft, zum Andenken des osmanischen Gouverneurs Gazi Husrev-beg[654] (1480–1541)

---

652 خط ریز و درهم و ناخوانا

653 „*Der Hakim von Nischapur Omar Chajjám und seine Rubaijat. Nach alten und neuesten persischen Handschriftenfunden*" von Manuel Sommer. Guido Pressler Verlag, Wiesbaden, 1974, S. 101.

654 غازی خسرو بگ

eine Kārwānsarāi in der Ortschaft Morića Han in Sarajevo/Bosnien erbaut wurde, brachten die Bauherren eine Tafel an der Wand an, auf der das obige Rūbā'i eingraviert war (Abb. 202).

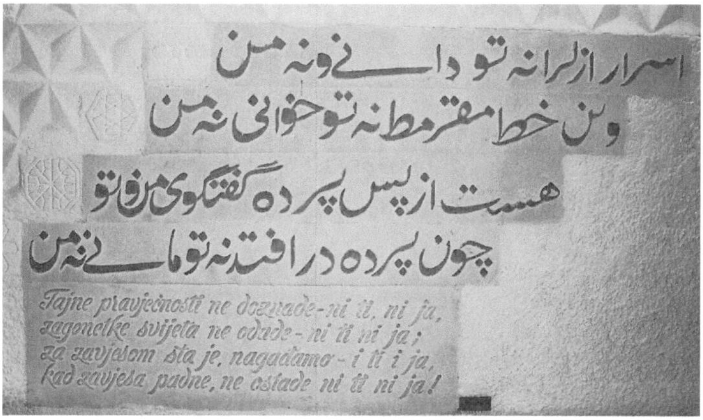

Abb. 202: Gedenktafel in der Kārwānsarāi
von Morića Han in Sarajevo/Bosnien[655]

Khayyam erkannte, dass selbst diejenigen, die den höchsten Gipfel der Bildung und Gelehrsamkeit erreicht haben und in der Gesellschaft ihresgleichen wie Sterne leuchten, nicht der undurchdringlichen Finsternis der Ahnungslosigkeit entfliehen können. Daher begnügen sie sich damit, nur Ammenmärchen zu erzählen, bevor sie in den ewigen Schlaf fallen:

آنانکه محیط فضل و آداب شدند　　در جمع کمال شمع اصحاب شدند
ره زین شب تاریک نبردند برون　　گفتند فسانه ای و در خواب شدند

Selbst Jene, die es durch Wissen und Geist und Tugend Allen zuvorgethan,
Die leuchtend ihren Schülern voran geschritten auf dieser Lebensbahn,
Nicht lüften konnten den Schleier sie, der aller Sterblichen Auge bedeckt;
Sie erzählten Fabeln und dann zum Schlummer sich hingestreckt.
(A. v. Schack, 1878, 162)

Die Edelsten, die je die Welt gelehrt,
die man noch jetzt als leuchtend Licht verehrt,
sie blieben in der Finsternis, nur Märchen
erzählten sie und sind dann heimgekehrt. (H.G. Preconi, 1911, CIII)

Denn alle, die so fürchtig fromm und brav,
die hier an Weisheit niemand übertraf,

[655] https://www.chamedanmag.com/news/224472/

entdeckten keinen Weg aus dieser Nacht,
sie schwatzten Märlein nur – schon halb im Schlaf! (C.H. Rempis, 1935, 128)

Die in den Kreis der Gelehrten traten ein,
Konnten den Gefährten eine Leuchte sein.
Aus dunkler Nacht fanden sie keinen Weg ins Licht,
Sie erzählten ein Märchen und Schliefen ein. (P. Pirayech, 1997, LXIV)

Von lähmender Resignation erfasst, akzeptierte Khayyam in aufrichtiger Bescheidenheit die unumstößliche Wahrheit, dass es niemandem jemals gelingen würde, die unendlichen Geheimnisse der Schöpfung zu enthüllen:

در پردهٔ اسرار کسی را ره نیست　　　زین تعبیه جان هیچکس آگه نیست
جز در دل خاک هیچ منزلگه نیست　　　مِی خور که چنین فسانه ها کوته نیست

Keiner hat vom Weltgeheimnis je den Schleier noch gehoben;
Uns'res Geistes Auge, ringshin ach! mit Nacht ist es umwoben;
Einen sichern Wohnort haben wir allein, im Erdenschooß;
Ach! wie viel wir sinnen mögen, dieses Räthsel ist zu groß.
(A. v. Schack, 1878, 110)

Kein Mensch kann den Schleier der Schöpfung heben,
Uns ward nur ein Obdach auf Erden gegeben,
Die auch von Geheimnissen so erfüllt,
Daß keines Menschen Geist sie enthüllt. (F. Bodenstedt, 1881, IV.1)

Kein Mensch den Vorhang lüpft, den das Geheimnis webt,
Und niemand weiß, wohin die Weltenordnung strebt.
Nur in der Erde Schoß ist sichre Ruhestätte,
Und endlos sind die Mären, darum trinkt und lebt! (W. v.d. Porten, 1927, 29)

„Kein Mensch der Rätsel Vorhang jemals lüpft;
keins löst den Knoten, den das Schicksal knüpft;
nur in der Erde Schoß ist sichere Ruh..."
Trink Wein, daß dir kein weiteres Wort entschlüpft! (C.H. Rempis, 1935, 78)

Khayyam kam die Erleuchtung, dass weder unerfahrene Jünger noch weise Lehrmeister, weder Novizen noch Experten jemals in der Lage sein werden, die ewigen Mysterien der Schöpfung zu entschleiern:

کس مشکل اسرار ازل را نگشاد　　　کس یک قدم از دایره بیرون ننهاد
چون بنگرم از مُبتدی وز استاد　　　عجزست بدست هر که از مادر زاد

Keiner ist, der in der Dinge Urgrund jemals eingedrungen,
Der sich über seines Wesens Gränze je hinausgeschwungen;
Jeden, Lehrer oder Schüler, wenn mein Geist es recht ermißt,
Unzulänglich find' ich Jeden, der vom Weib geboren ist.
(A. v. Schack, 1878, 239)

Kein Mensch erklärt die Rätsel der Natur,
Kein Mensch setzt einen Schritt nur aus der Spur,
Die seine Wesensart ihm vorschrieb und es bleibt
Der größte Meister doch ein Lehrling nur. (F. Rosen, 1909, 46)

Der Ewigkeit ward nie die Lösung abgerungen,
Kein Fuß ist jemals in die Sphären vorgedrungen.
Und seh' ich Lehrling oder Meister an, es ist
Noch keinem Menschenkind vollkommnes Werk gelungen.
(W. v. d. Porten, 1927, 72)

Keins hat das Urgeheimnis noch gelesen,
keins wich den kleinsten Schritt aus seinem Wesen.
Und schau ich Meister mir und Schüler an:
an Menschenweisheit ist noch keins genesen! (C.H. Rempis, 1935, 80)

Khayyam bezweifelte, ob die dogmatischen Anhänger der Religionen oder die eingefleischten Verfechter der Wissenschaften imstande wären, die Sinnhaftigkeit des Schöpfungsaktes zu ergründen. Vielmehr war er davon überzeugt, dass sowohl die einen als auch die anderen die falsche Fährte verfolgten:

قومی متفکرند اندر ره دین — قومی به گمان فتاده در راه یقین
می ترسم از آن که بانگ آید روزی — کای بیخبران راه نه آنست و نه این

Ueber die Religionen sinnen viele und die Glaubenssekten,
Zwischen Zuversicht und Zweifel schwanken and're fort und fort;
Doch ein Ruf wird einst ertönen: „O ihr Geistesnacht-Bedeckten,
Wißt, der wahre Weg zum Heile liegt nicht hier und liegt nicht dort."
(A. v. Schack, 1878, 8)

Um Dogmen und Satzungen streiten die einen,
Die andern um Glauben oder Verneinen.
Wer sind nun die, denen die Wahrheit sich zeigt?
Die Antwort ertönt: sie zeigt sich keinen. (F. Rosen, 1909, 53)

Da zankt um Glauben man und Richtung viel
und treibt mit Falsch und Wahr ein seichtes Spiel,
bis jäh der Ruf uns schreckt: „Ha! Narren! Narren!
nicht der, noch jener Weg, führt euch zum Ziel!" (C.H. Rempis, 1935, 126)

Einer vertieft sich in des Glaubens Pfad,
Der andere denkt, dass er Gewissheit hat.
Ich fürchte die Stimme, die eines Tages sagt:
„Ihr Narren! Weder dies noch das ist der richtige Pfad."
(P. Pirayech, 1997, CXLVI)

Die Rätselhaftigkeit des Seins

Eine Frage, die Khayyam zeitlebens beschäftigte, war die Suche nach dem Sinn des Seins. Als Philosoph versuchte er vergeblich, eine Antwort auf diese Frage zu finden. Die aufschlussreiche Erkenntnis, dass selbst die urteilsfähigsten Gelehrten vor ihm unfähig waren, dieses Rätsel zu lösen, spendete ihm einen wohltuenden Trost und inspirierte ihn zu folgendem Rūbāʿi:

اجرام که ساکنان این ایوانند — اسباب تَرَدُّد خردمندانند
هان تا سر رشتهٔ خرد گم نکنی — کایشان که مدبرند سرگردانند

Die Körper, die wir sehn im himmlischen Palast,
Sind Rätsel, die zu lösen glaubt nur ein Phantast.
Gib acht! Laß dir des Wissens Seile nicht entgleiten,
Denn selbst die Lenker manches Mal ein Schwindel faßt.

(W. v. d. Porten, 1927, 58)

Die Sterne, die Bewohner dieses Himmels sind,
Die Ursache vom Zweifel aller Weisen sind,
Gib acht, dass vom Pfad der Vernunft du nicht weichst,
Denn die, die wachsam sind, selbst Herumirrende sind.

(P. Pirayech, 1997, LXIX)

Khayyam wunderte sich darüber, warum der Weltschöpfer ihn erschaffen und ausgerechnet in diese Welt versetzt hatte. Sein Unvermögen, Gottes Absichten zu begreifen, verstärkte sich als es ihm bewusstwurde, dass er eigentlich ohne seinen Willen ins Reich des Daseins katapultiert worden war und irgendwann es auch gegen seinen Willen verlassen muss:

آورد به اِضطرارم اوّل به وجود — جز حیرتم از حیات چیزی نفزود
رفتیم به اِکراه و ندانیم چه بود — زین آمدن و بودن و رفتن مقصود

Ohne meinen Willen hat er mir zuerst das Sein gegeben
Und mit Staunen und Verwund'rung schau' ich an mein eig'nes Leben.
Uns zum Kummer aus der Welt dann werden wir hinweggerissen,
Ohne uns'res Kommens, uns'res Gehens Zweck und Ziel zu wissen.

(A. v. Schack, 1878, 12)

Ungefragt kam ich zur Welt, staunend, mich darin zu sehen;
Ungefragt muß ich hinaus, ohne sie noch zu verstehen,
Ohne nur den Grund zu ahnen meines Kommens oder Scheidens,
Und – solang ich athmend leide – dieses räthselvollen Leides.

(F. Bodenstedt, 1881, VIII. 39)

Mit Schmerzen führt'st ins Dasein Du mich ein.
Das Leben gab mir nichts als lauter Pein.

Mit Widerstreben scheid' ich. – Sprich, was war
Der Zweck von meinem Kommen, Gehn und Sein? (F. Rosen, 1909, 48)

Der mich erschuf, frug nicht nach meinem Weh,
sodaß ich staunend ob mir selber steh.
Und scheiden muss ich, ohne zu begreifen,
warum ich kam und blieb und wieder geh. (H.G. Preconi, 1911, CXLVI)

Unfähig, das erhabene Werk Gottes zu durchschauen, den er angesichts seiner unübertrefflichen Geschicklichkeit als *Urmaler des Universums*[656] bezeichnete, fragte sich Khayyam mit großer Verwunderung, welche geheimnisvollen Absichten wohl der Weltschöpfer gehegt haben könnten, ihn – natürlich symbolisch gemeint – so zu erschaffen, wie er ist:

هر چند که رنگ و بوی زیباست مرا   چون لاله رخ و چو سرو بالاست مرا
معلوم نشد که در طربخانهٔ خاک   نقاش ازل بهر چه آراست مرا

Schlank wie die Cypresse seh ich dich prangen,
Von gutem Geruch, zart wie Tulpen die Wangen,
Doch bleibt mir's ein Rätsel, warum in die Wildniß
Des Lebens der Schöpfer gezaubert dein Bildniß. (F. Bodenstedt, 1881, VI. 3)

Obwohl ich schön, vollendet von Gebärde,
Und der Cypresse oft verglichen werde,
Begreif ich nicht, wie ich dem „großen Mater"
Schien gut genug gelungen für die Erde. (M.R. Schenck, 1897, 13)

Obschon ich schön von Angesicht und Farbe bin,
tulpengleich die Wange, die Gestalt zypressengleich,
wurde es nicht klar, warum der ewige Maler
mich schmückte für das Freudenhaus aus Staub. (C. Atabay, 1984, 1)

Obwohl ER schöne Farben und Duft mir gab,
Einer Blume Antlitz, einer Tanne Wuchs ich hab.
Doch weiß ich nicht, warum in SEINER Werkstatt
Gott der Maler sich solche Müh mit mir gab. (P. Pirayech, 1997, VI)

Angesichts des unendlichen Leids, das er als Mensch auf Gottes Erden ertragen musste, grübelte Khayyam darüber, ob er die irdische Welt je betreten, bewohnt und wieder verlassen hätte, wenn er von Anbeginn die Entscheidungsfreiheit gehabt hätte? Er brauchte kaum über diese Frage nachzudenken, denn die Antwort darauf wusste er schon:

گر آمدنم به من بُدی نامدمی   ور نیز شدن به من بُدی کی شدمی
به زان نبُدی که اندر این عالم خاک   نه آمدمی نه بُدمی نه شدمی

---

[656] نقاش ازل

O wär' es nach meinem Willen gescheh'n,
Und dem Geschicke die Macht genommen,
Nie wär' ich auf diese Erde gekommen,
Noch braucht' ich wieder hinwegzugeh'n. (A. v. Schack, 1878, 33)

O, dürft' ich wollen! Hätt' ich mich entrungen
Der Welt, dem Schicksal, das mir aufgedrungen!
Daß nie ich kam! Und daß ich nie gewesen!
Daß fortzugehen, ich niemals doch gezwungen. (M.R. Schenck, 1897, 450)

Ich wäre nie gekommen, ging's nach mir,
und schiede niemals, ging's nach mir, von hier.
Noch besser wär's, man müsst in dieser Welt
nie kommen, sein und wieder gehn von ihr! (C.H. Rempis, 1935, 90)

Wenn Hiersein mein Wille wäre, ich hätt's verworfen,
wenn Fortgehen auch mein Wille wäre, warum sollt' ich gehen?
Nichts wäre besser in dieser verfallenen Schencke
als keine Ankunft, kein Aufenthalt und kein Abschied. (C. Atabay, 1984, 17)

Khayyams Verwunderung war grenzenlos, als er erkennen musste, dass weder sein Erscheinen noch sein Entschwinden der hiesigen Welt etwas bedeuten. Das Dasein hatte weder von seinem Kommen einen Nutzen, noch musste es einen Schaden hinnehmen, wenn er sich in nichts auflöste. Also wozu, fragte er sich, wurde ich erschaffen? Nur um Schmerz, Leid und Missglück zu erleben?

از آمدنم نبود گردون را سود   وز رفتن من جلال و جاهش نفزود
وز هیچ کسی نیز دو گوشم نشنود   کین آمدن و رفتنم از بهر چه بود

Nichts hat es der Welt genützt, als ich auf die Erde gekommen,
Und, geh' ich wieder hinweg, wie weiter beklagte sie's?
Viel hab' ich geforscht und gelauscht, allein noch von keinem vernommen,
Warum mich zu Leben und Tod das Schicksal hierher verstieß.
(A. v. Schack, 1878, 289)

Nichts hat die Welt, daß ich gekommen bin!
Nichts, wenn ich gehe, Ruhm nicht und Gewinn.
Warum, woher, hat nie das Ohr erfahren,
Warum, wohin, hat nie erfasst der Sinn. (M.R. Schenck, 1897, 157)

Was hat es Dir genützt, daß ich gekommen?
Was hilft's Dir, wenn Du einst mich fortgenommen?
Ach! Keines Menschen Ohr hat je vernommen,
Wozu von hier wir gehen, wozu hierher wir kommen. (F. Rosen, 1909, 49)

Was half's dem All, daß ich gekommen bin?
Wird wohl von meinem Scheiden ihm Gewinn?
Ach, nie noch hörten meine Ohren sagen
den Zweck des Kommens – und des Scheidens Sinn? (C.H. Rempis, 1935, 86)

Die Bösartigkeit des Schicksals

Es sei schlimm genug, so Khayyam, dass das Schicksal mit den Menschen so umgeht, als ob sie Spielzeuge oder Marionetten wären; viel schlimmer ist es noch, dass es sie ungerecht und hasserfüllt behandelt und nur nach ihrem Verderben trachtet:

ای چرخ فلک خرابی از کینهٔ توست   بیدادگری شیوهٔ دیرینهٔ توست
ای خاک اگر سینه تو بشکافند   بس گوهر قیمتی که در سینهٔ توست

O Schicksalsrad, dein Rollen ist Verderben,
Das herrlichste und schönste läßt Du sterben;
Grausamer als die Erde noch bist Du,
Die so viel Schätze deckt mit Erde zu! (F. Bodenstedt, 1881, V. 42)

Du Rad des Schicksals, das nie Liebe fühlte;
Das unerbittlich seinen Haß nie kühlte,
Und Erde du, – welch Schätze, ungeahnt,
Wüßt finden der, der deinen Schoß durchwühlte!
(M.R. Schenck, 1897, 21)

O Himmel, alles läßt dein Haß vergehn:
ungleiches Maß nur bietet uns dein Drehn!
O Erde, spaltet man den Busen dir,
wie manches Kleinod kann man in dir sehn! (C.H. Rempis, 1935, 68)

O Himmelsrad! aus deinem Haß entspringt Ruin!
Ungerechtigkeit ist deine alte Gewohnheit!
O Erde! mögen sie dir dein Herz spalten!
Genügend kostbares Edelgestein lagert in deiner Brust!
(D. Bellmann, 1958, S. 21)

Khayyams radikale Illusionslosigkeit und endgültige Abkehr von allen Bemäntelungen manifestieren sich in jenen Rūbāʿis, in denen er sich über die unerbittliche Grausamkeit und Boshaftigkeit des Schicksals beklagt und prophezeit, dass sich die Ungeborenen weigern würden, diese Welt zu betreten, wenn sie nur wüssten, welches Leid, die schon da Gewesenen, haben erdulden müssen. Anders ausgedrückt, Khayyam fragte sich, ob diejenigen die das Reich des Daseins noch nicht betreten haben, dies tun würden, wenn sie nur wüssten, welches Schicksal ihnen bevorstünde:

افلاک که جز غم نفزایند دگر   ننهند بجا تا نربایند دگر
ناآمدگان اگر بدانند که ما   از دهر چه می کشیم نایند دگر

Nur Leiden schafft der Himmel uns armen Verlorenen,
Die Saat zerstörend, wenn kaum der Acker bestellt;
Ach kennten unser Geschick die Ungebor'nen,
Sie kämen sicher nimmer auf diese Welt. (A. v. Schack, 1878, 192)

Der Himmel scheint nichts zu thun als uns zu quälen und grämen,
Er hat seine schönsten Gaben blos um sie wieder zu nehmen.
Die noch nicht Geborenen kennen des Lebens Qual und Gefahr nicht,
Wenn sie dies Dasein kennten, sie kämen in's Dasein gar nicht.
(F. Bodenstedt, 1881, V. 13)

Dieses Himmelsrad weiß nichts als dumpfes Brüten;
Was es erschuf, zerstört's in wildem Wüten.
O, ahnten wir das Weh, das unsrer wartet,
Wir würden uns hierher zu kommen hüten. (M.R. Schenck, 1897, 195)

Die Sterne, die nur den Kummer noch vermehren,
Lassen nichts da, dass sie nicht wieder nehmen.
Wenn jene wüssten, was wir zu leiden haben,
Würden die noch nicht kamen. Sich zu kommen wehren.
(P. Pirayech, 1997, CLI)

Angesichts der Unzulänglichkeiten des irdischen Daseins wünschte sich Khayyam, *er* besäße die Macht des Weltschöpfers! Denn dann würde er sich des göttlichen Handwerks bemächtigen, diese Welt auf den Kopf stellen und dafür eine gänzlich andere schaffen, in der die edlen und aufrichtigen Menschen sorgen- und kummerfrei glücklich leben könnten:

گر بر فلکم دست بُدی چون یزدان   برداشتمی من این فلک را ز میان
از نو فلکی دگر چُنان ساختمی   کازاده بکام دل رسیدی آسان

Wenn Gott die Macht, die selbst er hat, mir gönnte,
Die jetz'ge Welt würd' ich alsbald vernichten,
Und eine andere daraus errichten,
Darin der Mensch nach Wunsche leben könnte. (A. v. Schack, 1878, 11)

Hätt' ich die Macht, wie Er, Im Weltgefüge,
In tausend Stücke ich die Erde schlüge,
Und machte sie, daß sie den Herzenswünschen
Des freuen Menschen besser Rechnung trüge. (M.R. Schenck, 1897, 340)

Könnt ich walten wie Gott im Himmelzelt
Ich hätt' es schon längst auf den Kopf gestellt,
Um ein anderes zu bauen, wie ich es verstehe,
Welches ganz nach den Wünschen der Menschen sich drehe.
(F. Bodenstedt, 1881, VI. 25)

Ach, wär uns doch zu eigen Gottes Walten,
ich wollte wahrlich diesen Himmel spalten
in tausend Stücke und ihn dann im Nu
nach unsres Herzens Sehnsucht neu gestalten! (C.H. Rempis, 1935, 82)

Die göttliche Vorsehung

Die göttliche Vorsehung, also jene geheimnisvolle und unsichtbare Macht, die unerbittlich das Schicksal der Menschen, ihre Tugenden und Sünden am Tage der anfangslosen Ewigkeit vorherbestimmt hat, war eine weitere brennende Frage, mit der sich Khayyam zeit seines Lebens beschäftigte. Können die Menschen überhaupt etwas Anderes tun, als wozu sie für alle Ewigkeiten verdammt sind?

بر لوحِ نشانِ بودنی ها بودست   پیوسته قلم ز نیک و بد فرسودست
در روز ازل هر آنچه بایست بداد   غم خوردن و کوشیدنِ ما بیهودست

Des Ew'gen Finger schreibt der Menschen Schicksalsbuch;
Fruchtlos, ihr Frommen, ist, ihr Weisen, eu'r Versuch,
Daß ihr nur Einen Spruch, auch nur Ein Wort von denen,
Die Er geschrieben hat, auslöscht mit Euren Thränen. (A. v. Schack, 1878, 115)

Urewig vorgezeichnet ist der Dinge Kern;
Der Griffel[1)] bleibt dem Guten wie dem Bösen fern;
Was Gott als Schicksal vorbestimmt, muß sich vollenden,
Mag, wie er will, der eitle Mensch sich drehn und wenden.
(F. Bodenstedt, 1881, V. 1)

1) Der Griffel oder Pinsel, womit Gott Alles vorgezeichnet hat.

Der Griffel, der am ersten Tag geschrieben,
Der Wesen Schicksal, ist dann stehn geblieben.
Nicht mehr kann ich erreichen, als er schrieb, –
Umsonst ist all mein Streben, Hoffen, Lieben! (F. Rosen, 1909, 63)

Am Urbeginn verzeichnete den Gang des Lebens
Die Feder – unbeirrt und achtlos unsres Strebens;
Am ersten Tag bestimmte Er der Welt Geschehen,
Und unser Leiden, unser Trachten ist vergebens. (W. v. d. Porten, 1927, 31)

Khayyam war der Ansicht, dass die göttliche Vorsehung nicht nur alle Dinge im Universum in Weisheit und Liebe behütet und lenkt, sondern auch für das Missgeschick und Unglück der Menschen und für das Böse in ihrem Wesen verantwortlich ist. So scheute er sich nicht – auf der Grundlage seiner eigenen Schöpfungsvorstellungen – Gott als Ursache seiner Lebensweise zu betrachten:

از آب و گِلم سرشته ای من چکنم   وین پشم و قَصَب[657] تو رشته ای من چکنم
هر نیک و بدی که از من آید بوجود   تو بر سر من نوشته ای من چکنم

657 قَصَب: نوعی پارچه ظریف بافته شده از کتان

Wie du mich aus Wasser und Erde geformt, so hab' ich gelebt, was kann ich dafür?
Ob niedrige Wolle, ob prächt'ger Brokat, du hast mich gewebt, was kann ich dafür?
Mir im Voraus auf die Stirne schon geschrieben hast du mein Lassen und Thun,
Drum ob ich böse Thaten verübt, ob Gutes erstrebt, was kann ich dafür?
(A. v. Schack, 1878, 307)

Du hast mich erschaffen aus Wasser und Erde; was kann ich dazu?
Du schufst Alles, womit ich bekleidet werde[1]; was kann ich dazu?
All mein Gutes und Böses hast Du vorausbestimmt;
Ob und wie ich nun Leib und Seele gefährde, was kann ich dazu?
(F. Bodenstedt, 1881, II. 2)

[1] Wörtlich: Diese Wolle, diese Seide, (die ich trage) hast Du gewoben.

Aus Lehm du machst mich, – was ist da zu machen?
Webst Woll' wie Seide, – was ist da zu machen?
Das Gut' und Böse, was ich auch begehe,
Bestimmst du mir; frag' – was ist da zu machen? (M.R. Schenck, 1897, 268)

Khayyam fragte sich, wie kann es denn sein, dass der unendlich mächtige Gott Geschöpfe mit guten und bösen Eigenschaften, mit schöpferischen und destruktiven Fähigkeiten ins Dasein ruft, ihnen Leid und Glück beschert, um sie einen Augenblick später aus der Welt zu schaffen? Ist das ein Zeichen der Macht oder Ohnmacht?

نیکی و بدی که در نهاد بشرست   شادی و غمی که در قضا و قدرست
با چرخ مکن حواله کاندر ره عقل   چرخ از تو هزار بار بیچاره ترست

Klag nicht den Himmel dafür an, daß Qual
Und Lust und Weh der Liebe dich durchtoben,
Denn so verliebt wie du, nur tausendmal
Hilfloser, taumelt er dahin dort oben. (A. v. Schack 1878, 83)

Fiel Gut' und Böses dir im Leben zu,
Ward Not und Angst dir oder Glück und Ruh',
Schreib's nicht dem Weltrad zu, das Weltrad ist
Noch tausendmal ohnmächtiger als du! – (F. Rosen, 1909, 43)

Stets Gutes, Böses wird in dir entfacht,
Dir Glück und Leid vom Schicksal zugedacht.
Nicht zürne ew'ger Weisheit: Tausendfach
Ist in dir größer deine eigne Macht. (W. v. d. Porten 1927, 41)

Fiel Gut und Böse deinem Wesen zu,
gab dir das Schicksal Kummer oder Ruh,
schieb's nicht dem Weltrad zu: in der Erkenntnis
ist's tausendmal ohnmächtiger als du! (C.H. Rempis, 1935, 250)

Schuld und Sühne

Khayyam meinte, in der Prädestinationslehre den größten Widerspruch der ganzen Schöpfungsgeschichte erblicken zu können, die Unvereinbarkeit der göttlichen Güte mit seiner Erbarmungslosigkeit bei der Bestrafung seiner Geschöpfe für die Sünden, die sie seinem Willen gemäß begangen haben (wörtlich heißt bei ihm: Sünden, die er auf den Stirnen seiner Geschöpfe geschrieben hat). Sein Hadern mit Gott betraf vor allem zwei Punkte:

Erstens: Wenn das Leben des Menschen und seine Handlungen vorherbestimmt sind, wie kann dann Gott den schuldlosen Sünder für sein Vergehen zur Verantwortung ziehen?

Zweitens: Ist es wirklich Gnade, wenn Gott dem Sünder verzeiht, der ja gemäß der Vorherbestimmung gesündigt hat? Kann überhaupt von Gnade die Rede sein, wenn Gott demjenigen vergibt, der ebenfalls der Vorsehung nach, sündig gelebt hat?

Seine diesbezüglichen Überlegungen konkretisierte Khayyam am Beispiel seiner eigenen Person und sagte: »Als mich Gott aus Ton knetete, bestimmte er schon mein Streben und Handeln auf Erden im Voraus; so tat ich alles, wie er es gewollt hatte. Wie kann er mich dann am Jüngsten Tag wegen meines sündhaften Lebens mit Höllenfeuer bestrafen?«

بر رهگذرم هزار جا دام نهی   گوئی که بگیرمت اگر گام نهی
یک ذره ز حکم تو جهان خالی نیست   تو حکم کنی و عاصی ام نام نهی

Auf der einen Seite hundert Fallen hast du aufgestellt,
Auf der andern drohst mit Tod du Jedem, der in eine fällt.
Sprich, da du die Schlingen legtest, denen schwer der Mensch entgeht,
Ziemt es dir, ihn zu bestrafen, wenn er just hineingeräth?
(A. v. Schack, 1878, 168)

Von allen Seiten hast Du uns mit Schlingen bedroht
Und sprichst: wer hineinfällt, den trifft der Tod.
Du suchst selbst uns verlockende Fallen zu stellen
Und strafst dann, wen sie verlockt, als Rebellen. (F. Bodenstedt, 1881, II.22)

Erst läßt du uns zweihundert Fallen stellen,
Dann drohst du uns mit Tod und Qual der Höllen.
Du legst uns Schlingen, fluchst dann dem, der fällt,
Du bringst ihn um, und nennst ihn noch Rebellen. (M.R. Schenck, 1897, 390)

Der Du den Menschen ihren Weg auf Erden
mit Gruben und Fallstricken lässt gefährden,
der alles um sie her vorausbestimmt,
Du willst sie strafen, wenn sie sündig werden? (H.G. Preconi, 1911, CXXVIII)

Khayyams Gottesbegriff ertrug nicht die engen Fesseln des religiösen Dogmas und Aberglaubens, der Drohungen und Verheißungen. So erflehte er Gott, ihm zu verraten, wer auf dieser Welt keine Sünde begangen hat, und sollte es einen so unschuldigen Menschen je gegeben haben, möge er ihm schildern, wie dieser Mensch wohl gelebt hat:

ناکرده گنه در این جهان کیست بگو   آن کس که گنه نکرد چون زیست بگو
من بد کنم و تو بد مکافات دهی   پس فرق میان من و تو چیست بگو

Nie war ein Mensch noch sündenlos, ob Weib nun oder Mann,
Da, ohne Sünde zu begeh'n, man nimmer leben kann.
Wenn du für Böses, das ich that, mit Bösem mich bestrafst,
Wo ist denn zwischen mir und dir der Unterschied? sag' an!
(A. v. Schack, 1878)

Wo ist der Mensch, der nie gesündigt hienieden? Das sage mir!
Wie lebte der, der alle Sünden gemieden? Das sage mir!
Thu' ich Böses, und du vergilt es mit Bösem?
Wodurch sind wir Beide denn unterschieden? Das sage mir!
(F. Bodenstedt, 1881, III. 7)

Wo ist ein Mensch, der schuldlos, sage mir!
Wie könnt' er leben ohne Sünde hier? –
Wenn du mit Bösem mich für Böses strafst,
Sag', welcher Unterschied ist zwischen mir und dir?
(M.R. Schenck, 1897, 356)

Wo ist, wer stets die Sünde mied? – Sag an!
Wer nie vom Wege ab geriet? – Sag an!
Ich tue Böses und Du lohnst mit Bösem,
So zwischen uns den Unterschied – sag an! (C.H. Rempis, 1935, 109)

Die paradiesischen Verheißungen

Khayyam kannte das heilige Buch der Muslime wie kein anderer, ebenso die darin den Gottesfürchtigen versprochenen Belohnungen im Jenseits (Koran, Sure 2:25). Er hatte auch beste Kenntnis über die Höllenqualen, die den Sündern und denjenigen bevorstanden, die in ihrem irdischen Leben gegen göttliche Gebote verstoßen hatten. Dennoch dachte er nicht daran, sich den Verheißungen und Drohungen hinzugeben, vielmehr nahm er sich vor, sein kurzes Leben soweit wie möglich genussvoll zu leben:

گویند بهشت و حور و کوثر باشد   جوی مِی و شیر و شهد و شکر باشد
پر کن قدح باده و بر دستم نه   نقدی ز هزار نسیه خوشتر باشد

Anmerkung: Zum besseren Verständnis dieses Rūbāʿi sei Folgendes vorausgeschickt:

Huris[658] (auch Houris oder Ḥūrīs geschrieben) sind unberührte, ewig jungfräuliche Mädchen von schönem Körper mit schwellenden weißen Brüsten, die im Paradies die Seligen mit ihrer Anwesenheit beglücken.

Das Wort *Kowsar*[659] (auch als *Kauthar Chautsar* bzw. *Kossar* wiedergegeben) bedeutet im Arabischen Überfülle; im Koran ist es der Name eines Flusses im Paradies, dessen kristallklares Wasser süß, wohlriechend und voller Segen ist. Die Seligen, die davon trinken, werden nie mehr durstig sein, und die Trinkbecher, aus denen sie trinken, sind aus Gold und Silber.[660]

Im Paradies verheißt ihr mit schwarzäugiger Huris Küsse,
Von Wein und Honig, sagt ihr, sei dort voll das Bett der Flüsse.
Schnell her das Glas! Mehr werth ist mir ein jetziger Genuß
Als eine ganze Million zukünftiger Genüsse. (A. v. Schack, 1878, 97)

Ein Paradies, sagt man, es geben müsse,
Wo Chautsar rinnt und süßen Weines Flüsse!
Rasch füllt den Krug! Der Gegenwart Genuß
Wieg mehr als tausend künftige Genüssen. (M.R. Schenck, 1897, 169)

Man sagt, es giebt ein Paradies, wo Huris uns umschlingen,
Wo klarer Wein und Honig fließt und Lebensquellen springen.
Bring' Wein! Mir scheint um fernes Glück zu dursten nicht vernünftig:
Ein Tag der Freude ist mir jetzt mehr werth als tausend künftig.
(F. Bodenstedt, 1881, II.19)

Man spricht vom Kossar, von Huris, vom Paradies,
Von Wein, Milch und Honig, das in Strömen fließt,
Füll mit Wein mir den Becher und reich ihn mir her,
Tausendmal lieber als Verheißungen ist mir dies. (P. Pirayech, 1997, XCI)

Khayyam ging noch weiter und deutete durch die Blumen, dass ein Paradies mit Bächen voller Milch, Honig und Huris ein Märchen sei, das sich wie der laute Klang einer Trommel nur aus der Ferne gut anhört:

---

[658] حوری

[659] کوثر

[660] Koran (Sūra 47:15): »Darin [im Paradies] sind Bäche mit Wasser, das nicht schal wird, und Bäche mit Milch, deren Geschmack sich nicht ändert, und Bäche mit Wein, der köstlich ist für diejenigen, die (davon) trinken, und Bäche mit geklärtem Honig. Und sie haben darin von allen Früchten und Vergebung von ihrem Herrn.«

گویند بهشت عَدن با حور خوشست — من می گویم که آب انگور خوشست
این نقد بگیر و دست از آن نسیه بدار — کاواز دُهُل برادر از دور خوشست[661]

Du sprichst mir von Huris, vom Paradiese,
Von Edens lusterfüllter goldner Wiese.
Geh nimm den Pfennig hin und laß mich geh'n
Von Ferne nur hört sich die Trommel schön. (J. v. Hammer, 1818, 22)

Sie sagen all', daß Huris Edens Liebreiz mehren,
Ich sag': nichts reizt mich mehr, als frohe Becher leeren.
Halt dich ans bare Geld und auf Zukunftszahlung,
'S ist besser, Trommeln aus der Ferne anzuhören. (W. v. d. Porten, 1927, 34)

Da hoffen sie aufs Paradies des Herrn,
ich aber habe nichts wie Wein so gern!
So nimm das *Bargeld* und pfeif auf den *Brief*:
die Pauke, Bruder, klingt nur schön – von fern! (H. C. Rempis, 1935, 106)

Khayyam erinnerte seine Mitmenschen an Überlieferungen, denen zufolge in den Bächen vom Paradies köstliche Weine fließen, deren Genuss nur den Seligen erlaubt sei, und dass es dort auch Flüsse voll von Milch und geläutertem Honig gebe. Er rief ihnen weiter in Erinnerung die göttliche Verheißung, wonach den Paradiesbewohnern gestattet sei, die Gesellschaft der Huris zu genießen, deren einzige Existenzberechtigung darin bestünde, die Seligen mit ihrer Anwesenheit zu verwöhnen.[662] Hieraus leitete er dann die These ab, dass es daher keine Sünde sein könne, auf Gottes Erden guten Wein zu genießen und mit lieblichen Schönheiten genussvolle Zeiten zu verbringen:

گویند بهشت و حور عین خواهد بود — وآن جا مِی ناب و انگبین خواهد بود
گر ما مِی و معشوقه گزیدیم چه باک — چون عاقبت کار همین خواهد بود

Man sagt, es giebt ein Paradies voll Huris, Honig und Wein,
Doch was erlaubt im Himmel ist, muß es auch auf Erden sein.
Sind Wein und schöne Frau'n das Ziel, wohin wir dereinst gelangen,
Worin besteht die Schuld, daß wir schon hier danach verlangen?
(F. Bodenstedt, 1881, II.18)

Man schwört uns zu, einst gäb's ein Paradies,
Wo Huris drin und Wein und Hönig süß.
So darf denn schon Wein und Weib hier lieben,
Wenn alles doch hinausläuft einst auf dies!? (M.R. Schenck, 1897, 168)

---

661 Die vierte Zeile dieses Rūbā'is: »Der Klang einer Riesentrommel hört sich nur aus der Ferne erträglich an.« hat seit Langem als Sprichwort in der persischen Sprache Einzug gehalten und bedeutet in etwa: Glauben sollte man etwas erst aufgrund eigener Erfahrung (Erst sehen, dann gleuben!).

662 Koran (Suren13:35, 47:15, 55:58 und 78:33).

Es heißt: es gebe einst den Himmelnshain
mit süßen Ḥūrī und mit lauterem Wein...
Was bangst du dann, wenn du hier trinkst und liebst,
soll's doch zu guter Letzt das Selbe sein?! (C.H. Rempis, 1935, 107)

Es heißt, es wird ein Paradies und Huris geben,
es wird dort klaren Wein und Honig geben:
Was fürchten wir, wenn wir Wein und die Liebste wählen?
Gibt es am Ende einen anderen Lohn: (C. Atabay, 1984, 85)

Khayyam rief aus, er würde an der Seite einer irdischen Huri und beim Genuss einer Schale guten Weines, nicht einmal das Wort Paradies in den Mund nehmen, geschweige denn daran zu glauben! Er würde sich auch nicht darum kümmern, was die Leute von ihm denken.

در فصل بهار اگر بتی حور سرشت   یک ساغر مِی دهد مرا بر لب کشت
هر چند به نزد عامه این باشد زشت   سگ به ز من است اگر برم نام بهشت

Im Frühling, wenn mir ein Hurisgesicht
Die Kanne Weines schäumend reicht als Schenke,
(So schändlich dies auch däucht gemeinem Wicht)
Bin ich ein Hund, wenn ich ans Paradies gedenke. (J. v. Hammer, 1818, 9)

Gönnt mir, mit dem Liebchen im Gartenrund
Zu weilen bei süßem Rebengetränke,
Und nennt mich schlimmer als einen Hund,
Wenn ferner an's Paradies ich denke! (A. v. Schack, 1878, 151)

Im Frühling mag ich gern im Grünen weilen
Und Einsamkeit mit einer Freundin theilen
Und einem Kruge Wein. Mag man mich schelten:
Ich lasse keinen anderen Himmel gelten. (F. Bodenstedt, 1881, IX59)

Wenn mir im Lenz, mich süß mit Wein zu tränken,
Ein Hurianzlitz reicht den Krug des Schenken,
So schändlich, gottlos dies auch klingen mag:
's wäre unterm Hund, ans Paradies zu denken. (M.R. Schenck, 1897, 82)

Als dichtender Philosoph rechtfertigte Khayyam seine Vorgehensweise, indem er verkündete, was *er* sich unter Hölle und Paradies vorstelle:

گردون کمری از تن فرسودهٔ ماست   جیهون اثری ز اشک پالودهٔ ماست
دوزخ شرری ز رنج بیهودهٔ ماست   فردوس دمی ز وقت آسودهٔ ماست

Das Schicksal ist ein fester Gurt, der unser armes Sein umschließt,
Mehr blut'ge Thränen weinen wir, als Wasser in dem Oxus[663] fließt;

[663] Oxus ist der Name eines Flusses im westlichen Zentralasien.

Die Hölle ist ein Funken nur der Qual, in der das Herz uns brennt,
Das Paradies nur rein Moment der Ruhe, der wird uns gegönnt.
(A. v. Schack, 1878, 269)

Nur als Gürtel schlingt das Weltall sich um unser dürftig Sein,
Eine Spur nur ist der Oxus unser blutigen Thränenpein.
Nur ein Funke ist Hölle selbsterzeugten Qualgeschicks,
Und der Himmel nur der Segen eines ruhigen Augenblicks.
(F. Bodenstedt, 1881, III. 10)

Des Himmels Gürtel hält den müden Leib umschlossen,
Dschihûn[664] [Oxus] entstand, wo meine bittren Zähren flossen;
Die Hölle ist ein Funke, wildem Gram entlockt,
Das Paradies ist kurzer Seelenruh entsprossen. (W. v. d. Porten, 1927, 33)

Das Weltrad ist ein Gurt aus unsrem Leid,
das Weltmeer [?!] Rinnsal unsrer Traurigkeit,
die Hölle nur ein Fünklein unsrer Qual,
der Himmel – Abglanz unsrer Ruhezeit! (H. C. Rempis, 1935, 81)

Khayyam erzählte: Als er einst verzweifelt nach der Hölle und dem Himmel suchte, sein Meister ihm offenbarte, wo er sie finden würde, nämlich in sich selbst:

ب‌رتر ز سپهر خاطرم روز نخست　　لوح و قلم و بهشت و دوزخ می جست
پس گفت مرا معلّم از رأی درست　　لوح و قلم و بهشت و دوزخ با تُست

Erkunden wollt' ich, wo der Garten Eden
Und wo die Hölle sei, der Marterort;
Da höhrt' ich meinen Meister also reden:
„In dir sind beide; such sie dort!" (A. v. Schack, 1878, 335)

Zum Beginn gleich wollt' ergründen, strebend über Himmel fort,
Tafel, Schreibrohr, Paradies ich und der Hölle Marterort.
Da mit wohlverständ'gem Sinne sprach mein Meister dieses Wort:
Rohr und Tafel, Höll und Eden – sie sind in dir, such' sie dort.
(H. Ethé, 1888, 12)

Nach Stein und Meißel forscht' ich, seit die Welt entstand,
Ob ihn geführt des Himmels, ob der Hölle Hand;
„Der Stein und Meißel, Himmel, Hölle" sprach der Meister
„Sind wahrlich nur Begriffe, die der Mensch erfand."
(W. v. d. Porten, 1927, 15)

Jenseits der Himmel forschte zu Beginn
nach Schicksal, Himmel, Hölle mein Gesinn.
Darnach belehrte mich der Meister, daß
ich selber Schicksal, Himmel, Hölle bin! (C.H. Rempis, 1935, 251)

---

664 جیهون (آمودریا)

Im folgenden Rūbāʿi vergleicht Khayyam zunächst die Nutz- und Zwecklosigkeit des menschlichen Tuns im Leben mit dem Versuch, Lehmziegel auf der Meeresoberfläche trocknen zu wollen, und fügt hinzu: Es sei deshalb auch gleichgültig, ob man Götzen in Tempeln oder Götter in Tempeln anbeten würde:

تا چند زنم به روی دریاها خشت　　بیزار شدم ز بت پرستان و کنشت
خیام که گفت دوزخی خواهد بود　　که رفت به دوزخ و که آمد ز بهشت

Wie wertlos ist's, laß Kiesel in den See ich fliegen,
Mich ekelt's, wenn verzückt vorm Feuer Ketzer liegen.
Chajjâm! Wer kann, daß er zur Hölle geht, behaupten?
Wer ist der Hölle, wer dem Himmel je entstiegen? (W. v. d. Porten, 1927, 18)

Wie lang noch setz ich Ziegel auf die See?
Mir tut schon längst der Dienst vor Götzen weh;
drum sagt nicht, ich komm in die Hölle – He!
wer ging zur Hölle, kam vom Himmel je? (C.H. Rempis, 1935, 93)

Wie lange noch soll ich versuchen, zu legen Ziegel auf des Meeres Oberfläche?
Überdrüssig bin ich des Bildes der Feueranbeter im Tempel!
Wer sagt, daß Hayyam ein Bewohner der Hölle sein wird?
Wer ist denn in die Hölle gegangen, wer kam vom Paradies zurück?
(D. Bellmann, 1958, S. 43)

Bis wann soll ich über Meere Ziegel legen,
Satt hab ich die, die im Tempel Götzen anbeten.
Wer fuhr je zur Hölle, wer kam aus dem Himmel,
Dass Khayyam sagt, es würde eine Hölle geben?! (P. Pirayech, 1997, XXVII)

Anmerkung: Mit dem obigen Rūbāʿi amüsierte sich Khayyam eigentlich über die infantilen Vorstellungen der Glaubenseiferer vom Paradies und von den schönen Jungfrauen und sinnlichen Genüssen, die sie dort vorfinden würden. Er war sich zugleich darüber im Klaren, dass er – gemäß der orthodoxen Überlieferung – allein für diese Hechelei im Jenseits mit ewigen Höllenfeuer bestraft werden würde. So fragte er in der dritten Zeile: »Khayyam, sage, wer hat denn behauptet, dass es eine Hölle gibt?« Dieser Fragesatz ist allerdings von einigen Übersetzern als *Khayyam sagte, dass es eine Hölle gibt* falsch gelesen und entsprechend auch falsch übersetzt worden. Die Inkorrektheit dieser Lesart geht übrigens unmittelbar aus der vierten Zeile hervor!

Khayyam interessierte die Frage nicht, ob er als Paradies- oder Höllenbewohner erschaffen wurde. Ihm reichten auf Gotteserden nur ein Laib Brot, ein Kelch Wein und eine Liebste; Himmel und Hölle überließ er den anderen!

من هیچ ندانم که مرا آنکه سرشت   از اهل بهشت گفت یا دوزخ زشت
قوتی و بتی و باده ای بر لب کشت   این هر سه مرا نقد و ترا نسیه بهشت[665]

Ich weiß nicht, wer du diesem Sein auf Erden mich erschaffen hat,
Ob es ein guter Himmelsgeist, ob es ein böser Dämon that;
Das aber weiß ich: heut erquickt mich guter Wein an Leib und Geist,
Und er in weiter Ferne liegt der Himmel, den man dir verheißt.
(A. v. Schack, 1878, 245)

Ich weiß nicht, ob, wer Lebensodem in mich blies,
Kam von der Hölle her oder vom Paradies;
Derweil ich hier bei Wein und Spiel von schöner Hand,
Was Ihr im Paradiese sucht, schon lange fand. (F. Bodenstedt, 1881, VII. 4)

Ich weiß es nicht, ob Allah will, daß ich, sein Sohn,
Dereinst im Himmel oder in der Hölle wohn';
Gib mir ein Lieb und Wein und Brot auf grünem Rasen:
Das ist mir bare Münze, du nimm Himmelslohn. (W. v. d. Porten 1927, 40)

Ich weiß wirklich nicht; machte ER, der mich schuf, dies
Für die häßliche Hölle oder das Paradies?
Der Kelch, die Liebste, die Laute am Wiesenrand,
Sind mein; dir lass ich die Verheißung aufs Paradies. (P. Pirayech, 1997, LI)

In Anspielung auf die Unredlichkeit und Volksverführung der Glaubenseiferer ermahnte Khayyam seine Mitmenschen, an die Güte des Weltschöpfers zu glauben statt an die Trugbilder von Hölle und Himmel:

در صومعه و مدرسه و دِیر و کِنِشت   ترسندهٔ دوزخ اند و جویای بهشت
آن کس که ز کردار خدا آگاه است   زین تخم در اندرون خود هیچ نکشت

In den Kirchen und den Klöstern, den Moscheen und Synagogen,
Bebt man vor der Hölle Schrecken, hofft man auf das Paradies;
Doch vom solchem Truggebild wird nimmer dessen Geist betrogen,
Den der Herr in das Geheimnis aller Dinge schauen ließ.
(A. v. Schack 1878, 133)

Moschee und Kirche lehren überein
Vom Paradies und von der Hölle Pein; –
Wie kann solch Same in dem Herzen keimen,
Das ganze durchdrungen von des Höchsten Sein? (M.R. Schenck, 1897, 46)

In Kirchen und Moschen und Synagogen
wird viel von Höll' und Himmelreich gelogen.
Doch nimmer keimt der Same „Furcht" in dem,
der das Geheimnis Gottes eingesogen. (H.G. Preconi, 1911, CXXVI)

---

665 Auch die vierte Zeile dieses Rūbā'is ist im Laufe der Zeit zu einem Sprichwort der persischen Sprache geworden: *Mir die bare Münze, dir das Paradies auf Kredit* (Lieber der Spatz in der Hand als die Taube auf dem Dach)!

Die sind in Synagoge, Kloster, Schule, Zelle,
Die auf zum Himmel schrein, aus Angst nur vor der Hölle;
Wer die Geheimnisse des Einen Gotts erfahren,
Sät tauben Samen nicht vor seines Herzens Schwelle.
(W. v. d. Porten 1927, 24)

Die Vergänglichkeit alles Irdischen

Der ewige Wechsel und Wandel irdischer Dinge bis zu ihrem Entschwinden und die Endlichkeit allen Lebens inspirierten den Dichterphilosophen Khayyam zu Versen, die vor allem die Flüchtigkeit und Zwecklosigkeit des menschlichen Daseins als unlösbares Rätsel thematisieren. Adolf von Schack drückte dies wie folgt aus:

»Eine wühlende Skepsis machte sich bald in Verzweiflungslauten, bald in sarkastischen Ausbrüchen Luft. Hier und da wird ein sanfterer Ton der Klage über die Vergänglichkeit und Hinfälligkeit alles Irdischen angeschlagen.«[666]

Wo Khayyam auch hinsah, fand er die Überbleibsel aus einer zurückliegenden Zeit und die Überreste eines ursprünglich Ganzen. So schrieb er:

آن قصر که با چرخ همی زد پهلو   بر درگه آن شهان نهادندی رو
دیدیم که بر کُنگُره اش فاخته ای   بنشسته همی گفت که کو کو کو کو

Anmerkung: Die in den deutschen Übersetzungen [↓] dieses Rūbāʿis verwendeten Ausdrücke *Taube*, *Täubchen* oder *Turteltaube* sind ungenau und unzutreffend, da im Urtext die Rede von dem Vogel Kuckuck[667] (persisch: **فاخته**) ist, dessen melodiöse Reviergesang *Ku ku* lautmalerisch in seinem persischen Namen *Kuku* integriert ist. Der Kuckucksruf *ku ku*, der auch von Weitem zu hören ist, bedeutet zugleich auf Persisch *wo ist*?, *wo ist*? Khayyam wiederholt das Wörtchen *ku* viermal in der vierten Zeile des Rūbāʿis (siehe die Übersetzung von M.R. Schenck), und dieses geistreiche Wortspiel im Persischen ist nur ein Beispiel seines dichterischen Könnens.

Dies Schloß, wie der Himmel so leuchtend, einst strotzend von Gold und
von Schätzen,
In dessen prangenden Sälen der Könige viel gethront,
Auf seine zerfallenen Zinnen jetzt seh'n wir die Taube sich setzen;
Sie girrt, als wollte sie sagen: „Wo blieben sie, die hier gewohnt?"
(A. v. Schack, 1878, 189)

---

[666] „*Strophen des Omar Chijam*", op. cit., S. 116.
[667] Ein anderer Name des Kuckkucksvogels ist: der Gauch.

Dies stolze Schloß! Einst stieg's den Himmeln zu.
Fürst kam auf Fürst, wenn einer kaum zur Ruh'.
In seinen Trümmern sitzt die Turteltaube,
Und von der Zinne ruft's: Ku-ku Ku-ku! (M.R. Schenck, 1897, 350)

War einst ein Schloss, das bis zum Himmel ragte,
Vor dessen Mauern Königsstolz verzagte,
Auf dessen Trümmern klagt jetzt des Täubchens Ruf,
Der klingt, als ob's nur wo, wo? wo, wo? Fragte. (F. Rosen, 1909, 18)

Jener Palast, der einst die Welt zum Kampf aufrief,
An deren Schwelle Könige sich verbeugten tief,
Eine Taube sahen wir auf seiner Zinne,
Die „Wo bist du? Wo bist du?" immerfort rief. (P. Pirayech, 1997, CXXXII)

Im folgenden Rūbāʿi greift Khayyam das Thema der Vergänglichkeit ein weiteres Mal auf und bringt seine Wehklage erneut zum Ausdruck:

هر جا که گلی و لاله زاری بودست — از سرخی خون شهریاری بودست
هر شاخ بنفشه کز زمین می روید — خالیست که بر رخ نگاری بودست

Wo Tulpen auf den Feldern sproßen,
Trank jeder Fleck das Blut der Großen.
Die Veilchen, die auf Wiesen prangen,
Sind Muttermaale schöner Wangen. (J. v. Hammer, 1818)

Erblickt ihr eine Rose, prächtig roth,
So denkt: darunter ruht ein mächt'ger König todt;
Und seht ihr einen Krokus blüh'n, so glaubt:
Ein schönes Weib, nun todt, verlor ihn einst vom Haupt.
(A. v. Schack 1878, 101)

Wo aus der Erde Tulpen rot entsprossen,
Ist sicher eines Königs Blut geflossen.
Und wo ein Veilchen aus der Erde blickt,
Hat einst ein holdes Auge sich geschlossen. (F. Rosen, 1909, 29)

In jedem Feld, in dem die Tulpen blühn,
Ihr Rot sie vom Blut eines Königs beziehn.
Jedes Veilchen, das aus der Erde sprießt, ist
Ein Schönheitsmal, von einer Schönen entliehn. (P. Pirayech, 1997, LX)

Khayyam wunderte sich darüber, dass der Schöpfer, der diese Welt – aus welchen Gründen auch immer – erschaffen hat, nicht zögert, sie auch zu zerstören. Er fragte verzweifelt, warum er die wundersame Tonschale, die er so meisterlich geformt hat, wieder auf den Boden wirft und zerschlägt. Im folgenden Rūbāʿi erinnert er Gott daran, dass kein Weintrinker je auf die Idee käme, die Schale, aus der er den köstlichen Rebensaft genussvoll getrunken hat, auf den Boden zu werfen und sie in Stücke zu zerbrechen:

جامی است که عقل آفرین میزندش   صد بوسه ز مهر بر جبین میزندش
این کوزه گر دهر چنین جام لطیف   می سازد و باز بر زمین میزندش

Was soll der Becher, den die Weisheit preist
und dem sie tausendfache Huld erweist,
wenn ihn der Schöpfer, der so lieblich ihn
erschuf, doch schließlich nur zur Erde schmeißt? (C.H. Rempis, 1935, 148)

Er nahm die Elemente, und Er formt' den Becher,
Daß der zur Scherbe wieder werde, schmerzt den Zecher;
Der Hals, der schlanke Fuß! Was Er aus Liebe schuf
Mit Künstlerhand, zerstört Er wieder das als Rächer?
(W. v. d. Porten, 1927, 19)

Ein Kelch ist, an dem höchste Kunst sich beflissen,
Und den Vernunft beloben muß mit hundert Küssen.
Und doch hat's Schicksal, das ihn so gemacht,
In tausend Stücke ihn am Boden zerschmissen.– (M. Sommer, 1974, 205)

Es ist ein Becher, den der erschaffende Genius formt,
Hundert zärtliche Küsse drückt er auf seinen Rand;
Dieser kosmische Töpfer erzeugt einen Becher feinster Art,
Den er dann wieder am Boden zerschlägt. (C. Atabay, 1984, 42)

Das Gleichnis vom *Töpfer* und *Gott* gehört zu den beliebtesten Metaphern, die Khayyam in seinen Rūbā'is verwendet. Die Tragik der Vergänglichkeit veranschaulicht er im Sinnbild des Töpfers, dessen Schöpfungen nichts mehr als vergängliche Waren sind. Zerbrechlichkeit steckt in der Natur dessen, was er hervorbringt. Im folgenden Rūbā'i schildert Khayyam wehmütig, wie unliebsam der Töpfer obendrein mit dem Ton umgeht, aus dem er seine zerbrechlichen Gefäße und Schalen formt:

دی کوزه گری بدیدم اندر بازار   بر تازه گِلی لگد همی زد بسیار
و آن گِل بزبان حال با او می گفت   من همچو تو بوده ام مرا نیکودار

Ich schaute gestern einem Töpfer zu,
Der schlug auf frischen Lehm gewaltig zu.
Da sprach der Lehm mit seinem eignen Wort:
Schlag' mich nicht so; bin ich denn nicht was du? (J. v. Hammer, 1818) 7

Einen Töpfer sah ich gestern im Basar,
Der ganz müthig im Stampfen von Tonerde war;
Diese schien ihm zu sagen: Freund, mich zu erweichen,
Behandle mich menschlich, ich war auch Deinesgleichen!
(F. Bodenstedt, 1881, X. 9)

Dem Töpfer sah einst im Basar ich zu,
Wie er den Lehm zerstampfte ohne Ruh'.

Da hört' ich, wie der Lehm ihn leise bat:
„Nur sachte, Bruder, einst war ich wie du.“ (F. Rosen, 1909, 20)

Jüngst sah ich einen Töpfer im Bazar,
Der unbarmherzig schlug, wie ein Barbar,
Den frischen Lehm; der stöhnt geheimnisvoll:
„Sei gut zu mir, gleich dir auch ich einst war.“ (W. v. d. Porten, 1927, 89)

Während einer archäologischen Ausgrabung, die 2009 im Auftrag der Israel Antiquities Authority und unter der Leitung von Frau Dr. Rina Avner im historischen Teil der Stadt Jerusalem durchgeführt wurde, entdeckte man das Bruchstück eines Tongefäßes, auf dem eine Schrift zu sehen war. Das Fragment war mit einer türkisfarbenen Glasur behandelt und mit floralen Mustern und schwarzen Gravuren verziert (Abb. 203).

Abb. 203: Bruchstück eines Tongefäßes beschriftet mit einer Zeile eines Rūbāʿis von Omar Khayyam (Foto: Clara Amit)[668]

Die Untersuchung des Artefakts durch Rivka Cohen-Amin von der Israel Antiquities Authority ergab, dass die Inschrift auf dem Hals des Gefäßes auf Persisch geschrieben war. Es handelt sich in der Tat um eine Zeile eines Rūbāʿis von Khayyam [↓]. Archäologen zufolge stammt dieses Gefäß aus dem 13. Jahrhundert n.Chr. (fast ein Jahrhundert nach Khayyams Tod) und wurde mit ziemlicher Sicherheit im

668 https://www.cais-soas.com/News/2009/March2009/10-03-jug.htm

Iran hergestellt.[669] Die Zeile (fett hervorgehoben) ist die vierte Zeile des folgenden Rūbāʿis:

این کوزه چو من عاشق زاری بودست در بند سر زلف نگاری بودست
این دسته که بر گردن او می بینی **دستیست که در گردن یاری بودست**

Einst schwebte dieser Krug, wie ich, in Liebesbangen,
In dunkler Locken Netz war er, wie ich, gefangen;
Und was am Hals des Krugs als Henkel du erblickst,
War eine Hand einst, die der Liebsten Hals umfangen.
(F. Rosen, 1909, 23)

Dieser Krug ist wie ich unglücklicher Liebe vergangen,
Hat hilflos am Reiz schöner Locken gehangen
Und der Henkel, den du am Halse siehst,
War ein Arm, der einst voll Liebe umfangen. (M. Sommer, 1974, 61)

Dieser Krug war einst trunken wie ich,
in die Locken der Geliebten verstrickt wie ich;
dieser Griff, den du jetzt an seiner Rundung siehst,
war eine Hand, die auf dem Nacken der Geliebten lag. (C. Atabay, 1984, –)

Unglücklich verliebt wie ich der Krug einst war,
Gefesselt von der Holden lockigem Haar.
Der Henkel, den du an seinem Halse siehst,
Ist die Hand, die am Nacken der Liebsten war. (P. Pirayech, 1997, XX)

Die Nichtigkeit des Menschen

Ein Gedanke bewegte Khayyam unentwegt. Immer wieder fragte er sich, zu welchem Zweck der Mensch erschaffen wurde und welche Stellung ihm in der Welt zugedacht war. Wurde er auf die Welt gebracht, um nur Schmerz, Unglück und Untergang zu erfahren und zu erleben. Ist Vergänglichkeit sein einziges Los?

یک قطره آب بود با دریا شد یک ذره خاک با زمین یکتا شد
آمد شدن تو اندرین عالم چیست آمد مگسی پدید و ناپیدا شد

Ein Tröpflein war und fiel ins weite Meer,
ein Stäublein kehrte zu des Sandes Heer...

[669] Tonkrüge mit beschrifteten persischen Versen sind bisher des Öfteren im Iran entdeckt worden, aber dies war das erste Mal, dass eine solche Entdeckung in Palästina gemacht wurde. Es wird angenommen, dass dieses Gefäß zu den Waren gehörte, die auf den damaligen Handelsrouten zirkulierten und ausgetauscht wurden. Es könnte aber auch eine Schenkung gewesen sein.

Und da fragst du nach unsres Daseins Ziel? –
Ein Mücklein kam und schwand und war nicht mehr! (C.H. Rempis, 1935, 3)

Es war ein Tropfen Wasser, der im Meer zerrann,
ein Staubatom, das sich mit der Erde mischte;
was ist deine Lebensspanne auf dieser Welt?
Eine Fliege erschien und wurde nicht mehr gesehen. (C. Atabay, 1984, 40)

Ein Tropfen fiel, im Meer er schwamm,
Ein Stäubchen auf der Erde zu liegen kam.
Welchen Sinn hat ein Kommen und Gehen in der Welt?
Eine Fliege kam und wieder Abschied nahm. (P. Priayech, 1997, CXI)

Das ewige Kommen und Gehen des Menschen machte dem Dichterphilosophen klar, dass er nicht mehr und nicht weniger als eine Marionette ist, deren Bewegungen von dem ewiglich agierenden Marionettenspieler vorbestimmt sind:

از روی حقیقتی نه از روی مَجاز   ما لعْبَتِگانیم و فلک لعبَت باز
بازیچه همی کنیم بر نَطع وجود   رفتیم به صندوقِ عدم یک یک باز

Nur Puppen, mit denen das Schicksal spielt, sind hier auf Erden wir,
Erkennen muss ein Jeder das, der klareren Gesichts;
Figuren auf dem Schachbrett gleich geschoben werden wir,
Dann nimmt man uns hinweg und legt uns in den Sarg des Nichts.
(A. v. Schack, 1878, 144)

Zur Puppen sind wir auf dem Schachbrett Welt,
Ein Spielzeug nur, geschoben und gestellt;
Ein Zeitvertreib! – Und hat's das Schicksal statt,
Zum Kasten wandert, Stück zu Stück gesellt. (M.R. Schenck, 1897, 231)

Die Wahrheit ist es und kein Gleichnis bloß:
wir sind die Puppen, die in Zug und Stoß
der Himmel auf dem Schachbrett *Welt* versetzt
und dann ins Kästlein legt erbarmungslos. (C.H. Rempis, 1935, 60)

Wir sind die Marionetten und das Firmament der Puppenspieler,
das ist kein Gleichnis, sondern Wirklichkeit;
eine Zeit lang spielten wir in dieser Vorstellung,
ehe wir in der Truhe der Vergessenheit verschwinden. (C. Atabay, 1984, 49)

Je mehr Khayyam über den Sinn und Zweck des irdischen Lebens nachdachte, umso mehr glaubte er, nur Sinn- und Zwecklosigkeit zu finden. Diese Erkenntnis bestärkte ihn in seiner Ansicht, dass diesseitige Dasein nur durch Vergnügung und Lustbefriedigung zu ertragen sei:

دوران جهان بی مِی و ساقی هیچ است بی زمزمه نای عراقی هیچ است
هر چند در احوال جهان می نگرم حاصل همه عشرت است و باقی هیچ است[670]

Gäb' es keinen Wein auf Erden, keinen Schall der Irak-Flöten,
Keinen Schenken, o man sollte lieber sich zur Stellen tödten!
Auf der Welt, so weit mein Auge sie durchmißt von Ost nach West,
Stich hält nur die Luft bei'm Becher; keinen Deut werth ist der Rest.
(A. v. Schack, 1878, 212)

Nichts ist Dasein ohne Sang und Wein;
Nichts ohne Schenken, Flöten und Schalmein!
Ich hab' das Ding besehn von vorn und hinten –
Nichts, nichts, was wert, – als der Genuß allein. (M.R. Schenck, 1897, 84)

Das unlösbare Rätsel des Todes

Khayyam Rūbā'ijāt sind Offenbarungen intimster Gedanken und Gefühle eines Mannes, der, rastlos nach Erkenntnis erstrebend, sein Leben größtenteils damit verbrachte, alle Wissenschaften seiner Epoche zu erlernen, um die Geheimnisse der Natur enträtseln und sie ihrer Gesamtheit begreifen zu können. In hohem Alter stellte er sich die Frage, was er wohl in seinem Bestreben nach Wissen erreicht hätte? Er kam zu der Schlussfolgerung, dass er sich zwar von einem unreifen Kind zu einem allwissenden Mann entwickelt und sich sogar eine Weile über die eigene Weisheit gefreut hatte, in Wirklichkeit aber war er aus Wasser entstanden und musste nun als Wind verschwinden:

یک چند ز کودکی باستاد شدیم یک چند باستادی خود شاد شدیم
پایان سخن نگر که ما را چه رسید چون آب در آمدیم و چون باد شدیم

Mühsam und emsig hab' ich der Weisheit Korn gesät
Und es mit eigenen Händen gepflegt; allein, mein Kind,
Nur eins ist klar mir worden, als ich die Saat gemäht:
Ich kam so wie das Wasser, und gehe wie der Wind.
(A. v. Schack, 1878, 183)

[670] Dieses Rūbā'i wird zwar von einigen Autoren Khayyam zugeschrieben, stammt jedoch mit ziemlicher Wahrscheinlichkeit von dem berühmten persischen Dichter und Prosaiker 'Ubaid Zākānī (1301–1371), der während der Herrschaftszeit Timurs in Schiras lebte. Er gilt als einer der größten Satiriker der persischen Literatur. Ihm wird nachgesagt: »Vielleicht der bemerkenswerteste parodistische und satirische Schriftsteller, den Persien je hervorgebracht hat.« Siehe: Edward G. Browne: „*A History of Persian Literature under Tartar Dominion (A.D. 1265–1502)*", Cambridge, University Press, 1920, p. 320.

Der Weisheit Samen sät' ich schon als Kind
und hielt mit eigener Hand ihn warm und lind.
Und dieses war die Frucht, die ich geerntet:
– Ich kam wie Wasser und ich geh wie Wind. – (H.G. Preconi, 1911, XXIX)

Wir liebten's, jung noch, einem Meister zuzuhören,
Der schnelle Fortschritt mußte unsrem Sinn betören,
Dies war die Rede, die noch heut' der Deutung harrt:
Ihr kamt in Wassers Flut und geht mit Windes-Chören.
(W. v.d. Porten, 1927, 121)

Als wir Kinder waren, gingen wir zum Meister eine Zeit lang,
eine Zeit lang waren wir betört von eigener Meisterschaft;
höre das Ende der Geschichte, die uns widerfuhr:
Wie Wasser strömten wir und verschmolzen mit dem Wind. (C. Atabay, 1984, –)

Khayyam, dessen Verlangen nach der Erforschung der Welträtsel unbändig zu sein schien, musste schließlich am Ende seines Lebens bitter und enttäuscht eingestehen, dass je mehr er Antworten auf seine Fragen suchte, umso mehr es ihm klar wurde, dass das Sein ihm niemals seine Geheimnisse preisgegeben hatte. Er musste niedergeschlagen zugeben, dass selbst wenn es ihm jemals gelingen würde, die schwierigsten Probleme zu lösen, niemals in der Lage sein würde, das Rätsel des Todes, dieses unvermeidbaren Endes, zu enthüllen. Dieses qualvolle Unvermögen brachte er in einem seiner Rūbāʿijāt wie folgt zum Ausdruck[671]:

از قعر گل سیاه تا اوج زحل   کردم همه مشکلات گیتی را حل
بگشادم بندهای مشکل به حیَل   هر بند گشاده شد به جز بند اجل

Zu allen Himmeln hab' ich mich gestürzt,
Am Thron Saturns mein Leben mir gewürzt
Löst' manchen Knoten, der im Weg; doch nie
Den Meisterknoten, den das Schicksal schürzt. (M.A. Schenck, 1897, 465)

Vom Erdenland durch sieben Tore trug
Mich auf Saturnus Thron der Geisterflug.
Und manches Rätsel löst' ich unterwegs,
Bis ich umsonst nach Tod und Schicksal frug. (H.G. Preconi, 1911, XXXIX)

Vom Erdengrund bis zu Saturn empor
durchdrang ich früh der Himmelsrätsel Flor
und löste ihre feinsten Knoten auf –
der Schicksalsknoten doch blieb nach wie vor! (C.H. Rempis, 1935, 77)

Vom dunklen Lehm bis hinauf zum Saturn ganz hoch,
Löste ich jedes Problem, das sich mir bot.

---

[671] Dieses Rūbāʿi wird in manchen Quellen Avicenna zugeschrieben.

Die schweren Fesseln löste ich mit vieler List,
Alle ließen sich lösen, nur nicht die vom Tod. (P. Pirayech, 1997, CXXXVIII)

Die Unredlichkeit der Glaubenseiferer

Khayyam verabscheute Frömmler und Betbrüder für ihr unaufrichtiges und irreführendes Getue und demaskierte sie in seinen Versen. Maximilian Schenck, einer der ersten Übersetzer seiner Rūbāʿijāt, beschrieb Khayyams Einstellung gegenüber den religiösen und mystischen Eiferern wie folgt:

»Von tiefem, edlem Geiste und leidenschaftlichem Herzen, beseelt für Wahrheit und Gerechtigkeit [...] verspottete Omar Formenwesen und Mystizismus des Islams. Er bekämpfte die Priesterschaft, die Mullahs[672], die sich dessen zur Irreleitung der Menge um eigenen Vorteils willen bedienten; deren verwerfliches Treiben er aus eigener Anschauung; kannte, und von denen er sich mit Abscheu abgewandt hatte.«[673]

Für die religiösen Fanatiker seiner Zeit, die er der Unwahrhaftigkeit bezichtigte und ihre Reden als törichtes, leeres Pfaffengeschwätz abtat, hatte Khayyam stets tadelnde Worte bereit. So ließ er in einem berühmt gewordenen Rūbāʿi eine Prostituierte zu Wort kommen, die eines Tages mit einem muslimischen Geistlichen ins Streitgespräch geriet und ihn mit beißender Ironie konfrontierte. Khayyams Absicht war, die Heuchelei und die Liederlichkeit der Glaubenseiferer aus dem Munde einer Dirne zu entlarven, die ihrer Sündhaftigkeit wegen in der Gesellschaft verabscheut wurden:

شیخی به زنی فاحشه گفتا مستی — هر لحظه به دام دگری پا بستی
گفتا شیخا هر آنچه گوئی هستم — آیا تو چنان که می نمائی هستی

Zu einer Dirne jüngst hört' einen Mönch ich sprechen:
„Trunksüchtig bist du, Weib, die Frechste von den Frechen!"
Zur Antwort gab sie ihm: „Das bin ich, was du meinst,
Du aber sage, Scheich[674], bist du auch, was du scheinst?"
(A. v. Schack, 1878, 249)

Ein Scheich sprach zu einem Weibe: Du bist trunken
Von Sünde und hast von Scham keinen Funken.

---

672 Der umgangssprachliche Titel *Mullah* (Persisch: Molla ملّا) wird im Iran als eine Abwertung für die schiitische Geistlichkeit verwendet.

673 *„Sprüche des Omar Chajjam ..."*, op. cit., S. 3.

674 Das arabische Wort *Scheich* (شیخ) besitzt im Persischen mehrere, darunter auch abwertende Bedeutungen, wie im vorliegenden Fall.

Die Frau sprach zum Scheich: Ich bin, wie Du meinst,
Aber bist Du in Wahrheit so fromm, wie Du scheinst?
(F. Bodenstedt, 1881, X. 18)

Zur Dirne sprach der Scheik: – Du bist voll Wein,
du läufst doch jedem gleich ins Garn hinein. –
Die Dirne drauf: – Ich bin, was du sagst,
doch ist bei dir auch Wirklichkeit der Schein? – (H.G. Preconi, 1911, XCVIII)

Ein Scheich sagte zu einer Dirne: „Du bist betrunken
Und jeden Augenblick in einer anderen Schlinge!"
Sie erwiderte: „O Scheich, ich bin was du sagst,
Bist du, was du scheinst?" (C. Atabay, 1984, 83)

In einem anderen Rūbāʿi forderte Khayyam den mächtigen Mufti[675] heraus, jenen islamischen Rechtsgelehrten, der die Befugnis hatte, unwiderrufliche Gutachten (Fatwa) über religiöse und sittliche Streitfragen abzugeben. Diesem warf er vor, den Genuss des rubinroten Weines zu vermeiden, nicht aber davor zurückzuschrecken, das Blut unschuldiger Menschen zu saugen:

ای صاحب فتوی ز تو پرکارتریم   با این همه مستی از تو هشیارتریم
تو خونِ کسان خوری و ما خونِ رَزان   انصاف بده کدام خونخوارتریم

Vergib, o Mufti, wenn ich stolz mich über dich erhebe!
Im Rausch selbst mehr Vernunft als du noch hab' ich in der That.
Nach Menschenblute dürstest du, ich nach dem Saft der Rebe;
Sag an, wer besseren Geschmack da von uns Beiden hat!
(A. v. Schack, 1878, 58)

O Mufti, Richter der Stadtbezirkung! Meine Wirkung ist besser als deine Wirkung;
Treibst Du Dein Geschäft auch zünftiger, treib' ich meins doch, im Rausch selbst, vernünftiger.
Du trinkst das Blut Aller, die an Dich glauben, und ich trinke nur das Blut der Trauben.
Richte gerecht, um zu unterscheiden, wer der Blutgierigste ist von uns Beiden. (F. Bodenstedt, 1881, VII. 19)

Dein Fleiß, o Mufti, ist nicht halb mein Fleiß!
Trotz Trunkenheit ich mich vernünftig weiß!
Du trinkst der Menschen, ich der Traube Blut;
Sprich, wem gebührt im Blutdurst wohl der Preis? (M.A. Schenck, 1897, 264)

O starrer Rechtsgelehrter, unsere Arbeit ist besser als deine,
trotz unserer Trunkenheit sind wir nüchterner als du:

---

675 Mufti, ein Rechtsgelehrter, der gemäß Sittencodex des Islam allgemeingültige religiöse Gutachten abgibt.

Du trinkst Menschenblut, wir das des Weins,
gib's zu – wer von uns ist blutdürstiger? (C. Atabay, 1984, 82)

In einem weiteren Rūbāʿi verspottete Khayyam jene Moslems, die zwar fest daran glauben, dass der Koran Gottes Wort sei, blättern aber nur selten darin. Dafür lesen sie lieber und öfter jene leuchtende Inschrift, die am Rande der Weinschale eingraviert ist!

قرآن که مهین کلام خوانند او را   گه گاه نه بر دوام خوانند او را
در خطّ پیاله آیتی هست مقیم   کاندر همه جا مدام خوانند او را

Anmerkung: Zum besseren Verständnis dieses Rūbāʿis sei Folgendes vorausgeschickt:

Historischen Berichten zufolge war es am Hofe der Sassanidenkönige (224–651 n.Chr.) gängige Praxis, dass die Höflinge ihre Weinbecher, auf denen bis zu sieben parallelen Linien eingezeichnet waren, stets bei sich trugen. Jede Linie hatte einen bestimmten Namen und kennzeichnete eine bestimmte Menge Wein. Jeder Höfling ließ sich nur so viel Wein von dem Weinschenken einschenken, den er zu vertragen glaubte, ohne die Beherrschung über sich in Anwesenheit des Königs zu verlieren. Dies tat er, indem er gleich bei der Ankunft am Hof dem Mundschenk den Namen *seiner* Linie ins Ohr flüsterte. Solch linierte Weinbecher waren später auch in den geheimen Weinhäusern des islamischen Persiens üblich. Ein solcher Weinbecher aus Gold (Durchmesser: 7,62 cm; Höhe: 3 cm) wurde in Nahāwand (Stadt südlich von Hamadān, Iran) entdeckt und wird heute im Britisch Museum aufbewahrt. Sie (Abb. 204) stammt aus der Zeit der Seldschuken. Am oberen Rand des Weinbechers ist eine Inschrift mit kufischen Buchstaben eingraviert; sie die beschreibt Vorzüge des Weins!

Als Gottes Wort ist der Koran von je berühmt gewesen,
Doch wird er auf die Dauer nicht, nur dann und wann gelesen;
Wie anders an des Bechers Rand die hellen Inschriftworte!
Man liest sie gern zu jeder Zeit und gern an jedem Orte.
(A. v. Schack, 1878, 141)

Hoch gilt Koran, heilig weit und breit,
Doch liest man ihn nur bei Gelegenheit;
Indes' am Kelchrand lichtvoll steht ein Verschen,
Das liest man gern und oft, zu aller Zeit. (M.R. Schenck, 1897, 11)

Der Koran, als heiliges Buch geweiht,
Wird doch nur gelesen von Zeit zu Zeit;
Nur der sonnige Becher lockt immer vertraulich
Zur Quelle des Lichts, und wirkt immer erbaulich. (F. Bodenstedt, 1881, II.10)

Seht den Korân, als höchstes Wort geschätzt,
Ihn lesen heute sie zu allerletzt,
Doch liest man überall und jederzeit,
Ob in das Glas das rechte Maß geätzt. (W. v. d. Porten, 1927, 6)

Abb. 204: Goldene Weinschale aus der Zeit der Seldschuken[676]

Genieße den Augenblick!

Angesichts der Vergänglichkeit und Endlichkeit des Lebens lehnte es Khayyam ab, den natürlichen Hang der Menschen zur hedonistischen Lebensweise als Sünde zu begreifen und als verwerflich zu brandmarken. Im Gegenteil, er fand es richtig und klug, jeden Augenblick des kurzen weltlichen Daseins zu genießen und wehrte sich gegen die Auffassung, das irdische Leben sei nur der Bewährungsort für das zukünftige, himmlische und ewige Bestehen. Er propagierte deshalb die Maxime: Da du die Vergangenheit und die Zukunft nicht in der Hand hast, lebe heute:

چون عهده نمی شود کسی فردا را   حالی خوش دار این دل شیدا را
مِی نوش به نور ماهتاب ای ماه که ماه   بسیار بجوید و نیابد ما را

Anmerkung: Das persische Wort *Māh* bedeutet ‚der Mond', und da der Mond in der persischen Poesie das Sinnbild der weiblichen Schönheit ist, vergleicht Khayyam in diesem Rūbāʿi das Antlitz der irdischen Geliebten mit dem Mond. Im persischen Urtext bildet dieses Gleichnis ein geistreiches Wortspiel.

---

676 https://www.britishmuseum.org/collection/object/W_1938–1112–1

Da die Tage unsres Lebens rasch und unaufhaltsam schwinden,
Da, ob morgen wir noch atmen, Keiner uns vermag zu künden,
Laß, o du mein Mond, uns froh sein! Ach der Mond da droben wird
Oft noch um die Erde kreisen, ohne uns auf ihr zu finden!
(A. v. Schack, 1878, 96)

Da niemand uns das Morgen heut' verspricht,
Trag jetzt in düstre Herzenskammer Licht,
Schenk ein den Wein im Mondenschein! Der Mond
Wird oft uns suchen und entdeckt uns nicht. (W. v.d. Porten, 1927, 5)

Und da uns niemand steht fürs Morgen ein,
ertränkt des Lebens Bitternis im Wein
bei Mondschein, o Mond! denn dieser Mond
such bald umsonst nach uns durch Busch und Hain! (C.H. Rempis, 1935, 163)

Weil für das Morgen keiner bürgen kann,
Treib dein Herz voll Träume zur Freude an.
Trink Wein im Mondschein du Holde, denn der Mond,
Scheint wohl oft, doch trifft er uns nicht mehr an. (P. Pirayech, 1997, IV)

Die Maxime *Genieße den Augenblick* schwingt in dem folgenden Rūbāʿi noch intensiver mit:

هنگام سپیده دم خروس سحری   دانی که چرا همی کند نوحه گری
یعنی که نمودند در آیینۀ صبح   کز عمر شبی گذشت و تو بیخبری

Wißt ihr, warum der Hahn im Hof am Morgen jedes Tages kräht?
Ich will euch deuten seinen Ruf, daß ihr ihn rechten Sinn's versteht.
Er sagt, daß wieder eine Nacht des Lebens euch verstrichen ist,
Und daß ihr immer noch nichts wißt. (A. v. Schack, 1878, 224)

Weißt Du, warum so beständig der Hahn
Seine Stimme erhebt bei des Morgens Nahn?
Er kräht, daß schon wieder die Nacht entschwindet
Und der kommende Tag Dich nicht klüger findet. (F. Bodenstedt, 1888, X. 1)

Und als der Hahn gekräht, da flehten sehr
die vor der Schenke: – Gebt den Schlüssel her!
Ihr wisst, wie kurze Frist uns ist gegeben,
und wenn wir gehn, wir kehren nimmermehr. – (H.G. Preconi, 1911, II)

Uns als der Hahn rief, standen sie zu hauf
Vor der Taverne. Mach das Tor auf.
Kurz ist, ihr wißt, der uns vergönnte Tag
Und nie zurück führt unser Lebenslauf. (W. Fränzel, 1913, 3)

Khayyams Einstellung zu der Frage, ob es sinnvoll sei, sich im Gedanken mit den Vorkommnissen zu beschäftigen, die sich in der Vergangenheit ereignet haben, oder darüber zu grübeln, was alles in der Zukunft passieren könnte, spiegelt sich im folgenden Rūbāʿi wider.

Darin betont er, dass er weder an den gestrigen noch an den morgigen Tag je gedacht habe:

این یک دو سه روز نوبت عمر گذشت   چون آب به جویبار و چون باد به دشت
هرگز غم دو روز مرا یاد نگشت   روزی که نیامدست و روزی که گذشت

Ein, zwei, drei Tage – und das Leben flieht,
Dem Winde gleich, der durch die Wüste zieht.
Weg, Gram! Zwei Tage ja geniess' ich nimmer:
Den der entflohn, und den man noch nicht sieht!
(A.E. Wollheim, 1873, 13)

Pfeilschnell, wie der Sturm durch's Blachfeld[677], pfeilschnell, wie im Strom die Wogen,
Ist der Lebenstage einer wieder mir dahingezogen.
Aber um zwei Tage dennoch hab' ich nie des Grams gepflogen,
Um den Tag, der fern noch weilet, und um den, der schon verflogen.
(H. Ethé, 1888, S. 13)

Wie Wasser in dem Strom, wie Wüstenwind
Die Tage spurlos mir vergangen sind.
Zwei Tage haben niemals mich gegrämt:
Der Tag, der war, und der der Zukunft Kind. (W. v. d. Porten 1927, 20)

In ein, zwei, drei Tagen das Leben vergeht,
Das Wasser fließt zum Bach, der Wind übers Feld weht.
Nie denk ich an die zwei Tage voll Sorgen,
Der Tag, der verging und der noch bevorsteht. (P. Pirayech, 1997, XXII)

Khayyam gibt dem teuren Freund den Rat, ihm folgend, an den heutigen Tag zu denken, statt sich im Gedanken mit den Sorgen zu quälen, die vielleicht Morgen kommen könnten:

ای دوست بیا تا غم فردا نخوریم   این یک دم عمر را غنیمت شمریم
فردا که از این دیر فنا درگذریم   با هفت هزار سالگان سر بسریم

Freund! laß jeglichen Gedanken an die Zukunft uns begraben!
An der Lust des Augenblickes muß sich der Verständ'ge laben!
Morgen, wenn wir sterben müssen, werden wir Genossen derer,
Die vor siebentausend Jahren diese Welt verlassen haben.
(A. v. Schack, 1878, 308)

Den Augenblick laßt uns als Beute wahren! –
Wenn Morgen wir von dieser Wohnstatt fahren,
Sind Zeitgenossen wir von all den vielen,
Die dort von hier, seit siebentausend Jahren. (M.R. Schenck, 1897, 269)

Füll mir den Becher, der Vergessen reicht,
von Reu und Sorge sei das Heute leicht.

[677] Blachfeld: flaches, ebenes und mit Bäumen besetztem Feld.

Morgen? warum? bei siebentausend Jahren
der Vorzeit bin ich morgen schon vielleicht. (H.G. Preconi, 1911, XVI)

Kind, reich mir Wein! So wird das Herz befreit
Von aller Sorge, allem Leid.
Denn leicht gehör auch ich schon morgen zu
Den Siebentausend Jahren Vergangenheit. (W. Fränzel, 1913, 21)

Immer wieder betont Khayyam, dass niemand erahnen kann, was der morgige Tag mit sich bringen würde. Warum also trüben Gedanken nachgehen statt den Augenblick sinnvoll zu gestalten und zu nutzen:

امروز ترا دست رس فردا نیست   واندیشهٔ فردات بجز سودا نیست
ضایع مکن این دم ار دلت شیدا نیست   کاین باقی عمر را بها پیدا نیست

Den morgigen Tag kannst Du heute nicht sehn,
Schon den bloßen Gedanken daran nicht verstehn,
Drum wachsamen Geistes verbring nicht vergebens
Das unwiederbringliche Heute des Lebens! (F. Bodenstedt, 1881, V. 44)

Nicht das Morgen ist's, das hülfreich deinem Heute Glück beschert,
Durch das Grübeln um das Morgen wird die Galle nur genährt;
Laß nicht unbenutzt das Heute, ist dein Herz nicht ganz verkehrt,
Denn was sonst noch bleibt vom Leben ist nicht einen Heller werth.
(H. Ethé, 1888, S. 12)

Heut weißt du nicht, ob dir das Morgen lacht,
Der ist ein Narr, der drum sich Sorgen macht.
Ein kluger Geist nützt kühn den Augenblick,
Für dessen Dauer Bürgerschaft nie erbracht. (M.R. Schenck, 1897, 26)

Du kannst doch heute nicht das Morgen zwingen,
Um morgen bangen, kann nur Trübsal bringen;
Nur wer umnachtet, läßt den Tag verstreichen;
Wer weiß denn, wie das Leben wird verklingen! (W. v. d. Porten 1927, 12)

Der Mondschein hat immer einen besonderen Platz in der persischen Literatur und Poesie eingenommen und viele Dichter inspiriert. Sein zauberhaftes Lichtspiel am Nachthimmel zieht die Liebenden heute genauso in seinen Bann wie Jahrhunderte zuvor. In den folgenden zwei Rūbāʿis insinuiert Khayyam aber ein weiteres, makabres Gebaren des Monds und seines nächtlichen Glanzes, woran man auch denken sollte:

مهتاب به نور دامن شب بشکافت   مِی نوش دمی خوش تر از این نتوان یافت
خوش باش و بیندیش که مهتاب بسی   انـدر سر گور یک به یک خواهد تافت

Sieh, wie der Mond die Nacht zertheilt! bei seinen
Lichtstahlen froh uns wollen wir ergeh'n;

Ach! oftmals noch wird er auf Erden scheinen,
Allein vergebens, nach uns Beiden späh'n. (A. v. Schack, 1878, 3123)

Der Mond hat der Nacht schwarzes Kleid zerrissen;
Trink Wein! sei der günstigen Stunde beflissen,
Bedenke, der Mond wird noch lange leuchten,
Wenn wir uns nicht mehr die Lippen befeuchten!
(F. Bodenstedt, 1881, IX. 107)

Der Mond durchschnitt das dunkle Kleid der Nacht!
O sei doch froh, des Augenblicks hab' acht!
Derselbe Mond macht oft noch seine Reise;
Umsonst für uns, er bald zur Erde lacht. (M.R. Schenck, 1897, 94)

Da niemand uns das Morgen heut' verspricht,
Trag jetzt in düstre Herzenskammer Licht,
Schenk ein den Wein im Mondschein! Der Mond
Wird oft uns suchen und entdeckt uns nicht. (W. v. d. Porten, 1927, 5)

چون عمر همی رود چه بغداد و چه بلخ[678] پیمانه چو پر شود چه شیرین و چه تلخ
می خور که پس از من و تو ماه بسی از سلخ بـه غُرّه آید از غره به سلخ

Dies flücht'ge Leben, was verschlägt's, ob es süß ist oder herbe?
Wer sterben muß, gleich kann's ihm sein, ob hier, ob dort er sterbe;
Trink Wein! und wenn wir doch einmal zu Grabe gehen sollen,
Nach unserm Tode mag der Mond, solang er Luft hat, rollen!
(A. v. Schack 1878, 201)

Ob süß, ob herb, – was macht's – das Leben rinnt!
Ob Nischapur, ob Balkh, der Tod gewinnt!
Trink' Wein, o Freund! Noch wächst der Mond und schwindet,
Wenn du und ich schon längstgegangen sind. (M.R. Schenck, 1897, 105)

Was gilt mir Balch und was Baghdâd? Mein Sein erlischt.
Ob Süßes oder Bittres mir ward aufgetischt.
Wie gleich ist's nun; der Krug ist voll, und durch Äonen
Scheint noch der Mond, wenn unser Name längst verwischt.
(W. v. d. Porten, 1927, 47)

Was ist Baghdād? was Balch? sobald ich sterbe?
Sobald das Maß sich füllt, was süß? was herbe?
Trink Wein! Denn dieser Mond wächst noch und schwindet,
wann wir verwandelt sind zu Topf und Scherbe! (C.H. Rempis, 1935, 31)

Wie weit liegen Glaube und Unglaube, Zweifel und Gewissheit auseinander? Einen Hauch, erwidert Khayyam und warnt: Bedenke, dass das irdische Leben auch nicht länger als einen Hauch ist:

---

[678] Balkh (oder Balch) ist eine Stadt im Norden des heutigen Afghanistans.

از خانهٔ کفر تا به دین یک نفس است   از عالم شک تا به یقین یک نفس است
این یک نفس عزیز را خوش می دار   چون حاصل عمر ما همین یک نفس است

Vom Glauben zu dem Zweifel ist ein Hauch.
Vom Falschen zu dem Wahren ist ein Hauch.
Drum, froh genieße dieses Hauches Spanne,
Nichts ist das Leben als ein einz'ger Hauch. (M.R. Schenck, 1897, 20)

Vom Unglauben zum Glauben hin ist nur ein Hauch,
Wie vom Zweifel bis zur Gewissheit auch:
So mach' und der winzige Sprung keine Noth,
Trennt doch nur ein Hauch selbst das Leben vom Tod!
(F. Bodenstedt, 1888, I. 38)

Ungläubigkeit und Glauben trennt ein Hauch,
Was Zweifel ihr und Wissen nennt – ein Hauch.
Der Hauch ist köstlich, nutz' ihn fröhlich aus.
Denk, wie das Leben rasch verbrennt – ein Hauch. (H.G. Preconi, 1911, XXIV)

Ungläubigkeit und Glauben trennt – ein Hauch;
es trennt, was falsch und wahr man nennt – ein Hauch.
Nutz diesen süßen Hauch den fröhlich aus:
es ist, was man als Leben kenn – ein Hauch! (C.H. Rempis, 1935, 244)

Khayyam wundert sich über jene Menschen, die von dieser Welt nicht genug kriegen können und ungeachtet aller Unzulänglichkeiten des irdischen Daseins den Wunsch hegen, so lange wie möglich am Leben zu kleben. Er fragt:

دنیا به مراد رانده گیر آخِر چه   وین نامهٔ عمر خوانده گیر آخِر چه
گیرم که به کامِ دل بماندی صد سال   صد سال دگر بمانده گیر آخر چه

Nimm an, du wärst zum Ziel gelangt mit allem Streben – was alsdann?
Nimm an, verronnen wäre dir das süße Leben – was alsdann?
Ich setze, tausend Jahre schon nach Wunsche hättest du gelebt,
Und weitre hundert wollte Gott noch Frist dir geben – was alsdann?
(A. v. Schack, 1878, 92)

Gesetzt du lebest hundert Jahr, – was dann?
Was du gewünscht, dein eigen war, – was dann?
Und lebtest du der Jahre nochmals hundert
In lauter Glück, des Schmerzes bar; was dann? (M.R. Schenck, 1897, 372)

Nimm an, dein Leben sei ganz nach Wunsch gewesen – was dann?
Und wenn das Lebensbuch nun ausgelesen – was dann?
Nimm an, du lebtest in Freuden hundert Jahr –
Nimm meinthalb an, es seien zweihundert gewesen – was dann?
(F. Rosen, 1909, 32)

Lebt einer glücklich in der Welt – was dann?
bis ihm der letzte Tag verfällt – was dann?

Wenn einer fröhlich hundert Jahre lebte
und hundert Jahre noch erhält – was dann? (H.G. Preconi, 1911, LXVII)

Den Augenblick zu nutzen und zu genießen bedeutet für Khayyam, dass man weder an das Gestrige noch an das Morgige denken sollte; denn das eine ist bereits endgültig und unwiederbringlich vergangen, und das andere liegt im Reich des Unbekannten. Ergo, so er, verpfusche dein Leben nicht!

از دی که گذشت هیچ ازو یاد مکن   فردا که نیامده ست فریاد مکن
برنامده و گذشته بنیاد مکن   حالی خوش باش و عمر بر باد مکن[679]

Den Tag, der gestern war, vergiß!
Mach dir Gedanken nicht um morgen!
Des Augenblicks, der dir allein gewiß,
Des jetzigen, genieße ohne Sorgen! (A. v. Schack, 1878, 124)

Denk nicht der Zeiten, die vergangen sind,
und fürcht dich dessen nicht, was erst beginnt!
Freu dich von Herzen der paar Tage hier
Und schlag dein Leben niemals in den Wind! (C.H. Rempis, 1935, 235)

Den vergangnen Tag im Sinn nicht tragen,
Den kommenden Morgen nicht schon beklagen,
Auf Vergangnes und Künftiges baue nicht,
Nütz das Heute, du darfst nicht dem Leben entsagen. (M. Sommer, 1974, 169)

An das Gestern, das verging, denke nicht mehr,
Stöhn nicht über das Morgen, das nicht kam daher.
Stütz dich nicht auf das, was war und noch nicht ist,
Sei fröhlich und vergeude dein Leben nicht mehr. (P. Pirayech, 1997, XXV)

Die Lobpreisung des Weins

Unter den Rūbāʿijāt, die Khayyam zugeschrieben werden und auch ins Deutsche übersetzt worden sind, findet man viele, die pure Lobgesänge auf Wein und dessen Genuss sind. Mit großer Wahrscheinlichkeit stammen die meisten von ihnen aber nicht der Feder Khayyams, sondern der seiner Epigonen. Gründe, die diese Annahme rechtfertigen, sind zweierlei:

Zum einen fehlen diesen Rūbāʿis allzu oft die sprachliche Eleganz, die Ästhetik der Wortwahl und die ausgewogene Schönheit des

[679] Bei einem Treffen mit den Vertretern der Medien im Jahre 2007 teilte Wladimir Putin seinen Zuschauern und Zuhörern u.a. mit, dass auch Omar Khayyam sein Lieblingsdichter sei und zitierte aus seinen Rūbāʿijāt diesen Vierzeiler in russischer Sprache. Siehe Anhang 8.

Schreibstils, die so charakteristisch für die echten Rūbā'is von Khayyam sind. Zum anderen geben sie das Bild eines Mannes ab, der unentwegt und zu jedem Anlass nur damit beschäftigt ist, maßlos Wein zu sich zu nehmen, um sich zu betrinken. Wäre Khayyam von Jugend auf ein solcher Trunkenbold gewesen, wie diese Rūbā'is es suggerieren, dann wäre es wohl unerklärlich, wie er den Gipfel aller Wissenschaften seiner Zeit erklimmen und sich so zum angesehensten Universalgelehrten seiner Epoche emporarbeiten konnte.

Natürlich kannte und schätzte Khayyam die Vorzüge des Weins sehr wohl und gönnte sich auch gelegentlich im Privaten einen Mundvoll des edlen Rebensafts. Er wunderte sich sogar über die Weinhändler, die so einen köstlichen Tropfen verkaufen und fragte: Glauben sie etwa, sie könnten etwas noch Besseres dafür erkaufen?

تا زهره و مه در آسمان گشت پدید　　بهتر ز می ناب کسی هیچ ندید
من در عجبم ز مِی فروشان کایشان　　به زانکه فروشند چه خواهند خرید

Weinhändler, sprich, wie mag nur feil dir sein der flüssige Rubin?
Nichts, was nur irgend gleich ihm kommt, einhandeln kannst du ja für ihn;
Denn seit am Himmel Sonn' und Mond zuerst begannen ihre Fahrt,
Ward Köstlicheres als der Wein auf dieser Erde nicht gewahrt.
(A. v. Schack, 1878, 150)

Seit der Mond und Venus am Himmel stehn,
Ward auf Erden nichts Edleres als Wein gesehn.
Der Weinhändler ist ein erstaunlicher Mann,
Da er Besseres verkauft als er kaufen kann. (F. Bodenstedt, 1881, IX. 3)

Seit Mond und Venus ihre Bahnen gehn,
hat man was Beßres nicht als Wein gesehn.
Mich wunderts nur, daß jemand Wein verkauft!
Was kann er Beßres denn dafür erstehn? (F. Rosen, 1909, 127)

Seit Mond und Sterne hoch am Himmel gehn,
ward nichts so köstlich wie der Wein gesehn.
Ich wundre mich, wenn ich Weinhändler sehe,
was könnten sie noch besseres erstehn? (H.G. Preconi, 1911, CXXXVIII)

Khayyam bekannte in manchen seiner Rūbā'ijāt, dass maßvoller Genuss von Wein sogar bei bestimmten Anlässen unerlässlich sei. Maßvoll deshalb, weil Übertreibungen und Maßlosigkeiten seiner ausgeglichenen Wesensart fremd waren:

روزیست خوش و هوا نه گرمست و نه سرد　　ابر از رُخِ گلزار همی شوید گرْد
بلبل بزبانِ پهلوی با گلِ زرد　　فریاد همی زند که می باید خورد

Wie schön ist die Erde nun wieder überall!
Die Winde waschen den Staub von den Rosen und Nelken,

Und zu den ermatteten spricht die Nachtigall:
„Erquickt euch nun durch meinen Trank, ihr welken!“ (A. v. Schack, 1878, 284)

Weder heiß noch kalt ist’s heute, ein prächtiges Wetter:
Frisch vom Regen gewaschen prangen Rosenkelche und Blätter,
Und die Nachtigall scheint zu den gelben Blumen zu singen:
Lasset auch Ihr von dem himmlischen Naß Euch belebend durchdringen.
(F. Bodenstedt, 1881, VIII.23)

Heute ist es schön! Der Wolken leichtes Spiel,
Wäscht sanft den Staub, der auf die Rose fiel;
Und zuzurufen scheint den gelben Blumen*
Die Nachtigall: „Trinkt Wein, eh’ ihr am Ziel!“ (M.R. Schenck, 1897, 153)

* Gelben Blumen = den alten Menschen

Das Wetter klärt sich, milde Winde wehen sacht,
Die Wolke wusch die Rose zu erneuter Pracht.
Die Nachtigall in fast vergeßner Zunge spricht:
„Vergilbte Rose, Heilung such’ durch Weines Macht.“
(W. v. d. Porten, 1927, 67)

Khayyam erinnert an einen alten Brauch in Persien und empfiehlt, auf den Genuss eines edlen Weins in der Frühe nicht zu verzichten:

صبحست دمی بر مِی گلرنگ زنیم وین شیشهٔ نام و ننگ بر سنگ زنیم
دست از اَمَلِ درازِ خود باز کشیم در زلفِ دراز و دامنِ چنگ زنیم

Laßt trinken uns nun beim Morgenrot! Sagt an, was kann es uns kümmern,
Wenn Ehre und Ruf, dies vergängliche Glas, zu Scherben sich wandeln und Trümmern?
Nichts wünschen laßt auf Erden uns mehr, nein mit den leiblichen Tönen
Der Harfe wollen zufrieden wir sein und den wallenden Locken der Schönen.
(A. v. Schack, 1878, 87)

Schon athmet der Morgen, begrüßen wir froh ihn beim Weine
Und werfen des Leumunds zerbrechliches Glas auf die Steine.
Entsagen wir leicht allen schwer zu erreichenden Zielen,
Um in üppigen Locken beim Klange der Harfe zu spielen.
(F. Bodenstedt, 1881, IX.88)

Noch einen Schluck des roten Weins, es will schon tagen,
Laßt uns am Stein das Glas des guten Rufs zerschlagen,
Weist’s von der Hand, nach der Erlösung Weg zu fragen
Laßt uns, mit Liebchens Locken spielend, Laute schlagen.
(W. v. d. Porten, 1927, 118)

وقت سحر است خیز ای طُرفه پسر پر بادهٔ لعل کن بلورین ساغر
کاین یکدم عاریت در این کنج فنا بسیار بجویی و نیابی دیگر

Jüngling, auf! der Freude jage nach bei ihrem Flug, dem raschen!
Fülle mir den Becher! Siehe! wie der Himmel sich erhellt!

Später magst du noch so sehr dich müh'n, du wirst ihn nie haschen,
diesen Augenblick, den flücht'gen, in dem großen Nichts der Welt
(A. v. Schack, 1878, 140)

Das Morgenrot! Auf, auf nun, schönes Kind,
Füll' den Rubin in den Krystall geschwind!
Vergeblich suchst du bald die Augenblicke,
Die in dem Nichts uns hier beschieden sind. (M.R. Schenck, 1897, 214)

Steh auf und schau beim Schein des Morgenlichts
Im Wein den Spiegel deines Angesichts.
Denn, Knabe, diesen Augenblick erspähst du
vergeblich wieder in der Welt des Nichts. (H.G. Preconi, 1911, IV)

Als Weise wusste Khayyam aber auch zu gut, dass Wein ein wirksames und probates Mittel gegen allerlei Sorgen und Kummer ist und seinen Genießer über die Trugbilder dieser Welt hinwegsetzt; mehr noch, das Unvermeidliche vorübergehend in Vergessenheit geraten lässt:

آمد سحری ندا ز میخانه ما   کای رند خراباتی دیوانه ما
برخیز که پر کنیم پیمانه ز مِی   زآن پیش که پر کنند پیمانه ما

Ein Zauberruf aus unser'm Weinhaus scholl:
Auf Schlemmer! Schwärmer! seyd vom Wein Ihr toll?
Erwacht! lasst uns das Maß der Becher füllen,
Bevor noch unser eignes Maß ist voll! (A.E. Wollheim, 1873, 1)

Heute Morgen erscholl ein Ruf aus der Schenke:
„O Volk der Becher, meiner gedenke!
Auf! auf! mit Weine das Glas gefüllt,
Bevor das Geschick das Maaß euch füllt!" (A. v. Schack, 1878, 139)

Eine Stimme scholl Morgens zu mir aus der Schenke:
Steh auf, närr'scher Schwärmer, Dein Heil bedenke –
Füll', ehe das Maaß unsres Schicksals gefüllt ist,
Bei uns noch das Maaß mit edlem Getränke! (F. Bodenstedt, 1881, IX. 34)

Noch hing die Dämmerung am Himmelssaum,
da rief es aus der Schenke mir im Traum
Erwacht, ihr Kinder, füllt den Becher auf,
eh' euch des Lebens Saft versiegt und Schaum! – (H.G. Preconi, 1911, I)

در خواب شدم مرا خردمندی گفت   کز خواب کسی را گل شادی نشکفت
چیزی چکنی که با اجل باشد جفت   می خور که عمرها همه می باید خفت

Ein Weiser erschien mir im Traum und sprach:
„Was ahmst du den Tod im Schlafe nach?
Nicht schaffst du also dir gutes ins Haus;
Hier oben trinke, dort unten schlaf aus!" (A. v. Schack, 1878, 130)

Im Traum scholl eine Stimme mir in's Ohr:
Im Schlaf erblüht Dir nichts des Glückes Rosenflor.
Trink lieber Wein! Schlaf gleicht dem Todeszustand,
Du hast noch Zeit dazu im ewigen Ruhstand. (F. Bodenstedt, 1881, IX.49)

Ich schlief, ans Ohr der Weisheit Stimme schlug:
„Des Glückes Rose niemals Blüten trug
Dem Schläfer. Meide du des Todes Bruder!
Trink Wein! Du schläfst dereinst noch lang genug." (W. v. d. Porten, 1927, 27)

Im Schlafe lag ich – ein Weiser sprach zu mir:
„Die Rose der Freude erblühte vom Schlafe noch keinem Menschen,
warum tust du etwas, was dem Tode so gleicht?
Trink Wein! Denn ungezählte Lebenszeiten mußt du im Tode schlafen!"
(D. Bellmann, 1958, S. 25)

Khayyam findet einen weiteren Vorwand, um sein Weintrinken zu rechtfertigen:

چون آمدنم به من نَبُد روز نخست   وین رفتنِ بی مراد عَزمیست درست
برخیز و میان به بند ای ساقی چُسْت   کاندوهِ جهان به مِی فرو خواهم شست

Der Mensch kam auf die Welt und wurde nicht gefragt,
Ihn fragen wird man nicht, wenn man hinweg ihn jagt;
So gab der Himmel ihm die Traube zum Geschenke,
Damit er, weinberauscht, der Unbill nicht gedenke. (A. v. Schack, 1878, 146)

Ich kam zur Welt, mein Kismet[680] war ein harter Pfühl,
Muß wider Willen gehn ich, wer fragt, was ich fühl?!
Komm, Schenke! gürte deine Lenden, bring mir Wein,
Daß ich das Elend dieser Welt hinunterspül! (W. v. d. Porten, 1927, 21)

Da ich nicht kam durch eigenen Beschluß
und wieder ungefragt von hinnen muß,
so komm, o holder Schenke, und schenk ein,
daß ich im Wein ersäufe den Verdruß! (C.H. Rempis, 1935, 157)

Rūbā'is wie die obigen, veranlassten Adolf von Schack zu folgender Bemerkung:

»Die Klagen unseres Persers [Khayyam] über die Nichtigkeit der ganzen Erscheinungswelt, über die Leerheit alles Strebens und die Unmöglichkeit dauernder Befriedigung zeigen, wie alt der sogenannte Weltschmerz[681] ist, von dem Viel glauben, er sei ein Produkt der neuesten Zeit.«[682]

---

680 Kismet (arabisch: قسمة): Der Anteil des Menschen von dem von Allah zugeteilte Los.

681 Der Begriff *Weltschmerz* wurde erstmalig vom deutschen Romantiker Jean Paul, eigentlich Johann Paul Friedrich Richter (1763–1825), in seinem 1827

Khayyam bekannte sich zum Wein, wohl wissend, dass das Weintrinken im Islam strikt untersagt ist. Er begründete sein Bekenntnis damit, dass sein Schöpfer seit Urbeginn gewusst haben muss, dass er dereinst Wein trinken würde. Würde er nun auf den Genuss des Rebensafts verzichten, dann würde es bedeuten, dass der Allmächtiger und Allwissende sich geirrt hätte:

من مِی خورم و هر که چون من اهل بُوَد   مِی خوردن من به نزد او سهل بُوَد
مِی خوردن من حق ز ازل می دانست   گر مِی نخورم علم خدا جهل بُوَد

Ja, ich trinke Wein, und Jeder, der Verstand hat, weiß: mein Zechen
Wird mir nicht in Gottes Augen angerechnet als Verbrechen.
Schon von Ewigkeit her wußte Gott, daß Wein ich trinken würde,
Tränk' ich also nicht, so würd' es seiner Weisheit widersprechen.
(A. v. Schack, 1878, 287)

Ja, ich trinke gerne Wein, und wer klaren Gesichts ist
Wie ich, der weiß, daß vor Gott dies Nichts ist.
Von ewig her kennt Gott meine Liebe zum Wein,
Soll ich ihn nun nüchtern des Irrthums zeihn? (F. Bodenstedt, 1881, VII. 2)

Wohl trink' ich Wein, und jeder mag sich laben
In dieser reinsten aller Gottesgaben.
Gott wußte längst, daß ich Wein trinken würde,
Und wußt' er's nicht – wird er sich geirrt haben. (M.R. Schenck, 1897, 182)

Ich trinke Wein und mit mir, wer vernünftig,
Wie winzig gilt's Ihm, daß wir winzerzünftig,
Er wußt' am Schöpfungstag, ich würde trinken,
Tränk' ich jetzt nicht, weiß Er doch nicht, was künftig!
(W. v. d. Porten, 1927, 75)

Auch der Gedanke, dass er am Jüngsten Tag Frage und Antwort stehen muss, bereitete Khayyam keine allzu großen Sorgen, denn als Kenner des Korans wusste er, dass jede einzelne Sure des heiligen Buches (außer der neunten: *Al-Tauba*, die Reue) mit den Worten *Im Namen Allahs*, *des Allerbarmers*, *des Barmherzigen* beginnt. Er tröstete sich also mit der Zuversicht, dass die Barmherzigkeit eine wesentliche Eigenschaft Gottes sei, und er als Sünder auf Gottesgnade hoffen könne:

خیام ز بهر گنه این ماتم چیست   وز خوردن غم فایده بیش و کم چیست
آنرا که گنه نکرد غفران نبود   غفران ز برای گنه آمد غم چیست

Dieser Sünden wegen, Chijam, was in Kummer dich verzehrst du?
Ohne Nutzen dir zu schaffen, solchen Gram im Herzen nährst du?

---

erschienenen Roman „*Selina*" geprägt. Er bezeichnete *die tiefe Traurigkeit über die Unzulänglichkeit der Welt.*

682 „*Strophen des Omar Chijam*", op. cit., S. 116.

Sündern nur läßt Gott die Wonne der Vergebung angedeih'n,
Und wenn keine Sünder wären, wem dann sollt' er wohl verzeih'n?
(A. v. Schack, 1878, 94)

Weil du viel gesündigt, 'Omar, giebst du solchem Leid dich hin?
Immerdar am Grame zehren, bringt dir das wohl je Gewinn?
Wer sich nie der Sünd' beflissen, dem wird Gnade nie zu theil,
Gnade folgt allein der Sünde, hat dein Grämen also Sinn?
(H. Ethé, 1888, S. 13)

Um eine Sünde, Chaijam, welches Beben!
Wer nie gefehlt, weiß der, wie süß Vergehen?
Wozu Vergebung, wenn doch keine Sünde?
Warum denn also so in Ängsten leben! (M.R. Schenck, 1897, 43)

Was grämst du dich ob deiner Sünden, o Chajjâm?
Ob durch dein Grämen jemals dir ein Vorteil kam?
Die Gnade ist für keinen, der da sündenlos –
Die Gnade ist für Sünden: Warum denn dein Gram? (W. v. d. Porten, 1927, 23)

Khayyam amüsierte sich über die Warnungen der Frömmler, dass weintrinkende Liebende am Jüngsten Tag alle in die Hölle geschickt werden, und prophezeite in einem ketzerisch anmutenden Rūbāʿi, dass wenn es wirklich so wäre, dann müsste das Paradies für immer leer ohne Bewohner bleiben:

گویند مرا که دوزخی باشد مست — قولیست خلاف دل در آن نتوان بست
گر عاشق و میخواره به دوزخ باشند — فردا بینی بهشت همچون کف دست

Von einer Hölle spricht man mir, in die ich kommen würde,
Doch glaub' ich's nicht, ob schwer gedrückt auch von der Sünden Bürde,
Denn, gäb's für verliebtes Volk und Trinker eine Hölle,
Leer würde, wie meine hohle Hand, der Himmel ja zur Stelle.
(A. v. Schack, 1878, 176)

Wenn er zur Hölle alle die verbannt,
Die hier getrunken und in Lieb' entbrannt, –
Von Morgen an bleibt's ganze Paradies
Gewiß so leer wie meine hohle Hand. (M.R. Schenck, 1897, 64)

Man behauptet, daß eine Hölle sei und kommt zu mir und droht damit.
Ich halte die Hölle für Narretei. Drum habe ich keine Noth damit.
Denn gäb' es wirklich ein solch Verließ für der verliebten Trinker Heer,
So wäre morgen das Paradies wie meine hohle Hand so leer.
(F. Bodenstedt, 1881, II. 11)

Man sagt: es leide einst der Hölle Pein
wer hier verfallen sei an Lieb und Wein.
Doch wär dem wirklich so, dann müßte ja
der Himmel droben längst entvölkert sein! (C.H. Rempis, 1935, 108)

Ausgehend von der Glaubensvorstellung, dass das Schicksal jedes einzelnen Menschen einzig und allein von der Willkür Gottes bestimmt wird – ob zur Seligkeit (ohne Verdienst) oder zur Verdammnis (ohne Schuld) –, verkündete Khayyam, dass er keine Angst vor Höllenqualen habe, die am Tag der Auferstehung den Weintrinkern und Musikliebhabern bevorstehen und dass er sich auch frei fühle von den vier Elementen, aus denen der Schöpfer die Menschen erschaffen hat. So leugnete er den Glauben, dass es die verschiedenen Mischungsverhältnisse von Erde, Wasser, Luft und Feuer sind, die die Menschen und ihre Charaktere ausmachen:

مائیم و مِی و مطرب و مصطبه[683] و تون[684] خراب   فارغ ز امید رحمت و بیم عذاب
جان و دل و جام و جامه پر دُرد شراب   آزاد ز خاک و باد و از آتش و آب

Ich, Sänger, Wein der wüste Raum – Gewand,
Pokal, Herz, Seel' weihn wir dem Wein als Pfand;
Der Gnadenhoffnung und der Straffurcht ledig,
Was sind uns Erde, Wasser, Wind und Brand? (A.E. Wollheim, 1873, 12)

Gurt, Kleid und Seele, alles, was mir teuer,
Gab ich als Pfand dem Schenken-Ungeheuer.
Nun denn, so bin ich frei von Furcht und Hoffen,
Und los von Erde, Wasser, Luft und Feuer. (M.R. Schenck, 1897, 19)

So! Wir und Wein und Freunde am zerfallnen Herde!
Was tut's, ob Gnade, ob Verdammnis uns einst werde,
Des Weines Hefe klebt an Seelen, Bechern, Kleidern,
Was kümmert uns noch Feuer, Wasser, Luft und Erde? (W. v. d. Porten, 1927, 7)

Wir im elenden Winkel, mit Musik und Wein,
Herz, Geist, Kleid, Kelch, getränkt mit dem Satz von Wein,
Frei vom Wind, vom Wasser, Feuer und der Erd,
Frei von Hoffnung auf Gnade und Furcht vor Pein. (P. Pirayech, 1997, IX)

Die philosophischen Grübeleien Khayyams über die der Prädestinationslehre innewohnenden Widersprüche wurden von seinen Widersachern bewusst als Gotteslästerung interpretiert, um den Pöbel gegen ihn aufzuhetzen. Und um ihrer Hetzjagd noch größere Wirkung zu verleihen, verbreiteten sie auch fingierte und äußerst üble Rūbāʿis, die sie ihm zuschrieben, wie z.B. das folgende:

چندان بخورم شراب کاین بوی شراب   آید ز تُراب، چون روم زیرِ تُراب
گر بر سر خاک من رسد مَخموری   از بوی شراب من شود مست و خراب

---

683 میخانه

684 جهنم

So viel will Wein ich trinken, dass sein Duft,
Werd' ich zu Staub, vom Staub steigt in die Luft,
Und dass vom Weindunst tiefberauscht, die Trunknen
Auf meinem Staub tot sinken in die Gruft. (A.E. Wollheim, 1873, 10)

So viel will ich trinken, daß einst der Duft
Des Weines noch steigt aus meiner Gruft
Und die Zecher, die hin zu dem Grabe wallen,
Berauscht von dem Dufte zu Boden fallen. (A. v. Schack, 1878, 98)

Wein trinken will ich! Trinken, daß der Duft,
Wo ich begraben, füllet einst die Luft;
Daß all die Waller [Wallfahrer], trunken noch vom Abend,
In Rausche sinken rings um meine Gruft. (M.R. Schenck, 1897, 14)

Ja, *so* will Wein ich trinken, daß sein Duft
von meinem Grab noch ströme in die Luft,
daß jeder Zecher, der vorübergeht,
im Rausche niedersinkt an meiner Gruft! (C.H. Rempis, 1935, 213)

Einige erdichtete Rūbāʿis wurden sogar mit erdachten Vorgeschichten in die Welt gesetzt, um Khayyam zu entehren, wie die folgende kuriose Erzählung:

Eines Abends als Khayyam dabei war, einen köstlichen Wein zu genießen, zog plötzlich ein starker Sturm auf und warf den Weinkrug um. Auf der Stelle improvisierte er scherzend dieses Rūbāʿi:

اِبریق مِی مرا شکستی ربّی　　بر من در عیش را ببستی ربّی
بر خاک بریختی مِی گلگون مرا　　خاکم به دهن مگر تو مستی ربّی

Meinen Weinkrug hast Du mir zerschlagen, o Herr!
Der Wein floß in den Staub statt in den Magen, o Herr!
Die Pforte des Genusses hast Du mir verschlossen,
Ich blieb nüchtern: kannst Du auch sagen, o Herr? (F. Bodenstedt, 1881, II. 21)

Da nimmst mir, o Gott, den einz'gen Spaß,
Zerschlägst den Krug, bei dem ich so oft saß!
Ich bin's der trinkt, du bist der Unfug treibt.
Hast gar wohl auch – zu tief gekuckt ins Glas? (M.R. Schenck, 1897, 388)

Du schlugst den Krug mir aus der Hand, mein Gott!
verschlossest mir das selige Land, mein Gott!
Den Wein trank ich (füllt mir den Mund mit Asche!)
und Du verlorest den Verstand, mein Gott! (H.G. Preconi, 1911, XLVIII)

Den Weinkrug hast Du mir zerschellt, o Herr!
Die Tür des Glaubens mir verstellt, o Herr!
Den Wein verschüttet auf die Erde:
Wie seltsam lenkst Du diese Welt, o Herr! (W. v. d. Porten, 1927, 141)

Kaum hatte er aber das Rūbāʿi zu Ende ausgesprochen, so geht die Geschichte weiter, wurde sein Gesicht pechschwarz, was er sofort als eine Strafe des Himmels deutete. Erschrocken über diese harte Bestrafung murmelte er aus dem Stegreif ein weiteres Rūbāʿi, in dem er Gott um Vergebung bat.

Umdichtungen und Nachdichtungen

»Jene critischen Uebersetzungen, die mit dem Original wetteifern, dienen eigentlich nur zur Unterhaltung der Gelehrten untereinander.«

J.W. v. Goethe[685]

Die meisten von den bisher nach- oder umgedichteten Rūbāʿis haben ziemlich wenig zu tun mit den eigentlichen Gedanken Khayyams und seinen originellen Rūbāʿijāt. Die folgenden Ausführungen beschäftigen sich beispielhaft mit den Nachdichtungen von Klabund (Alfred Henschke), Hans Bethge, Otoman Hanish, Ernst Bertram, Dieter Bellmann und Martin Remané. Es sei gleich an dieser Stelle darauf hingewiesen, dass die von Martin Remané vorgelegten Nachdichtungen als recht gelungen zu bezeichnen sind.

Klabund (Alfred Henschke)

Der deutsche Schriftsteller und Dichter Alfred Henschke (1890–1928), bekannt unter seinem Pseudonym Klabund[686], wurde vielgelobt auch für seine freien Übertragungen fernöstlicher Lyrik und seine Nachdichtungen persischer Gedichte.

Da Klabund der persischen Sprache nicht mächtig war, bediente er sich der englischen und französischen Übersetzungen der Vierzeiler Khayyams für seine Nachdichtungen. 1916/1917 brachte er seine Gedichtsammlung „*Das Sinngedicht des persischen Zeltmachers*“ auf der

---

685 „*Aus meinem Leben. Dichtung und Wahrheit. Von Goethe*“. Dritter Theil, Tübingen, in der Gottaischen Buchhandlung 1814, S. 113.

686 Sein Pseudonym *Klabund* erwähnte Alfred Henschke erstmalig 1913 im Titel eines Gedichtbandes. 1917 erklärte er dessen Bedeutung in seinem Gedicht *Irene:* Mein Name Klabund. / Das heißt: Wandlung. Er gebrauchte auch zwei weitere Pseudonyme, Jucundus Fröhlich und Pol Patt. Letzteres wählte er für seine skandalträchtigen erotischen Gedichte.

Grundlage der englischen Übersetzungen und der deutschen Übertragungen von Adolf Friedrich Graf von Schack heraus. In seinem Begleitwort schrieb er:

»Der Perser Omar Khayyâm (Khayyâm bedeutet Zeltmacher), gestorben 1123 in seiner Vaterstadt Nischapur, ist durch des Ewald Fitzgerald englische Nachdichtung seines Rubaijat, die erstmals 1859 erschien, in der Schätzung Westeuropas zu einem der berühmtesten östlichen Dichter geworden, während man ihn vorher nur als mathematische oder lyrische Kuriosität zu schätzen wußte. Das Rubaijat, eine Sammlung Vierzeiler, deren jeder für sich Phrase und Paraphrase, Ethos und Symbol bedeutet, ist nicht von Omar selbst, sondern von Hörern und Schülern, in deren Kreise er die Vierzeiler improvisierte, niedergeschrieben worden. Welche der Rubaijat, die Omar's Namen führen, ihm mit Sicherheit zuzuschreiben sind, kann heute, vom scharfsinnigsten Philologen selbst, nicht mehr festgestellt werden. Die losen Beziehungen, die in den Rubaijat des Omar zwischen Dichtung und Dichter zu bestehen scheinen, die seine Verse wie Wolken schweben, seine Gedanken wie Schmetterlinge irren lassen – verlocken wie keine andere Dichtung der Weltliteratur zu freiester Nachdichtung. Ewald Fitzgerald hat etwa hundert Vierzeiler, die in der Urschrift in keinerlei Beziehung zu einander stehen, zu einem einzigen sinnvoll-schönen Gedicht binden geformt.«[687]

Weiter hieß es:

»Vorliegender Versuch der Schaffung eines neuen deutschen, nicht auf Fitzgerald beruhenden Omar, geht auf die freundliche Anregung meines Verlegers zurück. ...im Gegensatz zum mehr englisch-moralisierenden Omar des Fitzgerald wurde die intuitive Rekonstruktion eines (selten gesehenen, aber gewiß gewesenen) rebellisch-schwärmerischen Omar erstrebt. Die Methode des Fitzgerald: ein einheitliches Gedicht zu erdenken, wurde beibehalten; die Reimform des Rubaijat a b a a in die deutsche Reimform a b a b verändert.«[688]

Von den 107 von Klabund vorgelegten Nachdichtungen hat keine einzige etwas mit den Rūbāʿijāt Khayyams zu tun. Hier fünf Beispiele, in denen das eine oder andere Wort nur entfernt an Khayyam erinnert.

Wie können wir uns dieses Zwanges wehren?
Sieh: dieser Henkel hier am Krug von Lehm,
In dem wir das erstarrte Handwerk ehren,
Schlang sich als Arm um einen Nacken ehedem.

Und dieser Krug, den ich am Munde halte:
Er ist ein Abbild andrer Krüge nur.
Das Neue wird so ganz und gar das Alte –
Und eine gleicht der andren Wagenspur.

---

687 Klabund: „*Das Sinngedicht des persischen Zeltmachers*“, Roland-Verlag Dr. Albert Mundt, München, 1921, S. 42.

688 Ebenda, S. 43.

Ich ehre den Koran. Und mir gefällt sein Wesen;
Doch hat sein Studium wenig mir genützt.
Ich muß von Zeit zu Zeit die Verse lesen,
Die in den Rand der Krüge eingeritzt.

Warum hat Mohammed den süßen Wein verboten,
Den sauren Yoghurt doch erlaubt?
Ich sandt durch alle Himmel einen Boten
Mit Weinlaub schön behängt das junge Haupt.

Der Bote kam zurück. Sein Lächeln sah ich winken:
Mohammed meint, es habe keine Not.
Du darfts, o Omar, ewig darfst du trinken,
Da er den Toren nur den Wein verbot.

Hans Bethge

Hans Bethge (1876–1946) war ein deutscher Dichter, der durch seine Nachdichtungen klassischer persischer und arabischer Lyrik[689] (ohne Kenntnisse im Persischen und Arabischen) sowie fernöstlicher Poesie zur Berühmtheit gelangte. Seine Absicht war, dem Abendland die Schätze der orientalischen und fernöstlichen Dichtkunst und Weisheit zu erschließen.

Bethge studierte neuere Sprachen und Philosophie in Halle, Erlangen und Genf. Nach der Promotion arbeitete er knapp zwei Jahre in Spanien als Lehrer. 1901 ließ er sich als freier Schriftsteller in Berlin nieder. Ab 1898 veröffentlichte er mehrere Gedichtbände stimmungsvoller Liebes- und Naturlyrik sowie seine Nachdichtungen orientalischer Lyrik. Seine Verse inspirierten zahlreiche Komponisten (mehr als 180) zu allerlei Vertonungen.

Wie sehr sich Bethge mit der persischen Dichtkunst beschäftigte, geht daraus hervor, dass er neben vielen Nachdichtungen persischer Dichter auch drei selbständige Werke herausgab. Dieser waren:

- „*Omar Khayyām – Die Nachdichtungen seiner Rubai'yat*"
- „*Sa'di der Weise. Die Verse des persischen Dichters in Nachdichtungen*"
- „*Der persische Rosengarten. Nachdichtungen persischer Lyrik*"

[689] 1907 wurden elf Bände der Nachdichtungen orientalischer Lyrik von Hans Bethge veröffentlicht.

In seinem Gleitwort zu dem ersten Buch führte Bethge aus:

»Der Perser Omar Khayam wurde zwischen 1025 und 1050 zu Nichapur geboren, erlebte seine Tage zu meist in seiner Vaterstadt, die auch sein Grab umschließt. Er sah Gott in allem, aber gegen den außer irdischen Gott, den er nicht erblickte, war er skeptisch gesinnt. Er war ein Pantheist, ein irdisch fühlender Weiser, ein überlegen lächelnder Betrachter der Welt, der Gottheit und der Menschen, ein Freund des Weines, preisend den Genuß des holden Augenblickes und ohne Furcht vor dem Tode. Er suchte das Glück des Daseins, beseelt von einem pessimistischen Urgefühl. Er war nicht tief und unendlich, da er immer irdisch war, aber wer hätte die Weltanschauung des „Carpe diem!", diese im Grunde aus Pessimismus und Verzweiflung geborene Weltanschauung, die den Genuß mit dem Bewußtsein paart, holder und poetischer zu gestalten verstanden, als er?

Es gibt keine Anekdoten zu berichten. Er lebte still, den Lockungen der großen Welt abgekehrt, bei den Springbrunnen seines Rosengartens, mathematischen und astronomischen Studien mit hohem Erfolg ergeben, dichtend und sinnend, ohne Ehrgeiz, ohne Beziehungen zu den Mächtigen des Landes, gescholten als ein Gottloser, und die Tage seiner philosophischen Betrachtung häuften sich, bis es ein Leben von 86 Jahren wurde.

Die Schönheit seiner kleinen Gedichte ist unsterblich. Im persischen Text stellen sich diese Gedichte als Vierzeiler dar, *Rubaijat* geheißen. Omar hat mehrere hundert geschrieben, hier ist nur eine Essenz aus seinem Diwan [?!] dargeboten, das Lebendigste, die reizendsten Kristalle.

Von Omars Sprüchen liegt eine ganze Reihe deutscher Fällungen vor; bisher hat keine Popularität gewinnen können. In England ist es anders. Dort wurde die Nachdichtung Edward Fitzgeralds, die zuerst 1858 und seit dem in zahllosen Ausgaben erschien, Allgemeingut der Nation. Omar Khayam ist einer der verbreitetsten Dichternamen in England, ungezählte „Omar Khayam societies" wurden begründet und vereinigen die Verehrer des Dichters, und wo irgendein paar gebildete Engländer beisammen sind, am Kap, in Indien oder Ägypten, – sie sind durch Omar und seine vertraute Lebensweisheit verbunden. Fitzgeralds „Omar Khayam" ist, neben der Bibel, eins der am meisten gedruckten Bücher der Welt. Himmlisch, wenn es meinem Buche auch so ging.

Die Fassung, die ich den Weisheitssprüchen Omars gab, geht auf frühere deutsche, französische und englische Vorbilder in Vers und Prosa zurück besonders auf Schack, Rosen, Bodenstedt, Fitzgerald, Frilley, Nicolas.«[690]

Der Wille Gottes

So wie du, Herrgott, mich gebildet haft: aus Wasser
Und Erde, – so hab ich gelebt, nach deinem Willen.
Ob aus bescheidner Wolle oder köstlichem
Brokat, – du selbst hast mich gewebt, nach deinem Willen.

---

[690] Hans Bethge: „*Omar Khayam*. Nachdichtungen". Im Propyläen Verlag, Berlin, 1921, S. 136–139.

Du hast im Vorhinaus mir auf die Stirn geschrieben
Mein Schicksal, – ob ich Gutes oder Böses tat:
Ich tat es immer schicksalhaft, nach deinem Willen.

Jugend und Alter

In meiner Jugend hab ich kühn geglaubt,
Des Daseins Rätsel sei mir offenbar.
Jetzt, da ich alt und müd am Ende stehe,
Weiß ich, daß alles voller Rätsel war.

Was dann?

Nimm an, dein Leben fei nach Wunsch verlaufen, – und was dann?
Nimm an, dein Lebensbuch fei ausgelesen, – und was dann?
Nimm an, du lebtest hundert frohe Jahre, – und was dann?
Zweihundert frohe Jahre meinetwegen, – und was dann?

Schon Morgen ...

Ich habe meinen Weinkrug, der aus Ton.
Geformt war, gestern in der Nacht zerbrochen,
Da ich betrunken war von süßem Wein.
Auf einmal hört ich, und ich schauderte,
Wie eine Stimme klagte aus den Scherben:
Einst war ich das, was du bist, lieber Freund,
Schon morgen wirst du meinesgleichen sein.

Ton und Töpfer

Ich sah, wie vor der Türe seines Ladens
Ein Töpfer saß, er schlug den feuchten Ton,
Aus dem er einen Krug zu bilden dachte,
Mit beiden Händen; plötzlich sprach der Ton
Mit vorwurfsvoller Stimme leis: «Halt ein!
Ich bin, was du bist, – warum schlägst du mich?»

Otoman Hanish

1925 legte der Religionsstifter Otoman Zar Adusht Hanish (1856–1936) in Los Angeles 84 freie Übersetzungen bzw. Umdichtungen der Rūbāʿijāt Khayyams vor, die 1934 ins Deutsche übersetzt und in Leipzig veröffentlicht wurden.[691] In seiner Einleitung schrieb er:

---

[691] *„Omar Khaiyam in seinen Rubaiyat. Mit einem Abriß der Geschichte und Lebensbeschreibung des persischen Dichters, Astronomen und Staatsmannes*“

»Als wir die zahlreichen Übersetzungen der Vierzeiler in verschiedenen Sprachen mit dem ursprünglichen Texte verglichen, kamen wir sehr bald zu dem Schlusse, daß es zwecklos sei, die Übersetzungen weiterhin nach dem geistigen Kern zu durchsuchen. Zugleich entdeckten wir dabei, mit welch großen Schwierigkeiten die Übersetzer zu kämpfen haben, besonders wo der tote Buchstabe und ein erstarrter Intellekt auseinander stoßen. Obwohl wir für unsere Übersetzung nichts Besonderes in Anspruch nehmen, sind wir dennoch davon überzeugt, daß wir dem **richtigen Verständnis** einen Schritt näher gekommen sind und dadurch zugleich dem Verfasser Omar besser gerecht werden.«[692]

An einer anderen Stelle hieß es dann:

»Durch unsere Wiedergabe der Vierzeiler oder Rubaiyat wollen wir nicht ankämpfen gegen frühere Übersetzungen oder Übersetzer. Vielmehr versuchen wir einfach, den **geistigen Kern herauszuschälen**, soweit das in einer neueren Sprache möglich ist.«[693]

Hanish schilderte seine Suche nach Khayyams *Geist hinter dem verkleidenden Ausdruck* wie folgt:

»Omar wirkte unter äußerst schwierigen Verhältnissen und hüllte deshalb den wahren Sinn in ein geheimnisvolles Kleid. Sein **Wein**, sein **Gesang**, sein **Weib** sind **Gedanke**, **Wort** und **Tat**. Nur wenn wir ernsthaft suchen, wird es uns möglich, den Geist hinter dem verkleidenden Ausdruck zu erfassen und so vermittels der objektiven Begriffswelt in die **abstakten Gebieten** zu gelangen, die uns erst das wahre Verständnis des Lebens der Ewigkeit erschließen.«[694]

An einer anderen Stelle erklärte er, was die Begriffe ‚Wein' und ‚Weib' eigentlich bei Khayyam bedeuten:

»‚**Wein**' bedeutet für ihn das, was in der philosophischen Sprache die ‚**treibende Kraft**' ist oder das Prickelnde im Wein, die eigentlich verbotene, aber von allen, die nach Wissen dürsten, gesuchte Quelle. Mit dem Krug in der Hand, der das Meßgerät darstellt, wandert er in die nahen Ruinen zu geheimen Zusammenkünften, um anderen die Schätze der alten Philosophen zuzumessen oder mitzuteilen.«[695]

---

von O.Z.A. Hanish. Ins Deutsche übertragen und herausgegeben von Otto Rauth. Mazdaznan Verlag und Versandhaus GmbH, Leipzig, 1934.

692 Ebenda, S. 11.

693 Ebenda, S. 12.

694 Ebenda, S. 11–12.

695 Ebenda, S. 70.

»**Weib** bedeutet für ihn die **schöpferische Liebe** und versinnbildlicht gleich dem ekstatischen Zustand der ehelichen Umarmung die **Erfüllung aller Gesetze der Natur**.«[696]

Aus Hanishs 191 freien Übersetzungen und Umdichtungen werden hier die folgenden fünf beispielhaft wiedergegeben:

Der Frühling füllt mit ‚Jesus Odem' jetzt
Das schwache Herz und Baum und Kräuter letzt;
Und ‚Blumen', Moses Händen gleich, am Zweig
Erblüh'n, und Kraft die ganze Welt ergötzt.

Hat Balkh, hat Bagdad Wert an meinem End'
Und Süß und Bitter an der Zeitenwend'?
Komm trink'! Denn oft wird scheinen noch der Mond,
Wenn uns, in Staub zerfallen, niemand kennt.

Komm', Saki[697], nicht mit Tränen füll' das Glas;
Denk' nicht ans Heut', die Furcht vor Künft'gem laß!
Denn, morgen tot, ich Freunde treff', die ich
Sei siebentausend Jahren nicht vergaß.

Der Krug hier trug einst, sprechend ausgeführt,
Ein's Liebchen Lockenhaupt, schön modelliert;
Der Henkel an des Kruges Seit' war einst
Ein Arm, rings um des Liebchens Leib geführt.

Ein trüber Tag; ich hielt am Bazar an
Und sah den ‚Töpfer' kneten, was er kann;
Sa rief der ‚Lehm': „Behandle sachte mich!
Denn gestern war ich, was du heut' bis, Mann."

Ernst Bertram

Ernst August Bertram (1884–1957), ein deutscher Germanist, Dichter und Schriftsteller, veröffentlichte 1944 eine Gedichtsammlung unter dem Titel „*Persische Spruchgedichte*"[698], die auch 34 Nachdichtungen von Khayyam enthielt. Hier fünf Beispiele:

---

[696] Ebenda.

[697] In der persischen Liebeslyrik verkörpert der/die Saki oder Saqi (persisch: ساقی) als Schenke oder Schenkin des Weins das Idealbild jungendlicher Schönheit. Zahlreiche persische Miniaturen vermitteln eine Vorstellung von der Gestalt des/der Saki.

[698] „*Persische Spruchgedichte*". Auswahl und Fassung von Ernst Bertram, Insel-Verlag, Wiesbaden, 1944, S. 18–24.

Das letzte Ziel des Schöpfers waren wir,
Und seinem Schauen leihn die Augen wir.
Milchstraße biegt sich, Siegelring dem Sein,
Um Gottes Finger. Und wir sind der Stein.

Belanglos ist alles auf dem Weg zu dir.
Nicht Rosenkranz noch Gold schafft Weg zu dir.
Dich rufen sie, doch deiner Stimme taub,
Enthüllst du dich, kein Aug schaut je nach dir.

Du zwingst uns, Gott, zu lieben und drohst doch: „Flieh!"
Zum ungehorsam nur läßt du die Wahl.
Du sprächst, hättest du nicht Lust an unsrer Qual,
Zum Kelch nicht, den du neigst: „Vergieße nie!"

Ihr predigt: „Euch beim Jüngsten Hochgericht
Erspart der liebe Gott die Hölle nicht!"
Von höchster Liebe strahlt nur reinste Glut.
Seid froh: was Er sich schuf, das endet gut.

Das große Weltrad hat sich umgedreht,
Nicht weiß der Weise mehr, was bös und gut.
Die Liebe zwischen Krug und Becher, seht:
Noch Mund an Mund, und schon dazwischen Blut.

Dieter Bellmann

Dieter J. Bellmann (1934–1997), ein deutscher Arabist aus der damaligen DDR, gab 1958 seine Nachdichtungen der Rūbāʿijāt Khayyams unter dem Titel „*Omar Hayyam. Zelte der Weisheit*"[699] heraus. Er unterteilte die Philosophie des Dichters in zwei Kategorien, materialistische und antireligiöse, und schrieb:

»Gekennzeichnet ist die Philosophie und die Gedankenwelt Omar Hayyams durch zwei charakteristische Merkmale, die Haß und Feindschaft zur Folge hatte: Erstens durch den Materialismus, und zweitens durch die Antireligiosität. Die gesamte stoffliche Welt wird materiell aufgefaßt. Diese Auffassung gründet sich auf Naturerkenntnis und auf Gedankenströmungen der griechischen Antike, die damals in den Islam eindrangen. Alles Leben ist vergänglich, der Körper verwandelt sich nach dem Tode wieder in leblose Materie.«[700]

---

[699] „*Omar Hayyam: Zelte der Weisheit*". Deutsche Nachdichtung von Dieter Bellmann, Greifenverlag Rudolstadt, 1958.
[700] Ebenda, S. 12.

Bellmanns Nachdichtungen, basierend hauptsächlich auf dem Manuskript der Bodleian Library in Oxford, wurden in Übereinstimmung mit obengenannten Kategorien verfasst. Im Folgenden werden fünf von seinen 85 Nachdichtungen wiedergegeben:

Ein jedes Beet, worauf jetzt
        Tulpen oder Rosen blühn,
hat eines Königs
        dunkelrotes Blut getränkt;
und jedes kleine Veilchen
        das der Erde sacht entsprießt,
war einst ein zartes Mal
        auf der Wange einer Schönen!

Einmal kaufte ich
        vom Töpfer einen Topf.
Dieser Topf sagte mir
        das Geheimnis aller Geheimnisse:
Ich war ein König; da war
        ein Silberbecher mein –
Jetzt bin ich ein Topf,
        den Jeder handeln kann!

Jedes Herz, in dem sich
        Liebe und Verlangen formen
– seien es Leute des Gebetsteppichs
        oder Leute der Synagoge,
wer schreibt die Namen eines jeden
        in das Buch der Liebe? –,
ist frei von der Hölle
        und unabhängig vom Paradies.

Wenn ich gestorben bin,
        wascht mich mit Wein!
Eine Grabrede haltet mir
        von Becher und Wein!
Wollt ihr mich finden
        am Auferstehungstag,
so sucht mich im Staub
        vor der Tür des Weinhauses!

Vor dir und mir, da gab es
        Tag und Nacht –
auch kreiste schon
        die Himmelssphäre.
Merk auf! Setz deinen Fuß
        sacht auf die Erde,
sie war das Pünktchen im Auge
        einer Schönheit!

Martin Remané

Martin Remané (1901–1995) war ein deutscher Übersetzer, Lyriker, Schriftsteller, Grafikdesigner und Liederdichter aus der DDR.

1968 erschien die Gedichtsammlung „*Lob der Geliebten*"[701], die fünfzig, von Martin Remané verfassten Nachdichtungen von Khayyams Rūbāʿijāt enthielt. Remané war der persischen Sprache nicht mächtig. Die deutschen Übersetzungen der persischen Gedichte hatte der deutsche Iranist Werner Sundermann (1935–2012) für ihn besorgt. Hier fünf Beispiele aus dieser Sammlung:

Nach unserm Tod erwartet uns – wie man erzählt –
ein Paradies, wo's nicht an Wein noch Huris fehlt.
Was fürchtest du, der Wein und Weib hier so geliebt,
wenn es auch dort dies alles gibt wie auf der Welt?

Nacht war's, als ich den Krug zerschlug auf einem Stein.
O Freveltat! Sinnlos berauscht war ich vom Wein!
Ein Scherben sprach: »Warum, warum zerschlägst du mich?
Ich war wie du. Du wirst wie ich – ein Scherben sein!«

Ein Liebender war dieser Krug, der sehnsuchtsbang
in das Gewirr des Lockenhaars der Liebsten sank.
Der Henkel hier, es war sein Arm, der inniglich
der Freundin Hals – wie heut ich dich – zärtlich umschling.

Das zarte Grün, das sprießt und wächst und blüht am Fluß,
erwuchs es nicht auf deinem Weg als holder Gruß
aus Staub, der einst der Tulpe gleich, ein Antlitz war?
Zertritt es nicht, achtloser Narr, mit groben Fuß!

Wer jemals ging den weiten Weg aus dieser Zeit,
kehrt nicht zurück! Geheimnis bleibt die Ewigkeit.
Drum wandle nicht durch diese Welt als blinder Gast,
damit du nicht versäumt einst hast, was sie dir beut!

1983 veröffentlichte Remané die Gedichtsammlung „*Durchblättert in des Lebens Buch. Vierzeiler von Omar Chajjâm*"[702], in der er 146 Nachdichtungen von Khayyams Rūbāʿijāt zusammengetragen hatte. Darin waren auch die Nachdichtungen aus der Sammlung „*Lob der Geliebten*" enthalten. Die deutschen Übersetzungen der persischen Rūbāʿis hatte der bekannte iranische Schriftsteller Bozorg Alavi (1904–1997)

---

[701] „*Lob des Geliebten. Klassische persische Dichtungen. Herausgegeben und aus dem Persischen übersetzt von Werner Sundermann. Nachgedichtet von Martin Remané*", 1. Auflage, Rütten & Loening, Berlin, 1968.

[702] „*Durchblättert in des Lebens Buch. Vierzeiler von Omar Chajjâm*". Nachdichtung von Martin Remané. Rütten & Loening, Berlin, 1983.

besorgt. Die folgenden Beispiele stammen aus dieser Gedichtsammlung:

Ein Tröpflein Tau fiel in das Meer, dem sich's verband.
Ein Stäubchen stieg und sank und ward eins mit dem Sand.
Und wer bist du? Woher? Wozu? Du weißt es nicht?
Ein Mücklein flog, kam kurz in Sicht, und verschwand.

Naht dir der Tod, was gilt noch Balch, was Bagdad dir?
Was süß, was herb? – Ist voll dein Maß, wird sinnlos schier
die Welt für dich? – Drum trink Wein, solang sich's lohnt!
Was kümmert's dich, wie oft der Mond noch wechselt hier!

Vorüber trabt des Lebens Zug, eh du's gedacht,
drum faß beim Schopf den Augenblick, der froh dich macht!
Was grämst du um das Morgen der Geliebten dicht?
Schenk ein den Wein, bevor entwich die kühle Nacht!

Dies Himmelsrad, in dessen Sog wir taumelnd gehn,
der Lampe gleich's des Zauberers, den wir nicht sehn.
Die Leucht ist das Sonnenlicht, der Schirm die Welt,
darin wir uns – wie's ihm gefällt – gleich Schemen drehn.

Das Sternbild des Parwîn trägt still auf dem Gehörn
der Himmelsstier. – So trägt der Stier den Erdenstern.
Wie nutzlos schwebt dazwischen doch die Eselschar,
die nur zerschwärzt, was gut und wahr! Oh, bleibt ihr fern!

Anhang 1

Schreibvarianten des Namens

Die folgende Aufstellung zeigt die verschiedenen Wiedergaben des Namens Omar Khayyam in der Literatur:

Omar al-Khayyām
Omar Chajjam
Omar Chajjám
Omar Chajjâm
Omar Chajjām
Omar Chayyam
Omar Chiam
Omar Chijam
Omar Hajam
Omar Ĥajam
Omar Hajjam
Omar Hajjám
Omar Hayam
Omar Hayyam
Omar Hayyām
Omar Haýýam
Omar Jayam
Omar Jayyam
Omar Khaĭĭam

Omar Khaijam
Omar Khaiyam
Omar Khajamitt
Omar Khajjam
Omar Khajjām
Omar Khayaam
Omar Khayam
Omar Khayyám
Omar Khayyām
Omār Haijam
Omár, Khájjám
Omar-i Khajjam
Omar-i-Chajjām
Omar-i-Chayyam
Omer Hajami
Omer Xeyam
Omer Xeyyam
Омаr Xajaм
Омар Хайям

Ömer Hayyam
Ömər Xəyyam
Ömär Xäyyam
Ömär Häyyam
ʿOmar Chayyām
ʿOmar Hajjām
ʿOmar Khayyām
ʿOmar-e Ḫayyām
ʿOmar-e Xeiyam
ʿOmär-e Xeiyam

Umar Haiyam
Umar Hajjam
Umar Hajjām
Umar Hayyām
Umar Khayyām
Umar Xayyom
Umari Khaĭëm
Umer Xeyyam
ʿUmar al-Ḫayyām
ʿUmar Chayyām
ʿUmar Haiyām
ʿUmar Ḫaiyām
ʿUmar Hajjam
ʿUmar Ḫayyām
ʿUmar Hayyām
ʿUmar Khayyām
ʿUmar-i Ḫayyām
ʿUmar-i-Hajjam

Der vollständige Name Omar Khayyams mit näheren Informationen über seine Person und Herkunft lautet:

غياث‌الدين ابوالفتح عُمَر بن ابراهيم خَيّام نيشابورى

غياث الدين Ghias al-Din: Retter und Beschützer des Glaubens
ابوالفتح Abu al-Fath: Vater des Sieges
عمر بن ابراهيم Omar ibn Ibrahim: Omar Sohn des Ibrahim
خيام Khayyam: Zeltmacher
نيشابورى Nischaburi: aus Nischabur

Der Beiname Nischaburi wird gelegentlich auch als *Nišapuri* oder *Nīšābūrī* angegeben.

Der vollständige Name wird oft auch wie folgt umschrieben:

Gheiasoddin Abol Fath Omar ibn Ibrachim Chajjam
Ghizathudin Abulfath ibn Ibrahim al Khayyami
Gijas ad-Din Abu-l'-Fatch Omar ibn Ibrachim Chajjam
Ǧiyāṯ ad-dīn Abū ăl-Fatḥ 'Umar Ibn Ibrāhīm al-Ḫayyāmī
Ġiyāṭ ad-Dīn Abū l-Fatḥ Umar al-Ḫaiyām
Giyat-eddinAbu-l-Fath Omar ibn Ibrahim el-Khayyami

Oder verkürzt wie folgt:

Abū ăl-Fatḥ 'Umar Ibn Ibrāhīm al-Ḫayyām
Abu-l-Fatḥ 'Umar ibn Ibrāhīm al-Khayyām
Abu-l-Fatḥ 'Umar Ibn-Ibrāhīm al-Ḫaiyāmi
Abu-l-Fatḥ 'Umar Ibn-Ibrāhīm al-Khayyām

Anmerkung: Der Vorname Omar ist mit etwa 3,4 Millionen Namensträgern weltweit einer der häufigsten muslimischen Vornamen.

Anhang 2

Friedrich Rückerts Gedicht: „Romanus und Alp Arslan“

Der tapfre Griechenkaiser
Romanus zieht ins Feld,
Und ihm zum Kampf entgegen
Zieht Alp Arslan der Held.

Alp Arslan führt die mindre,
Roman die größre Macht;
Alp Arslan geht entschlossen,
Wie in den Tod, zur Schlacht.

Ein weißes Sterbehemde
Von Leinwand legt er an,
Doch drunter einen Panzer
Von Erz, der schützen kann.

Ablegt er Pfeil und Bogen,
Womit er sonst bewehrt
Von ferne weiß zu treffen,
Und nimmt nur Keul' und Schwert.

Denn nahe will er fechten;
Wie das die Seinen sahn,
Ergreift sie ein Verlangen
Dem Feind wie er zu nahn.

Drum hat der kleinre Haufe
Den größern heut besiegt;
Romanus, wie er tapfer
Entgegen kämpfte, erliegt.

Romanus ist gefangen
Geführt zu Alp Arslan.
Wär' ich wie du gefangen,
Was tätst du mir, Roman?

Ich würde, spricht er grimmig,
Dir geben manchen Streich.
Doch jener spricht gleichmüthig:
Was thu' ich dir nun gleich?

„Wenn du bist grausam, trenne
Vom Haupte mir den Rumpf,
Und führe mich, wenn eitel,
Gefangen im Triumph.

Und bist du so großmüthig,
Wie du dich rühmst zu seyn,
So lass mich frei von hinnen,
Und was ich hab' ist dein."

Alp Arslan ist nicht grausam,
Auch eitel ist er nicht;
Und was von seiner Großmuth
Man sagt, ist kein Gedicht.

Er lässt den Griechenkaiser
Mit all den Seinen ziehn,
Nachdem er Ehrenkleider
Den Tapfersten verliehn.

Doch macht er die Bedingung,
Daß auf dem Throne frei
Der Kaiser ihm zu Solde
Verpflichtet jährlich sei.

Romanus geht, mit Glanze
Zu sitzen auf dem Thron,
Doch den hat eingenommen
Ein Gegenkaiser schon.

Er will doch die Bedingung
Erfüllen wie er kann,
Schickt eine kleine Summe,
Und schreibt an Alp Arslan:

Mehr kann ich dir nicht senden,
Bis ich den Thron erlangt;
Verhilf mir erst zum Throne,
Wenn dich nach mehr verlangt.

Zum Throne will ihm helfen
Alp Arslan, sich zum Lohn;
Da hört er, von den Seinen
Sei er ermordet schon.[703]

[703] „*Sieben Bücher Morgenländischer Sagen und Geschichten von Friedrich Rückert*". Fünftes bis siebentes Buch. Verlag von C.G. Liesching, Stuttgart, 1837, S. 192–195.

Anhang 3

Friedrich Rückerts Gedicht: „Malik Schahs Gebet“

Lernt von Malik Schah, dem Sohn Alp Arsalan's,
Dem Seldschuken-Fürsten, dem gehorchte
Von dem Meer Europa's bis zum Meere
Sina's, alles Land der Muselmanen,
Lernt von ihm die wahre Fürstengröße,
Demut, und die rechte Unumschränktheit,
Fürsten! Unumschränkte Unterwerfung
Unter Gottes Hoheit. Aus dem Bethaus
Trat er, um in einen Kampf zu ziehen,
In den Kampf mit seinem Bruder Turtusch,
Der, des Vaters Willen ungehorsam,
Seinem ältern Bruder jetzt die Herrschaft,
Streitig machte. Malik Schah begegnet
Dem Nisam Elmulk, Wesir des Reiches,
Dem vom Vater ihm vererbten Weisen,
Den er fragt: Um was hast du gebetet?
Und der Weise spricht: Um Sieg des Schahes
Über seinen Bruder. Da erwidert
Malik Schah: Ich habe dich gebetet,
Dass dir Herrschaft Gott mir nehm' und meinem
Bruder gebe, wenn er ihrer wert ist,
Tüchtiger als ich sie zu verwalten. –
Was hierauf Schmeichelei sich schämen?
Er erwidert: Eben weil ich solchen
Sinn des Schahes kannt' und wusste, dass er
Dieses beten würde, duft' ich jenes
Beten, und von Gott Erhörung hoffen.[704]

Anmerkung: Der große persische Dichter und Panegyriker Anwarī (1126–1189) verfasste ein Gedicht zum Lobe Malik Schahs, das von Joseph von Hammer (1774–1856) ins Deutsche übertragen wurde:

„An den Sultan Malikschah“

Freu dich Chosru, du gerechte Stütze der Wahrheit des Glaubens
Lebe lang, o Emir! Helfer des fürstlichen Hofs!
Größter der Könige du! o Herr der Erde, Malikschah!

---

[704] „*Sieben Bücher Morgenländischer Sagen und Geschichten von Friedrich Rückert*“. Fünftes bis siebentes Buch. Verlag von C.G. Liesching, Stuttgart, 1837, S. 197–198.

Du bist Darius der Zeit, du bist Darius des Raums.
Du bist der Herr und deinem Befehle gehorchen die Ritter,
Untertänig schwört Sonne Gehorsam dir zu!
Du mit dem goldenen Tag schenkst Tage des Lebens der Sonne,
Himmel verteidigest du, indisches Schwert in der Hand.
Mond und Sonne, sie tragen im Munde das Huldigungssiegel,
Eingebrennet ist Erden und Wassern das Mal,
Deine Billigkeit halt die ganze Schöpfung in Ordnung,
Und in Ewigkeit preisen die Schöpfungen dich.[705]

[705] „*Divan der persischen Poesie. Blütenlese aus der persischen Poesie, mit einer litterarhistorischen Einleitung, biographischen Notizen und erläuternden Anmerkungen.*" Herausgegeben von Julius Hart. Halle a.d.S., Druck und Verlag von Otto Hendel, 1887, S. 80.

Anhang 4

Friedrich Rückerts Gedicht: „Nitham Elmulk's Ehre“

Als Malikschah nach Bagdad kam,
Und den Nitham Elmulk mitnahm,
Der mächtigste der Mächtigen,
Der prächtigste der Prächtigen,
Der größte Fürst im Morgenland,
Der größte Wesir an der Hand –
Ganz Bagdad staunte, da es sah,
Wie vom Chalifen Malikschah
Mit titeln, wie noch nie ertönt,
Als Fürst der Fürsten ward gekrönt.
Allein es staunte noch mehr,
Als Malikschah nun auch ein Heer,
Von Weisen lud zur Stadt herbei,
Damit Nitham Elmulk ihr König sei.
Im westlichen Gebiet der Stadt
Wo Malikschah den Pallast hat,
Läßt er am Morgen früh genug
Ausziehen der Weisen Feierzug,
Dahin zum östlich Gebiet,
Wo das Chalifenschloß man sieht.
Der Weisen Zug die Stadt entlang
Zieht mit ununterbrochenem Gang
Vom Morgenlicht zum Abendschein,
Und als der erste hier tritt ein
In das Chalifen goldnes Thor,
Kommt erst der letzte dort hervor
Aus Malikschah's juwelnem Schloß.
Zu Fuß ist aller Weisen Troß,
Nitham Elmulk voran zu Roß.
Und wie sie der Chalif empfängt
In seinen Hallen vollgedrängt,
Hießt er sie alle stehn umher,
In ihrer Mitte sitzet er,
Nur dem Nitham Elmulk allein
Räumt er den Sitz gegenüber ein.
Da wurde jedem wol ein Kleid
Der Ehren, aber ein Geschmeid
Des Ruhms, wie nie war eines feil,
Ward dem Nitham Elmulk zu Theil.
Denn der Chalif hat ihn ernannt,
Und feierlich ihn anerkannt

Als aller Weisen Weisesten.
Da wagte nicht zur leisesten
Ein Hauch des Tadels sich hervor,
Doch lauter Beifall füllt das Ohr.
So drinnen von Weisen Chor
Wie draußen von dem Volk am Thor.
Da pflanzte sich durch Bagdad fort
Von Mund zu Mund des Volkes Wort;
Da gieng alsdann durch Zeit und Ort,
Und kam zuletzt an uns von dort:

Jeder andre Weise schritt,
Der Nitham Elmulk nur tritt;
Jeder Weise stehet ißt
Der Nitham Elmulk nur sitzt.[706]

Friedrich Rückerts Gedicht: „Nitham Elmulk's Fall"

Nach zwanzig Jahren ziehet wieder
Gen Bagdad Malikschah hernieder.
Ist nicht wie sonst im Festgeleite
Nitham Elmulk an seiner Seite?
Ein andrer hat den Platz genommen,
Und wo ist jener hingekommen?
Der Gnade seines Schah's entfallen,
Darf er nicht ihm so nahe wallen,
Doch lässet er sich's nicht verdrießen,
Als letzter nun den Zug zu schließen,
Den würdig sonst geführt er hatte.
Der achtzigjährige altersmatte
Ruht abends, wo des Herzugs Welle
Sich niederlegt, an seiner Stelle,
Und denkt den Wechselgang der Zeiten,
Wie alle nun vorüber schreiten,
Nach ihm mit keinem Blicke fragen
Vor seinem Blick nicht durften wagen.
Er hat nach dem, was ihn betroffen,
Nun eingestellt so Furcht wie Hoffen,
Und ist gefaßt, was auch mag kommen.
Da kommt von dem, der eingenommen

[706] „*Sieben Bücher Morgenländischer Sagen und Geschichten von Friedrich Rückert*". Fünftes bis siebentes Buch. Verlag von C.G. Liesching, Stuttgart, 1837, S. 199–201.

Die Stelle, die er sonst bekleidet,
Gesandt ein Mörder her, und schneidet
Entzwei den morschen Lebensfaden,
Spröd', ungenetzt vom Thau der Gnaden.
Er wird sich nicht im Blute baden,
Denn wenig Tropfen sind geblieben,
Die ohne Spur vom Dolche stieben.
Da hat Nitham Elmulk geschrieben,
Wie er sein Leben sah enteilen,
An seinem König diese Zeilen:

Deiner Herrschaft Sorge war mein Leben,
Und kein andres Glück war mir gegeben:
Deine Völker strebt' ich zu beglücken,
Und mit Kraft hast du gestützt mein Streben.
Meines Amtes hast du mich enthoben,
Ohne Rechenschaft von mir zu heben:
Die ich dir hier nicht gegeben habe,
Geh' ich jetzo dort vor Gott zu geben;
Dort nachkommend wirst du selbst sie finden:
Mögest du, wie ich, vorm Tod nicht beben!

Als Malikschah dies Wort vernahm,
Rief er voll Gram:
O' Weh, o Scham!
Daß dir von mir solch Ende kam!
Du gehst getrost zur Rechenschaft,
Dein Lebensbuch hat volle Kraft,
Meins ist in dem Stück mangelhaft.
Und Malikschah fieng an zu kranken,
Er war als ob des Schahs Gedanken
In des Wesires Grab hinsanken.
Der Wurzelschaft war abgeschlagen,
Der diesen Königsstamm getragen,
Er starb ihm nach in achtzehn Tagen.[707]

---

[707] Ebenda, S. 202–204.

Anhang 5

An Ode to Omar by George Roe (1910)

1

KHAYYÁM, old friend, although so long asleep
In distant Nishapúr, where roses heap
Their petals o'er thy grave, how oft I hear
Thy living voice re-echo o'er the deep!

2

From Breslau's gates, Vienna's spacious halls,
Or where Turin uprears her hoary walls,
In deep Germanic chaunt, or dulcet lay,
The subtle singer of Khorasán calls.

3

Through Albion's isle and o'er the Western main,
In streams of lofty music, hark the strain
Of mystic numbers sung by thee of old,
And now, by other lips, oft sung again.

4

Not thine to scatter bricks along the sea,
Not thine such tasks of vain idolatry;
Methinks, e'en now, I hear thy living tongue
Scathe shallow priest and canting Pharisee: –

5

"O poor blind teacher, who would lead the blind
To things beyond the ken of mortal mind,
Priest, mystic, scholar – or whatever you be –
First seek the mystery, yourself, – and find.

6

"Or know you where the end of space may lie?
Or where the limits of eternity?
Or what is space, or universe, or God?
Or why you live, or wherefore you must die?"

7

Alas, thy spirit, fearless of the rage
And thoughtless fury of a bigot age,
Like lesser spirits, long has passed away
To hidden scenes behind this mortal stage.

8

For still the same eternal law appears
That ruled creation through the bygone years,
That shaped the pathway of each speck of dust.
And traced the courses of the heavenly spheres.

9

Thus pow'r and wisdom reach their lowly bed,
And shah, like peasant, joins the countless dead;
Nor thinks of him who mounts the empty throne,
Nor heeds the feet that trample o'er his head.

10

And lo, the spot where mighty sultans sate.
Yon lofty pile where Jamshyd[708] held his state.
Where nobles feasted and where beauty smiled,
Behold the crumbling wall, the fallen gate 1

11

Through yon dim corridor the vampire flits,
'Neath yon bleak tow'r the busy spider knits
Her crafty trap, the dismal night-owl hoots,
And o'er the wasting dome the vulture sits!

12

For death must visit, silent and alone.
The humble cot, the sultan's lofty throne;
And while we ponder what the riddle means,
The life we ponder is already gone.

13

And so Khayyam, old friend, thou couldst not stay;
And ah, how often have I heard thee say –
"Not one returns to count the journey o'er;
The flow'r that dies is ever passed away!"

---

[708] Die legändere Herrschergestalt aus der altiranischen Sagenwelt, unter der das Goldene Zeitalter der Menschheit begann.

14

I'11 strive not, then, the mystery to sift –
Fast roll the years, the sands of life run swift –
But quaff the bowl, hail beauty with a kiss,
And leave the veil for coming death to lift.

15

And yet, perchance, – what mortal thing can say, –
That wondrous soul that lived within thy clay
And gave it pow'r to think and feel and love,
Hath vanquished death and triumphed o'er decay.

16

And as, at night, when darkness first descends.
When evening's veil o'er all the earth extends.
The vanished stars again bedeck the sky,
And shimm'ring light from Heaven's vault depends;

17

Or when, near dawn, behind the pearly gray
And rosy streaks that herald coming day.
The sun returns, in crimson glory clad.
So shall thy soul return, – perchance it may.

18

Perchance to Nature's fount fled back thy soul.
Where seas of love, in endless billows, roll; –
Perchance within the Source of Life 'twas merged,
And lost again amidst the Mighty Whole.

19

A cup awaits us at the river's brink,
Where souls are freed from Earth's enslaving link:
And when the radiant angel, kindly Death,
Invites our souls, we shall not fear to drink.

20

But swift as rain-drops to the ocean fall,
We soon shall join thee at the angel's call,
And thou and we shall all be merged in God, –
The Source, the Stay, the final End of All.

Anhang 6

Deutsche Übersetzungen

1818 „*Omar Chiam*“, in: „*Geschichte der schönen Redekünste Persiens mit einer Blütenlese aus zweyhundert persischen Dichtern von Joseph von Hammer*“. Bey Heubner und Volker, Buchhändler, Wien

1873 „*Siebzehn Vierzeiler*“ von Anton Eduard Wollheim, Berlin

1878 „*Strophen des Omar Chijam*“, Deutsch von Adolf Grafen v. Schack. Verlag der J.G. Cotta'schen Buchhandlung Stuttgart

1881 „*Die Lieder und Sprüche des Omar Chajjâm*“, verdeutscht durch Friedrich Bodenstedt. Schletter'sche Buchhandlung, Breslau

1888 „*Die mystische, didaktische und lyrische Poesie und das spätere Schrifttum der Perser*“ von Hermann Ethé, Verlag von T. F. Richter, Hamburg

1897 „*Sprüche des Omar Chajjam. Aus dem Persischen übertragen von Maximilian Rudolph Schenck. Mit einer Vorbemerkung des Übersetzers*“. Verlag von Otto Hendel, Halle a.d.S.

1905 „*Die Vierzeilen des Omar Chijam. Nach der englischen Übersetzung von (Edward) Fitzgerald ausgewählt und metrisch übersetzt von Rud. C. Gittermann*“, Max Hesses Verlag, Leipzig

1907 „*Rubaijat des Omar Chajjâm von Neschapur*“. In Deutsche Verse übertragen von Georg Dunning-Gribble, Insel-Verlag, Leipzig

1909 „*Die Sinnsprüche Omars des Zeltmachers. Rubaijat-i-Omar-i-Khajjam*”, aus dem Persischen übertragen von Friedrich Rosen, Deutsche Verlagsanstalt, Stuttgart und Leipzig

1910 „*Rubaiyat. Nach Edward FitzGeralds englischer Bearbeitung des persischen Originals verdeutscht und mit Anmerkungen und Buchschmuck versehen von Arthur Altschul*“, Verlag: In Kommission bei Alexander Köhler, Dresden

1911 „*Strophen aus FitzGerad's Omar Nachdichtungen*“ Gustav Keyssner, Süddeutsche Monatshefte Juni, München

1911 „*Omar Khayyam: die Sprüche der Weisheit*“ Deutsch von Hector G. Preconi. Rascher Verlag Zürich

1912 „*Die Vierzeiler des neuen Omar Khajjam. Erste Sammlung*“, Verlag von Curt Hamel, Berlin Charlottenburg

1913 „*Omar Chaijam Rubaijat*“, aus dem Englischen Edward FitzGeralds übertragen von Walter Fränzel, Verlag E. Diederichs, Jena

1917 „*Das Sinngedicht des persischen Zeltmachers. Neue Vierzeiler nach Omar Khayyâm*“ von Klabund mit Buchschmuck von Willy Orth; Roland-Verlag Dr. Albert Mundt, München

1917 „*Die Rubayat des Omar Chajjam*“, Deutsch von Paul Tusig. Verlagsbuchhandlung Carl Konegen, Wien

1921 „*Omar Khayam*“, Nachdichtungen von Hans Bethge. Im Propyläen Verlag, Berlin

1924 „*Die Sinnsprüche des Omar Khayyam. Edward FitzGerald's Englische Version metrisch verdeutscht von Wilhelm Hense*“, Cleveland (USA)

1926 „*Edward FitzGerald's Rubaiyat des Omar Khayyam*“. Deutsch Von Lezte Tassing, G. Riepenheur, Potsdam

1926 „*Die Weisheiten des Omar Khajjam*“. Nach der englischen Übersetzung von Fitzgerald. Ins Deutsche übertragen von W.D. Kulenkampff. Verlag der Deutschenspiegel, Verlagsgesellschaft GmbH

1927 „*Die Vierzeiler des Omar Chajjâm*“, übersetzt nach der Bodley'schen Handschrift von Walter von der Porten, L. Friedrichsen & Co., Hamburg

1928 „*Das Rubayiat des Omar Khaijam*“ Von Hermann Von Zur Mühlen, Westermanns Monatshefte, Juni, Brunswick

1930 „*Die Rubaíyat des ʿUmar Ḫaiyām*“ übersetzt von Richard S. Bak, Noske Verlag, Leipzig

1933 „*Die Vierzeiler 'Omar Chajjáms in der Auswahl und Anordnung Edward FitzGeralds*“, aus dem Persischen übersetzt von Christian Herrnhold Rempis, Verlag der Deutschen Chajjám-Gesellschaft Tübingen

1933 „*Die Sprüche Omar Khayyam's Rubáiyát*“, übersetzt und illustrirt [sic] von Oscar Klausner, Detroit

1934 „*Omar Khaiyam in seinen Rubaiyat. Mit einem Abriß der Geschichte und Lebensbeschreibung des persischen Dichters, Astronomen und Staatsmannes*“ von O.Z.A. Hanish. Ins Deutsche übertragen und herausgegeben von Otto Rauth. Mazdaznan Verlag und Versandhaus GmbH, Leipzig

1935 „*Omar Chajjám und seine Vierzeiler; nach den ältesten Handschriften aus dem Persischen*“, verdeutscht von Christan Herrnhold Rempis; mit 8 Bildern von Wilhelm Vogel. Verlag der Deutschen Chajjám-Gesellschaft Tübingen

1938 „*The Rubáiyát of Omar Kháyyám. Englisch von Edward Fitzgerald*“, deutsche Umdichtung von M. Gordon-Scott, Hugh R. Strachan, Glasgow

1948 „*Omar Khayyam: die Sinnsprüche*“, aus dem Persischen von Rudolf Berger, Alfred Scherz Verlag, Bern

1950 „*Rubaijat des Omar Chajjam*“, neue Folge von Jehuda Louis Weinberg. Edition Olympia, Tel Aviv

1958 „*Omar Hayyam: Zelte der Weisheit*“. Deutsche Nachdichtung von Dieter Bellmann, Greifenverlag Rudolstadt

1851 „*Omar Chajjam*“, in: „*Persische Spruchgedichte*“. Auswahl und Fassung von Ernst Bertram, Insel-Verlag, Wiesbaden

1962 „*Durchblättert in des Lebens Buch. Vierzeiler von Omar Chajjâm*“. Nachdichtung von Martin Remané. Rütten & Loening Berlin

1963 „*Die Rubaijat des Omar Khaijam*“. Deutsch von Max Barth, Europäische Verlagsanstalt, Frankfurt am Main

1963 „*Omar Hayam. Vierzeiler*“, übertragen von Georg Alexander Fischer, Verlag der Karlsruher Bote, Karlsruhe

1969 „*Rubaijat von Omar Chajjam; rendered into English verse by Edward FitzGerald*“, Versübertragung mit Einführung von Henry W. Nordmeyer. 2., verbesserte Auflage, Nachwort von Heinrich Meyer. Verlag H. Lang, Bern

1974 „*Der Hakim von Nischapur Omar Chajjám und seine Rubaijat; nach alten und neuesten persischen Handschriftenfunden*“ von Manuel Sommer. Guido Pressler Verlag, Wiesbaden

1978 „*Omar Khayyam. Schöner als die Wildnis kann kein Paradies sein*“. Von Mohamed Abou-Zaid, Wonderland-Verlag, Köln

1983 „*Persische Sinnsprüche - Vierzeiler von Omar Chajjâm*“. Nachgedichtet von Wolfgang Kosack, Verlag Christoph Brunner

1984 „*Omar Khaijam und der Wein*“, Rubá'iját, Auswahl und Deutsch von Paul Bunin, Wien

1984 „*Wie Wasser strömen wir. Die Rubaijat des Omar Chajjam*“. Ins Deutsche übertragen von Cyrus Atabay. Mit Graphiken von Josua Reichert. Im Verlag Eremiten-Presse, Düsseldorf

1986 „*Omar-i-Chayyam. Ein Wirtshaus im Jenseits. Persische Weingedichte*“. Herausgegeben von Franz Gschwandtner mit zwölf Illustrationen von Rudolf Matkovits, Verlag A. Schendl, Wien

1987 „*Und du an meiner Seite in der Wildnis singend; Omar Khayyam: Rubaiyat. Sinnsprüche persischer Poesie*“, Ulrich Helmke, Verlag Thiele und Schwarz, Kassel

1988 „*Nach Vierzeilern aus Edward Fitzgeralds Rubaijat*". Übertragen von Salo Weindling, in: *Castrum Peregrini* 184–185 (1988)

1993 „*Omar Khayyám. Rubáiyát*". Übertragung aus dem Englischen von Erich Zauner nach Edward FitzGerald. Haag + Herchen, Frankfurt am Main

1995 „*Die Rubaiyyat von Omar Khayaam*", übersetzt von Omar Ali-Shah; aus dem Englischen von Marieliese Göpel und Kathleen Göpel. Das Arabische Buch, Berlin.

1997 „*Hakim Omar Khayyam Robaïyat (Vierzeiler)*", übertragen aus dem Persischen von Purandocht Pirayech, Yassavoli Publications, Teheran

1999 „*Omar Khayyams Rubaiyat nach Edward Fitzgerald*". Aus dem Englischen übersetzt von Martin Rometsch. 1. Auflage, Urania-Verlag, Neuhausen am Rheinfall

2006 „*Omar Chayyam. Philosophische Bildergalerie im 11. Jahrhundert*". Persische Gedichte mit deutscher Übertragung von Jalal Rostami Gooran und Ludwig Verbeek. Goethe und Hafis Verlag, Bonn

2016 „*Persische Sinnsprüche. Vierzeiler von Omar Chajjam*", von Wolfgang Kosack, Christoph Brunner, Basel

Anhang 7

Eddingtons Parodie auf ein Rūbāʿi von Khayyam

Am 14. Oktober 1913 teilte Einstein in einem Brief dem amerikanischen Astronomen George Ellery Hale (1868–1938) seine These von der Ablenkung des Lichtes mit. Gemeint war, dass sich Lichtstrahlen im Gravitationsfelds massenreicher Körper nicht mehr geradeaus fortbewegen, sondern um- bzw. abgelenkt werden. Er hatte auch den Wert des Ablenkungswinkels angegeben (Abb. 1).

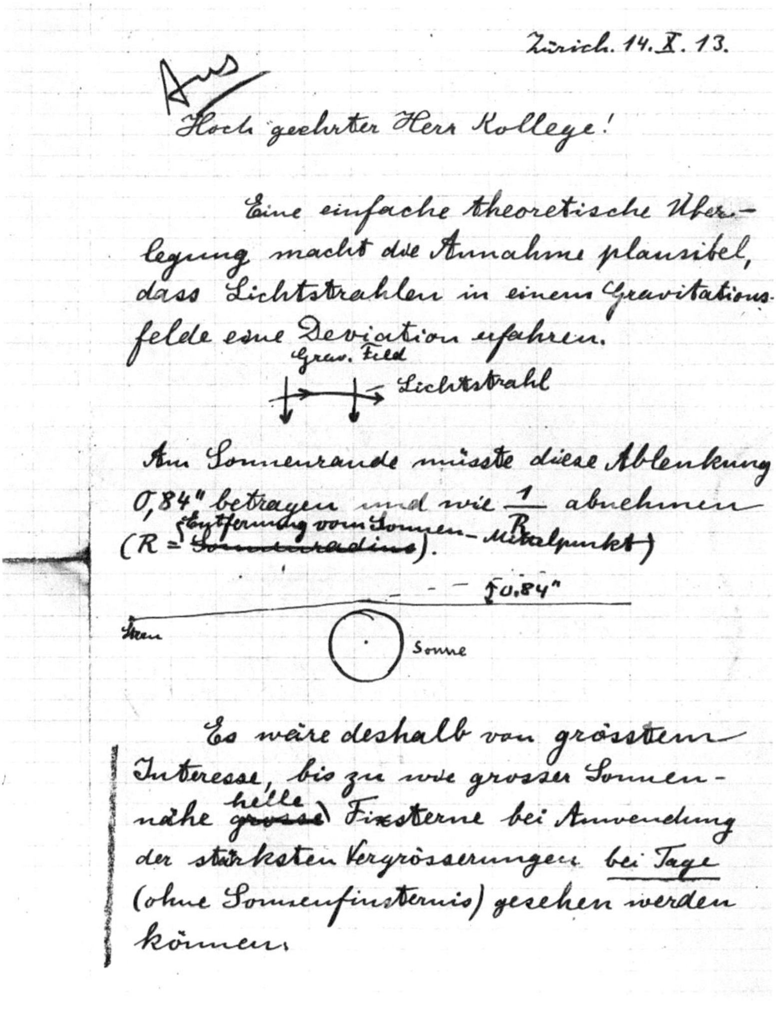
Zürich. 14. X. 13.

Aus

Hoch geehrter Herr Kollege!

Eine einfache theoretische Überlegung macht die Annahme plausibel, dass Lichtstrahlen in einem Gravitationsfelde eine Deviation erfahren.

Grav. Feld

Lichtstrahl

Am Sonnenrande müsste diese Ablenkung 0,84" betragen und wie 1/R abnehmen (R = ~~Sonnenradius~~ Entfernung vom Sonnen-Mittelpunkt).

0.84"

Stern

Sonne

Es wäre deshalb von grösstem Interesse, bis zu wie grosser Sonnennähe ~~grosse~~ helle Fixsterne bei Anwendung der stärksten Vergrösserungen bei Tage (ohne Sonnenfinsternis) gesehen werden können.

Abb. 1: Einsteins Brief an George Hale

Die These der Lichtablenkung durch massive Körper, die später einen integralen Bestanteil der Allgemeinen Relativitätstheorie Einsteins von 1916 bildete, hat praktische Folgen. Beispielsweise wird das Licht, das von einem Stern ausgesendet wird, erst durch die Sonne umgelenkt und dann erreicht die Erde. Infolgedessen verortet man den Stern nicht an seiner ursprünglichen, sondern an einer anderen Stelle, nämlich entlang der Verlängerung des umgelegten Lichtstrahls (Abb. 2).

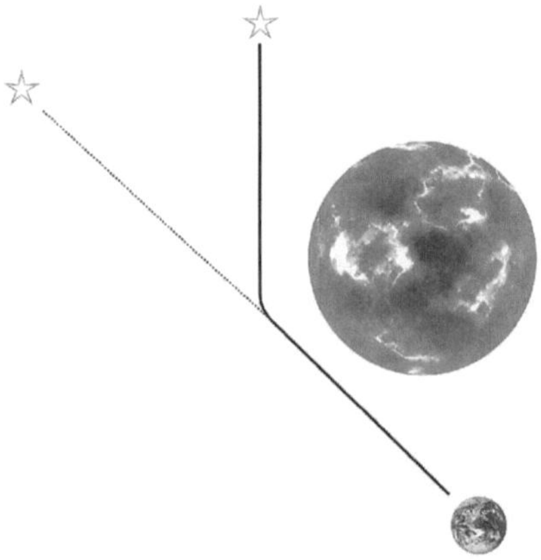

Abb. 2: Ablenkung des Sternlichtes durch die Sonne

Totale Sonnenfinsternis, 29 Mai 1919[709]

[709] Photo: Royal Society of London

Die totale Sonnenfinsternis am 29 Mai 1919 (Abb. 3) bot optimale Bedingungen zur Überprüfung der Richtigkeit der Einstein'schen Theorie. Sie ermöglichte die Beobachtung, dass ein Stern im Sternbild Stier, durch das die Sonne hindurchgeht, leicht verschoben erschien. Die Ablenkung des Lichts durch die Sonnenmasse stimmte mit den Vorhersagen der Einstein'schen Relativitätstheorie überein.

Hierüber wurde weltweit berichtet, und Einstein wurde über Nacht zum Weltstar!

Der berühmte britische Astronom Sir Arthur Eddington (1882–1944), der als einer der ersten die totale Sonnenfinsternis verfolgte, hielt nach der Rückkehr von der Expedition eine Ansprache bei dem Abendessen an der Royal Astronomical Society und rezitierte den folgenden Vers, den er, in einem Stil verfasst hatte, der den Rūbā'ijāt von Omar Khayyam entsprach:

Oh leave the Wise our measures to collate
One thing at least is certain, light has weight
One thing is certain and the rest debate
Light rays, when near the Sun, do not go straight.[710]

Oh, überlasse es den Weisen, unsere Maßnahmen zusammenzustellen
Eines ist zumindest sicher: Licht hat Gewicht
Eines ist sicher, und der Rest ist umstritten
Lichtstrahlen verlaufen in der Nähe der Sonne nicht gerade.

[710] A. Vibert Douglas: „*The Life of Arthur Eddington*", Thomas Nelson and Sons, 1956, p. 44.

Anhang 8

Putins Lieblingslektüre: Rūbāʿijāt Khayyams

Am 1. Februar 2007 fragte der Korrespondent der Korsomolskaja-Prawda Wladimir Putin während seiner jährlichen Pressekonferenz nach den Zeiten, in denen er schlechte Laune hat. Putin antwortete, dass auch der russische Präsident genauso oft schlechte Stimmung habe wie jeder andere Mensch. Er fügte hinzu, dass seine Frau ihm vor kurzem einen Gedichtband von Omar Khayyam geschenkt hätte, deren Lektüre immer eine große Hilfe gegen schlechte Laune sei, und zitierte dieses Rūbāʿi

An das Gestern, das verging, denke nicht mehr,
Stöhn nicht über das Morgen, das nicht kam daher.
Stütz dich nicht auf das, was war und noch nicht ist,
Sei fröhlich und vergeude dein Leben nicht mehr. (P. Pirayech, 1997, XXV)

in russischer Sprache und in der Übersetzung von Plisetskiy[711] als eines seiner Lieblingsgedichte aus dem Gedichtband.

Das Treffen mit den Vertretern der Medien wurde in der offiziellen Website Putins veröffentlicht und vom russischen Fernsehen ausgestrahlt; auch die Radiosender entschieden sich, dieses Rūbāʿis zu zitieren.

Ob es Putins persönlicher literarischer Geschmack war, dieses Rūbāʿis für sein offizielles Treffen mit den Medien zu wählen, oder eine kluge Entscheidung seines Redenschreibers war, weiß man nicht. Auf jeden Fall bestätigte die Veranstaltung das hohe Ansehen Khayyams und die Beliebtheit seiner Poesie in Russland.

Putins kurze Bemerkung löste in einigen Teilen Russlands eine bemerkenswerte Reaktion aus. Innerhalb eines Jahres erschien in der Stadt Kasan (Tatarstan) eine Sammlung (mit einem Umfang von 112 Seiten) unter dem Titel „*Khayyam und Putin*“. In seinem einleitenden Artikel schrieb Bobojon Ikramov, ein Journalist aus Tadschikistan: »Der Präsident der Russischen Föderation Wladimir Putin ist der erste unter den modernen Politikern, der sich der orientalischen Poesie zugewandt hat. Er hat öffentlich seine Liebe und seinen Respekt für die

[711] German Borisovich Plisetsky (1931–1992) war ein bedeutender russischer Dichter und Übersetzer. In den späten 60er Jahren übersetzte er 450 Rūbāʿis von Khayyam ins Russische, was ihn laut Literaturkritikern zu der Person machte, die für die Gestaltung der nationalen Haltung gegenüber dem persischen Dichter verantwortlich war. Seine Übersetzungen von Khayyam erfreuen sich großer Beliebtheit in Russland.

Gedichte von Omar Khayyam erklärt und betont, dass er in seiner Freizeit, das Vermächtnis von Khayyam studiert.«

Ein Rezitator aus Tadschikistan namens Mahmanabi Jaborov, produzierte eine CD von den Rūbā'ijāt mit dem Titel „Für einen Würdigen gibt es keinen würdigen Lohn" und widmete es dem russischen Präsidenten Wladimir Putin für seine Liebe zum großen Omar Khayyam. M. Jaborov rezitiert die Rūbā'is sowohl auf Tadschikisch als auch auf Russisch (in Plisetskiys Übersetzung) und wird von Jivan Gasparyan, einem berühmten armenischen Duduk[712]-Spieler begleitet.[713]

---

[712] »Duduk ist ein Holzblasinstrument mit einem extrem großen Doppelrohrblatt, das bis zu zehn Zentimeter lang und bis zu drei Zentimeter breit ist. Sie gilt als armenisches Nationalinstrument und ist auch als „armenische Flöte" bekannt.« (Wikipedia. Die freie Enzyklopädie)

[713] „*The Russian perception of Khayyam: from text to image*", by F. Abdullaeva (University of Cambridge), N. Chalisova (State University of Moscow) & Ch. Melville (University of Cambridge), in „*The Great 'Umar Khayyām. A Global Reception of the Rubáiyát*", A.A. Seyed-Gohrab (ed.), Leiden University Press, 2012, p. 172.

Stichwortverzeichnis

A

B

T

U

V

W

Y

Z